城镇供水行业职业技能培训系列丛书

化学检验员（供水）基础知识与专业实务

南京水务集团有限公司　主编

中国建筑工业出版社

图书在版编目（CIP）数据

化学检验员（供水）基础知识与专业实务/南京水务集团有限公司主编. —北京：中国建筑工业出版社，2019.4（2024.12重印）
（城镇供水行业职业技能培训系列丛书）
ISBN 978-7-112-23226-0

Ⅰ.①化… Ⅱ.①南… Ⅲ.①城市供水-水质分析-技术培训-教材 Ⅳ.①TU991.21

中国版本图书馆 CIP 数据核字(2019)第 018407 号

为了更好地贯彻实施《城镇供水行业职业技能标准》进一步提高供水行业从业人员职业技能，南京水务集团有限公司主编了《城镇供水行业职业技能培训系列丛书》。本书为丛书之一，以化学检验员（供水）岗位应掌握的知识为指导，坚持理论联系实际的原则，从基本知识入手，系统地阐述了该岗位应该掌握的基础理论与基本知识、专业知识与操作技能以及安全生产知识。

本书可供城镇供水行业从业人员参考。

责任编辑：何玮珂 于 莉 杜 洁
责任校对：李欣慰

城镇供水行业职业技能培训系列丛书
化学检验员（供水）基础知识与专业实务
南京水务集团有限公司 主编

*

中国建筑工业出版社出版、发行（北京海淀三里河路 9 号）
各地新华书店、建筑书店经销
北京科地亚盟排版公司制版
建工社（河北）印刷有限公司印刷

*

开本：787×1092 毫米 1/16 印张：20¼ 字数：504 千字
2019 年 4 月第一版 2024 年12月第七次印刷
定价：**59.00** 元

ISBN 978-7-112-23226-0
(33305)

《城镇供水行业职业技能培训系列丛书》编委会

本书编委会

《城镇供水行业职业技能培训系列丛书》
序　言

城镇供水，是保障人民生活和社会发展必不可少的物质基础，是城镇建设的重要组成部分，而供水行业从业人员的职业技能水平又是供水安全和质量的重要保障。1996年，中国城镇供水协会组织编制了《供水行业职业技能标准》，随后又编写了配套培训丛书，对推进城镇供水行业从业人员队伍建设具有重要意义。随着我国城市化进程的加快，居民生活水平不断提升，生态环境保护要求日益提高，城镇供水行业的发展迎来新机遇、面临更大挑战，同时也对行业从业人员提出了更高的要求。我们必须坚持以人为本，不断提高行业从业人员综合素质，以推动供水行业的进步，从而使供水行业能适应整个城市化发展的进程。

2007年，根据原建设部修订有关工程建设标准的要求，由南京水务集团有限公司主要承担《城镇供水行业职业技能标准》的编制工作。南京水务集团有限公司，有近百年供水历史，一直秉承"优质供水、奉献社会"的企业精神，职工专业技能培训工作也坚持走在行业前端，多年来为江苏省内供水行业培养专业技术人员数千名。因在供水行业职业技能培训和鉴定方面的突出贡献，南京水务集团有限公司曾多次受省、市级表彰，并于2008年被人社部评为"国家高技能人才培养示范基地"。2012年7月，由南京水务集团有限公司主编，东南大学、南京工业大学等参编的《城镇供水行业职业技能标准》完成编制，并于2016年3月23日由住建部正式批准为行业标准，编号为CJJ/T 225—2016，自2016年10月1日起实施。该《标准》的颁布，引起了行业内广泛关注，国内多家供水公司对《标准》给予了高度评价，并呼吁尽快出版《标准》配套培训教材。

为更好地贯彻实施《城镇供水行业职业技能标准》，进一步提高供水行业从业人员职业技能，自2016年12月起，南京水务集团有限公司又启动了《标准》配套培训系列丛书的编写工作。考虑到培训系列教材应对整个供水行业具有适用性，中国城镇供水排水协会对编写工作提出了较为全面且具有针对性的调研建议，也多次组织专家会审，为提升培训教材的准确性和实用性提供技术指导。历经两年时间，通过广泛调查研究，认真总结实践经验，参考国内外先进技术和设备，《标准》配套培训系列丛书终于顺利完成编制，即将陆续出版。

该系列丛书围绕《城镇供水行业职业技能标准》中全部工种的职业技能要求展开，结合我国供水行业现状、存在问题及发展趋势，以岗位知识为基础，以岗位技能为主线，坚持理论与生产实际相结合，系统阐述了各工种的专业知识和岗位技能知识，可作为全国供水行业职工岗位技能培训的指导用书，也能作为相关专业人员的参考资料。《城镇供水行业职业技能标准》配套培训教材的出版，可以填补供水行业职业技能鉴定中新工艺、新技术、新设备的应用空白，为提高供水行业从业人员综合素质提供了重要保障，必将对整个供水行业的蓬勃发展起到极大的促进作用。

中国城镇供水排水协会

刘志琪

2018年11月20日

《城镇供水行业职业技能培训系列丛书》前　言

城镇供水行业是城镇公用事业的有机组成部分，对提高居民生活质量、保障社会经济发展起着至关重要的作用，而从业人员的职业技能水平又是城镇供水质量和供水设施安全运行的重要保障。1996 年，按照国务院和劳动部先后颁发的《中共中央关于建立社会主义市场经济体制若干规定》和《职业技能鉴定规定》有关建立职业资格标准的要求，建设部颁布了《供水行业职业技能标准》，旨在着力推进供水行业技能型人才的职业培训和资格鉴定工作。通过该标准的实施和相应培训教材的陆续出版，供水行业职业技能鉴定工作日趋完善，行业从业人员的理论知识和实践技能都得到了显著提高。随着国民经济的持续、高速发展，城镇化水平不断提高，科技发展日新月异，供水行业在净水工艺、自动化控制、水质仪表、水泵设备、管道安装及对外服务等方面都发展迅速，企业生产运营管理水平也显著提升，这就使得职业技能培训和鉴定工作逐渐滞后于整个供水行业的发展和需求。因此，为了适应新形势的发展，2007 年原建设部制定了《2007 年工程建设标准规范制订、修订计划（第一批）》，经有关部门推荐和行业考察，委托南京水务集团有限公司主编《城镇供水行业职业技能标准》，以替代 96 版《供水行业职业技能标准》。

2007 年 8 月，南京水务集团精心挑选 50 名具备多年基层工作经验的技术骨干，并联合东南大学、南京工业大学等高校和省住建系统的 14 位专家学者，成立了《城镇供水行业职业技能标准》编制组。通过实地考察调研和广泛征求意见，编制组于 2012 年 7 月完成了《标准》的编制，后根据住房城乡建设部标准司、人事司及市政给水排水标准化技术委员会等的意见，进行修改完善，并于 2015 年 10 月将《标准》中所涉工种与《中华人民共和国执业分类大典》（2015 版）进行了协调。2016 年 3 月 23 日，《城镇供水行业职业技能标准》由住建部正式批准为行业标准，编号为 CJJ/T 225—2016，自 2016 年 10 月 1 日起实施。

《标准》颁布后，引起供水行业的广泛关注，不少供水企业针对《标准》的实际应用提出了问题：如何与生产实际密切结合，如何正确理解把握新工艺、新技术，如何准确应对具体计算方法的选择，如何避免因传统观念陷入故障诊断误区，等等。为了配合《城镇供水行业职业技能标准》在全国范围内的顺利实施，2016 年 12 月，南京水务集团启动《城镇供水行业职业技能培训系列丛书》的编写工作。编写组在综合国内供水行业调研成果以及企业内部多年实践经验的基础上，针对目前供水行业理论和工艺、技术的发展趋势，充分考虑职业技能培训的针对性和实用性，历时两年多，完成了《城镇供水行业职业技能培训系列丛书》的编写。

《城镇供水行业职业技能培训系列丛书》一共包含了 10 个工种，除《中华人民共和国执业分类大典》（2015 版）中所涉及的 8 个工种，即自来水生产工、化学检验员（供水）、供水泵站运行工、水表装修工、供水调度工、供水客户服务员、仪器仪表维修工（供水）、供水管道工之外，还有《大典》中未涉及但在供水行业中较为重要的泵站机电设备维修工、变配电运行工 2 个工种。

本系列《丛书》在内容设计和编排上具有以下特点：(1) 整体分为基础理论与基本知识、专业知识与操作技能、安全生产知识三大部分，各部分占比约为 3∶6∶1；(2) 重点介绍国内供水行业主流工艺、技术、设备，对已经过时和应用较少的技术及设备只作简单说明；(3) 重点突出岗位专业技能和实际操作，对理论知识只讲应用，不作深入推导；(4) 重视信息和计算机技术在各生产岗位的应用，为智慧水务的发展奠定基础。《丛书》既可作为全国供水行业职工岗位技能培训的指导用书，也能作为相关专业人员的参考资料。

《城镇供水行业职业技能培训系列丛书》在编写过程中，得到了中国城镇供水排水协会的指导和帮助，刘志琪秘书长对编写工作提出了全面且具有针对性的调研建议，也多次组织专家会审，为提升培训教材的准确性和实用性提供了技术指导；东南大学张林生教授全程指导丛书编写，对每个分册的参考资料选取、体量结构、理论深度、写作风格等提出大量宝贵的意见，并作为主要审稿人对全书进行数次详尽的审阅；中国生态城市研究院智慧水务中心高雪晴主任协助编写组广泛征集意见，提升教材适用性；深圳水务集团，广州水投集团，长沙水业集团，重庆水务集团，北京市自来水集团、太原供水集团等国内多家供水企业对编写及调研工作提供了大力支持，值此《丛书》付梓之际，编写组一并在此表示最真挚的感谢！

《丛书》编写组水平有限，书中难免存在错误和疏漏，恳请同行专家和广大读者批评指正。

南京水务集团有限公司
2019 年 1 月 2 日

前　言

随着社会和供水行业的不断发展，现代供水企业对员工综合业务素质和职业技能提出了更高的要求。化学检验员是通过提供检测数据以评价水质状况，从而为生产服务、为水质把关的重要岗位。如今水质标准和水质检测新技术不断推陈出新，特别是大型分析仪器已越来越得到广泛而普遍的运用，检测数据的准确性和可靠性越来越受到关注。如何提升化学检验员的理论知识和实际操作技能，保障检测数据的正确、准确，已成为行业关注的焦点和迫切需要。目前相关培训教材编纂于 2004 年，内容相对老旧，已无法满足当下化学检验员培训和职业技能鉴定以及日常工作学习的需要。为此，编写组根据《城镇供水行业职业技能标准》CJJ/T 225—2016 中"化学检验员（供水）职业技能标准"要求，编写了本教材。

本教材根据化学检验员岗位技能要求，吸收了原《水质检验工》的精髓，广泛调研了供水行业水质检测现状和发展趋势，扩充了大量行业新技术和新设备的应用知识，在广泛征求意见以及认真总结编者们多年工作实践经验的基础上编写而成。本书主要内容有理化和微生物检验基本操作以及质量控制、理化分析、仪器操作技能及方法、水质在线监测系统知识；微生物检验设备及检验方法、水处理药剂及涉水产品分析鉴定以及实验室安全知识。

本书编写过程中，东南大学张林生教授对本书提出宝贵意见和建议，南通市疾病预防控制中心熊海平老师也对本书微生物检验相关内容给予悉心指导和帮助，在此一并表示诚挚的感谢！

本书编写组水平有限，书中难免存在疏漏和错误，恳请广大读者和同行专家们批评指正。

化学检验员（供水）编写组
2019 年 1 月 2 日

目　　录

第一篇　基础理论与基本知识

第1章　水化学与微生物学基础

1.1　表面化学与胶体化学

1.1.1　表面化学

自然界中的物质一般以气、液、固三种相态存在，三种相态相互接触可产生五种界面（所有两相的接触面）：气-液、气-固、液-液、液-固、固-固界面。一般常把与气体接触的界面称为表面，如气-液界面常称为液体表面，气-固界面常称为固体表面。

（1）表面张力

物质表层中的分子与内部分子二者所处的力场是不同的。以与饱和蒸气相接触的液体表面分子与内部分子受力情况为例，在液体内部的任一分子 A，皆处于同类分子的包围之中，平均来看，该分子与其周围分子间的吸引力是球形对称的，各个相反方向上的力彼此相互抵消，其合力为零，如图 1-1 所示。然而表面层中的分子 B，则处于力场不对称的环境中。液体内部分子对表面层中分子的吸引力远远大于液面上蒸气分子对它的吸引力，使表面层中的分子恒受到指向液体内部的拉力，因而液体表面的分子总是趋于向液体内部移动，力图缩小表面积，液体表面就如同一层绷紧了的富于弹性的膜。这就是为什么小液滴总是呈球形，肥皂泡要用力吹才能变大的原因：因为相同体积的物体球形表面积最小，扩张表面就需要对系统做功。

假如用细铁丝制成一个框架，其一边是可自由移动的金属丝。将此金属丝固定后使框架蘸上一层肥皂膜，如图 1-2 所示。若放松金属丝，肥皂膜就会自动收缩以减小表面积。这时欲使膜维持不变，需在金属丝上施加一相反的力 F，其大小与金属丝的长度 l 成正比，比例系数（即表面张力）以 γ 表示，因膜有两个表面，故可得：

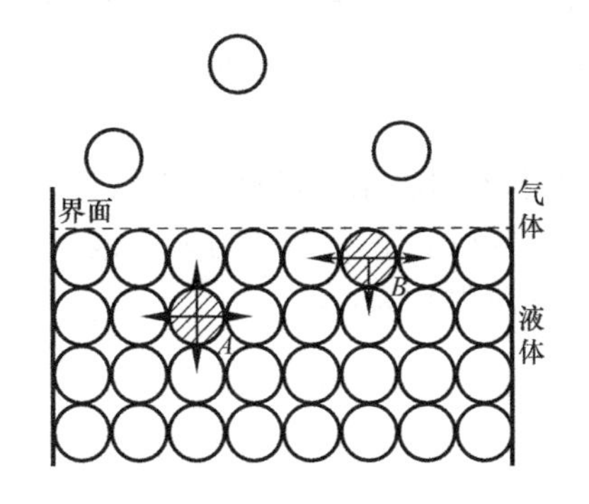

图 1-1　液体表面分子 B 与内部分子 A 受力情况差别示意图

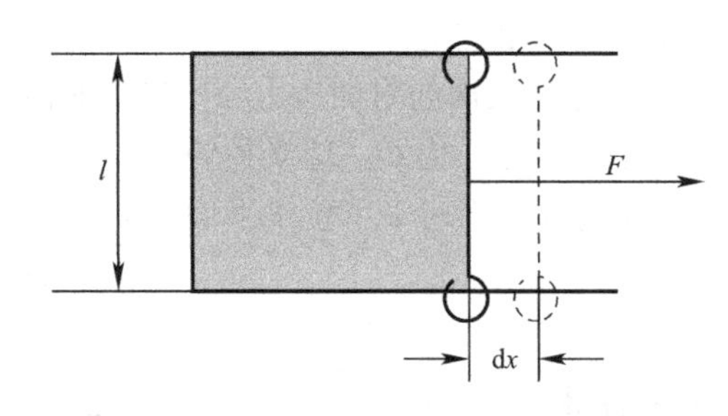

图 1-2　表面张力和表面功示意图

$$F = 2\gamma l \tag{1-1}$$

即：
$$\gamma = F/(2l) \tag{1-2}$$

表面张力 γ 可看作是引起液体表面收缩的单位长度上的力，其单位为 $N \cdot m^{-1}$。γ 的方向是和液面相切的，并和两部分的分界线垂直。如果液面是平面，表面张力就在这个平面上，如图 1-2 所示。如果液面是曲面，表面张力则在这个曲面的切面上，如图 1-3 所示。从另一个角度来看，若要使图 1-2 中的液膜增大 dA_s 的面积，则需抵抗 γ，这种在形成新表面时环境对系统所做的功，称为表面功，是一种非体积功，用 W'_r 表示。在力 F 的作用下使金属丝向右移动 dx 距离，忽略摩擦力的影响，这一过程所做的可逆非体积功为：

$$dW'_r = F dx = 2\gamma l dx = \gamma dA_s \tag{1-3}$$

$dA_s = 2l dx$ 为增大的液体表面积，将上式移项可得：

$$\gamma = \frac{dW'_r}{dA_s} \tag{1-4}$$

由此可知，γ 亦表示使系统增加单位表面所需的可逆功，单位为 $J \cdot m^{-2}$。

（2）溶液表面

1）弯曲液面的附加压力——拉普拉斯方程

一般情况下液体表面是水平的，而液滴、水中气泡的表面则是弯曲的。液面可以是凸的，也可以是凹的。

在一定外压下，水平液面下的液体所承受的压力等于外界压力。但凸液面下的液体，不仅要承受外界的压力，还要受到因液面弯曲而产生的附加压力 Δp，下面通过图 1-3 来说明产生附加压力的原因。

取球形液滴的某一球缺，凸液面上方为气相，其压力为 p_g，凸液面下方为液相，其压力为 p_l，如图 1-3（a）所示。球缺底边为一圆周，表面张力即作用在圆周线上，其方向垂直于圆周线且与液滴的表面相切。圆周线上表面张力的合力在底边的垂直方向上的分力并不为零，而是对底面下面的液体造成了额外的压力。即凸液面使液体所承受的压力 p_l 大于液面外大气的压力 p_g。将任何弯曲液面凹面一侧的压力以 $p_{内}$ 表示，凸面一侧的压力以 $p_{外}$ 表示，将弯曲液面内外的压力差 Δp 称为附加压力，有：

$$\Delta p = p_{内} - p_{外} \tag{1-5}$$

这样凹面一侧的压力总是大于凸面一侧的压力，其方向指向凹面曲率半径中心。对于液滴（凸液面），弯曲液面对里面液体的附加压力 $\Delta p = p_{内} - p_{外} = p_l - p_g$；而对于液体中的气泡（凹液面），则弯曲液面对里面气体的附加压力 $\Delta p = p_{内} - p_{外} = p_g - p_l$。这样定义的 Δp 将总是一个正值。

为导出弯曲液面的附加压力 Δp 与弯曲液面曲率半径的关系，设有一凸液面 AB，如图 1-4 所示，其球心为 O，球半径为 r，球缺底面圆心为 O'，底面半径为 r_1，液体表面张力为 γ。即弯曲液面对于单位水平面上的附加压力（即压强）为：

$$\Delta p = \frac{2\pi r_1 \gamma r_1 / r}{\pi r_1^2}$$

整理后得：
$$\Delta p = \frac{2\gamma}{r} \tag{1-6}$$

此式称为拉普拉斯（Laplace）方程。拉普拉斯方程表明：弯曲液面的附加压力与液体表面张力成正比，与曲率半径成反比。

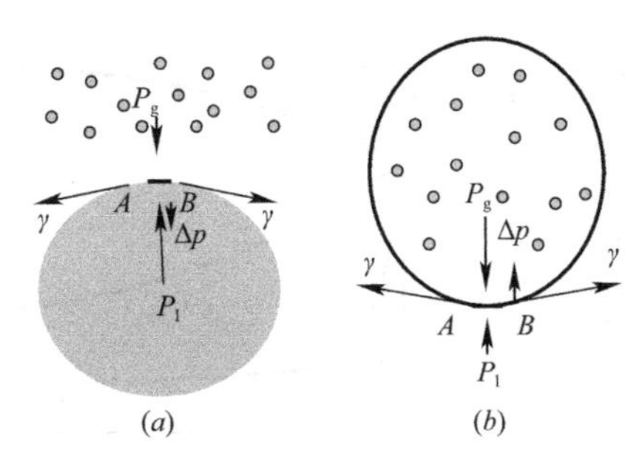

图 1-3　凸面及凹面的受压情况示意图

(*a*) 凸液面（液滴）；(*b*) 凹液面（气泡）

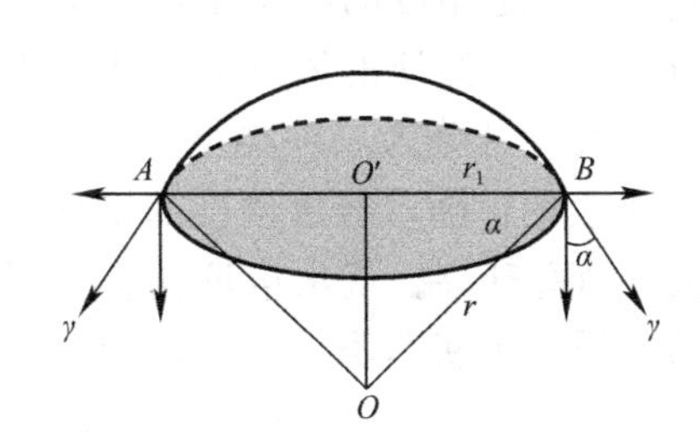

图 1-4　弯曲液面 Δp 与液面曲率半径的关系

2）弯曲液面的毛细现象

弯曲液面的附加压力可产生毛细现象。把一支半径一定的毛细管垂直插入某液体中，如果该液体能润湿管壁，液体将在管中呈凹液面，液体与管壁的接触角 $\theta<90°$，液体将在毛细管中上升，如图 1-5 所示。由于附加压力 Δp 指向大气，而使凹液面下的液体所承受的压力小于管外水平液面下的压力。在这种情况下，液体将被压入管内，直至上升的液柱所产生的静压力 ρgh 与附加压力 Δp 在量值上相等，方可达到力的平衡，即：

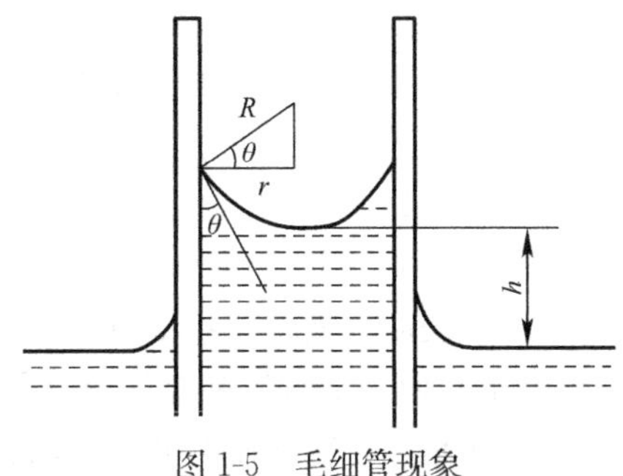

图 1-5　毛细管现象

$$\Delta p=\frac{2\gamma}{R}=\rho gh \tag{1-7}$$

由图 1-5 的几何关系可以看出：接触角 θ 与毛细管的半径 r 及弯曲液面曲率半径 R 之间的关系为：

$$\cos\theta=r/R$$

将此式带入式（1-7），可得到液体在毛细管中上升的高度：

$$h=\frac{2\gamma\cos\theta}{r\rho g} \tag{1-8}$$

式中　γ——液体的表面张力；

ρ——液体密度；

g——重力加速度。

由式（1-8）可知：在一定温度下，毛细管越细，液体的密度越小，液体对管壁的润湿越好，即接触角 θ 越小，液体在毛细管中上升得越高。

当液体不能润湿管壁，即 $\theta>90°$、$\cos\theta<0$ 时，液体在毛细管内呈凸液面，h 为负值，代表液面在管内下降的深度。例如，将玻璃毛细管插入水银内，可观察到水银在毛细管内下降的现象。

3）溶液表面的吸附现象

溶质在溶液表面层（或表面相）中的浓度与在溶液本体（或体相）中浓度不同的现象称为溶液表面的吸附。纯液体恒温恒压下，表面张力是一定值。而对于溶液来说，由于溶质还在溶液表面发生吸附，进而改变溶液的表面张力，所以溶液的表面张力不仅是温度、压力的函数，还是溶质组成的函数。

例如，在一定温度的纯水中，分别加入不同种类的溶质时，溶质的浓度 c 对溶液表面张力 γ 的影响大致可分为三种类型，如图 1-6 所示。曲线 A 表明：随着溶液浓度的增加，溶液的表面张力稍有升高。就水溶液而言，属于此种类型的溶质有无机盐类（如 NaCl）、不挥发性酸（如 H_2SO_4）、碱（如 NaOH），以及含有多个—OH 的有机化合物（如蔗糖、甘油等）。曲线 B 表明：随着溶质浓度的增加，水溶液的表面张力逐渐下降，大部分的低脂肪酸、醇、醛等极性有机物的水溶液皆属此类。曲线 C 表明：在水中加入少量的某溶质时，却能引起溶液的表面张力急剧下降，至某一浓度之后，溶液的表面张力几乎不再随溶液浓度的上升而变化。属于此类的化合物可以表示为 RX，其中 R 代表含有 10 个或 10 个以上碳原子的烷基；X 则代表极性基团，一般可以是—OH、—COOH、—CN、—$CONH_2$，也可以是离子基团，如—SO_3^{2-}、—NH_3^+ 等。

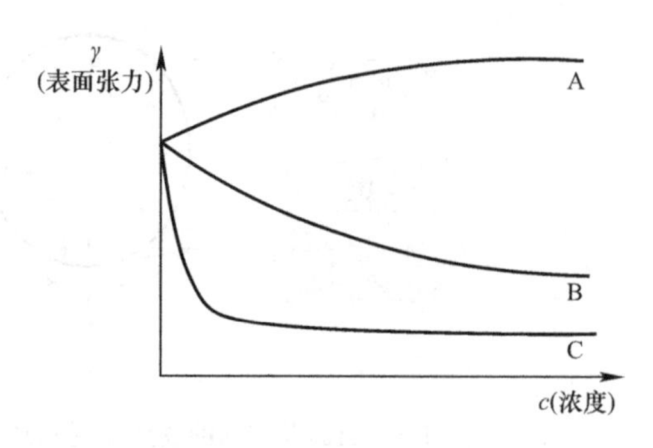

图 1-6　γ 与 c 关系示意图

溶液表面的吸附现象，可用恒温、恒压下溶液表面能自动减小的趋势来说明。在一定 T、p 下，由一定量的溶质与溶剂所形成的溶液，因溶液的表面积不变，降低表面能的唯一途径就是尽可能地使溶液的表面张力降低。而降低表面张力则是通过使溶液中相互作用力较弱的分子或表面极性较小的分子富集到表面而完成的。能使液体表面张力减小的物质即为表面活性剂。

当溶剂中加入图 1-6 中第 B、C 类曲线的物质后，由于它们都是有机类化合物，分子之间的相互作用较弱，当它们富集于表面时，会使表面层中分子间的相互作用减弱，使溶液的表面张力降低，所以这类物质会自动富集到表面，使得它在表面的浓度高于本体浓度，这种现象称为正吸附。

与此相反，当溶剂中加入上述第 A 类物质后，由于它们是无机的酸、碱、盐类物质，在水中可解离为正、负离子，故可使溶液中分子之间的相互作用增强，使溶液的表面张力升高。多羟基类有机化合物作用相似，为降低这类物质的影响，使溶液的表面张力升高得少一些，这类物质会自动减小在表面的浓度，使得它在表面层的浓度低于本体浓度，这种现象称为负吸附。

一般而言，凡是能使溶液表面张力升高的物质，皆称为表面惰性物质；凡是能使溶液表面张力降低的物质，皆称为表面活性物质。表面活性越大，溶质的浓度对溶液表面张力的影响就越大。

1.1.2　胶体化学

（1）胶体的分类

胶体化学所研究的主要对象是高度分散的多相系统。由一种或几种物质的微粒分布在另一种介质中所形成的混合物称为分散系统。被分散成微粒的物质称为分散相；微粒能在其中分散的物质称分散剂，也称分散介质。根据分散相粒子的大小，分散系统可分为真溶液、胶体分散系统和粗分散系统，见表 1-1。

分散系统分类（按分散相粒子大小）　　表 1-1

分散系统		分散相	分散相粒子直径	性质	实例
真溶液	分子溶液、离子溶液等	小分子、离子、原子	<1nm	均相，热力学稳定系统，扩散快、能透过半透膜，形成真溶液	氯化钠或蔗糖的水溶液、混合气体等
胶体分散系统	溶胶	胶体粒子	1～1000nm	多相，热力学不稳定系统，扩散慢、不能透过半透膜，形成胶体	氢氧化铁溶胶
	高分子溶液	高（大）分子	1～1000nm	均相，热力学稳定系统，扩散慢、不能透过半透膜	聚乙烯醇水溶液
	缔合胶体	胶束	1～1000nm	均相，热力学稳定系统，扩散慢、不能透过半透膜	表面活性剂水溶液
粗分散系统	乳状液、泡沫、悬浮液	粗颗粒	1～1000nm	多相，热力学不稳定系统，扩散慢或不扩散、不能透过半透膜或滤纸，形成悬浮液或乳状液	浑浊泥水、牛奶、豆浆等

溶胶也可依据分散相和分散介质聚集状态的不同，分为气溶胶（分散介质为气态）、液溶胶（分散介质为液态）和固溶胶（分散介质为固态），见表 1-2。

溶胶分类　　表 1-2

名称	分散相	分散介质	实例
气溶胶	液固	气态	云、雾、喷雾烟、粉尘
液溶胶	气液固	液态	肥皂泡沫、牛奶、含水原油、油墨、泥浆
固溶胶	气液固	固态	泡沫塑料、珍珠、有色玻璃、某些合金

（2）溶胶的光学性质——丁铎尔效应

溶胶的光学性质是其高度的分散性和多相的不均匀性特点的反映。

例如，在暗室里，将一束经聚集的光线投射到溶胶上，在与入射光垂直的方向上可观察到一个发亮的光锥，如图 1-7 所示。此现象是英国物理学家丁铎尔（Tyndall）于 1869 年首先发现，故称为丁铎尔效应。而对于纯水或真溶液，用肉眼几乎观察不到此种现象，故丁铎尔效应是人们用于鉴别溶胶与真溶液的最简便的方法。

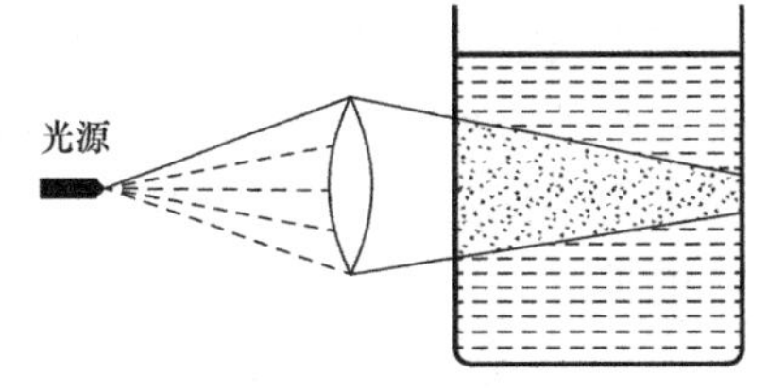

图 1-7　丁铎尔效应

光束投射到分散系统上，颗粒较大足以发生光的吸收、反射、散射或折射。当入射光的频率与分子的固有频率相同时，则发生光的吸收；当光束与系统不发生任何相互作用时，则可透过；当入射光的波长小于分散相粒子的尺寸时，则发生光的反射；若入射光的波长大于分散相粒子的尺寸时，则发生光的散射。可见光的波长在 400～760nm 的范围，一般胶粒的尺寸为 1～1000nm，当可见光束投射于溶胶时（如粒子的直径小于可见光波长），则发生光的散射现象。这样被光照射的微小晶体上的每个分子，向四面八方辐射出与入射光有相同频率的次级光波，由此可知，产生丁铎尔效应的实质是光的散射。

（3）溶胶的动力学性质

1）布朗运动

在显微镜下，人们观察到分散介质中溶胶粒子处于永不停息、无规则的运动之中，这种运动即为布朗运动。在分散系统中，分散介质的分子皆处于无规则的热运动状态，它们从四面八方连续不断地撞击分散相的粒子。对于接近或达到溶胶大小的粒子，与粗分散的粒子相比较，它们所受到的撞击次数要小得多，在各个方向上所遭受的撞击力，完全相互抵消的概率甚小。某一瞬间，粒子从某一方向得到冲量便可以发生位移，如图 1-8（a）所示。图 1-8（b）是每隔相等的时间，在超显微镜下观察一个粒子运动的情况，它是空间运动在平面上的投影，可近似地描绘胶粒的无序运动。可见，布朗运动是分子热运动的必然结果，是胶粒的热运动。

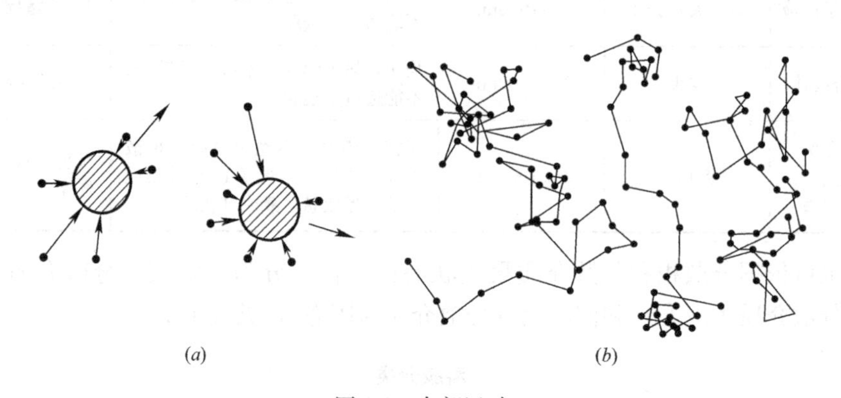

图 1-8 布朗运动

（a）胶粒受介质分子冲击示意图；（b）超显微镜下胶粒的布朗运动

2）扩散

对真溶液，当存在浓度梯度时，溶质、溶剂分子会因分子热运动而发生定向迁移，从而趋于浓度均一的扩散过程。同理，对存在浓度梯度的溶胶分散系统，尽管从微观上每个溶胶粒子的布朗运动是无序的，向各个方向运动的概率都相等，但从宏观上来讲，总的净结果是溶胶粒子发生了由高“浓度”向低“浓度”的定向迁移过程，这种过程即为溶胶粒子的扩散。

3）沉降与沉降平衡

多相分散系统中的粒子，因受重力作用而下沉的过程称为沉降。因布朗运动及由浓度差引起的扩散作用使粒子趋于均匀分布。沉降与扩散是两个相反的作用。当粒子很小，受重力影响可忽略时，主要表现为扩散（如真溶液）；当粒子较大，受重力影响占主导作用时，主要表现为沉降（如浑浊的泥水悬浮液）；当粒子的大小相当，重力作用和扩散作用相近时，构成沉降平衡；粒子沿高度方向形成浓度梯度，粒子在底部密度较高，上部密度较低，如图 1-9 所示，一些胶体系统在适当条件下会出现沉降平衡。

（4）电泳

在外电场的作用下，溶胶粒子在分散介质中定向移动的现象称为电泳。电泳现象说明溶胶粒子是带电的。测定电泳速度的实验装置，如图 1-10 所示。以 $Fe(OH)_3$ 溶胶为例，实验时先在 U 形管中装入适量的 NaCl 溶液，再通过支管从 NaCl 溶液的下面缓慢地压入棕红色的 $Fe(OH)_3$ 溶胶，使其与 NaCl 溶液之间有清楚的界面，通入直流电后可以观察到电泳管中阳极一端界面下降，阴极一端界面上升，$Fe(OH)_3$ 溶胶向阴极方向移动，这说明 $Fe(OH)_3$ 溶胶粒子带正电荷。

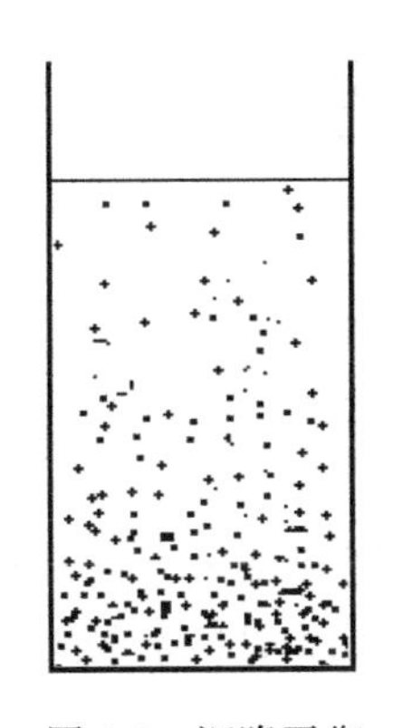

图 1-9 沉降平衡

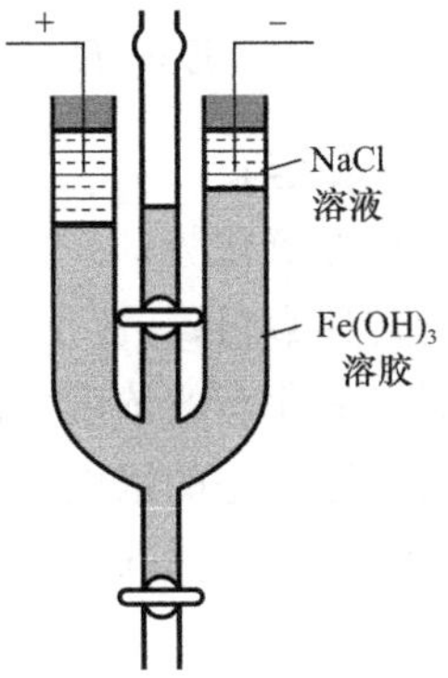

图 1-10 电泳实验装置

1.2 氧化还原反应

1.2.1 氧化还原反应的原理及能斯特方程

氧化还原反应的原理是电子由一种原子或离子转移到另一种原子或离子上，失去电子的过程称为氧化，获得电子的过程称为还原。例如，碘离子（I^-）氧化为碘分子（I_2），重铬酸根离子（$Cr_2O_7^{2-}$）还原为三价铬离子 Cr^{3+}：

$$2I^- \rightleftharpoons I_2 + 2e;$$

$$Cr_2O_7^{2-} + 14H^+ + 6e \rightleftharpoons 2Cr^{3+} + 7H_2O$$

由于电子不能独立存在于溶液中，所以氧化还原反应中氧化过程和还原过程必然同时存在，即一种原子（或离子）被氧化的同时，必然伴随着另一种离子（或原子）被还原。如重铬酸根离子与碘离子的反应：

$$Cr_2O_7^{2-} + 6I^- + 14H^+ \rightleftharpoons 2Cr^{3+} + 7H_2O + 3I_2$$

在反应中得到电子的物质称为氧化剂，它能使其他物质氧化而本身被还原，如上述反应中的 $Cr_2O_7^{2-}$ 离子；在反应中失去电子的物质称为还原剂，它能使其他物质还原而本身被氧化，如上述反应中的 I^- 离子。无机物的氧化还原反应一般都是可逆的，有机物的氧化还原反应多是不可逆的。

具有氧化还原性质的物质，总是由其氧化态和还原态组成一个氧化还原电对，即：

$$\text{氧化型} + ne \rightleftharpoons \text{还原型}$$

每一可逆的氧化还原电对的氧化或还原能力的强弱用氧化势表示。氧化势越大，则氧化态的氧化能力越强，即容易接受电子，而其还原态的还原能力越弱；相反，氧化势越小，则还原态的还原能力越强，即容易给出电子，其氧化态的氧化能力越弱。

每一物质氧化势的大小，是由氧化还原电对与标准氢电极组成的原电池测得的电势表示。当氧化还原电对的氧化态和还原态的离子浓度各为 1mol/L 时，所测得的电势为该物质的标准氧化势 E_0。

每一物质氧化势由其本质决定，但也与其浓度有关。氧化势与浓度（或活度）的关系可用能斯特方程表示，在 20℃时：

$$E = E_0 + \frac{0.059}{n}\lg\frac{[\text{氧化态}]}{[\text{还原态}]} \tag{1-9}$$

式中　E——电对的氧化势；

E_0——电对的标准氧化势；

n——电子的转移数目；

[氧化态]——平衡时，氧化态的浓度（活度），mol/L；

[还原态]——平衡时，还原态的浓度（活度），mol/L。

根据能斯特方程可知，氧化态和还原态的浓度比值对氧化势有影响，溶液的 H^+ 离子浓度也对氧化势有影响。因为 H^+ 离子也参与反应，所以 H^+ 离子浓度改变，则电对的氧化势也会改变。如果溶液中有配位化合物或沉淀形成，就会改变氧化态与还原态的浓度比值，使该电对的氧化势发生变化。

1.2.2　氧化还原反应的方向及完全程度

氧化还原反应的方向和反应的完全程度由各氧化剂和还原剂两电对的氧化势差别来决定。氧化还原反应是从较强的氧化剂和还原剂向生成较弱的氧化剂和还原剂的方向进行的。即每一个氧化势较大的氧化剂，均能氧化电势较小的还原剂。相反，每一个氧化势较小的还原剂，均能还原电势较大的氧化剂。例如，金属锌 Zn（$E_0=-0.76$V）是比铅 Pb（$E_0=-0.13$V）或铜 Cu（$E_0=+0.34$V）强的还原剂，若用金属锌 Zn 对 Pb^{2+}、Cu^{2+} 的溶液作用，则 Pb^{2+} 或 Cu^{2+} 将会被还原，反应如下：

$$Pb^{2+} + Zn \longrightarrow Pb\downarrow + Zn^{2+}$$

$$Cu^{2+} + Zn \longrightarrow Cu\downarrow + Zn^{2+}$$

两电对的氧化势差别越大，反应进行得越完全。如果差别较小，反应进行程度很小就达到平衡，则反应不完全。

1.2.3　氧化还原反应的速率及影响因素

虽然氧化还原反应可根据电对的氧化势判断反应进行的方向和完全程度，但这只是表明反应进行的可能性，并不能给出反应进行的速率。除了参与反应的氧化还原电对本身的性质，外界条件（如反应物浓度、温度、催化剂等）也是影响氧化还原反应速率的因素。

通常来说，反应物的浓度越大，反应的速率越快。对于大多数反应而言，升高溶液的温度，可提高反应速率。因为溶液温度升高时，不仅增加了反应物之间的碰撞概率，还增加了活化分子或活化离子的数目（一般溶液的温度每升高 10℃，可以使反应速率增加 2～3 倍）。在分析中，经常利用催化剂来改变反应速率。催化剂分为正催化剂和负催化剂。正催化剂加快反应速率，负催化剂减慢反应速率。负催化剂又叫“阻化剂”。

1.3　电化学基础

电化学分析是应用电化学原理和实验技术建立起来的一类分析方法。它把测定对象作为一个化学电池的组成部分，通过测量电池的某些物理量（如电位、电流电导或电量等），求得物质的含量或测定某些化学性质。

1.3.1 原电池和电解池

化学电池包括原电池和电解池，原电池是将化学能转变为电能的装置，电解池是将电能转变为化学能的装置。

（1）原电池

原电池由两个电极构成，以锌-铜原电池为例，Cu 与 $CuSO_4$ 溶液构成一个电极，Zn 与 $ZnSO_4$ 溶液构成另一个电极，两电极中间为盐桥。若将一电流计接在导线中间，则由电流计的指针偏转方向可以确定电子是由 Zn 极流向 Cu 极，即电流方向是从 Cu 极到 Zn 极。Cu 极是正极，Zn 极为负极。Zn 极是阳极，发生氧化反应，Cu 极是阴极，发生还原反应，即：

阳极：$Zn = Zn^{2+} + 2e$　　　　阴极：$Cu^{2+} + 2e = Cu$

原电池的电池反应为：$Cu^{2+} + Zn = Zn^{2+} + Cu$

Zn 失去两个电子氧化成 Zn^{2+} 而进入溶液，Zn 失去的电子留在 Zn 极上，通过外电路流到 Cu 极，被测溶液中 Cu^{2+} 接受，使 Cu^{2+} 还原为金属 Cu 而沉积在 Cu 极上。

（2）电解池

电解池中，Zn 极与外加电源的负极相连，而 Cu 极与正极相连。如果外加电压略大于 Zn-Cu 原电池的电动势，且方向相反时，则有电流通过电解池，在 Cu 极进行氧化反应，在 Zn 极进行还原反应。

阴极：$Zn^{2+} + 2e = Zn$　　　　阳极：$Cu = Cu^{2+} + 2e$

电解池的电池反应为：$Cu + Zn^{2+} = Zn + Cu^{2+}$

电池表示为：(阳)Cu|$CuSO_4(\alpha_1)$ ‖ $ZnSO_4(\alpha_2)$|Zn(阴)电池

电解池电池电动势为：$E_{电池} = \varphi_{右} - \varphi_{左} = -0.763V - 0.337V = -1.100V$

【注意事项】 比较电解池和原电池可知，电池中的正极和负极是根据电流方向确定的，而阳极和阴极是根据电极反应的性质确定的。

1.3.2 电极

电化学分析中，电极是将溶液浓度变换成电信号的一种传感器，主要分为指示电极和参比电极两大类。

（1）指示电极

通常把电极电位随着待测离子浓度变化而变化，并且电极电位与待测离子浓度之间的关系符合能斯特方程的电极，称为指示电极。也就是说，指示电极是能指示被测离子浓度变化的电极。下面分别介绍几种常用的电极。

1）金属电极

将金属或其难溶化合物覆盖的金属置于电解质溶液中，就构成了金属电极。这类电极最常用的是银电极，它可作为银量滴定法的指示电极，与甘汞电极一起指示银量法的终点。

2）离子选择性电极

离子选择性电极是一种电化学传感器，以固体膜或液体膜为传感器，能够选择性地对溶液中某些特定离子产生响应的电极。离子选择性电极主要由敏感膜和内参比电极构成，而内参比电极主要由金属丝和内参比溶液构成。属于这类电极的有 AgCl、AgBr、AgI 等，它们与参比电极一起，可测定溶液中的 Cl^-、Br^-、I^-等离子浓度。

3）玻璃电极

玻璃电极是固定膜电极的一种，主要由敏感玻璃膜制成球泡，泡内充有 pH 值一定的缓冲溶液（常用 0.1mol/L 盐酸），其中插入一支 Ag-AgCl 电极内参比电极。玻璃电极对溶液中的 H^+ 有选择性响应，可以用来测定溶液中 H^+ 离子浓度，即 pH 值。改变玻璃膜的组成，可以制成对 Li^+、Na^+、K^+ 离子有选择性响应的电极，用于分别测定溶液中 Li^+、Na^+、K^+ 的浓度。其优点是响应速度快、不污染样品，缺点是易破损。

（2）参比电极

电位分析法中，单个电极的电位无法测量的，必须再加一个已知电极电位的电极作为参比，测量两个电极的电位差，从而求出待测电极的电位。我们把在温度、压力一定的实验条件下，电极电位准确已知，且不随待测溶液的组成改变而改变的电极称为参比电极。饱和甘汞电极是电位法中最常见的参比电极。下面以饱和甘汞电极为例，说明参比电极的原理。

由金属汞、甘汞和饱和 KCl 溶液组成，用 $Hg \mid Hg_2Cl_2 \mid KCl$ 表示。饱和甘汞电极属于金属-金属难溶盐电极。电极由内、外两个玻璃管组成，内管上端封接一根铂丝，铂丝上部与电极引线相连，铂丝下部插入汞层中（汞层的厚度 0.5～1.0cm）。汞层下部是汞和甘汞的糊状物，内玻璃管下端用多孔陶瓷物质封紧，既可以将电极内外的溶液隔开，又可以提供内外溶液离子通道，起到盐桥的作用。

$$\text{电极反应：} Hg_2Cl_2 + 2e \rightleftharpoons 2Hg + 2Cl^-$$

其电极电位取决于溶液中 Cl^- 离子的浓度，只要 Cl^- 的浓度一定，电极电位的数值就是基本恒定的。

1.3.3 电化学分析法

根据电化学原理，电化学分析法主要有电位分析法、电导分析法、库伦分析法和伏安分析法（极谱分析法）。

（1）电位分析法

电位分析法是基于溶液中某种离子活度和其指示电极组成原电池的电极电位之间的关系建立的分析方法。在被测溶液中插入指示电极与参比电极，通过测量两电极间电位差而测定溶液中某组分的含量。电位分析法又分为直接电位法和电位滴定法。

1）直接电位法

通过测量溶液中某种离子与其指示电极组成的原电池的电动势，直接测出该离子浓度的分析方法。

2）电位滴定法

通过测定滴定过程原电池电动势的变化来确定滴定终点的方法。滴定时，在化学计量点附近，由于被测物质的浓度发生突变，使指示电极电位出现突跃，以此来确定终点。它适合于各种滴定分析，特别是没有合适指示剂、溶液颜色较深或浑浊难以用指示剂判断终点的滴定分析。

其原理是将适当的指示电极和参比电极与被测溶液组成工作电池，滴定过程中每加入一定量的滴定剂就测量一次电动势，在化学计量点附近，由于待测离子浓度突变，引起指示电极电位突变，根据测得的电动势和加入的滴定剂体积计算滴定终点，如图 1-11 所示。

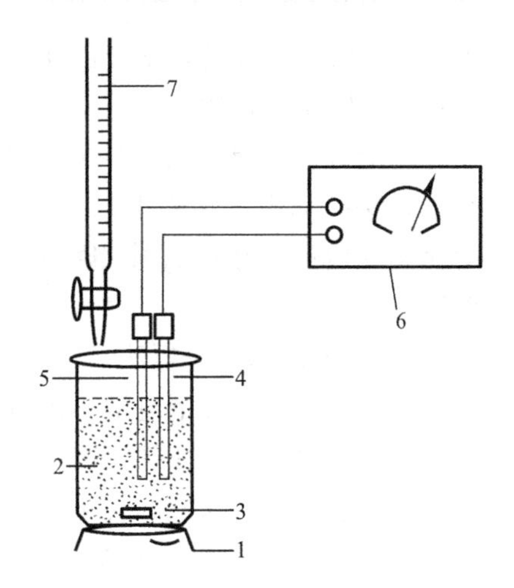

图 1-11 电位滴定装置示意图

1—搅拌器；2—试液；3—搅拌子；4—指示电极；5—参比电极；6—电位计；7—滴定管

在电位滴定中，每加入一次滴定剂，测量一次电动势，直到超过化学计量点，可以得出一系列滴定剂用量 V 和相应电动势 E 数据，为了确定滴定终点，只需准确测量和记录化学计量点前后 1～2mL 内电动势的变化。在化学计量点附近，每加 0.1～0.2mL 滴定剂就需要测量一次电动势，以确定电位滴定终点。电位滴定确定终点通常有 E-V 曲线法、微商法等。

① E-V 曲线法

以加入的滴定剂的体积 V 为横坐标，测得的相应电动势 E 为纵坐标，绘制 E-V 曲线，滴定曲线突跃的转折点为滴定终点，如图 1-12 所示。

② 微商法

ΔE 为相邻两次测定的电位差，ΔV 为相邻两次滴定体积差，V 为相邻两次滴定体积的平均值。绘制 $\Delta E/\Delta V$-V 曲线，又称一次微商曲线。曲线最高点对应的体积为滴定终点体积，如图 1-13 所示。为提高测试精度，相应有二次微商法等。

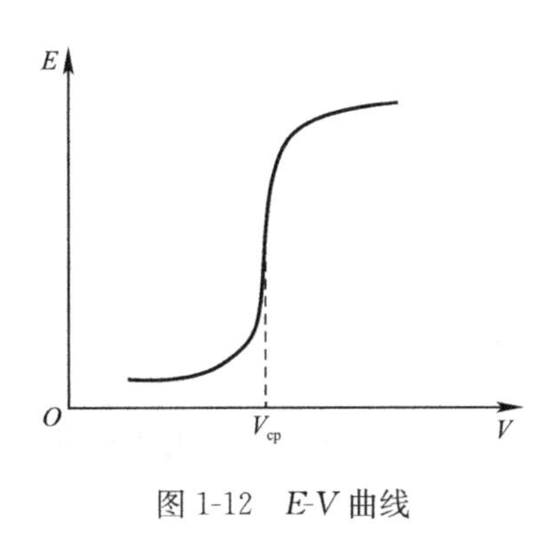

图 1-12 E-V 曲线

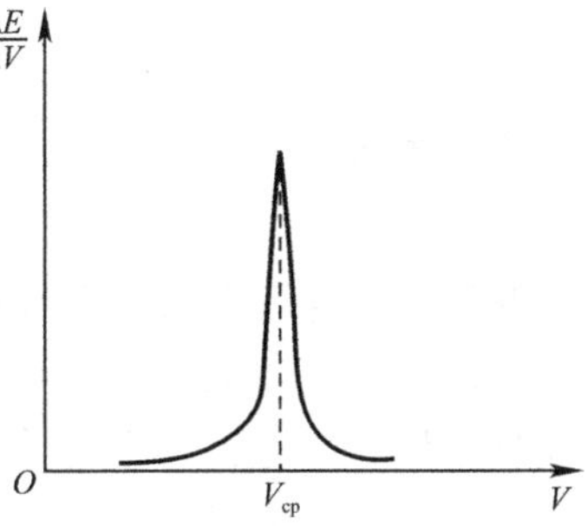

图 1-13 一次微商法 $\Delta E/\Delta V$-V 曲线

（2）电导分析法

电导分析法是以测定溶液的电导及其改变为基础的分析方法。电导分析法分为直接电导法和电导滴定法。

1）直接电导法

通过测定被测组分的电导值以确定其含量，直接根据溶液的电导与被测离子浓度的关系进行分析。直接电导法主要应用于水质纯度的鉴定以及生产中某些中间流程的控制及自动化分析。

2）电导滴定法

根据滴定过程中溶液电导的变化来确定滴定终点。滴定时，滴定剂与溶液中被测离子生成水、沉淀或其他难解离的化合物，从而使溶液的电导发生变化。

(3) 库伦分析法

库伦分析法是通过电解过程中所消耗的电量来进行定量分析的方法。库伦分析法的基础是法拉第定律，要求以 100％的电流效率电解溶液，电解产物与被测物质进行定量的化学反应或直接电解被测物质。库伦分析法分为恒电流库伦分析法和控制电位库伦分析法。

1) 恒电流库伦分析法

在恒电流的条件下电解，由电极反应产生的“滴定剂”与被测物质发生反应，用化学指示剂或电化学的方法确定终点。由恒电流的大小和到达终点需要的时间计算出消耗的电量，由此求得被测物质的含量。

2) 控制电位库伦分析法

以控制电极电位的方式电解，当电流趋近于零时表示电解完成，由测得电解时消耗的电量求出被测物质的含量。

(4) 伏安分析法（极谱分析法）

伏安分析法是根据被测物质在电解过程中的电流-电压变化曲线，来进行定性或定量分析的一种电化学分析法。它是在极谱分析法基础上发展起来的，极谱分析法以液态电极为工作电极，如滴汞电极；而伏安分析法则以固态电极为工作电极，所使用的极化电极一般面积较小，易于被极化，且具有惰性，常用的有金属材料制成的金电极、银电极、悬汞电极等，也有碳材料制成的热解石墨电极、碳纤维电极等。极谱分析法实际上是一种特殊的伏安分析法。随着极谱分析的发展，出现了极谱催化波法、溶出伏安法等新技术和方法。

1.4　微生物学基础

微生物是指存在于自然界的一大群形体微小、结构简单、肉眼不能直接看到，必须借助光学显微镜或电子显微镜放大数百至数万倍才能观察到的微小生物，包括细菌、病毒、真菌、衣原体和原虫等。微生物种类繁多、分布广泛，与人类关系密切。在水质监测中尤其是细菌，因其繁殖快、部分种类对人类有致病性等特点，成为水质监测的重要指标。

1.4.1　细菌的形态和结构

细菌是一类个体微小、结构简单、以二分裂方式繁殖的原核单细胞微生物。细菌一般表现为球状、杆状，还有一部分卷曲成螺旋状，如图 1-14 所示。了解细菌的形态和结构对细菌鉴别及研究细菌的生物学特性有重要意义。

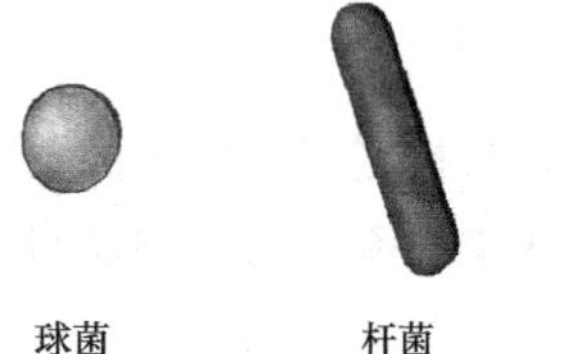

图 1-14　细菌形态种类

细菌的基本结构为细胞壁、细胞膜、细胞质、核质等，也是大多数细菌都有的结构。某些细菌还有特殊结构，如鞭毛、菌毛、荚膜和芽孢等。细菌的结构图，如图 1-15 所示。

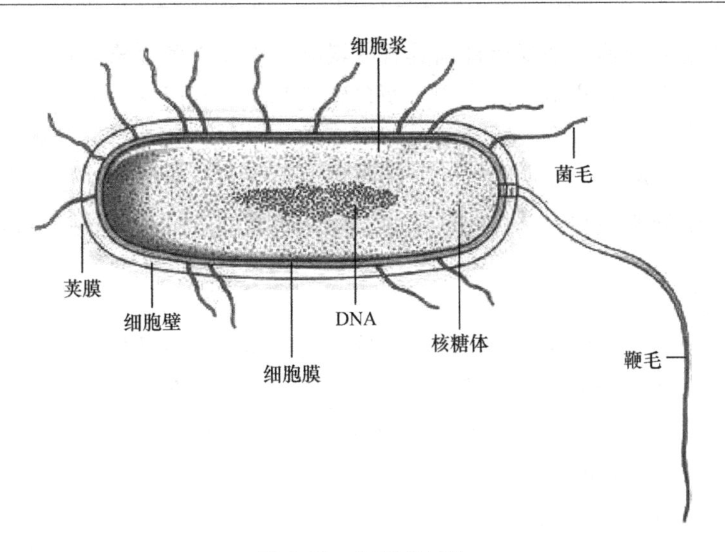

图 1-15　细菌的结构

1.4.2　细菌的代谢

细菌的新陈代谢是指细菌细胞内合成代谢与分解代谢的总和。其显著特点是代谢旺盛和代谢类型的多样化。

细菌的代谢分为两大类，即物质代谢和能量代谢，如图 1-16 所示。

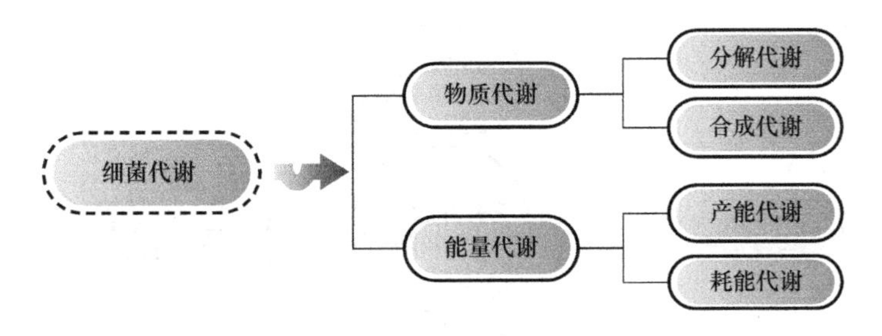

图 1-16　细菌代谢分类

（1）物质代谢

物质代谢分为物质的分解代谢和合成代谢。分解代谢是使结构复杂的大分子降解为小分子物质的过程；合成代谢则是利用小分子物质合成大分子物质的过程。

1）分解代谢

对糖类的分解：细菌分泌胞外酶，将菌体外的多糖分解成单糖（葡萄糖）后再吸收。大多数细菌通常都是先将多糖分解为单糖，再转化为丙酮酸。形成丙酮酸后，需氧菌和厌氧菌对其利用上则有所不同。需氧菌将丙酮酸经三羧酸循环彻底分解成 CO_2 和水，厌氧菌则发酵丙酮酸，产生各种酸类、醛类、醇类、酮类。

对蛋白质的分解：蛋白质分子在细菌分泌的蛋白质水解酶的作用下，在肽键处断裂，生成多肽和二肽。多肽和二肽在肽酶的作用下水解，生成各种氨基酸。二肽和氨基酸可被细菌吸收，氨基酸在体内脱氨基酶的作用下，经脱氨基作用生成氨。

对特定有机物的分解：如变形杆菌具有尿素酶，可以水解尿素，产生氨。乙型副伤寒沙门菌和变形杆菌都具有脱硫氢基作用，使含硫氨基酸（胱氨酸）分解成氨和 H_2S。

对无机物的分解：有些产气肠杆菌分解柠檬酸盐生成碳酸盐，并分解培养基中的铵盐生成氨。细菌还原硝酸盐为亚硝酸盐、氨和氮气的作用，称为硝酸盐还原作用。

各种细菌产生的酶不同，其代谢的基质不同，代谢的产物也不一样，故也可用于鉴别细菌。

2）合成代谢

细菌利用营养物及分解代谢中释放的能量，发生还原吸热及物质合成过程，使简单的小分子物质合成复杂大分子物质，是细菌生长繁殖的基础。在这个过程中要消耗能量。

细菌合成代谢的过程中会形成各类合成代谢产物，如热原质、毒素、色素、抗生素、维生素等。根据代谢产物的特点，也可用于鉴别细菌。

3）分解与合成代谢的关系

分解代谢与合成代谢两者密不可分。其各自的方向与速度受生命体内、外各种因素的调节，以适应不断变化着的内、外环境。复杂分子（有机物）经过分解代谢生成简单分子＋ATP＋[H]。分解代谢为合成代谢提供所需要的能量和原料，而合成代谢又是分解代谢的基础。

（2）能量代谢

根据初始能量的来源不同，通常将细菌分为化能异养菌、光能营养菌和化能自养菌，如图 1-17 所示。

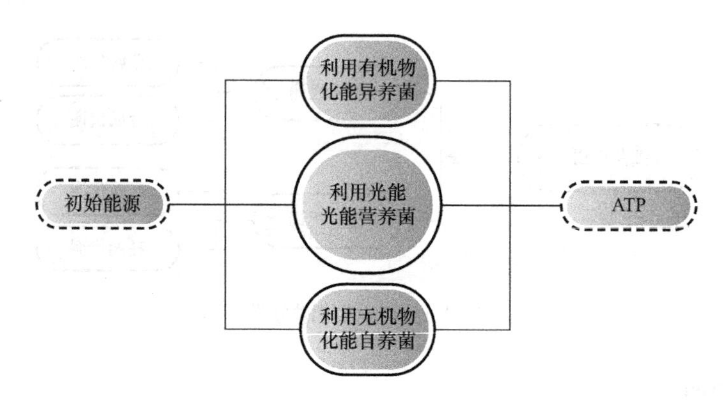

图 1-17　不同类型能量代谢微生物分类

在净水工艺中，各种滤池中均有参与水处理的细菌种群，其中大部分只能以有机物或无机物为初始能源，这类菌主要有化能异养菌和化能自养菌。

1）化能异养菌

根据生物氧化时是否有外源电子受体，以及最终的外源电子受体是否是氧分子，化能异养菌可分为发酵和呼吸，呼吸又包括有氧呼吸和厌氧呼吸。本质上它们均是氧化还原反应。其中，在饮用水处理工艺中，以细菌呼吸作用为主。

2）化能自养菌

又称化能无机营养菌，是一类不依赖任何有机营养物即可正常生长、繁殖的细菌。这类细菌能氧化某种无机物，并利用所产生的化学能还原二氧化碳和生成有机碳化合物。

① 氨的氧化

氨（NH_3）同亚硝酸（NO_2^-）是可以用作能源的最普通的无机氮化合物，能被硝化细菌所氧化。硝化细菌可分为两个亚群：亚硝化细菌和硝化细菌。氨氧化为硝酸的过程可分为两个阶段，先由亚硝化细菌将氨氧化为亚硝酸，再由硝化细菌将亚硝酸氧化为硝酸。

② 铁锰的氧化

例如氧化铁、锰鞘细菌是一类具有催化铁、锰氧化能力的丝状菌，在净水过程中，生物除锰需要亚铁的参与，亚铁的存在除了能够促进细菌分泌胞外酶并刺激其活性外，还通过铁离子的变价传递电子，催化锰离子的氧化反应，从而促进对二价锰的降解。

1.4.3 细菌的生长繁殖规律

细菌在适宜的环境条件下，按照自身的代谢方式进行代谢活动，如果同化作用大于异化作用，则细胞质的量不断增加，当增长到一定程度时，就以二分裂方式，形成两个基本相似的子细胞，子细胞又重复以上过程，此过程称为繁殖。

细菌生长繁殖过程中需要利用的多种营养物质有：水（营养物质溶于水，其吸收和代谢均需有水）、碳源（主要源于糖类，提供能量）、氮源（主要源于氨基酸、蛋白质、硝酸盐等，合成菌体成分）、无机盐（钾、钠、钙、镁等）、生长因子（生长必需但自身无法合成的物质，如某些维生素、氨基酸等）。

大多数细菌的繁殖速度都很快，如大肠杆菌在适宜条件下，每 20min 左右便可分裂一次，如果始终保持这样的繁殖速度，短时间内，其子代群体将达到无法想象的数量。然而实际情况并非如此。

将细菌接种到培养基中，在适宜的条件下培养，定时取样测定细菌含量，可以观察到以下现象：开始在短暂时间内，细菌数量并不增加，随之细菌数量增加变快，既而细菌数又趋稳定，最后逐渐下降。如果以培养时间为横坐标，以细菌数目的对数或生长速度为纵坐标作图，可以得到一条曲线，称为生长繁殖曲线，又叫生长曲线，如图 1-18 所示。生长曲线代表了细菌在新的适宜环境中生长繁殖直至衰老死亡动态变化的全过程。

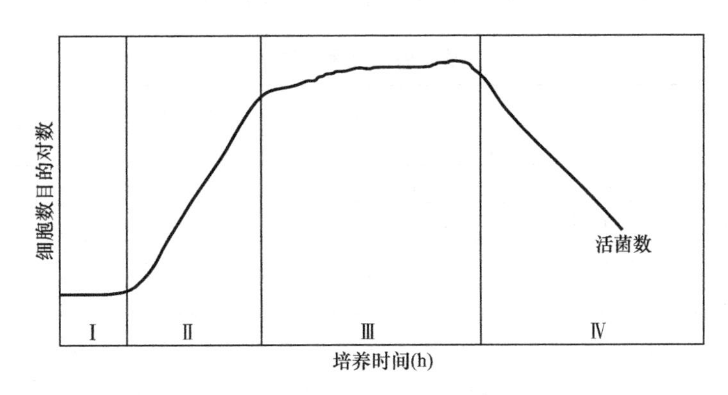

图 1-18 典型细菌生长曲线

Ⅰ—迟缓期；Ⅱ—对数增长期；Ⅲ—稳定生长期；Ⅳ—衰亡期

（1）细菌生长曲线

典型的细菌生长曲线包括四个时期：迟缓期、对数增长期、稳定生长期和衰亡期。

1）迟缓期

生长速率常数为零，对不良环境的抵抗能力下降。原因是细菌刚刚接种到培养基上，其代谢系统需要适应新的环境，同时要合成酶、辅酶、其他中间代谢产物等，所以此时期的细胞数量没有增加。

2）对数增长期

生长速率最快、代谢旺盛、酶系活跃、活细菌数和总细菌数大致接近、细胞的化学组成及形态理化性质基本一致。原因是经过迟缓期的准备，为此时期的细菌生长提供了足够的物质基础，同时对外界环境的适应也达到最佳状态。

3）稳定生长期

活细菌数保持相对稳定、总细菌数达到最高水平、细胞代谢产物积累达到最高峰、芽孢杆菌开始形成芽孢。原因是营养的消耗使营养物比例失调，有害代谢产物积累，pH值等外环境条件不适宜细菌生长。

4）衰亡期

细菌死亡速度大于新生成速度、整个群体出现负增长、细胞开始畸形、细胞死亡出现自溶现象。原因主要是外环境对继续生长越来越不利，细胞的分解代谢大于合成代谢，继而导致大量细菌死亡。

（2）生长曲线测定

生长曲线测定分为生长量测定法和微生物计数法。

生长量测定法包含比浊法、体积测量法、称干重法、菌丝长度测量法等。微生物计数法包含液体稀释法、平板菌落计数法、染色计数法、比例计数法、试纸法、膜过滤法等。目前为止，操作较简便、成本较低、应用较广的方法有比浊法、液体稀释法、平板菌落计数法。

在细菌的对数增长期，以下三个重要指标常用来反映细菌生长的情况。分裂的次数（n），即一个单细胞一分为二的次数；生长速率常数（R），指每小时细胞分裂的次数；代时（G），指细胞每分裂一次所需要的时间。常见典型细菌的代时见表1-3。

常见典型细菌代时 **表1-3**

细菌种类	培养基	培养温度（℃）	代时（min）
大肠杆菌（Escherichia coli）	肉汤	37	17
产气肠杆菌（Enterobacter aerogenes）	合成培养基	37	29～44
嗜热芽孢杆菌（Bacillus thermophilus）	肉汤	55	18.3
枯草芽孢杆菌（Bacillus subtilis）	肉汤	25	26～32
金黄色葡萄球菌（Staphylococcus aureus）	肉汤	37	27～30

在净水工艺中，构筑物滤池常利用菌体代谢作用来净化水体中的有机物或无机物，亦称为生物降解作用。只有当整个菌群处于对数增长期、代谢活动最旺盛时，其生物降解作用最强。微污染水处理的生物接触氧化、深度处理的生物活性炭技术均是目前国内正在大力推广的主流处理工艺，均是利用细菌通过生物降解作用完成对水体微量有机物的降解和去除。

（3）莫诺（Monod）方程

莫诺方程描述了微生物比增殖速度与有机底物浓度之间的函数关系。最早由法国生物学家 Monod 进行单一底物的细菌培养试验总结得来，即当化合物作为唯一碳源时其降解速率方程如下：

$$\mu=\frac{\mu_{max}S}{K_s+S} \tag{1-10}$$

式中 μ——微生物的比增长速率，即单位生物量的增长速率，t^{-1}；

μ_{max}——微生物最大比增长速度，t^{-1}；

K_s——半饱和常数，当 $\mu=\mu_{max}/2$ 时的底物浓度，质量/容积；

S——单一限制性底物浓度。

从方程可以看出微生物增殖速率是微生物浓度的函数，也是底物浓度的函数。营养物质（底物）的浓度与组成会影响微生物培养的生长速度。对微生物的生长起到限制作用的营养物称为限制性底物。

在实验室条件下，底物浓度并不是恒定不变的，因此，在底物浓度变化的过程中，比增长速率（μ）与底物浓度（S）在不同阶段对应不同的关系，如图 1-19 所示。

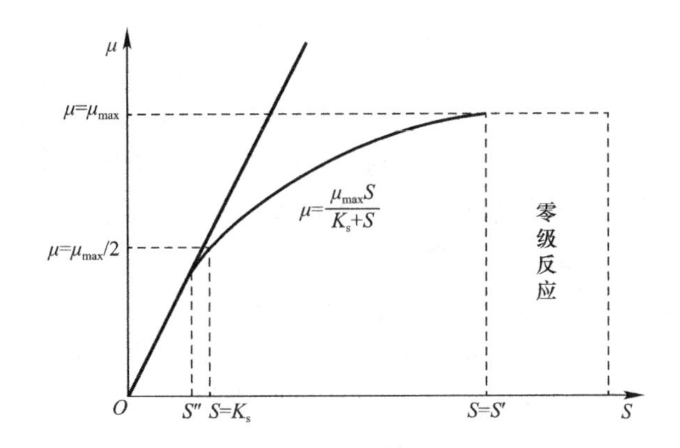

图 1-19 比增长速率（μ）与底物浓度（S）的关系曲线

1）在高底物浓度的条件下，$S \gg K_s$，方程中的 K_s 值可以忽略不计，于是方程可简化为：

$$\mu=\mu_{max} \tag{1-11}$$

说明在高浓度有机底物的条件下，$S \gg K_s$，微生物处于对数生长期，以最大的速度增长，增长速度与有机底物的浓度无关，呈零级反应，即图中底物浓度 S 大于 S' 的区段，这时有机底物的浓度再行提高，降解速度也不会提高。

2）在低底物浓度的条件下，$S \propto K_5$，在方程分母中 S 值可忽略不计，于是方程可简化为：

$$\mu=\frac{\mu_{max}}{K_s}S \tag{1-12}$$

微生物增长遵循一级反应，微生物酶系统多未被饱和，有机底物的浓度已经成为微生物增长的控制因素，即图中底物浓度 $S=0\sim S''$ 的区段，曲线的表现形式为通过原点的直线。这时增加底物浓度将提高微生物的比增殖速率。

1.4.4 水质标准中微生物学指标

目前《生活饮用水卫生标准》GB 5749—2006 中规定了水质微生物共 6 项，其中 4 项常规指标，分别为菌落总数、总大肠菌群、耐热大肠菌群、大肠埃希氏菌，2项非常规指标分别为贾第鞭毛虫、隐孢子虫。肠球菌（属于粪链球菌）、产气荚膜梭状芽孢杆菌（亚硫酸盐还原厌氧菌孢子）及军团菌的检测也进入了人们的视野。

（1）菌落总数

菌落总数是指在营养琼脂上有氧条件下37℃培养48h后，1mL水样所含菌落的总数。菌落总数不适合作为致病菌污染的指示菌，但适合作为水处理和消毒运行监测的指示菌，适合作为评价输配水系统清洁度、完整性和生物膜存在与否的指标。在饮用水处理过程中，混凝沉淀可以降低菌落总数，但细菌在其他工艺段如生物活性炭滤池或砂滤中有可能增殖。氯、臭氧和紫外等消毒可以明显降低菌落总数，但在实际工作中，消毒不可能完全杀灭细菌；在条件适宜的情况下，细菌又会繁殖。其主要影响因素包括温度、营养（如可同化有机碳）、消毒剂的残留量和水流速度等。《生活饮用水卫生标准》GB 5749—2006中限值为100CFU/mL。

（2）总大肠菌群

总大肠菌群是指在37℃培养24h能发酵乳糖、产酸产气、需氧或兼性厌氧的革兰氏阴性无芽孢杆菌。总大肠菌群在自然界分布广泛，包括不同属的多种细菌，因此总大肠菌群不能作为粪便污染的直接指示菌，可以作为评价输配水系统清洁度、完整性和生物膜存在与否的指标，但不如菌落总数灵敏。总大肠菌群还可用于评价消毒效果。一旦检出，表明水处理不充分或输配水系统和储水装置中有生物膜形成或被异物污染。《生活饮用水卫生标准》GB 5749—2006中限值为不得检出。

（3）耐热大肠菌群（粪大肠菌群）和大肠埃希氏菌

耐热大肠菌群（粪大肠菌群）是指在44～45℃仍能生长的大肠菌群。耐热大肠菌群是《生活饮用水卫生标准》GB 5749—2006中规定的检测指标，粪大肠菌群是《地表水环境质量标准》GB 3838—2002中规定的检测指标，通常也看作是一个指标，因为两者从定义上来讲并无太大差别（检测方法相同），且在欧美等国家标准中均有使用，只是从分类学的角度，耐热大肠菌群比粪大肠菌群范围稍大。近年来耐热大肠菌群使用频率更高一些。

多数水体中耐热大肠菌群的优势菌种为大肠埃希氏菌。耐热大肠菌群虽然可靠性差，但因广泛存在于温血动物的粪便中，可以作为粪便污染指标；但饮用水水质监测时，首选大肠埃希氏菌作为消毒指示菌，是因为大肠埃希氏菌主要存在于人体肠道中，与肠道病毒、原虫相比更敏感。

耐热大肠菌群（粪大肠菌群）和大肠埃希氏菌一般在输配水和储水系统中极少检出，一旦检出，就意味着整个系统存在传播肠道致病菌的潜在风险。《生活饮用水卫生标准》GB 5749—2006中限值为不得检出。

（4）隐孢子虫和贾第鞭毛虫

隐孢子虫是一种球形寄生虫，具有复杂的生活史，可进行有性与无性繁殖，主要宿主是人和幼畜，其卵囊可在新鲜水中存活数周或数月，传播途径以粪便-口为主，主要感染途径是人与人接触，其他感染来源包括摄取被污染食物和水以及直接与感染的动物接触。隐孢子虫卵囊对氧化性消毒剂如氯有很强的抵抗力，且由于卵囊体积较小，难以用常规的颗粒性过滤工艺去除，现阶段用膜过滤技术可有效去除卵囊。

贾第鞭毛虫是一种寄生于人体和某些动物胃肠道内的带鞭毛原虫，其生活史较简单，由带鞭毛的滋养体和感染性的厚壁包囊构成。前者在胃肠道内繁殖，后者间歇性脱落并随粪便排出。贾第鞭毛虫能在人类和许多动物体内繁殖，并把包囊排入环境，这些包囊生命力很强，在新鲜水中可存活数周或数月。贾第鞭毛虫包囊对氧化性消毒剂如氯的抵抗力强于肠道细菌，但弱于隐孢子虫卵囊。由于隐孢子虫卵囊与贾第鞭毛虫包囊对氧化性消毒剂均有很强的抵抗力，所以大肠杆菌不能作为确定饮用水中隐孢子虫与贾第鞭毛虫是否存在的可靠指标。《生活饮用水卫生标准》GB 5749—2006 中隐孢子虫、贾第鞭毛虫的限值均为小于 1 个/10L。

(5) 产气荚膜梭状芽孢杆菌（亚硫酸盐还原厌氧菌孢子）

梭状芽孢杆菌是指一类革兰氏阳性、厌氧、能够还原亚硫酸盐的杆菌。它们能产生芽孢，对不良水环境条件如紫外线照射、温度、极端 pH 和诸多氯消毒过程等有很强的抵抗力。最具代表性的就是产气荚膜梭状芽孢杆菌，该菌来源于人和其他温血动物的肠道，在大多数水体中不繁殖，是粪便污染的特异性指示菌。因产气荚膜梭状芽孢杆菌对消毒和其他不良环境条件有较强抵抗力，所以该菌还可以作为水体受到粪便陈旧污染的指示菌。在水体中检出该菌说明水体存在粪便间歇性污染的可能，又因为其芽孢的生存时间较长，因此还用于过滤效果的评价。

(6) 肠球菌

肠球菌是粪链球菌的一个亚群，包括链球菌属的一些种，均为革兰氏阳性菌，对氯化钠和碱性条件具有耐受性。他们兼性厌氧，以单细胞、成对或短链形式出现。肠球菌可用作粪便污染的指示菌。多数菌种不能在水中繁殖。在人体肠道中较大肠菌群低一个数量级，但对干燥和氯的抵抗力更强，常用于评价输配水系统维修后或新管道铺设后的水质。

(7) 军团菌

军团菌是一类革兰氏阴性杆菌，无芽孢、无荚膜、有端鞭毛或侧鞭毛。广泛存在于各种水环境中，在 25℃以上均可繁殖。所有军团菌都具有潜在致病性。在自然界军团菌主要分布在淡水环境如河流、溪水和蓄水池中，但数量相对较低。在某些人造水环境中，该菌可大量存在，如与空调系统有关的水冷设备、热水供应系统，这些环境可为军团菌提供适宜的生长条件。军团菌可在生物膜和沉积物中存活和生长。其对供水管道的安全性评价意义不容忽视。

1.4.5 国内外水质标准微生物学指标比较

饮用水中的微生物可引发突发公共卫生事件，因此，国内外都非常重视饮用水中微生物指标的监测，不同国家和地区所选用的监测指标并不一致，见表 1-4。从指标数量上看，美国最多，高达 7 项，且当贾第鞭毛虫和病毒被灭活后，军团菌也能得到有效控制，因此，虽然列出了军团菌这项指标，但并未给出具体限值；中国有 6 项，日本有 3 项，欧盟以及世界卫生组织（WHO）较少，只有 2 项。

值得注意的是，美国和日本均引入了异养菌总数这一指标。部分异养菌本身不会影响人体健康，但是它可以作为细菌消毒效率和管网清洁的指示菌，因为出厂水经消毒后进入管网，异养菌可以在适宜条件下利用水中的营养元素和可生物同化有机碳进行繁殖，造成二次污染。此外，浊度被美国列在微生物指标中，这反映了美国对浊度的认识不仅仅局限在感官上，更视其为细菌和病毒的载体。水的浊度降低，则相应的微生物也能够得到有效去除。

中国、美国、欧盟、日本、WHO的饮用水标准中微生物学指标比较 **表1-4**

项目	中国（2006）	美国（2012）	欧盟（2015）	日本（2015）	WHO（4th）
菌落总数	100CFU·mL^{-1}	—	—	100CFU·mL^{-1}	—
总大肠菌群	不得检出	5%①	—	不得检出	不得检出
耐热大肠菌群	不得检出	—	—	—	不得检出
大肠埃希氏菌	不得检出	—	不得检出	—	—
贾第鞭毛虫	<1个/10L	99.9%去除、灭活	—	—	—
隐孢子虫	<1个/10L	99.9%去除、灭活	—	—	—
病毒	—	99.9%去除、灭活	—	—	—
异养菌总数	—	500CFU·mL^{-1}	—	2000CFU·mL^{-1}	—
肠球菌		—	不得检出	—	—
军团菌	—	无限值	—	—	—
浊度/NTU	—	5	—	—	—

① 表示每月样品中总大肠菌群的检出率不超过5%；若总大肠菌群检出，则必须检测粪大肠菌群，且粪大肠菌群不得检出。

WHO在《饮用水水质准则》（第四版）中明确提出：无论发展中国家还是发达国家，与饮用水有关的安全问题大多来自于微生物，并将微生物问题列为首位。随着微生物指标在水质标准中地位的提升和近年来微生物检测技术的突飞猛进，我国的《生活饮用水卫生标准》GB 5749—2006中微生物指标数量与WHO、欧盟、美国和日本等发达国家相比，已和世界接轨，甚至某些指标更严于发达国家。而更多的微生物监测指标对于研究饮用水的生物稳定性有着重要的意义。

第 2 章　给水处理基本工艺

2.1　水源及卫生防护

天然饮用水水源包括江河、湖泊、水库和地下水。这些天然水体由于形成条件不同，水中所含杂质在种类和数量上有很大差别，因而各种水源的水质特征也不相同。

（1）水源分类

水源分为地下水和地表水。地下水分为潜水（无压地下水）、自流水（承压地下水）和泉水。地表水分为江河、湖泊、水库和海水。

（2）水源特点

1）地下水

地下水是水在地层中渗透聚集而成，存在于土层和岩层中。大气降水是地下水的主要来源，水在渗透过程中，水中的大部分悬浮物、胶体被土壤和岩层拦截去除。地下水外观清澈，水温、水质稳定，不易受外界环境的影响和污染，是较好的生活饮用水水源。

2）江河水

江河水是由大气降水、雪山融水和地下水补给，补给水经地面径流汇集流入江河。水在地面流动汇集的过程中，由于水流的冲刷卷带大量的泥沙、黏土、腐殖质、微生物、有机物等，所以水体较浑，一般呈黄褐色。由于江河所处的自然条件不同，受外界因素的影响也不一样，因此各条河流及同一条河流不同河段中水的理化成分和微生物含量均有所不同。主要是受气候、自然地理、土壤植被等因素的影响，例如我国的华东、东北和西南地区，其气候条件、土质、土壤植被较好，大部分河流浑浊度较低，一年之中除雨季水体浑浊外，一般水质较清，浑浊度在 50～400NTU 之间。西北、华北地区的土壤植被覆盖率较差，原因是水土流失严重，河水浑浊度高，泥沙含量大，尤其黄河水的含沙量高达每立方米数十公斤至数百公斤。

周围环境对江河水水质的污染主要来自工业废水、生活污水和人为污染，使各种有毒有害物质侵入水体后造成水质恶化。如未经处理的工业废水中含有大量的重金属离子、氰化物、有毒有害的有机物等；酸、碱废水会改变河水的酸碱性；印染制革等废水不仅使水体产生异色，又增加水的耗氧成分；石油化工废水使河水产生令人厌恶的气味；生活污水、医院废水和食品工业废水致使河水中有机物、细菌、病毒含量增多。

总之，江河水的特点是含盐量较低、硬度低、浑浊度高、细菌含量高、受污染机会多、水质受外界环境影响较大。

3）湖泊和水库水

湖泊和水库水主要是由江河水来补给，一般情况下，河水进入湖泊水库后，其中夹带着悬浮物，泥沙经过长期的自然沉淀而沉入水底，水流缓慢，水体相对稳定。水的浑浊度较低，透明度较高，加上日照条件好，因此各种水藻和浮游生物大量繁殖，使水产生色、嗅、味；同时，水中的动植物残骸沉于底部腐败分解，使底部的淤泥中产生大量的腐殖酸，严重时使水体处于富营养化状态，在一定的外界条件的影响下使水质恶化。

每当冬季水温降低后水中的浮游生物大量死亡，残骸沉于水底。春季水温上升，表层和底层水发生对流，底部的沉积物上浮，其中死亡的浮游生物的又作为新浮游生物的营养来源，供其生长繁殖。这种由水体自身产生营养元素的情况叫作湖泊水库的内部负荷。由于大气降水径流，工业废水和生活污水的排放，以及湖泊水库内部非自然因素（旅游废弃物、人工养鱼的饵料投放等）向水体提供营养元素的情况叫作湖泊水库的外部负荷。当然，外部负荷除提供营养元素外，还可能混入有毒有害的元素及其化合物，这就更加危险，因而作为生活饮用水水源的湖泊水库，必须做好外部的水环境质量保护，以保证水源水质的安全。

（3）水源的选择

我国水资源总量约为2.8万亿m^3/年；虽然我国水资源总量不算少，但由于我国人口众多，故人均水资源占有量很低，还不到世界人均占有量的1/4。

饮用水的水源水量要充沛可靠，既要满足目前需要，也要适应发展的要求。在水源选择时，要根据本地区远、近期供水规划，历年来的水质、水文和水文地质资料，取水点及附近地区的卫生状况，从卫生经济、技术、水资源等多方面进行综合评价，选择水质良好、水量充沛、便于防护的水源。

在选择地表水为水源时，应按照《地表水环境质量标准》GB 3838—2002的规定执行，了解水源上、下游工农业生产污染的情况，收集历年来水质监测资料，并对水源水质进行全面的检测，评价水源水质的化学、毒理学等指标。

作为城镇给水水源，其水质必须符合国家有关规定。对水源地必须加强监测、管理与保护，使原水水质始终能够达到和保持国家标准要求。

（4）水源的卫生防护

《地表水环境质量标准》GB 3838—2002中，依据地表水水域环境功能和保护目标，划分为五类：Ⅰ类适用于源头水、国家自然保护区，Ⅱ类适用于集中式生活饮用水地表水源地一级保护区、珍稀水生生物栖息地、鱼虾类产卵场、仔稚幼鱼的索饵场等，Ⅲ类适用于集中式生活饮用水地表水源地二级保护区、鱼虾类越冬场、洄游通道、水产养殖区等渔业水域及游泳区等，Ⅳ类主要适用于一般工业用水区及人体非直接接触的娱乐用水区，Ⅴ类主要适用于农业用水区及一般景观要求水域。我国人均水资源占有量很低，水资源相当紧缺。这不仅指资源型缺水，同时还存在不合理开发利用和水的浪费。因此，保护水源、节约用水是改变目前我国水资源状况的重要手段。

1）地表水源卫生防护

生活饮用水地表水源保护区分为一级保护区和二级保护区。按国家水源保护有关要求，地表水源卫生防护应遵守以下规定。

① 取水点周围半径100m的水域内，严禁捕捞、网箱养殖、停靠船只、游泳和从事其他污染水源的活动。

② 取水点上游1000m至下游100m的水域不得排入工业废水和生活污水，其沿岸防护范围内不得堆放废渣。不得设立有毒、有害化学物品仓库、堆栈，不得设立装卸垃圾、粪便和有毒有害化学物品的码头，不得使用工业废水或生活污水灌溉及使用难降解或剧毒的

农药，不得排放有毒气体、放射性物质，不得从事放牧等有可能污染该段水域水质的活动。

③ 以河流为给水水源的集中式供水，由供水单位及其主管部门会同卫生、环保、水利等部门，根据实际需要，可把取水点上游 1000m 以外的一定范围河段划为水源保护区，严格控制上游污染物排放量。

④ 受潮汐影响的河流，其生活饮用水取水点上下游及其沿岸的水源保护区范围应相应扩大，其范围由供水单位及其主管部门会同卫生、环保、水利等部门研究确定。

⑤ 作为生活饮用水水源的水库和湖泊，应根据不同情况，将取水点周围部分水域或整个水域及其沿岸划为水源保护区，并按规定执行。

⑥对生活饮用水水源的输水明渠、暗渠，应重点保护，严防污染和水量流失。

2）地下水源卫生防护

按国家水源保护有关要求，地下水水源卫生防护必须遵守以下规定。

① 生活饮用水地下水水源保护区、构筑物的防护范围及影响半径的范围，应根据生活饮用水水源地所处的地理位置、水文地质条件、供水数量、开采方式和污染源分布，由供水单位及其主管部门会同卫生、环保及规划设计、水文地质等部门研究确定。

② 在单井或井群的影响半径范围内，不得使用工业废水或生活污水灌溉和施用难降解剧毒的农药，不得修建渗水厕所、渗水坑，不得堆放废渣或铺设污水渠道，并不得从事破坏深层土层的活动。

2.2　给水处理的常规工艺

2.2.1　给水处理概述

天然水源中，无论是地下水还是地面水都不可避免地含有各种杂质，为了保障人的身体健康，作为饮用水的水源必须经过必要的净化处理手段来改善水质，使之达到清洁卫生、无毒、无害的目的。

（1）原水中的杂质

自然界中的水处于不停的循环过程中，它通过降水、径流、渗透和蒸发等方式循环不止。水中的杂质，有的来源于自然过程的形成，如地层矿物质在水中的溶解，水中微生物的繁殖及其死亡残骸，水流对地表及河床冲刷所带入的泥沙和腐殖质等；有的来源于人为因素的排放污染，如人工合成的有机物，其中以农药、杀虫剂和有机溶剂为主。

水中杂质可以分为无机物、有机物及微生物。按照杂质粒径大小可分为溶解物、胶体和悬浮物，见表 2-1。

原水中杂质的分类　　**表 2-1**

分散颗粒	溶解物（小分子、离子）		胶体		悬浮物			
粒径	0.1nm	1nm	1nm	100nm	1μm	10μm	100μm	10mm
水溶液名称	真溶液		胶体溶液		悬浊液			
水溶液外观	透明		光照下浑浊		浑浊		肉眼可见	

(2) 处理方法

饮用水处理的目的就是通过必要的处理方法，使水源水达到饮用水水质标准，从而保证饮用水的卫生安全性。由于水源种类及其原水水质的不同，所用处理方法和工艺也各不相同。

地下水源水由于原水水质较好，处理方法比较简单，一般只需消毒处理即可。若原水中含铁、锰或氟超标时，还需先进行相应处理。

在以地表水为水源时，饮用水常规处理的主要去除对象是水中的悬浮物质、胶体物质和病原微生物，所需采用的技术包括混凝、沉淀、过滤、消毒。

20世纪70年代以来，由于环境污染使水源污染的成分更加复杂，特别是有机物污染，仅采用常规处理方法是不能使之去除的。因此，在常规处理的基础上往往还应增加预处理或深度处理方法。

(3) 处理工艺流程

在给水处理过程中，水中的悬浮物和胶体物质等杂质，经过投药、混凝反应、沉淀(澄清)、过滤、消毒等工艺流程，加以去除，使水质达到符合人们生活、生产用水的标准。

1) 常规处理工艺

饮用水的常规处理工艺主要是采用物理化学作用，使浑水变清（主要去除对象是悬浮物和胶体杂质）并杀菌灭活，使水质达到饮用水水质标准。

常规处理工艺通常是在原水中加入适当的水处理絮凝剂（混凝剂、助凝剂），使杂质微粒互相凝聚而从水中分离出去，包括混凝、沉淀（或澄清、气浮）、过滤、消毒等过程。一般地表水源的饮用水处理工艺就是这种方法，其工艺流程如图2-1所示。

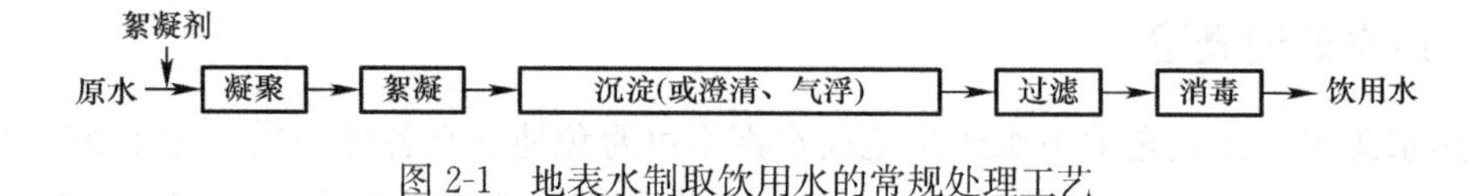

图2-1　地表水制取饮用水的常规处理工艺

2) 预处理和深度处理工艺

对微污染饮用水源水的处理方法，除了要保留或强化传统的常规处理工艺之外，还应附加生化或特种物化处理工序。一般把附加在常规净化工艺之前的处理工序叫预处理工艺；把附加在常规净化工艺之后的处理工序叫深度处理工艺。

预处理和深度处理工艺的基本原理主要是吸附、氧化、生物降解、膜滤四种作用，即或者利用吸附剂的吸附能力去除水中有机物，或者利用氧化剂及光化学氧化法的强氧化能力分解有机物，或者利用生物氧化法降解有机物，或者以膜滤法滤除大分子有机物，有时几种作用也可同时发挥。因此，可根据水源水质将预处理、常规处理、深度处理有机结合使用，以去除水中各种污染物质，保证饮用水水质。

2.2.2　混凝

天然水体中含有大量细小的黏土颗粒，粒径很小，属于胶体物质，不能自然沉淀。水中含有许多细小的悬浮物质，如藻类、细菌、细小的颗粒物等，因其沉速很小，也难以沉淀。

(1) 混凝工艺简介

混凝处理是向水中投加混凝剂，使水中的胶体颗粒和细小的悬浮物相互凝聚长大，形成具有沉淀性能良好、尺寸较大的絮状颗粒（矾花），使之在后续的沉淀工艺中能够有效地从水中沉淀下来。

在整个混凝过程中，一般把混凝剂水解后和胶体颗粒碰撞，改变胶体颗粒的性质使其脱稳，称为“凝聚”。在外界水力扰动条件下，脱稳后颗粒相互聚结，称为“絮凝”。“混凝”是凝聚和絮凝的总称。在水处理中，凝聚与絮凝两个工艺过程分别称为“混合”与“反应”，其对应的设备又分别称为混合池（或混合器）与反应池（或絮凝池）。

（2）混凝机理

水中胶体一般分为两大类，一类是亲水胶体（与水分子有很强的亲和力，发生水合现象的胶体），如蛋白质、碳氢化合物以及一些复杂有机大分子形成的胶体；另一类是憎水胶体（与水分子亲和力较弱，一般不发生水合现象的胶体），如黏土、矿石粉等。水中的憎水胶体颗粒含量很高时，引起水的浑浊度变化，有时还出现色度增加，且容易附着其他有机物和微生物，是水处理的主要对象。

1）胶体的稳定性

水中胶体的稳定性，是指胶体颗粒在水中长期保持分散悬浮状态的特性。水中微小颗粒的悬浮物和胶体杂质均具有上述的稳定性，只是程度不同而已。

胶体颗粒具有稳定性的原因与微粒的布朗运动、胶体颗粒间的静电斥力和胶体颗粒表面的水化作用有关。其中，由微粒的布朗运动引起的称为动力学稳定，由胶体颗粒间的静电斥力和胶体颗粒表面的水化作用引起的称为聚集稳定。

① 胶体颗粒的布朗运动

经长时间静置不沉的杂质大多为胶体颗粒，其尺寸很小，同时受水分子撞击次数较少，各方向撞击力平衡抵消的概率较小，且因微粒质量甚小而重力影响甚微，致使微粒在水中做无规则的高速运动并趋于均匀分散状态的布朗运动［见本书 1.1.2 节（3）］。动力学稳定是指颗粒布朗运动对抗重力影响的能力。

水分子和其他溶解杂质分子的布朗运动既是胶体颗粒稳定性因素，又是能够引起颗粒运动碰撞聚结的不稳定因素。大颗粒悬浮物如泥沙等，在水中的布朗运动很微弱甚至不存在，在重力作用下会很快下沉；胶体粒子在布朗运动作用下有自发的相互聚集的倾向，但如果胶体粒子很小，布朗运动剧烈，本身质量小而所受重力作用小，布朗运动足以抵抗重力影响，故能长期悬浮于水中。这种悬浮物称动力学不稳定；粒子愈小，动力学稳定性愈高。

② 胶体颗粒间的静电斥力

水中胶体颗粒之间还存在着相互吸引力，吸引力大小和颗粒的间距有关，颗粒相距越近，引力越大。

对憎水胶体而言，聚集稳定性主要决定于胶体颗粒表面的 ζ 电位。造成水体浑浊的颗粒主要是黏土胶体，其结构及双电层示意图，如图 2-2 所示。黏土胶体的核心由许多二氧化硅分子组成，叫作“胶核”，是固体颗粒。胶核表面上吸附或电离产生了电位离子层，具有一个总电位（ϕ 电位）。由于该层电荷作用，使其在表面附近从水中吸附了一层电荷符号相反的离子，形成了反离子吸附层（主要是 H^+ 离子）。反离子吸附层紧靠胶核表面，随胶核一起运动，称为胶粒。ϕ 电位和吸附层中的反离子电荷量并不相等，其差值称为 ζ 电位，也就是胶粒表面（或胶体滑动面）上的电位，故使胶粒带有负电荷，ζ 电位愈高，同性电荷斥力愈大。另一部分扩散于溶液中的正电荷离子因离开胶核比较远，分布比较松散，形成了扩散层，带负电荷的胶核表面与扩散层正好电性中和，构成双电层结构。如果胶核带正电荷（如金属氢氧化物胶体），情况正好相反，构成双电层结构的溶液中离子为负离子。胶粒和周围的扩散层一起构成了胶团，由于双电层中正负电荷数相等，所以整个胶团是电中性的。

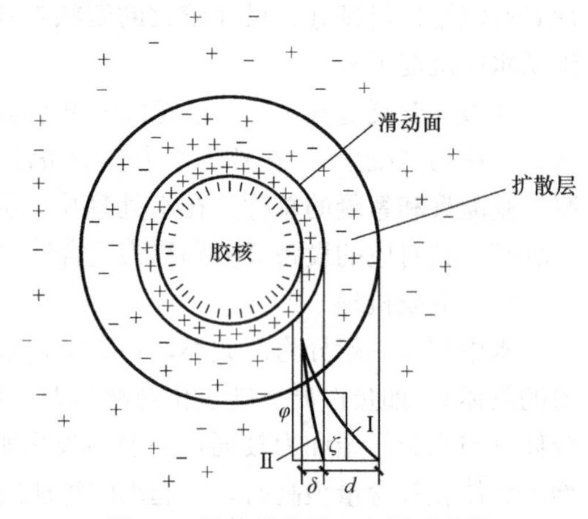

图 2-2　胶体结构及双电层示意图

天然水中的胶体杂质通常是负电荷胶体，如黏土、细菌、病毒、藻类、腐殖质等，在相互间的静电斥力作用下不能接近，也就不能黏结成较大的颗粒。因此，原水中的黏土胶体在布朗运动作用下稳定于水中，不会下沉。

③ 胶体颗粒表面的水化作用

由于胶体颗粒带有电荷，可在颗粒表面形成一定的水合层（水化膜），阻碍了胶粒间的直接接触。水化膜作用是伴随胶粒带电而产生的，一旦胶体 ζ 电位消除或减弱，水化膜也随之消失。

综上所述，水中胶体微粒能否相互接近及至结合，取决于布朗运动的动力、静电斥力和胶体颗粒自引力的综合表现。布朗运动主要与水温有关，在一定温度下，这种动能是基本一定的。静电斥力和胶体颗粒引力所产生的势能与微粒间距有关。因此水之所以浑浊，实质上是水中杂质颗粒之间引力与斥力间矛盾的综合表现。为了使水澄清，我们就要采取措施破坏水中胶体间的斥力，使这种静电斥力降低到小于胶体之间的引力，颗粒就能相互碰撞吸附成大颗粒而下沉。

消除或降低胶体颗粒的稳定因素，使胶体颗粒能通过碰撞而彼此聚集的过程，称为脱稳。

2）混凝基本原理

在净水处理中，为了能破坏胶体的稳定性，达到降浊的目的，主要手段就是投加混凝剂。常用的混凝剂以铝盐或铁盐为主。投加混凝剂，通过混合和反应使胶体凝聚成微小绒体，再形成"矾花"。形成矾花的主要原因如下。

① 电性中和作用

根据前述理论，要使胶粒通过布朗运动碰撞聚集，必须降低 ζ 电位。向水中投加混凝剂可以降低或者消除 ζ 电位，减小扩散层厚度，使两胶粒相互靠近，更好发挥吸引势能的作用。

对于水中负电荷胶体颗粒而言，投加高价电解质（如三价铝或铁盐）时，正离子浓度和强度增加，可使胶粒周围更小范围内的反离子电荷总数和 ζ 电位值相等，压缩扩散层厚度。同时，当投加的电解质离子吸附在胶粒表面时，ζ 电位会降低，甚至出现 $\zeta=0$ 的等电状态，此时排斥势能消失。实际上，只要 ζ 电位降至临界电位，$E_{max}=0$，胶体颗粒便开始产生聚结，这种脱稳方式被称为压缩双电层作用。

② 吸附架桥作用

吸附架桥机理是基于高分子物质的吸附架桥黏结作用：当高分子链的一端吸附了某一

胶粒后，另一端又吸附了另一胶粒，形成“胶粒-高分子-胶粒”的絮凝体。这种絮凝体体积、重量足以较快使水中沉淀分离。高分子物质性质不同，吸附力的性质和大小不同。当高分子物质投量过多时，全部胶粒的吸附面均被高分子覆盖，两胶粒接近时，就会受到高分子的阻碍而不能聚集，产生“胶体保护”现象。

③ 网捕或卷扫作用

当铝盐或铁盐混凝剂投量很大而形成氢氧化物沉淀时，可以网捕、卷扫水中胶粒一并产生沉淀分离，称为网捕或卷扫作用。

（3）混凝剂和助凝剂

1）混凝剂

为了促使水中胶体颗粒脱稳以及悬浮颗粒相互聚结而投加的化学药剂统称为混凝剂。混凝剂种类很多，按化学成分可分为无机和有机两大类，按分子量大小又分为低分子无机混凝剂和高分子混凝剂。

无机混凝剂用得最多的主要是铝盐及其聚合物，铁盐在给水处理中会引起残色，一般采用很少。有机混凝剂主要是高分子物质，在水处理中的应用比无机的少。目前以聚氯化铝、硫酸铝、聚合硫酸铁应用最广。三种常用混凝剂的特点汇总见表 2-2。

常用混凝剂 **表 2-2**

名称	分子式	特点
聚氯化铝（PAC）	$[Al_2(OH)_nCl_{6-n}]_m$ 简写 PAC	1. 净化效率高，耗药量少，出水浊度低、色度小、过滤性能好，原水高浊度时尤为显著 2. 温度适应性高，pH 适用范围宽（可在 pH=5～9 的范围内）； 3. 使用时操作方便，腐蚀性小； 4. 设备简单，成本较低
硫酸铝	$Al_2(SO_4)_3 \cdot 18H_2O$	1. 硫酸铝分精制和粗制两种，精制无水硫酸铝含量 50%～52%，粗制无水硫酸铝含量 20%～25%； 2. 适用水温为 20～40℃； 3. 当 pH=4～7 时，主要去除水中有机物， 当 pH=5.7～7.8 时，去除水中悬浮物， 当 pH=6.4～7.8 时，主要去除水中有机物； 4. 制造工艺复杂，水解作用缓慢
聚合硫酸铁	$[Fe_2(OH)_n(SO_4)_3-n/2]\ m$	1. 絮凝体形成迅速，若与有机高分子絮凝剂复合协同作用，则能取得更加理想的效果； 2. pH 适用范围 4～11，范围宽； 3. 具有良好的污泥脱水性能和除臭功能； 4. 产品无毒，稀释后稳定性好，可以和水以任何比例快速混溶； 5. 不含氯离子，不对水处理设施产生严重腐蚀

2）助凝剂

当单独使用混凝剂不能取得较好的混凝效果时，常常需要投加一些辅助药剂以提高混凝效果，这种药剂称为助凝剂。

常用的助凝剂多是高分子物质，其作用是为了改善絮凝体结构，促使细小而松散的颗粒聚结成粗大密实的絮凝体。其作用机理是高分子物质的吸附架桥作用。一般自来水厂使用的有聚丙烯酰胺及其水解聚合物、活化硅酸、海藻酸钠等。

还有一类助凝剂，其作用机理有别于高分子助凝剂，是能提高混凝效果或改善混凝剂作用的化学药剂。例如，当原水碱度不足、铝盐混凝剂水解困难时，可投加碱性物质（通常用石灰或氢氧化钠）以促进混凝剂水解反应。

（4）影响混凝效果的主要因素

影响混凝效果的因素比较复杂，其中包括水力条件、水温、pH值、碱度、水中杂质等。

1）水力条件（控制G值和GT值）

混凝剂与水均匀混合，然后改变水力条件形成大颗粒絮凝体，在工艺上总称为混凝过程。分为混合阶段和絮凝阶段。

在混合阶段，对水流进行剧烈搅拌的目的主要是使药剂快速均匀地分散于水中，以利于混凝剂快速水解、聚合及颗粒脱稳。由于上述过程进行很快，故混合要快速剧烈，通常在10～30s至多不超过2min即告完成。搅拌强度按速度梯度计，一般G值在700～1000s^{-1}。

在絮凝阶段，主要依靠机械或水力搅拌，促使颗粒碰撞聚集，絮凝效果不仅与速度梯度G值的大小有关，还与絮凝时间T有关。在絮凝过程中，絮凝体尺寸逐渐增大。由于大的絮凝体容易破碎，故自絮凝开始至结束，G值应渐次减小。采用机械搅拌时，搅拌强度应逐渐减小；絮凝时，水流速度应逐渐减小。絮凝阶段平均G值在20～70s^{-1}范围内，平均GT值在1×10^4～1×10^5范围内。

2）水温

水温对混凝效果有明显的影响。在我国寒冷地区，冬季取用地表水作原水，水温有时低至0～2℃。受低温影响，通常絮凝体形成缓慢，絮凝颗粒细小、松散，其原因主要有以下两点：

① 无机盐混凝剂水解是吸热反应，低温条件下水解困难，特别是硫酸铝，当水温在5℃左右时，水解速度极其缓慢；

② 水温低时水的黏度大，水中杂质颗粒布朗运动强度减弱，碰撞概率减少，不利于胶粒脱稳凝聚；同时，水的黏度大，水流剪力增大，不利于絮凝体的成长。

3）pH值

混凝剂都有一个合适的pH适用范围，水的pH值对混凝效果的影响程度视混凝剂品种而异。以硫酸铝为例，用以去除浊度时，最佳pH值在7.0～7.5之间，絮凝作用主要是氢氧化铝聚合物的吸附架桥和羟基配合物的电性中和作用；用以去除色度时，pH值宜在4.5～5.5之间。

采用三价铁盐混凝剂时，由于Fe^{3+}水解产物溶解度比Fe^{2+}水解产物溶解度小，且氢氧化铁不是典型的两性化合物，故适用的pH值范围较宽。

高分子混凝剂的混凝效果受水的pH值影响较小。例如，聚合氯化铝在投入水中前聚合物形态基本确定，故对水的pH值变化适应性较强。

4）碱度

为使混凝剂产生良好的混凝作用，水中必须有一定的碱度。无机盐混凝剂在水解过程中不断产生H^+，从而导致水的pH值不断下降，阻碍了水解反应的进行，因此，应有足够的碱性物质与H^+中和才能有利于混凝。

天然水体中能够中和 H^+ 的碱性物质称为水的碱度。包括氢氧根碱度（OH^-）、碳酸盐碱度（CO_3^{2-}）和重碳酸盐碱度（HCO_3^-）。一般水源水 pH 值在 6～9，水的碱度主要是重碳酸盐碱度，对于混凝剂水解产生的 H^+ 有一定的中和作用：

$$HCO_3^- + H^+ \rightleftharpoons O_2 + H_2O$$

当原水碱度不足或无机盐混凝剂投量较高时，水的 pH 值将大幅度下降以至影响混凝剂继续水解，此时应投加碱性物质如石灰等以提高碱度。

5）水中杂质

天然水的浊度主要是由黏土杂质引起，黏土颗粒大小、带电性能都会影响混凝效果。一般来说，粒径细小而均一则混凝效果较差，水中颗粒浓度低，颗粒碰撞概率小，也对混凝不利。为提高低浊度原水的混凝效果，通常采用以下措施。

① 加助凝剂，如活化硅酸或聚丙烯酰胺等。

② 投加矿物颗粒（如黏土等），以增加混凝剂水解产物的凝结中心，提高颗粒碰撞速率，并增加絮凝体密度。若矿物颗粒能吸附水中有机物，则效果更好（能同时去除部分有机物）。

③ 采用直接过滤法，即原水投加混凝剂后经过混合直接进入滤池过滤。

④ 当水中存在大量有机物时，会被黏土颗粒吸附，从而改变原有胶粒的表面特性，使胶粒更加稳定，这将严重影响混凝剂的混凝效果，此时必须向水中投加大量氧化剂如高锰酸钾、臭氧等，以破坏有机物的作用，提高混凝效果。

6）溶解性盐类

水中溶解性盐类也能影响混凝效果，如天然水中存在大量钙、镁离子时，能促进混凝。

（5）混凝剂的投加方式

混凝剂的投加方式常为湿式，即先把混凝剂配成一定浓度的溶液或直接使用液体药剂，再定量投加到水中。混凝剂投配系统包括溶解池、计量设备、提升设备等。

混合设备按混合方式主要为机械混合，少数也有水力混合方式。机械混合可进行调节，能适应各种流量的变化；水力混合简单，但不能适应流量的变化，混合设备主要为管式混合器及机械搅拌方式。

经过与药剂充分混合的水进入絮凝反应池中，通过颗粒间的絮凝作用，矾花颗粒逐渐长大。沿着池长方向，随着矾花的长大，在较低的流速下，使矾花能够结成较大的絮体颗粒，以便在后续沉淀池中去除。

2.2.3 沉淀和澄清

水处理过程中，原水或经过加药混合的水，在沉淀设备中依靠颗粒的重力作用进行泥水分离的过程称为沉淀。

（1）平流式沉淀池

平流式沉淀池是水处理中应用最早，目前也是最广泛的沉淀池池型。平流式沉淀池采用狭长的矩形水池。进水通过穿孔花墙或配水栅缝，均匀分布在沉淀区的过水断面上。为了避免把池底的沉泥冲起，进水配水花墙在从池底高度到污泥区泥面以上 0.3～0.5m 之间（缓冲层）的墙上不设配水孔。在沉淀池的末端水面设有溢流堰和出水槽，水在池中沿池长方向缓缓地水平流动，水中的颗粒（给水处理中的矾花）逐渐沉向池底。

平流式沉淀池的主体部分一般为平底，采用机械刮泥或吸泥，如往复运动的刮泥车或吸泥车、链带传动的刮泥板等。采用刮泥方式的沉淀池在进水侧池底设泥斗，刮入泥斗的沉泥靠静水压力由排泥管定期排出池外。

平流式沉淀池分为进水区、沉淀区、出水区和存泥区四部分，如图2-3所示，具有处理效果稳定、运行管理简便、易于施工等优点，不足之处是占地面积较大。

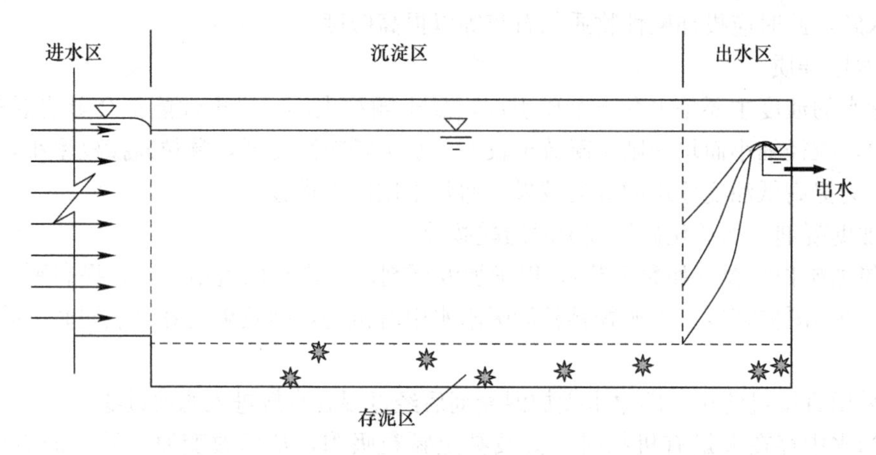

图2-3 平流沉淀池示意图

(2) 斜板（管）沉淀池

1) 浅池沉淀原理

从平流式沉淀池内颗粒沉降过程分析和理想沉淀原理可知，悬浮颗粒的沉淀去除率仅与沉淀池沉淀面积 A 有关，而与池深无关。在沉淀池容积一定的条件下，池深越浅，沉淀面积越大，悬浮颗粒去除率越高，此即“浅池沉淀原理”。

假设平流式沉淀池长为 L、深为 H、宽为 B，沉淀池水平流速为 v，截留沉速为 u_0，沉淀时间为 t。将此沉淀池加设两层底板，每层水深变为 $H/3$，在理想沉淀条件下，根据 $t-L/V$ 和 $t=H/u_0$，则有关系式：$L/H=v/u_0$。加设两层底板后，截留速度比原来减小2/3，去除效率相应提高。如果去除率不变，沉淀池长度不变，而水平流速增大，则处理水量比原来增加两倍。如果去除率不变，水平流速不变，则沉淀池长度减小为原来的2/3。

按此推算，沉淀池分为 n 层，其处理能力是原来沉淀池的 n 倍。但是如此分层排泥有一定难度。为解决排泥问题，把众多水平隔板改为倾斜隔板，并预留排泥区间，这就变成了斜板沉淀池。用管状组件（如六边形）代替斜板，即为斜管沉淀池。

2) 上向流斜板（管）沉淀池

上向流斜板（管）沉淀池，是目前应用最为广泛的一种斜板（管）沉淀池。沉淀池中沿水平方向设置斜板（管）填料，通常采用六角蜂窝斜管填料或波纹板填料。混凝反应池的出水通过穿孔墙或缝隙栅条，从斜板（管）沉淀池一侧的下部进入斜板（管）池内，再通过斜板下面的配水区均匀流进斜板，沿斜板（管）向斜上方流动，再从上面流出，通过清水区从池面均布的溢流出水槽排出池外。颗粒主要在斜板（管）区进行分离，先沉淀到斜板（管）的板面上，当沉泥积累到一定程度后顺斜板滑下，再沉到沉淀池底部的污泥区。

上向流斜板（管）沉淀池宜用于进水浊度长期低于1000NTU的原水。不足之处是池深较大，进水从池的一侧下部进入池内，不易做到全池平面配水均匀。

斜板（管）沉淀池的排泥可以采用重力排泥或机械排泥两种方式。对于重力排泥，池底一般遍布集泥槽和穿孔排泥管。对于机械排泥，因斜板（管）的阻碍，需采用斜板（管）沉淀池专用的吸泥机械或刮泥机械。

斜管沉淀池的一种布置示意图，如图 2-4 所示。斜管区由六角形截面的蜂窝状斜管组件组成。斜管与水平面成 60°角，放置于沉淀池中。原水经过絮凝区进入斜管沉淀池下部。水流自下向上流动，清水在池顶用穿孔集水管收集，污泥则在池底用穿孔排污管收集，排入下水道。斜板（管）沉淀池表面负荷高，处理水量大，出水澄清水质好，是一种高效沉淀池。

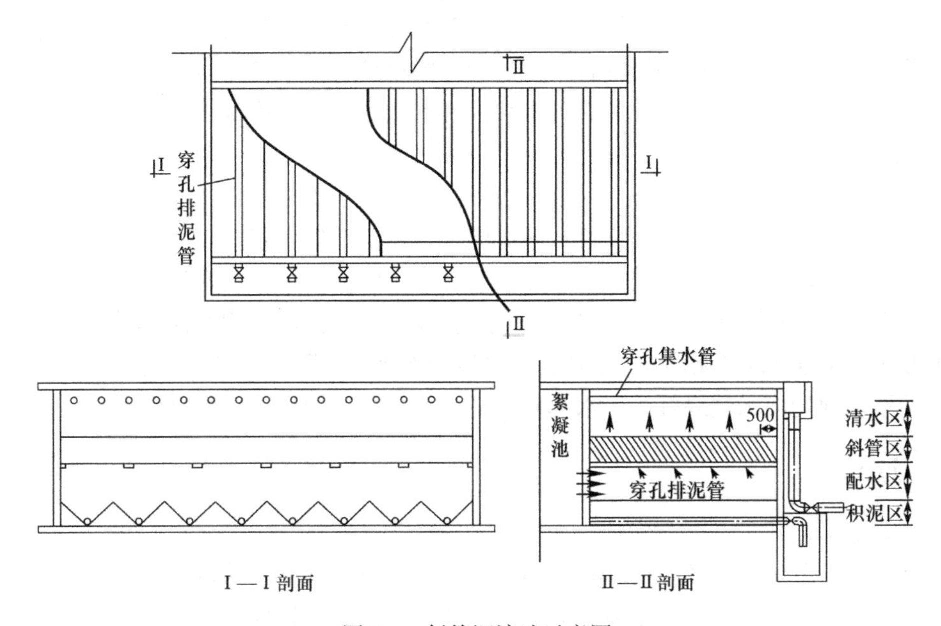

图 2-4 斜管沉淀池示意图

（3）澄清池

1）原理

前文中涉及的混凝和沉淀分属于两个过程并在两个单元中完成，可以概括为絮凝池内的待处理水中的脱稳杂质通过碰撞结合成相当大的絮凝体，随后通过重力作用在沉淀池内下沉。

澄清池则把絮凝和沉淀这两个过程集中在同一个构筑物内进行，主要依靠活性泥渣层的拦截和吸附达到澄清的目的。当脱稳杂质随水流与泥渣层接触时，被泥渣层阻留下来，从而使水澄清。这种把泥渣层作为接触介质的过程，实际上也是絮凝过程，一般称为接触絮凝。在澄清池中通过机械或水力作用悬浮保持着大量的矾花颗粒（泥渣层），进水中经混凝剂脱稳的细小颗粒与池中保持的大量矾花颗粒发生接触絮凝反应，被直接粘附在矾花上，然后再在澄清池的分离区与清水进行分离。而澄清池的排泥措施，能不断排除多余的陈旧泥渣，其排泥量相当于新形成的活性泥渣量。故泥渣层始终处于新陈代谢状态中，保持接触絮凝的活性。

2）澄清池的主要应用型式

按泥渣在澄清池中的状态，澄清池可分为泥渣循环型和泥渣悬浮型两大类。泥渣循环型主要有机械搅拌澄清池，泥渣悬浮型主要有脉冲澄清池。

① 机械搅拌澄清池

机械搅拌澄清池是目前在给水的澄清处理中应用最广泛的池型，利用转动的叶轮使泥渣在池内循环流动，完成接触絮凝和分离沉淀的过程。

机械搅拌澄清池对水质水量变化的适应性强，既可适应短时高浊水，对低温低浊水的处理效果也较好。处理稳定，净水效果好。不足之处是机电维护要求高，占地面积较大（因是圆形池，各池之间无法共用池壁，间隔较大）。

机械搅拌澄清池适用于低浊高色水。一方面普通沉淀分离方法处理这类水用的药剂量很大，高色物质 δ 电位高，需药量大；另一方面形成悬浮泥渣吸附位并未充分利用达到饱和，因此泥渣循环可以利用快速混合的药剂产生的单核物质中和 δ 电位，并充分吸附脱稳的色浊物质分离沉淀。一般国内的湖泊水采用此工艺更能显示优点。

② 脉冲澄清池

脉冲澄清池是一种曾在我国 20 世纪七八十年代流行过的澄清池。池内水的流态类似于竖流式沉淀池，进水从池的底部进入向上流动，从上部集水槽排出，用水的上升流速使矾花保持悬浮，以此在池中形成泥渣悬浮层，进水中的细小颗粒在水流通过泥渣层时被絮凝截留。当泥渣层增长超过预定高度时，多余的泥渣用池底的穿孔排泥管排出池外。排泥的另一种方式是在池壁设排泥口，超过排泥口高度的泥渣滑入泥渣浓缩室，再定期排出池外。

脉冲澄清池的净水效果好，产水率高。不足之处是对操作管理的要求较高。

2.2.4 过滤

（1）滤池工艺

过滤是水中悬浮颗粒经过具有孔隙的滤料层被截留分离出来的过程。滤池是实现过滤功能的构筑物，通常设置在沉淀池或澄清池之后。在常规水处理过程中，一般采用颗粒石英砂、无烟煤、重质矿石等作为滤料截留水中杂质，从而使水进一步变清。过滤不仅可以进一步去除沉淀出水的残余浊度，而且水中部分有机物、细菌、病毒等也会附着在悬浮颗粒上一并去除。至于残留在水中的细菌、病毒等失去悬浮颗粒的保护后，在后续的消毒工艺中将更容易被杀灭。在饮用水净化工艺中，当原水常年浊度较低时，有时沉淀或澄清构筑物可以省略，但是过滤是不可缺少的处理单元，它是保障饮用水卫生安全的重要措施。

（2）滤池的主要应用型式

在水处理过程中，滤池的型式多种多样，但其截留水中杂质的原理基本相同，依据滤池在滤速、构造、滤料和滤料组合、冲洗方法等方面的区别，滤池的型式是多样的，目前常用的有普通快滤池、双阀滤池、虹吸滤池、重力式无阀滤池、移动罩滤池、均质滤料滤池等。按滤料来分，又有单层级配滤料滤池、单层均质滤料滤池、双层滤料滤池、三层滤料滤池。按冲洗方式分，有气水冲洗＋水冲洗，也有气水反冲洗＋表面扫洗。

1）普通快滤池

普通快滤池采用大阻力配水系统，设有滤池进水、滤后清水、反冲洗进水、反冲洗排水四个阀门。反冲洗水头约 7m，设公用的反冲洗水塔或水泵轮流进行冲洗。普通快滤池可采用石英砂滤料或无烟煤石英砂双层滤料。过滤的工作方式为几个滤间为一组的恒水头恒速过滤或减速过滤。

普通快滤池应用广泛，运行稳定可靠，适用于大、中、小型水厂。不足之处是阀门多，运行操作与检修工作量大。

2）双阀滤池

双阀滤池的结构与普通快滤池基本相同，只是把进水阀和反冲洗阀改用虹吸管代替，单池减少了两个大阀门，但需增加虹吸管控制的真空系统。

3）虹吸滤池

虹吸滤池是采用小阻力配水系统，6～8个滤间组成一个系统，一般采用石英砂滤料，过滤运行方式为变水头恒速过滤，冲洗前的最大水头损失一般采用1.5m。虹吸池建得很深，以抬高滤后出水水位，用滤后水渠的水位和同组其他滤间产生的滤后水流量进行滤间的反冲。每个滤间均设有滤池进水和反冲出水两个虹吸管。

虹吸滤池适用于大中型水厂。优点是不需大型阀门，不设单独的反冲水塔或水泵，可以通过控制虹吸管实现水力自动控制。缺点是土建结构复杂，池深较大。

4）重力式无阀滤池

重力式无阀滤池（也称无阀滤池）采用小阻力配水系统，单个滤间就可构成过滤与反冲的完整运行系统。无阀滤池的运行方式为变水头恒速过滤，最大过滤水头一般采用1.5m，多采用石英砂滤料。无阀滤池每个滤间在滤料层上面设有顶盖，利用顶盖上冲洗水箱的水量和水位进行反冲，反冲后的水通过反冲排水虹吸管排出池外。为减少顶盖上冲洗水箱的体积，一般是两个相邻滤间的水箱连通共用。无阀滤池适用于小水厂，不足之处是反冲洗易形成管流，造成过滤不均匀，出水水质不稳定；且池子较高，前后构筑物配合有困难。

5）移动罩滤池

移动罩滤池是由许多滤格为一组构成的滤池，它采用小阻力配水系统，利用一个可以移动的冲洗罩轮流对各滤格进行冲洗。冲洗方法是移动罩先移动到待冲洗的滤格处，然后“落床”扣在该滤格上，启动虹吸排水系统（也有采用泵吸式排水系统的）从所冲洗的滤格上部向池外排水，使其他滤格的滤后水从该滤格下面的配水系统逆向流入，向上冲洗滤格中的滤料层。每个滤间的过滤运行方式为恒水头减速过滤。每组移动罩滤池设有池面水位恒定装置，控制滤池的总出水量。

移动罩滤池适用于大中型水厂，结构简单，造价低。其不足之处是移动罩日常维护工作量大，罩体与隔墙顶部之间的密封要求高。

6）均质滤料滤池（V型滤池）

该池型采用气水不膨胀反冲，并在反冲时滤池继续进水作为表面横向扫洗。滤池底部是配水配气室，上面的钢筋混凝土板上安装长柄滤头，所用长柄滤头在长管上有进气孔和进气缝，反冲时可同时配水配气。滤池中间只设一个很大的冲洗排水槽。过滤运行方式是几个滤间为一组，减速过滤。

均质滤料滤池的滤层纳污能力高，过滤周期长，反冲洗耗水量低，冲洗效果好，近年来在我国有较多应用。

（3）滤料

滤池是通过滤料层来截留水中悬浮固体的，所以滤料层是滤池最基本的组成部分。好的滤料可以保证滤池具有较低的出水浊度与较长的过滤周期，以及反冲洗时滤料不易破损等优势，所以滤料的选择十分重要。

滤料选择时，首先要满足以下基本要求：有足够的机械强度，以免在冲洗过程中颗粒发生过度磨损而破碎；具有足够的化学稳定性；具有适当的级配与孔隙率。

滤料选择时，还需要考虑滤料粒径的级配。滤料粒径级配指滤料中各种粒径颗粒所占的重量比例。粒径是指正好可通过某一筛孔的孔径。滤料级配可通过 d_{10}、d_{80}、K_{80} 来评价。

1）有效粒径 d_{10}：在粒径分布曲线上小于该粒径的滤料含量占总滤料质量的10%的粒径称为有效粒径，也指通过滤料重量10%的筛孔孔径。

2）不均匀系数 K_{80}：

$$K_{80}=\frac{d_{80}}{d_{10}} \tag{2-1}$$

式中 d_{10}——通过滤料重量10%的筛孔孔径；

d_{80}——通过滤料重量80%的筛孔孔径。

d_{10}反映了细颗粒的直径，d_{80}反映了粗颗粒的直径，K_{80}是 d_{80}与 d_{10}之比。K_{80}愈大表示粗细颗粒尺寸相差愈远，滤料粒径也愈不均匀。均匀性越差，下层含污能力越低。且反冲洗后，滤料易出现上细下粗的现象，这对过滤是很不利的。

2.2.5 消毒

（1）消毒工艺

经过混凝、沉淀和过滤等工艺，水中悬浮颗粒大大减少，大部分粘附在悬浮颗粒上的致病微生物也随着浊度的降低而被去除。但尽管如此，消毒仍然是必不可少的，它是常规水处理工艺的最后一道安全保障工序，对保障安全用水有着非常重要的意义。

消毒的方法有化学消毒法和物理消毒法。化学消毒法是使用化学药剂进行清除、杀灭和灭活致病微生物的方法，分为加氯法（如氯、次氯酸钠、次氯酸钙、二氧化氯等）、臭氧法、重金属离子法（如硫酸铜）以及其他氧化剂法（如阴离子表面活性剂、季铵盐类化合物等）。物理消毒法一般是利用某种物理效应（如超声波、电场、磁场、辐射、热效应等）的作用，干扰破坏微生物的生命过程，从而达到灭活水中病原体，使水质达标的目的。

（2）消毒方式

饮用水的消毒方式有氯消毒、次氯酸钠消毒、二氧化氯消毒、臭氧消毒、紫外线消毒等。

1）氯消毒、次氯酸钠消毒

① 氯（Cl_2）的性质

Cl_2 具有强氧化性，能与大多数金属和非金属发生化合反应。Cl_2 遇水生成盐酸（HCl）和次氯酸（HOCl），HOCl不稳定易分解放出游离氯。反应的化学方程式如下：

$$Cl_2+H_2O \rightleftharpoons HOCl+HCl$$

$$HOCl \rightleftharpoons H^+ + OCl^-$$

② 次氯酸钠（NaOCl）的性质

NaOCl具有强氧化性。一般工业品含有效氯100～104g/L。次氯酸钠会逐渐分解，分解的速度取决于溶液的浓度、游离碱含量，遇光或加热会加速分解。NaOCl 溶解于水，生成 NaOH 和 HOCl，其反应方程式如下：

$$NaOCl + H_2O \rightleftharpoons HOCl + NaOH$$

③ 消毒原理

Cl_2 和 NaOCl 消毒，一般认为主要是通过 HOCl 作用。HOCl 不仅可与细胞壁发生作用，且因分子小、不带电荷，故侵入细胞内与蛋白质发生氧化作用或破坏其磷酸脱氢酶，使糖代谢失调而致细胞死亡。而 OCl^- 因为带负电，难以接近到带负电的细菌表面，所以 OCl^- 的灭活能力要比 HOCl 差很多。生产实践证明，pH 值越低，消毒能力越强。因为有相似的消毒原理，所以 Cl_2 和 NaOCl 都是广义的氯消毒的范畴。

当地表水源由于有机物的污染而含有一定量的氨氮时，Cl_2 或 NaOCl 消毒生成的 HOCl 加入这种水中，发生如下的反应：

$$NH_3 + HOCl \rightleftharpoons NH_2Cl + H_2O$$

$$NH_2Cl + HOCl \rightleftharpoons NHCl_2 + H_2O$$

从上述反应可知 HOCl、一氯胺（NH_2Cl）、二氯胺（$NHCl_2$）同时存在于水中，他们在平衡状态下的含量比例取决于 HOCl 和 NH_3 的相对浓度、pH 值以及水温。一般来讲，当 pH 值>9 时，主要是 $NHCl_2$；当 pH 值=7 时，NH_2Cl、$NHCl_2$ 同时存在，近似等量；当 pH 值<6.5 时，主要是 NCl_3。而三者的含量比例不同消毒效果也是不同的，因此氯胺的消毒比较缓慢，需要较长的接触时间。有试验结果表明，用氯消毒 5min 可以灭活 99%以上的细菌；而相同条件下，用氯胺时 5min 仅仅可以灭活 60%的细菌；如要达到灭活 99%以上的细菌的效果，需要将水与氯胺接触时间延长到十几个小时。水中的氯胺称为化合性氯或结合氯，为此可以将水中的氯消毒分为游离性氯消毒与化合性氯消毒，游离性氯消毒效果要高于化合性氯消毒，但化合性氯消毒的持续性较好。

氯消毒应用历史最久，使用也最为广泛。优点是氯的自行分解较慢，可以在管网中维持一定的剩余消毒剂浓度，对管网水有安全保护作用；缺点是对于受到有机污染的水体，加氯消毒可产生对人体有害的卤代消毒副产物，如三卤甲烷（THMs）、卤乙酸（HAAs）等。在加强水源保护、有效去除水中有机污染物、合理采用氯消毒工艺的基础上，氯消毒仍将是一种安全可靠、可以广泛使用的消毒技术。

2）二氧化氯消毒

二氧化氯消毒的优点是消毒能力高于或等于游离氯、不产生氯代有机物、消毒副产物生成量小、具有剩余保护作用等。缺点是费用过高，是氯消毒的数倍（约十倍）；二氧化氯不稳定，使用时均需要现场制备，设备复杂，使用不便。尽管二氧化氯消毒的效果要优于氯消毒，但在短期之内还不能全面替代饮用水氯消毒技术。

3）臭氧消毒

臭氧的消毒能力高于氯，不产生氯代有机物，处理后水的口感好。但臭氧因自身分解速度过快，对管网无剩余保护，还需在出厂水中投加二氧化氯作为剩余保护剂。臭氧不稳定，费用过高，数倍于氯消毒。

臭氧消毒目前主要是用于食品饮料行业和饮用纯净水、矿泉水等的消毒，单纯用于净水厂消毒的很少。

4）紫外线消毒

紫外线消毒是一种物理消毒方法，利用紫外线的杀菌作用对水进行消毒处理。紫外线消毒处理是用紫外灯照射流过的水，以照射能量的大小来控制消毒效果。由于紫外线在水中的穿透深度有限，要求被照射水的深度或灯管之间的间距不得过大。

紫外线消毒的优点是杀菌速度快，管理简单，不需向水中投加化学药剂，产生的消毒副产物少，不存在剩余消毒剂所产生的味道。不足之处是费用较高、无剩余保护、消毒效果不易控制等。目前，紫外线消毒仅用于食品饮料行业和部分规模极小的小型供水系统。

2.3 微污染水源处理工艺

微污染水源是指水的物理、化学和微生物指标已不能达到《地表水环境质量标准》GB 3838—2002中作为生活饮用水水源水的水质要求，水体中污染物指标有超标现象，但多数情况下是受有机物微量污染的水源。

微污染水源水质的主要特点是表示有机物的综合指标（COD、BOD、TOC）等值升高，氨氮浓度升高，嗅味明显，致突变性的ames试验结果呈阳性等。

随着水源水污染的不断加剧以及饮用水水质标准的日益提高，传统的常规工艺混凝、沉淀、过滤技术已不能有效处理微污染水源水，水处理研究人员主要从强化常规处理工艺、强化预处理工艺和强化深度处理工艺方面研究开发了许多净化新工艺，取得了较好的效果，也是今后给水设计中的主要发展方向。

2.3.1 生物接触氧化

生物接触氧化是利用微生物群体的新陈代谢活动初步去除水中的氨氮、有机物等污染物。低营养环境下微生物通常是以生物膜的形式生存，所以微污染水源水的生物预处理方法主要是生物膜法。其原理是利用附着在填料表面上的生物膜，使水中溶解性的污染物被吸附、氧化、分解，有些还作为生物膜上原生动物的食料。目前研究最多的是生物接触氧化池，该方法处理负荷高，处理效果稳定，易于维护管理。生物接触氧化常用作水源预处理。

2.3.2 除藻

富营养化是指湖泊等水体中存在大量的氮、磷等营养物，使藻类以及其他水生生物过量繁殖，水体透明度下降，溶解氧降低，造成了湖泊水质恶化，从而使湖泊生态功能受到损害和破坏。

（1）藻类对水质的影响

藻类对水质的影响主要表现在水的感官性状和饮用水的安全性两个方面。

1）藻类致臭

许多富营养化的湖泊都存在着不同程度的臭味。水中产生臭味的微生物主要是放线菌、藻类和真菌。在藻类大量繁殖的水体中，只要有很少的致臭物质，就足以破坏水的正常气味。不同的藻类引起不同的臭味见表2-3。

各种藻类所产生的臭味 表 2-3

藻类名称	产生臭味		藻类名称	产生臭味	
	中等浓度	大量繁殖		中等浓度	大量繁殖
鱼腥藻	草味、霉味	腐烂味	栅藻	—	草味
组囊藻	草味、霉味	腐烂味	水绵藻	—	草味
束丝藻	草味	腐烂味	黄群藻	黄瓜味、香味	鱼腥味
星杆藻	香味	鱼腥味	平板藻	—	鱼腥味
角藻	鱼腥味	腐烂味	丝藻	—	草味
锥囊藻	紫罗兰味	鱼腥味	团藻	鱼腥味	鱼腥味
颤藻	草味	霉味、香味			

2）藻类产生毒素

某些藻类在一定的环境下会产生对人体健康有害的毒素（如微囊藻毒素）。能产生毒素的藻类多为蓝藻，最主要的是铜绿微囊藻、水华鱼腥藻和水华束丝藻。

传统水处理工艺对藻毒素的去除效率较低，而活性炭吸附或臭氧氧化等工艺则能有效去除水中的藻毒素。

3）藻类也是消毒副产物的前驱物

藻类及其可溶性代谢产物也是产生消毒副产物的前驱物，在氯消毒过程中这些前驱物可与氯反应生成三氯甲烷等，导致消毒副产物含量升高。

（2）藻类控制方法

水处理中去除藻类的工艺主要有化学药剂法、微滤机、气浮除藻等。

1）化学药剂法

化学药剂法控制藻类既可以在水源地进行，也可以在水厂进行。常用的除藻剂有二氧化氯、氯、硫酸铜等。特点如下：

① 二氧化氯除藻效果较好，但成本较高；

② 预氯化常用于水处理工艺中，以杀死藻类，使其易于在后续水处理工艺中去除，但氯化使水中消毒副产物增加；

③ 控制藻类生长的硫酸铜浓度一般需大于 1.0mg/L，使得水中铜盐浓度上升，因而须谨慎使用。

化学药剂法应用较为灵活，但使水中增加了新的对健康不利的化学物质。

2）微滤机除藻

微滤机主要用于去除水中浮游动物和藻类，效果优于混凝沉淀，但对浊度、色度、COD_{Mn}的去除率都很低，远不及混凝沉淀。

3）气浮除藻

气浮除藻法可不加絮凝药剂，效率很高。

2.3.3 化学氧化

化学氧化预处理技术是指向原水中加入氧化剂，利用氧化剂的氧化能力，来分解和破坏水中污染物，或使难降解有机物被氧化为可生化降解有机物，难溶性有机物被氧化为可溶性小分子有机物，从而达到转化和分解污染物、提高混凝沉淀的效果。常用的氧化剂有氯、臭氧、高锰酸钾和高铁酸钾等。

(1) 氯氧化法

氯是目前自来水生产领域应用最多的一种消毒剂，使用氯气作为预处理消毒剂能有效控制微污染水源水在生产管道与构筑物内滋生微生物与藻类，且能氧化部分有机物；它具有经济、高效、持续时间长、使用方便的优点。研究表明，当原水 TOC 大于 1.5mg/L 时，不宜使用氯气作为预处理消毒剂，因为氯气会与水中的部分有机物（主要是腐殖酸与富里酸类物质）反应生成大量的卤代烃和氯化有机物等消毒副产物，这些消毒副产物会对人体健康产生危害。

(2) 臭氧氧化法

在水厂生产中，为了避免氯消毒副产物出现，臭氧氧化法开始受到人们的重视并被广泛应用到微污染水源预处理中。

臭氧是一种强氧化剂，在给水处理中有着很长的历史，其最开始被用作消毒剂、控制色嗅味，现又用来去除水中有机物。通过预臭氧氧化的微污染原水中，溶解氧增加，难降解有机物被氧化为可生化降解有机物，难溶性有机物被氧化为可溶性小分子有机物；大大提高了原水的可生化性能，为后续的生物处理提供了良好的环境。

臭氧氧化法也有其缺陷，一是当臭氧投加量不够时基本不能氧化水体中氨氮，同时反而容易将原水中的有机氮氧化为氨氮，增加了水体中的氨氮含量；二是臭氧对一些常见污染物如三氯甲烷、四氯化碳、多氯联苯等物质的氧化性较差，易生成甘油、络合状态的铁氰化合物、乙酸等，从而导致不完全氧化产物的积累。

总体而言，臭氧对微污染水源的预处理能力是良好的，但是其处理成本相对于氯气更高，运行管理上要求也更高。

(3) 高锰酸钾、高铁酸钾氧化法

高锰酸钾预氧化可控制氯酚、三卤甲烷的生成，并有一定的色、嗅、味去除效果，对烯烃、醛、酮类化合物也有较好的去除能力。但经高锰酸钾氧化后的产物中，有些是碱基置换突变物前驱物，它们不易被后续工艺去除，当后续工艺 Cl_2 投量高时，前驱物转化为致突变物，增加出水的致突变活性。

高铁酸钾是近年来研究较多的氧化剂，它是一种优良的预处理药剂，在水处理过程中可以发挥氧化、杀菌、吸附等多功能的协同作用，可大大降低水中的浊度和有机物、细菌、重金属浓度，并且可以控制氯化消毒后的三氯甲烷生成量。高铁酸钾的强氧化性和分解后产生的 $Fe(OH)_3$ 胶体颗粒的吸附作用是其具有多种水处理功能的主要原因。

化学氧化预处理技术能改善微污染水源水的水质，减少后续工艺的处理负荷，但是该技术难免会生成氧化消毒副产物，从饮用水安全的角度考虑，在实际处理时需要结合实际情况慎重选择，最好结合其他手段一起使用，确保出厂水水质优质安全。

2.3.4　粉末活性炭吸附

以活性炭为代表的吸附工艺是在混合池中投加粉末活性炭，利用其强大的吸附性能，改善混凝沉淀效果来去除水中的污染物。这也是微污染水源水预处理的有效方法。

粉末活性炭对 BOD_5、CODcr、色度和绝大多数有机物有良好的吸附能力，可以明显降低水的色度、嗅味和各项有机物指标；还具有良好的助凝作用，可提高沉淀池的除浊效果，使沉淀池出水浊度降低。而它的投加量随水源水污染程度的变化可灵活确定。由于粉末活性炭参与混凝沉淀，残留于污泥中，目前还没有很好的回收再利用方法，所以运行费用高，难以推广应用。

吸附法作为去除水中溶解性有机物的最有效方法之一，如果能解决运行费用高和再生的问题，将会是微污染水处理最理想的办法。

2.3.5 臭氧-生物活性炭

臭氧-生物活性炭技术（O_3-BAC），是利用臭氧的预氧化和生物活性炭滤池的吸附降解作用达到去除水源水中微量有机物的效果。常见的臭氧活性炭工艺流程如图 2-5 所示。

在臭氧-生物活性炭工艺中，投加臭氧后，一方面臭氧作为一种强氧化剂，可将溶解性和胶状大分子有机物转化成为较易生物降解的小分子有机物，提供了有机物进入小孔隙的可能性，这些小分子有机物可作为生物活性炭滤池中炭床上微生物生长繁殖的养料；另一方面臭氧在活性炭滤池中会被还原成氧气，可提高滤池中溶解氧浓度，为生物膜的良好运行提供有利的外部环境。

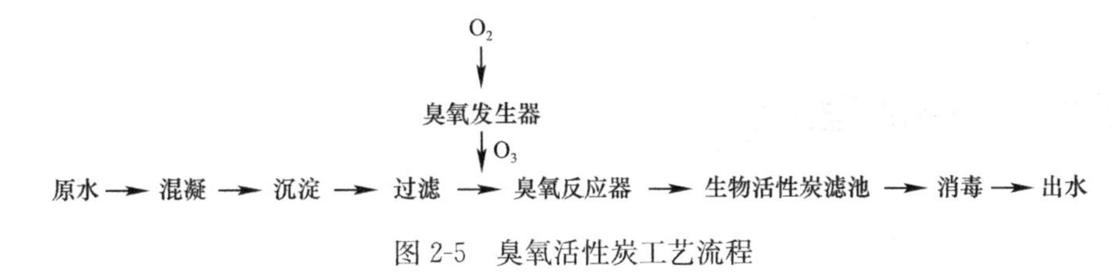

图 2-5 臭氧活性炭工艺流程

活性炭空隙多，比表面积大，能够迅速吸附水中的溶解性有机物，同时也能富集水中的微生物，而被吸附的溶解性有机物也为维持炭床中微生物的生命活动提供营养源。只要供氧充分，炭床中大量生长繁殖的好氧菌会生物降解所吸附的低分子有机物，从而在活性炭表面生长出生物膜，该生物膜具有氧化降解和生物吸附的双重作用，从而大大延长了活性炭的再生周期。同时，该工艺的前提条件是应避免预氯化处理，否则会影响微生物在活性炭上的生长。

采用 O_3-BAC 技术，通过有效去除水中有机物和嗅味，从而提高饮用水的化学、微生物学稳定性。实践证明，该技术具有如下优点：

1）水中氨氮和亚硝酸氮可被硝化菌转化为硝酸盐，降低水中的氨氮浓度，从而减少后氯化的投氯量，降低三卤甲烷的生成量；

2）有效去除水中溶解性有机物、可生化有机物（BDOC）和无机物（NH_3-N、NO_2-N、Fe、Mn 等）的去除率，提高出水水质；

3）延长了活性炭的运行再生周期，减少了运行费用。

2.3.6 膜技术

膜技术是 21 世纪水处理领域的关键技术，也是近些年来水处理领域的研究热点。膜分离可以完成其他过滤所不能完成的任务，可以去除更细小的杂质，可去除溶解态的有机物和无机物，甚至是盐。

膜分离法是指利用隔膜使水同溶质（或微粒）分离的方法。目前常用的膜分离法为以压力为推动力的微滤（MF）、超滤（UF）、纳滤（NF）和反渗透（RO）。膜分离法的主要性能见表2-4。

膜分离方法的主要性能　　表2-4

名称	驱动力	操作压力(MPa)	基本分离机理	膜孔(nm)	截留分子量	主要分离对象
微滤	压力差	0.05～0.2	筛分	9000～15000	过滤粒径在0.025～10μm	浊度、悬浮物、原生生物、细菌、病毒等
超滤	压力差	0.1～0.6	筛分	10～1000	1000～30000	高分子化合物、蛋白质、大多数细菌、病毒
纳滤	压力差	1.0～2.0	筛分+溶解/扩散	3～60	100～1000	大分子物质、病毒、硬度、部分盐
反渗透	压力差	2～7	溶解/扩散	<2～3	<100	小分子物质、色度、无机离子

膜技术的优点是有良好的调节水质的能力，去除污染物范围广，不需要添加药剂，运转可靠，设备紧凑，容易自动控制。缺点是基建投资和运转费用高，易堵塞，需要高水平的预处理和定期的化学清洗，存在浓缩的问题。

2.4 原水的特殊处理工艺

2.4.1 除铁除锰工艺

原水中的铁和锰一般指二价形态的铁和锰，它们在有氧条件下可氧化为三价的铁和四价的锰，并形成溶解度极低的氢氧化铁（$Fe(OH)_3$）和二氧化锰（MnO_2），使水变浑、发红、发黑，影响水的感官性状指标等。

含铁和含锰地下水在我国分布广泛。铁和锰可共存于地下水中，但水中含铁量往往高于含锰量。我国地下水的含铁量一般小于5～10mg/L，含锰量约在0.5～2.0mg/L之间。

饮用水中含铁高时，水有铁腥味，影响水的口味；含锰高时，可给一些人生理上造成一定的影响。含铁、锰的水可使白色织物变黄，在纺织品上产生锈斑，给人们日常生活带来许多不便。此外在生产中，铁锰可使锅炉结垢，使离子交换树脂中毒失败等，因此，现行《生活饮用水卫生标准》GB 5749—2006中规定含铁不超过0.3mg/L，锰不超过0.1mg/L。

由于铁和锰的化学性质相近，在地下水中容易共存，而且因铁的氧化还原电位比锰低，Fe^{2+}相对于高价锰（三价、四价）是还原剂，故Fe^{2+}的存在大大妨碍Mn^{2+}的氧化，只有在水中Fe^{2+}较少的情况下，Mn^{2+}才能被氧化。所以在地下水铁锰共存时，应先除铁、后除锰。

地下水除铁锰是氧化还原反应过程。采用锰砂或锈砂（石英砂表面覆盖铁质氧化物）除铁锰，实际上是一种催化氧化过程，即将溶解状态的铁锰氧化成为不溶解的Fe^{3+}或Mn^{4+}化合物，再经过滤即达到去除目的。

(1) 除铁方法

为去除地下水中溶解状态的铁，一般用氧化方法，将水中的二价铁氧化成为三价铁而从水中沉淀出来。利用空气中的氧作为氧化剂，既方便又经济，所以生产上应用最广。氧化时的反应如下：

$$4Fe^{2+}+O_2+10H_2O \Longrightarrow 4Fe(OH)_3+8H^+$$

(2) 除锰方法

地下水中 Mn^{2+} 被氧化时的动力学和 Fe^{2+} 的氧化不同，Mn^{2+} 的氧化和去除是自动催化氧化过程，表现在反应过程中慢慢生成 MnO_2 沉淀，然后水中 Mn^{2+} 离子很快吸附在 MnO^2 上成为 Mn^{2+}，此后吸附的 Mn^{2+} 以缓慢的速度氧化。

2.4.2 除氟工艺

氟是地球上分布最广的元素之一，化学性质非常活泼，在自然界中不以单质形式存在，最常见的是矿物萤石（CaF_2）、冰晶石等。我国地下水含氟地区的分布范围很广，高氟地区地下水含氟浓度在 1.5～4.0mg/L，地下水含氟量与地下水温度关系密切，因为当水温升高时，难溶的萤石可转化为易溶的氟化钠。随着工业发展，氟也随各种排放进入环境中。

氟也是人体必需的微量元素，适量的氟能使骨牙坚实，减少龋齿发病率。但含量过高会引起慢性中毒，特别对牙齿和骨骼产生危害，轻者患氟斑牙，重者则骨关节疼痛，甚至骨骼变形。我国饮用水标准中规定氟的含量不得超过 1mg/L。

为了减少和防止氟中毒，控制饮用水中的含氟量是十分必要的。饮用水除氟方法中，应用最多的是石灰沉淀法和吸附与离子交换法。

2.5 水质标准

随着生活水平的提高，人们对饮用水质量的要求越来越高，城市供水水质关系到居民的饮水安全，不卫生的饮用水也是引发疾病的重要因素之一。因此，保障城市供水水质也是保障人民群众的健康安全。多年来，我国在饮用水方面逐步建立了较为完善的标准体系，覆盖了从源头到龙头的全流程管理。

对于源头，我国目前现行标准包括：

《地表水环境质量标准》GB 3838—2002

《地下水质量标准》GB/T 14848—2017

对于水厂，我国目前现行标准和准则包括：

《生活饮用水集中式供水单位卫生规范》（卫生部）

《城市供水水质标准》CJ/T 206—2005

《村镇供水单位资质标准》SL 308—2004

对于二次供水，我国目前现行标准包括：

《二次供水设施卫生规范》GB 17051—1997

《生活饮用水输配水设备及防护材料的安全性评价标准》GB/T 17219—1998

上述各环节的标准，最终均通过一个核心标准进行体现，即《生活饮用水卫生标准》GB 5749—2006。可见该标准的发布和历次修订，意义重大。本章节着重介绍此标准。

2.5.1 生活饮用水卫生标准

(1) 生活饮用水含义及安全

生活饮用水是指供应人们日常生活的饮水和生活用水。符合标准的生活饮用水，在洗澡、漱口、呼吸和皮肤接触等时对人体的健康影响都是安全的。

生活饮用水必须保证终身饮用安全。所谓“终身”是按人均寿命70岁为基数，以每人每天2L计算。所谓“安全”是指即使终身饮用也不会对健康产生危害。水质标准中的指标限值，因饮水而患病的风险要低于10^{-6}（即100万人中仅有1人患病）。

原水经自来水厂处理后出厂的饮用水通常是安全卫生的，但“龙头”水水质会因不同的原因受到挑战。有的地区管网陈旧，管道内壁逐渐形成不规则的“生长环”，随着管龄的增长而不断增厚，输水能力下降从而污染水质；有时由于施工造成污水进入管网，对水质造成阶段性严重影响；有的二次供水系统管理不善，未定期进行水质检验，未按规范进行清洗、消毒，致使水质逐步恶化，等等。针对不同原因而引起的饮用水安全问题，应采取积极有效的措施进行预防和控制，并加强应急能力建设，从而提高对各种饮用水突发事件的快速反应能力，保障饮水安全。

(2) 现行生活饮用水卫生标准

生活饮用水卫生标准是以保护人群健康和保证人类生活质量为出发点，对饮用水中与人群健康相关的各种因素，以法律形式做出的量值规定，以及为实现量值所做的有关行为规范的规定。

生活饮用水卫生标准是我国保障饮水安全的基本技术文件，经国家有关部门批准发布，为强制性标准，具有法律效力。不但是公民和有关部门依法生产、销售、设计、检测、评价、监督、管理的依据，也是行政和司法部门依法执法、司法的依据，对保障人民群众饮水健康有重要意义。

《生活饮用水卫生标准》GB 5749—2006由卫生部、国家标准化管理委员会于2006年12月颁布，2007年7月1日实施，为现行生活饮用水卫生标准，是既符合我国国情，又与国际先进水平接轨的饮用水水质国际标准。

1) 适用范围

标准适用于城乡各类集中式供水和分散式供水。各类供水，无论城市或农村，无论规模大小，都应执行。但考虑到一些农村地区受条件限制，达到标准尚存困难，现阶段的过渡办法是对农村小型集中式供水和分散式供水在保障饮水安全的基础上，对少量水质指标放宽限值要求。

2) 指标依据

标准中水质指标限值的依据主要参考世界卫生组织、欧盟、美国、日本、俄罗斯等国家和国际组织的现行水质标准，根据对人体健康的毒理学和流行病学资料，经过危险度评价后确定。

3) 水质一般原则

标准要求生活饮用水水质卫生的一般原则有：不得含有病原微生物，化学污染物不得危害人体健康，放射性物质不得危害人体健康，感官性状良好，应经消毒处理。

4) 指标分类

标准共106项指标，分为常规指标42项和非常规指标64项。常规指标是指能反映水质基本状况的指标，一般水样均需检验；非常规指标是指根据地区、时间或特殊情况需要的指标，应根据当地具体条件需要确定。在对水质做评价时，常规指标和非常规指标具有同等作用。实际执行时，由于各地采用的消毒剂不同，常规指标中消毒副产物检测指标数会有所不同，如采用氯气消毒时，常规指标为35项。

标准又把指标分为微生物指标、毒理指标、感官性状和一般化学指标、放射性指标、消毒剂指标共5类。其中微生物指标是评价水质清洁程度和考核消毒效果的指标；感官性状指标是指使人能直接感觉到水的色、臭、味、浑浊等的指标，一般化学指标是反映水质总体性状的理化指标。

2.5.2　饮用水卫生标准中部分理化指标

（1）浑浊度

饮用水浑浊度是由水源水中悬浮颗粒物未经过滤完全或者是配水系统中沉积物重新悬浮而造成的。颗粒物会保护微生物并刺激细菌生长，对消毒有效性影响关系较大。浑浊度还是饮用水净化过程中的重要控制指标，反映水处理工艺质量问题。浑浊度在《生活饮用水卫生标准》GB 5749—2006中的限值为1NTU。

（2）色度

清洁的饮用水应无色。土壤中存在腐殖质常使水带有黄色。水的色度不能直接与健康影响联系，世界卫生组织没有建议饮用水色度的健康准则值。《生活饮用水卫生标准》GB 5749—2006中的限值为15度。

（3）臭和味

臭和味可能来自天然无机和有机污染物，以及生物来源（如藻类繁殖的腥臭），或水处理的结果（如氯化），还可能因饮用水在存储和配送时微生物的活动而产生。公共供水出现异常臭和味可能是原水污染或水处理不充分的信号。《生活饮用水卫生标准》GB 5749—2006中规定为无异臭、异味。

（4）肉眼可见物

为了说明水样的一般外观，以“肉眼可见物”来描述其可察觉的特征，例如水中漂浮物、悬浮物、沉淀物的种类和数量，是否含有甲壳虫、蠕虫或水草、藻类等动植物，是否有油脂小球或液膜，水样是否起泡等。饮用水不应含有沉淀物、肉眼可见的水生生物及令人嫌恶的物质。《生活饮用水卫生标准》GB 5749—2006中规定为不得含有。

（5）pH

pH通常对消费者没有直接影响，但它是水处理过程中最重要的水质参数之一，在水处理的所有阶段都必须谨慎控制，以保证水的澄清和消毒结果。《生活饮用水卫生标准》GB 5749—2006中规定为6.5～8.5。

（6）总硬度

水的硬度原是指沉淀肥皂的程度。使肥皂沉淀的主要原因是水中的钙、镁离子，水中除碱金属离子以外的金属离子均能构成水的硬度，像铁、铅、锰和锌也有沉淀肥皂的作用。现在我们习惯上把总硬度定义为钙、镁离子的总浓度（以$CaCO_3$计）。其中包括碳酸盐硬度（即通过加热能以碳酸盐形式沉淀下来的钙、镁离子，又叫暂时硬度）和非碳酸盐硬度（即加热后不能沉淀下来的那部分钙、镁离子，又称永久硬度）。人体对水的硬度有一定的适应性，改用不同硬度的水（特别是高硬度的水）可引起胃肠功能的暂时性紊乱，但一般在短期内即能适应。水的硬度过高可在配水系统中和用水器皿上形成水垢。《生活饮用水卫生标准》GB 5749—2006中限值为450mg/L。

第 3 章　水质检验基础知识

3.1　玻璃仪器和其他器皿及用品

3.1.1　常用玻璃仪器

玻璃具有很高的化学稳定性、热稳定性，有很好的透明度、一定的机械强度和良好的绝缘性能，因而利用玻璃的优良性能制成的玻璃仪器，广泛应用于水质分析中。玻璃仪器可根据其是否能加热分为不能加热的玻璃仪器（如量筒、容量瓶、比色管等）、能直接加热的玻璃仪器（如试管、蒸发皿等）和能间接加热的玻璃仪器（如烧杯、烧瓶、三角烧瓶等）。一般而言，玻璃仪器也可根据其用途分为容器类、量器类与其他类。

（1）容器类玻璃仪器

1）烧杯

主要用于配制溶液，盛取、蒸发浓缩或加热溶液及盛放腐蚀性固体药品进行称重。烧杯外壁标有刻度，可粗略估计烧杯中液体的体积。常用的烧杯有普通烧杯、高型烧杯和三角烧杯，如图 3-1 所示。

2）烧瓶

常用的烧瓶有平底烧瓶、圆底烧瓶、三角烧瓶和碘量瓶，如图 3-2 所示。平底烧瓶主要用于盛放液体物质，可轻度受热。圆底烧瓶主要用于加热煮沸液体。平底烧瓶和圆底烧瓶加热后都不宜骤冷，内容物不得超过容积的 2/3，加热时应垫石棉网并加入沸石，防止暴沸。三角烧瓶又称锥形瓶，因其反应时便于摇动，故多用于分析化学中的滴定分析。碘量瓶主要用于碘量法、容量滴定分析，上口呈喇叭状，可在实验时倒入水或碘化钾溶液封口，磨砂口塞可防止挥发物质外溢。

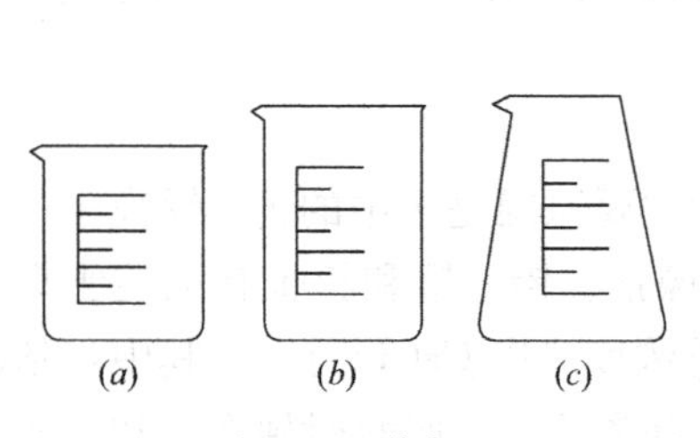

图 3-1　烧杯

（a）普通烧杯；（b）高型烧杯；（c）三角烧杯

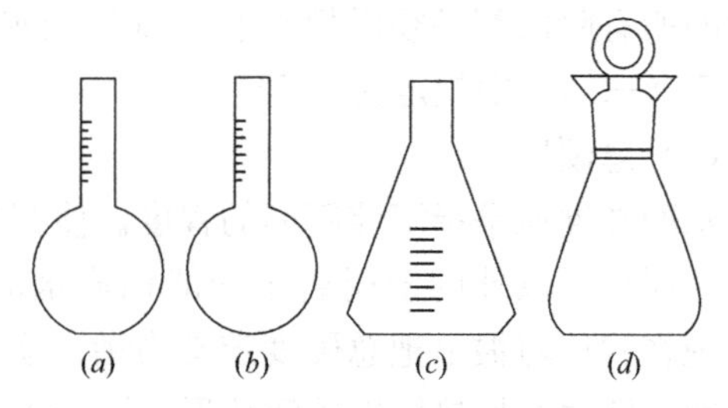

图 3-2　烧瓶

（a）平底烧瓶；（b）圆底烧瓶；（c）三角烧瓶；（d）碘量瓶

3）试管

主要用做少量试剂的反应容器，还大量用于微生物接种培养和保存菌种。常用的试管有普通试管、具支试管和具塞试管，如图 3-3 所示。普通试管装溶液时不超过容积的 1/2；加热前要预热，液体试剂加热时试剂不得超过容积的 1/3，试管应与桌面成 45°角并注意管口不要对着人；固体试剂加热时管口应稍向下倾斜，酒精灯对准固体部分加热；用滴管滴加液体时应悬空，不得伸入试管内；加块状固体时可用镊子夹取至试管口附近，慢慢竖起使固体试剂滑入管底。具支试管主要用于气体通过多个具支试管与液体同时反应，从而观察液体与气体发生的化学反应。具塞试管主要用于盛放易挥发的试剂。

4）离心管

通常配合离心机使用，主要用于样品的分离和制备。离心管按底部的形状可分为锥形离心管和圆底离心管，如图 3-4 所示。使用玻璃离心管时离心力不宜过大，液体不宜加满，并垫好橡胶垫，防止离心管破碎。

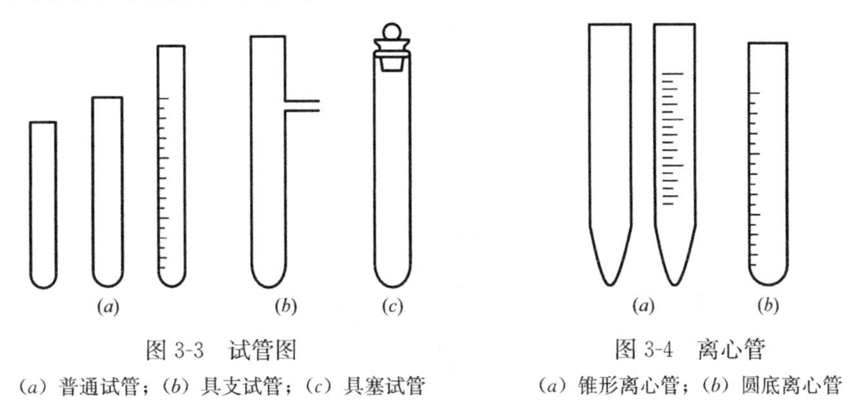

图 3-3 试管图
(a) 普通试管；(b) 具支试管；(c) 具塞试管

图 3-4 离心管
(a) 锥形离心管；(b) 圆底离心管

5）比色管

主要用于比色分析，有一条或多条精确的容积刻度线。常用的比色管有开口比色管和具塞比色管，如图 3-5 所示。每组目视比色管的玻璃应具有相同的底色和透明度，不带杂色，管壁厚度一致，直径相等，容积刻度线的高度一致，以减少误差。

6）试剂瓶

主要用于盛放各种试剂。按外形可分为细口瓶、广口瓶和滴瓶，如图 3-6 所示。细口瓶用于盛放液体试剂。广口瓶用于盛放固体试剂。滴瓶用于吸取或添加少量试剂。试剂瓶的瓶口有磨口和非磨口之分，非磨口试剂瓶用于盛放碱性试剂或浓盐试剂，使用橡皮塞或软木塞。磨口试剂瓶用于盛放酸、非强碱性试剂，使用玻璃塞。试剂瓶有无色和棕色之分，棕色用于盛放应避光的试剂。

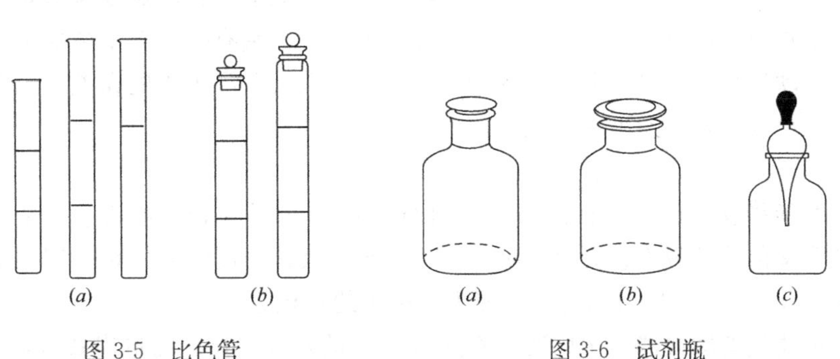

图 3-5 比色管
(a) 开口比色管；(b) 具塞比色管

图 3-6 试剂瓶
(a) 细口瓶；(b) 广口瓶；(c) 滴瓶

7）称量瓶

主要用于准确称量一定量的固体，也可用于烘干试样，烘烤时应将磨口塞打开。常用的称量瓶有高型称量瓶和扁型称量瓶两种，如图 3-7 所示。

（2）量器类玻璃仪器

1）量筒（量杯）

主要用于粗略量取液体的体积，如图 3-8 所示。读数时应保持视线与液面弯月面的最低点水平线相切。使用时应选用合适的规格，不要用大量筒（量杯）量取小体积的液体或小量筒（量杯）多次量取大体积的液体。量杯的读数误差比量筒大，所以在分析工作中，量杯较少使用。具塞量筒主要用于量取易挥发的液体。

2）容量瓶

主要用于准确配制一定浓度的溶液，如图 3-9 所示。当瓶内体积在指定温度下（通常是 20℃）达到标线处时，其体积即为所标明的容积数。

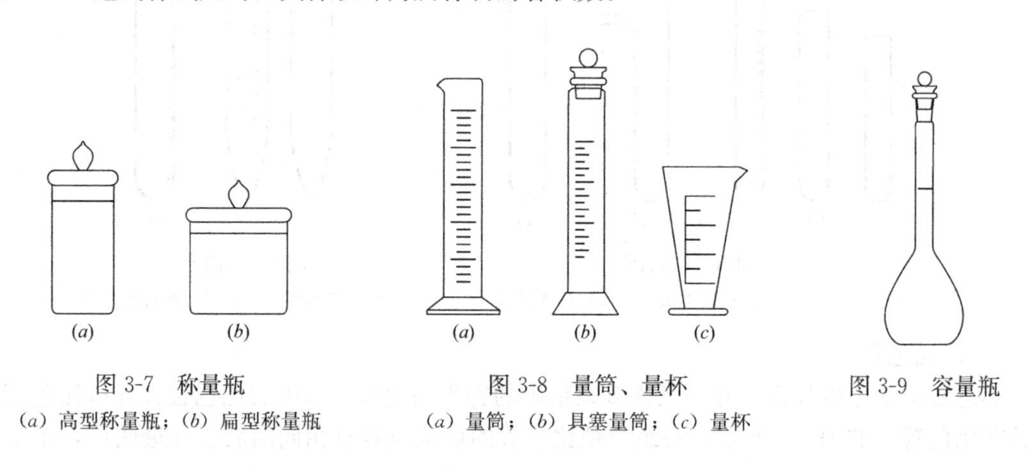

图 3-7　称量瓶

（a）高型称量瓶；（b）扁型称量瓶

图 3-8　量筒、量杯

（a）量筒；（b）具塞量筒；（c）量杯

图 3-9　容量瓶

3）滴定管

在滴定分析中，用于准确计量自滴定管内流出溶液的体积。根据容量的大小可分为常量滴定管和微量滴定管。常量滴定管可精确到 0.01mL，微量滴定管可精确到 0.001mL。常量滴定管可分为酸式滴定管、碱式滴定管和通用型滴定管，如图 3-10 所示。酸式滴定管用于量取对橡皮有侵蚀作用的液态试剂，如酸、氧化物、还原剂等溶液；碱式滴定管用于量取对玻璃管有侵蚀作用的液态试剂，如碱性溶液；通用型滴定管带有聚四氟乙烯旋塞，用于常规液体试剂。另外，实验室还经常用到三通活塞自动定零位滴定管，该滴定管将刻度滴定管与注液管平行焊接在一起，在刻度量管上端有一只向上弯曲的液体出口，从而实现了自动定零位（自动调零）的功能，避免了人工调零带来的误差，因此该仪器具有准确度高、重复性好、速度快等优点。

4）移液管

用于准确移取一定量体积的液体。可分为单标线吸管和刻度吸管，如图 3-11 所示。单标线吸管又称胖肚吸管、无分度吸管。刻度吸管又称分度吸管。在一定的温度下（通常是 20℃），标线至下端出口间的容量即为所标明的容积数。

以上量器类玻璃仪器，按用法的不同可分为量入式（In）和量出式（Ex），量入式量器是指标称体积为向内转移液体体积的量器，如容量瓶；量出式量器是指标称体积为向外转移液体体积的量器，如移液管。按其准确度的不同又可分为A级和B级，有准确度等级而未标注的量器，按B级处理。各量器类玻璃仪器的用法、准确度等级、标称容量及容量允差等相关信息，可参考《标准玻璃量器检定规程》JJG 20—2001及《常用玻璃量器检定规程》JJG 196—2006，并正确使用。

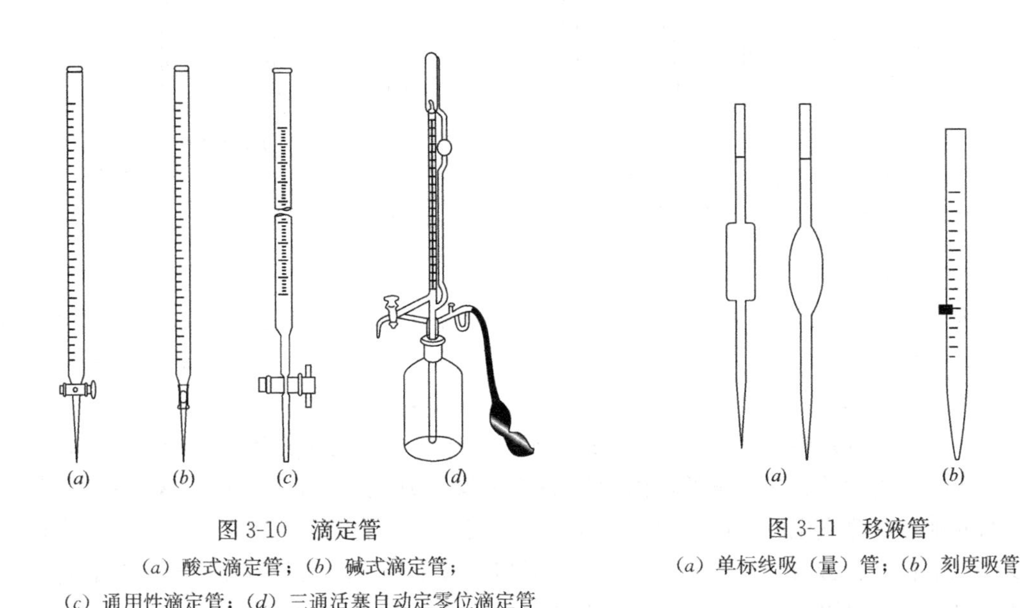

图 3-10 滴定管

(a) 酸式滴定管；(b) 碱式滴定管；
(c) 通用性滴定管；(d) 三通活塞自动定零位滴定管

图 3-11 移液管

(a) 单标线吸（量）管；(b) 刻度吸管

(3) 其他常用玻璃仪器

1) 漏斗

主要用于过滤操作以及把液体或粉状物质注入小口容器内。常用的漏斗有60°短管标准漏斗、长管标准漏斗、长颈漏斗和砂芯漏斗，如图3-12所示。60°短管标准漏斗用于一般过滤。长管标准漏斗可插入滤液，形成的连续液柱可提高过滤速度。长颈漏斗常用于向反应容器内添加液体药品。砂芯漏斗由圆筒状漏斗和过滤板组成，不同型号的过滤板有着不同大小的孔径，其孔径比滤纸小得多，因此过滤效果优于滤纸过滤。

2) 分液漏斗

主要用于两种互不相溶液体的分层和分离以及向反应容器中加入试液。常用的分液漏斗有球形分液漏斗、梨形分液漏斗和筒形分液漏斗，如图3-13所示。球形分液漏斗主体是只圆球，由于其直径较同规格的梨形、筒形分液漏斗大，故在操作时溶液容易摇匀，但液体的分层分离较难控制。梨形分液漏斗主体是只倒锥体球，由于球体下端呈锥形，液体的分层分离较易控制，此外，在合成反应中常用来添加反应试液。筒形分液漏斗主体是只垂直细长的圆筒形玻璃筒，由于瓶身细长，不会因液体量少而看不到液层，因此液体的分层分离较梨形分液漏斗更易控制，故常用于少量、半微量的操作。

3) 抽滤瓶

通常配合布氏漏斗使用，主要用于承接滤液，又称吸滤瓶、过滤瓶。常用的抽滤瓶有具上嘴抽滤瓶和具上下嘴抽滤瓶，如图3-14所示。具上嘴抽滤瓶用于过滤小容量的液体。具上下嘴抽滤瓶可将抽滤瓶内多余的滤液放出，用于过滤大批量的液体。

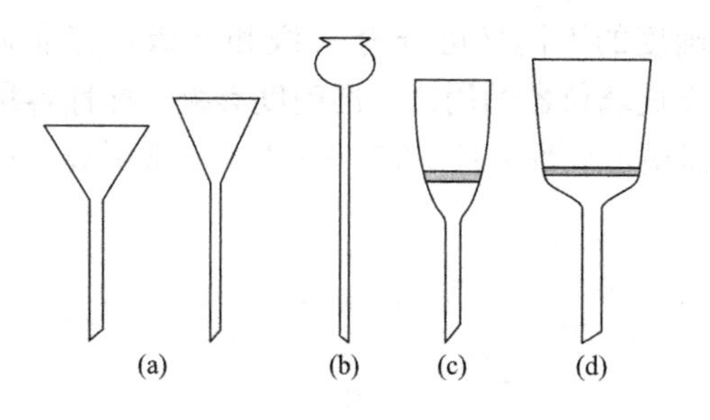

图 3-12　漏斗

（a）60°短管标准漏斗；（b）长管标准漏斗；（c）长颈漏斗；（d）砂芯漏斗

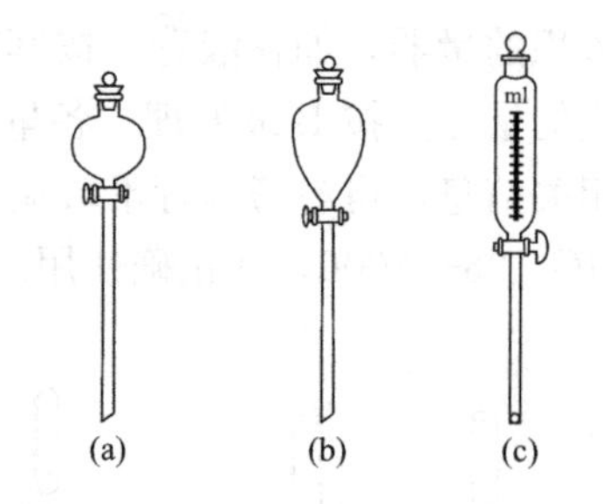

图 3-13　分液漏斗

（a）球形分液漏斗；（b）梨形分液漏斗；（c）筒形分液漏斗

4）干燥器

主要用于冷却和保存已烘干的样品、试药和称量瓶等，也可用于存放小型贵重仪器，如图 3-15 所示。干燥器由带孔瓷板分隔为上下两层，上层存物，下层放置干燥剂。常用的干燥剂有无水氯化钙、硅胶、生石灰等。真空干燥器在干燥器上口焊接一只带磨口活塞的细颈，可与真空泵连接。在真空干燥的过程中，干燥器内的压力始终低于大气压，气体的分子数少、密度低、含氧量低，因而适用于干燥易氧化变质的物料、易燃易爆的危险品；水的沸点与蒸汽压成正比，因此真空干燥可实现低温干燥。使用干燥器时应沿边口涂抹少许凡士林并旋转盖子至透明以免漏气；开启时应水平移动顶盖缓缓打开；热的物品须冷却到略高于室温再移入干燥器内；久存的干燥器或室温低时打不开顶盖，可用热毛巾或暖风吹化开启。

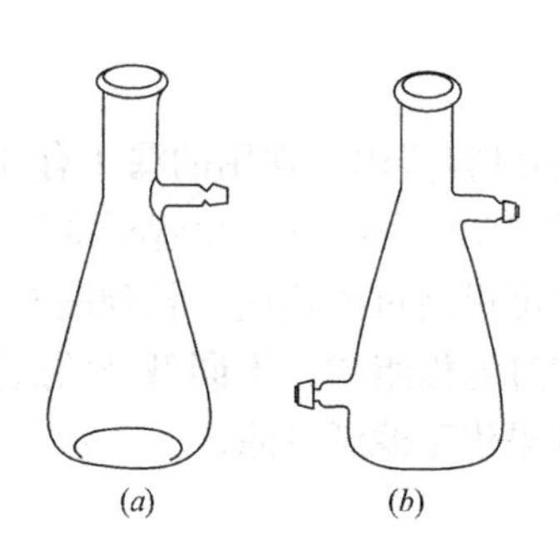

图 3-14　抽滤瓶

（a）具上嘴抽滤瓶；（b）具上下嘴抽滤瓶

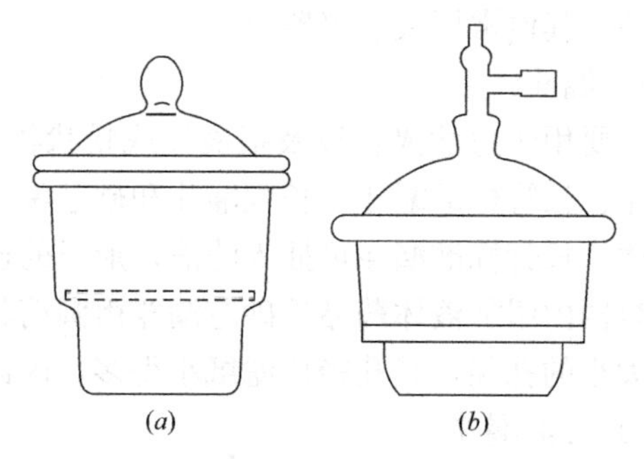

图 3-15　干燥器

（a）干燥器；（b）真空干燥器

5）表面皿

主要作盖子用，防止灰尘落入或加热时液体迸溅；也可作为容器，暂时盛放固体或液体试剂；也可作承载器，用来承载 pH 试纸，使滴在试纸上的酸液或碱液不腐蚀试验台，如图 3-16 所示。

6）冷凝管

是利用热交换原理使冷凝性气体冷却凝结为液体的一种玻璃仪器，通常由一里一外两条玻璃管组成。按照内玻璃管的形状可分为直形冷凝管、球形冷凝管和蛇形冷凝管，如图 3-17 所示。直形冷凝管适用于沸点 140℃以下物质的蒸馏、分馏操作，主要用于倾斜式蒸馏装置。球形冷凝管的内芯管为球泡状，冷却面积较直冷大，蒸馏效果好，但由于球泡状的内芯管容易在球部积留蒸馏液，故不适宜作倾斜式蒸馏装置，多用于垂直蒸馏或回流装置。蛇形冷凝管的内芯管为螺旋形，增加了玻璃管的长度，冷却面较球冷更大，蒸馏时积留的蒸馏液更多，故适用于垂直式、连续长时间的蒸馏或回流装置。

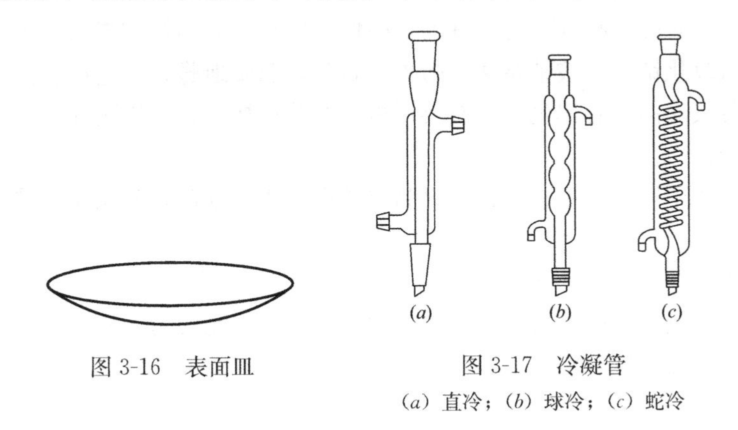

图 3-16　表面皿

图 3-17　冷凝管

(a) 直冷；(b) 球冷；(c) 蛇冷

3.1.2　其他器皿及用品

(1) 玛瑙研钵

玛瑙研钵由天然玛瑙制作而成。玛瑙性质稳定、耐压强度高、耐酸碱，与大部分化学试剂都不起化学反应，并且研磨后不会有任何钵体物质混入被研磨物中，因此在精度要求高的分析中，常用它研磨样品。玛瑙质坚而脆，使用时只可研磨，切勿敲击，玛瑙导热性不良，只可自然干燥或低温烘干。

(2) 瓷制器皿

瓷制器皿耐高温，对酸、碱的稳定性比玻璃好。因其主要成分是硅酸盐，高温下容易被氢氧化钠、氢氧化钾、碳酸钠等碱性物质腐蚀，因此不能用于碱溶法分解样品，也不能和氢氟酸接触。常用的瓷制器皿有蒸发皿、坩埚、研钵和布氏漏斗，如图 3-18 所示。

1) 蒸发皿　主要用于蒸发浓缩溶液，加热时液体不得超过容积的 2/3，加热过程中需不断搅拌，当蒸发皿析出较多固体时应减小火焰或停止加热，利用余温将剩余固体蒸干，防止晶体外溅。

2) 坩埚　主要用于灼烧沉淀，高温处理样品。

3) 研钵　主要用于研磨固体试剂和试样。

4) 布氏漏斗　主要用于减压过滤，与抽滤瓶配套使用。

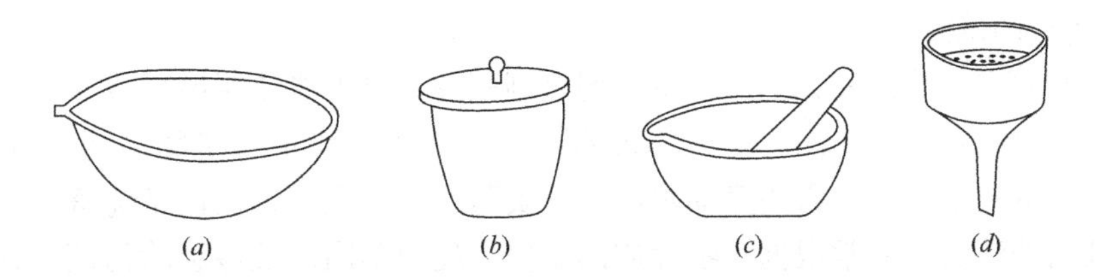

图 3-18　瓷制器皿

(a) 蒸发皿；(b) 坩埚；(c) 研钵；(d) 布氏漏斗

（3）石英玻璃制品

石英玻璃是只含二氧化硅这种单一成分的特种玻璃，具有硬度大、耐高温、膨胀系数低、化学性质稳定和电绝缘性能良好等特点，并且对紫外线和红外线的通过能力良好。除氢氟酸、磷酸外，对一般酸都具有较好的耐酸性。但是对碱的抵抗能力较差，常温下就能被氢氧化钾、氢氧化钠、碳酸钠腐蚀。另外，石英玻璃质地脆，碰撞易损。

常用的石英玻璃制品有比色皿、石英坩埚、石英烧杯、石英烧瓶等。

（4）金属器皿

金属器皿一般是以铂、银、铁、镍等制成的坩埚或蒸发皿，常用于干燥、灼烧样品或化学试剂。

（5）塑料制品

塑料制品对氢氟酸的抗蚀力较强，也常用于微量金属元素的分析。常用的塑料制品有聚乙烯洗瓶、聚乙烯烧杯、聚乙烯容量瓶等。

（6）其他用品

其他用品是指与玻璃器皿、瓷制器皿等配套使用的台架、夹持工具以及实验室中经常用到的物品，如比色管架、试管架、漏斗架、吸耳球、石棉网、酒精灯、药匙等。

3.1.3 玻璃仪器洗涤、干燥和保管

（1）玻璃仪器的洗涤

分析化学实验中所使用的器皿应洁净，这是保证分析结果准确的第一步。玻璃仪器洗涤干净的标准是用水淋洗，倾去水时，器壁内形成均匀水膜，既不聚成水滴，也不成股流下。具塞的玻璃器皿如比色管、称量瓶、容量瓶等，在洗涤前应用线或皮筋拴好，避免“张冠李戴”。对未经使用的新玻璃仪器，在生产过程中可能粘附含有金属的灰尘，洗刷后应于硝酸洗液中浸泡24h，洗净后使用。玻璃仪器的洗涤应根据其种类、精度和性质采用相应的洗涤方法。

1）一般玻璃仪器的洗涤

如烧杯、锥形瓶、量筒、试剂瓶等，可用自来水湿润表面后用刷子蘸取去污粉或洗涤剂清洗内外壁，再用自来水冲洗干净，最后用蒸馏水或去离子水润洗3遍。

2）具有精确刻度的玻璃仪器的洗涤

如移液管、容量瓶、滴定管等量具，清洗时不可用刷子，也不可使用强碱性洗涤剂洗涤。洗涤方法是将洗涤液倒入容器中，摇动几分钟，弃去洗涤液后用自来水冲洗干净，再用蒸馏水或去离子水润洗3遍。若污渍较重，可浸泡于洗涤液内，必要时可延长浸泡时间或将洗涤剂加热。

3）比色皿的洗涤

比色皿必须保持清洁和无划痕，不能用毛刷刷洗，也不能使用碱性或氧化性强的洗涤液。一般先用自来水冲洗干净，再用蒸馏水润洗。如比色皿被有机物沾污，可用盐酸-乙醇（1+2）溶液浸泡片刻，再用蒸馏水洗净。实验后，应立即将比色皿洗净。

玻璃仪器的洗涤，通常根据污物性质的不同，配制不同的洗液去除污渍。常用洗液的配制方法及应用见表3-1。

常用洗液的配置方法及应用 **表 3-1**

洗液名称	化学成分及配制方法	适用范围	说明
铬酸洗液	将 5～10gK_2CrO_7 溶于少量热水中，冷却后边搅拌边缓慢加入浓硫酸，刚开始加入硫酸时有沉淀析出，加浓硫酸至沉淀溶解即可（此时如再继续加硫酸，则又析出沉淀，不能再溶解）	铬酸洗液具有很强的氧化性并且对玻璃腐蚀性极小，因此能清洗绝大多数玻璃仪器	1. 不能用于测铬的玻璃仪器的洗涤； 2. 具有强腐蚀性，防止烧伤皮肤、衣物； 3. 用毕需回收，可反复使用，当多次使用呈墨绿色则失效，可加浓硫酸将 Cr^{3+} 氧化后继续使用
草酸或盐酸羟胺溶液	1）1g 草酸溶解于 100mL 水中； 2）1g 盐酸羟胺溶解于 100mL 水中	用于清洗高锰酸钾污斑	1. 可洗去残留在玻璃器皿上的高锰酸钾； 2. 衣服上的高锰酸钾污斑可用盐酸羟胺溶液洗去
磷酸三钠溶液或洗衣粉	1）将 5～10g 磷酸钠（$Na_3PO_4 \cdot 12H_2O$）溶解于 100mL 水中； 2）固体洗衣粉	用于清洗油污及有机物	
乙二胺四乙酸二钠溶液	将 5～10g 乙二胺四乙酸二钠溶解于 100mL 水中	用于清洁玻璃器皿内部白色沉淀	需加热煮沸
酸性溶液	盐酸（1+1）	去除铁锈、二氧化锰、水垢、碱性物质等无机盐	具有强腐蚀性，防止烧伤皮肤、衣物
	稀硝酸（1+9） 稀硝酸（1+1）	用于测定金属的玻璃仪器的浸泡、洗涤	测定痕量金属的玻璃仪器应浸泡在硝酸（1+1）中，浸泡后不能用自来水淋洗，避免新的吸附，只能直接用纯水淋洗
碱性溶液	NaOH 溶液（5%～10%）	用于浸洗普通油污	需要用热的溶液
	NaOH 饱和溶液	用于清洗黑色焦油、硫	腐蚀性强，使用时注意安全
碘-碘化钾洗液	1g 碘和 2g 碘化钾溶解于 100mL 水中	用于清洗硝酸银滴定后留下的黑褐色污物	
有机溶剂	乙醚、乙醇、丙酮、二甲苯	乙醚、乙醇、丙酮可用于洗涤油污或可溶于该溶剂的有机物；二甲苯可洗脱油漆的污垢	用于浸洗去除小件仪器内的有机物，可配合超声波清洗仪使用

（2）玻璃仪器的干燥

玻璃仪器洗净后需晾干备用，水的存在会对试剂造成一定的稀释，影响化学反应的速率、产率甚至使化学反应无法进行，通常采用以下三种方法进行干燥。

1）倒置晾干　可将洗净的器皿置于实验柜或器皿架上自然晾干。

2）烘干　对于绝对无水要求的非计量器具，可将洗净的器皿置于干燥箱中于 105～110℃烘烤 1h 左右，待冷却至室温后取出使用。

3）溶剂润洗后吹干　对于急于干燥而又不适合烘干的仪器（如移液管），可用少量乙醇或丙酮润洗器皿内壁，倾出溶剂后再用吸耳球或电吹风冷风吹干。因有机试剂具有毒性，此法应在通风橱中操作，不可接触明火。

（3）玻璃仪器的保管

洁净干燥的玻璃仪器应置于专用柜内，防止落尘污染，也可根据其特点、用途以及实验要求按不同的方法加以保管。

移液管可置于有盖的搪瓷盘中，垫以清洁的纱布；滴定管可倒置在滴定架上，上加小烧杯防尘；比色皿、试管、离心管可存放于专用盒内，也可倒置在试管架上。

凡有配套塞、盖的玻璃仪器，如分液漏斗、滴定管、容量瓶等，都必须保持原套装配，不得拆散使用和存放，如需长期保存应衬纸加塞保管，避免日久粘住；长期不用的滴定管或分液漏斗应去除凡士林后垫纸保存。

3.2 化学试剂

化学试剂即化学实验中用到的药剂，广泛应用于物质的合成、分离、定性和定量分析，可以说是化学工作者的眼睛，也是水质分析工作的物质基础。

3.2.1 化学试剂分类及等级

化学试剂的种类很多，有分析试剂、指示剂、有机合成试剂、生化试剂、医用试剂等。世界各国都有自己的国家标准或其他标准（行业标准、学会标准等），因此，化学试剂的分类、分级标准也不尽一致。我国的化学试剂产品有国家标准（GB）、原化工部标准（HG）及企业标准（QB），通常可根据实际用途及纯度分为标准试剂、普通试剂、高纯试剂、专用试剂四类。各类试剂又根据纯度或所含杂质的多少进行分级。

（1）标准试剂

标准试剂是按照国际规范和技术要求，明确作为分析仲裁的标准物质。标准试剂的特点是主体含量高而且准确可靠，其产品一般都是由大型试剂厂生产，并严格按照国家标准检验。国际纯粹化学和应用化学联合会（IUPAC）的分析化学分会将酸碱滴定的标准试剂分成了五级，见表3-2。

IUPAC对酸碱滴定的标准试剂分级 **表3-2**

A级	原子量标准
B级	最接近A级的基准物质
C级	含量为100%±0.02%的标准物质
D级	含量为100%±0.05%的标准物质
E级	以C或D级为标准进行的对比测定所得的纯度或相当于这种纯度的试剂，比D级的纯度低

（2）普通试剂

普通试剂是实验室中最常用的试剂，其级别是以所含杂质的多少来划分的。普通试剂的分级（又称规格）及其适用范围见表3-3。

普通试剂的分级（规格）及其适用范围 **表3-3**

等级	中文名称	英文名称	缩写	标签颜色	适用范围
一级	优级纯（保证试剂）	Guaranteed Reagent	GR	绿色	纯度很高，适用于精密分析工作和科研工作
二级	分析纯（分析试剂）	Analytical Reagent	AR	红色	纯度仅次于GR级，适用于多数分析工作和科研工作
三级	化学纯	Chemical Pure	CP	蓝色	纯度较高，存在干扰杂质，适用于一般分析工作
四级	实验试剂	Laboratory Reagent	LR	棕色或其他色	纯度较低，适用于实验辅助试剂

(3) 高纯试剂

高纯试剂(≥99.99%)是纯度最高的试剂,是在普通试剂的基础上发展起来的,其杂质含量远低于优级纯,因此适用于一些痕量分析。目前,我国除对少数产品制定了国家标准外(如高纯硼酸、高纯冰乙酸、高纯氢氟酸等),大部分高纯试剂没有统一的等级,在名称上有高纯、特纯、超纯等不同叫法。一般以 9 来表示产品的纯度,如纯度为 3.5 个 9(99.95%)简写为 3.5N。

(4) 专用试剂

专用试剂是指有特殊用途的试剂。此类试剂是指在特定方法的分析过程中,严格控制干扰杂质的含量,使其不致产生明显的干扰,但对其主含量不做很高要求的一类试剂。常见的专用试剂有以下几种。

1) 色谱纯试剂

包括气相色谱、液相色谱分析中用到的固体吸附剂、固定液、载体(流动相)等。其质量要求是在色谱分析中只出现指定化合物的峰,不出现杂质峰。

2) 光谱纯试剂

用于光谱分析,质量要求是在光谱分析中测不出或杂质含量低于某一限度。

3) 分光光度纯试剂

用于分光光度法,质量要求是在一定波长范围内没有或很少有干扰物质。

4) 指示剂

用于配制指示溶液。质量指标为变色范围和变色敏感程度。

5) 生化试剂

用于配制生化检验试剂或生化合成。质量指标注重于生物活性杂质的多少。

6) 生物染色剂

用于配制微生物标本染色液。质量指标注重于生物活性杂质的多少。

3.2.2 化学试剂选用原则

化学试剂的纯度越高,其生产或提纯的过程就越复杂,因而价格就越高。如标准试剂和高纯试剂的价格要比普通试剂高数倍乃至数十倍,因此,应根据分析任务、分析方法、待测物质的含量以及对分析结果准确度的要求,选用不同的化学试剂。选用原则是:在满足实验要求的前提下,选择试剂的级别应“就低不就高”。既不要超级别造成资金浪费,也不要随意降低级别影响分析结果的准确性。化学试剂具体选择方法如下。

1) 滴定分析应选用分析纯试剂。对于采用标定法配制的标准溶液(见本书第 3 章 3.4.2 节),用分析纯试剂配制好后,需用基准试剂进行标定,若对分析结果要求不是很高时,也可用优级纯或分析纯试剂代替基准试剂。

2) 精密分析和研究工作应选用优级纯试剂,降低空白值,避免杂质的干扰。

3) 仪器分析一般选用优级纯或专用试剂,痕量分析时应选用高纯试剂。

4) 化学纯试剂主要用于配制定量或定性分析的普通试液或清洁液。

此外,由于进口化学试剂的规格、标志与我国化学试剂现行等级标准不甚相同,使用时应参照有关化学手册加以区分。如 Ultra Pure(超纯)与优级纯相近,High Purity(高纯)与分析纯相近,Biotech(生物技术级)与生化试剂相近。

3.2.3 化学试剂保存

化学试剂在存放的过程中，是否会发生变质主要取决于两个因素：第一，是化学试剂本身的物理性质和化学性质，即内因；第二，是化学试剂在贮存的过程中，其周围环境、温度等自然因素的影响，即外因。因此，必须了解化学试剂的性质，避开引起试剂变质的各种因素，以便妥善保存。

（1）影响因素

1）空气的影响

无机试剂中大多数“亚”化合物、某些含低价离子的化合物、活泼的金属/非金属以及具有强还原性的化合物等，容易被空气中的氧化物所氧化；无机试剂中的强氧化剂则容易被空气中的还原物所还原；强碱性试剂容易吸收空气中的二氧化碳变成碳酸盐；纤维、灰尘能使某些试剂还原、变色等。

2）温度的影响

贮存试剂适宜的温度一般为20～25℃，夏季高温会加速某些试剂的不稳定性（如氯胺T的分解；黄磷在30℃时会发生自燃）；亦会使某些试剂挥发，改变试剂和溶液的浓度。冬季严寒则会使一些试剂、试液发生沉淀、凝固而变质（如甲醛聚合而沉淀变质，冰醋酸冻结而胀破容器）。

3）光线的影响

日光中的紫外线会加速某些试剂（如银盐，汞盐，溴和碘的钾、钠、铵盐和某些酚类试剂）的化学反应而使其变质。试剂受光的作用时，可以发生分解反应、自氧化还原反应，以及在有空气存在的条件下发生氧化还原反应（如过氧化氢溶液见光分解为水和氧气，硝酸见光分解为二氧化氮、氧气和水，次氯酸见光分解为氯化氢和氧气）。

4）湿度的影响

空气中相对湿度在40%～70%为正常，40%以下显得干燥，会使含水结晶体失去结晶水。75%以上则过于潮湿，经过煅烧或脱水的试剂、干燥剂等容易吸湿潮解而变质。

（2）试剂的保存

这里所说的试剂是指市售原包装的“化学试剂”或“化学药剂”。试剂因保管不当而变质，不仅是一种浪费，而且还会使分析工作失败，甚至引发事故。化学试剂应保存在通风良好、干净、干燥的房间，防止水分、灰尘和其他物质沾污。

1）需避光的试剂

见光会分解的试剂（如过氧化氢、硝酸银、高锰酸钾、草酸等）、与空气接触易被氧化的试剂（如硫酸亚铁、亚硫酸钠、氯化亚锡等）、易挥发的试剂（如氨水、乙醇等）应密封于棕色瓶内（有的还需在棕色瓶外包一层黑纸），置于冷暗处。

2）容易侵蚀玻璃的试剂

如氢氟酸、氟化物、苛性碱（氢氧化钠、氢氧化钾）等，应保存在塑料瓶中。

3）吸水性强的试剂

如无水硫酸钠、苛性钠、过氧化钠等应严格密封（如蜡封）。

4）相互易作用的试剂

如挥发性的酸与氨、氧化剂与还原剂，应分开存放。

5）剧毒试剂、易制毒试剂

剧毒试剂和易制毒试剂应特别妥善保管，经一定手续取用，以免发生事故。

6）易燃类试剂

通常把闪点低于25℃的液体列为易燃类试剂，此类试剂遇火即燃。闪点低于－4℃的有石油醚、氯乙烷、乙醚、汽油、苯、丙酮、乙酸乙酯等；闪点低于25℃的有丁酮、甲苯、二甲苯、甲醇、乙醇等，这些试剂应单独存放于阴凉通风处并远离火源。

7）燃爆类试剂

钾、钠遇水反应十分猛烈，应保存在煤油中；白磷、黄磷易自燃，应保存在水中；试剂本身就是炸药的有硝酸纤维、苦味酸、三硝基甲苯、三硝基苯、重氮化合物等，使用时要轻拿轻放，存放温度不超过30℃。

（3）试液的保存及使用

这里所说的试液是指实验室自行配制并直接用于实验的各种浓度的溶剂。试液保存或使用不当，易变质或被污染，从而导致结果误差甚至实验失败。因此，在保存及使用过程中应遵循以下原则。

1）试液标签应清晰标明名称、浓度、配制日期、配制人、有效期、保存条件等信息，贴于试剂瓶的中上部。没有标签又无法鉴别确认的试剂应作废弃处理。

2）不同品种的试剂瓶在摆放时要有一定的间隔；同一层的试剂瓶，较高的放在后排，较矮的放在前排；容积大的试剂瓶要放在药品柜的下部；腐蚀性较强的试剂应放在搪瓷盘中，并存放在药品柜的下部。

3）试剂取用前应看清标签，取用时将瓶盖反扣在干净的桌面上，取完试剂随手将瓶盖盖好。固体试剂用洁净的药匙取用；液体试剂用洁净的量筒或烧杯倒取，倒取时标签朝上。多取的试剂不可倒回试剂瓶中，避免污染。

4）有毒试剂（如氰化物、三氧化二砷）应遵循“使用多少配多少”的原则，即使剩余少量也应送回危险品贮藏室保管或报部门主管处理。废液不要直接倒入下水道，应倒入专用的废液瓶中，定期处理。废瓶也应收集处理，不可随意丢弃。

3.3 实验室用水

实验室用水在水质分析工作中十分重要，洗涤仪器、溶解样品、配制溶液均需用水。天然水一般含有电解质、有机物、颗粒物、微生物、溶解性气体等，作为实验室用水，须经一定方法去除杂质，满足实验室用水的规格（质量要求）后，方可使用。

随着分析技术的不断发展，以及实验室管理的日益规范，实验室用水的水质与数据结果之间的关系已越来越受到重视。很多实验室已将纯水的质量验收工作纳入到日常管理中，因此，水质分析人员应了解实验室用水的相关知识，掌握实验室用水的规格和纯度、制备方法和储存条件等知识。

3.3.1 实验室用水的规格和纯度

（1）实验室用水的规格

《分析实验室用水规格和试验方法》GB/T 6682—2008 中将实验室用水分为三个规格

(即级别)。

1) 一级水

主要用于有严格要求的分析试验，如制备标准样品或用于痕量物质的分析。气相色谱仪、气质联用仪、液相色谱仪、液质联用仪、发射光谱仪分析用水都应使用一级水。一级水可用二级水经石英设备蒸馏或离子交换处理后，再经0.2μm微孔滤膜过滤制取。

2) 二级水

主要用于精确分析和研究工作，如原子吸收光谱分析用水。二级水可用三级水多次蒸馏或经离子交换处理等方法制取。

3) 三级水

主要用于一般实验工作。三级水可用蒸馏或离子交换等方法制取。

《分析实验室用水规格和试验方法》GB/T 6682—2008中规定，实验室用水外观应为无色透明的液体，技术指标要求见表3-4。

分析实验室用水的水质规格　　**表3-4**

名称	一级	二级	三级
pH范围(25℃)	—①	—①	5.0～7.5
电导率(25℃，mS/m)	≤0.01	≤0.10	≤0.50
可氧化物质(以O计，mg/L)	—	≤0.08	≤0.4
吸光度(254nm，1cm光程)	≤0.001	≤0.01	—
蒸发残渣(105±2℃，mg/L)	—②	≤1.0	≤2.0
可溶性硅(以SiO_2计，mg/L)	≤0.01	≤0.02	—

① 由于在一级水、二级水的纯度下，难以测定其真实的pH值，因此，对一级水、二级水的pH值范围不做规定；

② 由于在一级水的纯度下，难以测定可氧化物质和蒸发残渣，对其限量不做规定。可用其他条件和制备方法来保证一级水的质量。

(2) 仪器分析用高纯水

随着实验室仪器设备的升级，高效液相色谱(HPLC)、超高效液相色谱(UHPLC)、液相色谱质谱联用仪(LC-MS)、电感耦合等离子体质谱仪(ICP-MS)等精密分析仪器已广泛应用于各行业的分析检测实验室中。为了保障先进分析仪器的应用性能，实验室应对其所用纯水的规格进行更为严格的质量控制。

《仪器分析用高纯水规格及试验方法》GB/T 33087—2016规定了仪器分析用高纯水的规格和试验方法，适用于经0.22μm微孔过滤的仪器分析用高纯水的检验。

高纯水是指将无机电离杂质、有机物、颗粒、可溶气体等污染物均去除至最低程度的水。仪器分析用高纯水是指在仪器分析中，为降低空白信号所用的高纯水。仪器分析用高纯水的技术指标要求见表3-5。

仪器分析用高纯水的规格　　**表3-5**

名　称	规　格
电阻率(25℃)，ρ/(MΩ·cm)	≥18
总有机碳(TOC)，ρ/(μg/L)	≤50
钠离子，ρ/(μg/L)	≤1
氯离子，ρ/(μg/L)	≤1
硅，ρ/(μg/L)	≤10
细菌总数/(CFU/mL)	合格①

① 细菌总数需要时测定。

(3) 生物分析用水

实验室在涉及生物指标的检测中，在培养基和试剂的配制，以及对样品的稀释（必要时）中也会用到纯水。对实验用水的质量监控应从以下几方面考虑。

1) 除特定要求外，实验用水应经蒸馏、去离子或反渗透处理并无菌、无干扰剂和抑制剂。

2) 实验用水的电导率在25℃下应不高于25μS/cm（相当于电阻率≥0.4MΩcm）。

3) 微生物污染应不超过10^3CFU/mL，最好低于10^2CFU/mL。应根据《生活饮用水标准检验方法 微生物指标》GB/T 5750.12—2006或其他有效方法，定期检验微生物的污染。

4) 重金属（镉、铬、铜、镍、铅等）<0.05mg/L，重金属总量<10mg/L。

5) 还应关注指标的检测方法中有无对实验用水的特定要求。如《生活饮用水标准检验方法 微生物指标》GB/T 5750.7—2006中规定生化需氧量指标所用蒸馏水含铜量应小于0.01mg/L。

3.3.2 实验室用水的制备

实际工作中，应根据分析任务和要求的不同制备符合要求的纯水。

(1) 蒸馏法

蒸馏法制备纯水操作简单，可以去除非离子杂质和离子杂质，但产水量低、成本较高。其机理是利用杂质与水的沸点不同，不能与水蒸气一同蒸发从而达到与水分离的目的。

水中杂质分为不挥发性和挥发性两类。不挥发性杂质包括大多数无机盐、碱和某些有机化合物，可通过蒸馏法去除。挥发性杂质包括溶解在水中的气体、多种有机酸、有机物及完全或部分转入馏出液中的某些盐的分解产物，可加入氧化剂、碱性试剂等，使杂质与之化合生成无机盐、沉淀或气体，再通过蒸馏法去除。

在制备纯水的过程中选用不同的蒸馏器将影响纯水的质量。金属蒸馏器制备的纯水含有较多金属杂质（铜、锡等），适用于清洗容器和配制一般试液；玻璃蒸馏器制备的纯水含痕量金属杂质及微量玻璃溶出物（硼、砷等），适用于配制一般定量分析试液，不宜用于配制分析重金属及痕量非金属的试液；石英蒸馏器制备的纯水仅含痕量金属杂质，适用于配制分析痕量非金属的试液；亚沸蒸馏器制备的纯水几乎不含金属杂质，适用于配制除可溶性气体或挥发性物质以外的各种物质的痕量分析用的试液。

(2) 离子交换法

应用离子交换树脂分离水中杂质离子的方法叫离子交换法，此法制得的纯水又称“去离子水”。这种方法具有出水纯度高、操作简单、成本低、产量大等优点，缺点是无法去除水中的微生物、有机物，以及一些非离子型杂质。因此，要获得既无电解质又无微生物等杂质的纯水，就需要将离子交换出水再蒸馏一次。

1) 原理

离子交换树脂是一种具有离子交换能力的树脂状物质，在树脂固定网络骨架上连接有许多可离解的离子，这种离子与周围离子可以相互交换。具有阳离子交换性能的叫阳离子交换树脂，具有阴离子交换性能的叫阴离子交换树脂。

离子交换法的原理是通过离子交换树脂把溶液中的盐分脱离出来的过程。在离子交换过程中，水中的阳离子（如 Ca^{2+}、Mg^{2+}、Na^{+}、K^{+}、Fe^{3+} 等）与阳离子交换树脂上的 H^{+} 进行交换，水中阳离子被转移到树脂上，而树脂上的 H^{+} 交换到水中。水中的阴离子（如 Cl^{-}、HCO_3^{-} 等）与阴离子交换树脂上的 OH^{-} 进行交换，水中阴离子被转移到树脂上，而树脂上的 OH^{-} 交换到水中。从而达到脱盐的目的。

2）操作方法

用离子交换树脂制备纯水的方法，有单床法、复床法和混合床法。单床法用于某种特殊用途，如水经过阳离子交换树脂柱后得到无金属阳离子水。复床法是将阴离子与阳离子交换树脂柱相互串联起来，水经过阴、阳离子交换树脂柱后得到去离子水。混合床法是将阴阳两种离子交换树脂混合于一个交换柱，从而形成一个无限个复床装置。所以混合床法交换能力最强，制备的纯水质量也最高。为了延长混合型交换树脂的使用周期，大多在混合床前加一复床，这是目前较为合理的方法。用离子交换树脂制备纯水，常见的操作如下。

① 装柱

将树脂于温水中浸泡 2～3h，使其充分膨胀。在交换柱下部放上玻璃棉，将树脂注入（用水浸着，不应有气泡）后，再放些玻璃棉。混合床的装柱是将化学处理好的阴、阳离子交换树脂装入交换柱中，同时注入水，然后从下部压入空气，使两种树脂混合均匀。再用水由下自上压入，排除柱中空气后，再以水浸泡。

② 树脂的化学处理

阳离子交换树脂用 2.0mol/L 盐酸淋洗，每千克树脂用量 4.5～5.0L；阴离子树脂以 2.0mol/L 氢氧化钠溶液淋洗，每两千克树脂用量 4.5～5.0L。淋洗速度均为 20～50mL/min。

③ 蒸馏水淋洗

用蒸馏水洗至阳离子交换柱流出液对甲基橙指示剂不显橘红色，阴离子交换柱流出液对酚酞指示剂不显红色。

④ 水的去离子处理

可根据分析情况对水的要求，采用单床、复床或混合床法进行。

⑤ 树脂再生

经过树脂交换柱处理的水，如经质量检验证明不符合要求，则须对树脂进行再生处理。单床法树脂的再生与操作②和③相同；混合床树脂的再生可先用自来水从下逆压冲洗，使水从上部流出，至树脂有明显的分层后，将树脂注入塑料盆中，把水倒掉。然后再加 3.5mol/L 氢氧化钠溶液，浸过树脂，再用玻璃棒搅拌几次，则阴离子树脂浮在上面，然后用尼龙做的瓢将上层阴离子交换树脂移到另一盆中，将分开的阴阳离子交换树脂分别进行②和③操作。

（3）反渗透法

反渗透法是借助半透膜以压力为推动力的膜分离技术。因其工作原理采用物理法，不添加任何杀菌剂和化学物质，所以不会发生化学反应。反渗透膜的孔径通常只有 0.0001μm，而病毒的直径通常有 0.02～0.4μm，普通细菌的直径通常有 0.4～1μm，因此利用反渗透技术可以有效去除水中的溶解盐、胶体、细菌、病毒和部分有机物等杂质。

对透过的物质具有选择性的薄膜称为半透膜，一般将只能透过溶剂而不能透过溶质的薄膜称之为理想半透膜。当把相同体积的稀溶液和浓溶液分别置于半透膜的两侧时，稀溶液中的溶剂将自然穿过半透膜而自发地向浓溶液一侧流动，这一现象称为渗透。当渗透达到平衡时，浓溶液侧的液面会比稀溶液侧的液面高出一定的高度，即形成一个压差，称之为渗透压。渗透压的大小取决于溶液的固有性质，即与浓溶液的种类、浓度和温度有关。若在浓溶液一侧施加一个大于渗透压的压力时，溶剂的流动方向将与原来的渗透方向相反，开始从浓溶液向稀溶液一侧流动，这一过程称为反渗透。反渗透是渗透的一种反向迁移运动，是一种在压力的驱动下，借助于半透膜的选择截留作用将溶液中的溶质与溶剂分开的分离方法，它已广泛应用于各种液体的提纯、浓缩。在水处理工业中，利用反渗透技术可将原水中的无机离子、细菌、病毒、有机物及胶体等杂质去除，获得高质量的纯水。

3.3.3 特殊用水的制备

(1) 无氯水

向水中加入亚硫酸钠等还原剂，将自来水中的余氯还原为氯离子，并用附有缓冲球的全玻璃蒸馏器（以下各项中的蒸馏同此）进行蒸馏制取。

无氯水的检验方法：取实验室用水 10mL 于试管中，加入 2～3 滴（1＋1）硝酸，2～3 滴 0.1mol/L 硝酸银溶液，混匀，不出现白色混浊。

(2) 无氨水

1) 向水中加入硫酸至 pH 小于 2，使水中各种形态的氨或胺最终转化为不挥发的盐类，收集蒸馏液。

2) 可将蒸馏制得的纯水通过阳离子交换树脂便可去除氨，得到无氨水。

【注意事项】 实验室内的空气中可能存在氨而污染纯水，因此应在无氨气的实验室内制备。

(3) 无二氧化碳水

1) 煮沸法

水量较多时，将蒸馏水或去离子水煮沸至少 10min；水量较少时，使水量蒸发 10%以上，加盖冷却。

2) 曝气法

将惰性气体（如高纯氮）通入蒸馏水或去离子水中至饱和（待气体不能溶解并不断逸出时，表示溶液中的惰性气体已至饱和状态）即可。

【注意事项】 空气中的二氧化碳会污染纯水，建议使用前制备，制备好的无二氧化碳水应贮存在一个附有碱石灰管的瓶中，并用橡皮塞盖严。

(4) 无酚水

1) 加碱蒸馏法

加入氢氧化钠至水的 pH 大于 11（可同时加入少量高锰酸钾溶液使水呈紫红色），使水中的酚生成不挥发的酚钠，再进行蒸馏制得。

2) 活性炭吸附法

将粒状活性炭加热至 150～170℃烘烤 2h 以上进行活化，放入干燥器冷却至室温后，装入预先盛有少量水（避免碳粒间存留气泡）的层析柱中，调节流速使蒸馏水或去离子水缓慢通过柱床，一般以每分钟不超过100mL为宜。开始流出的水（略多于装柱时预先加入的水量）必须再次返回柱中，然后开始收集。

（5）不含有机物的蒸馏水

将碱性高锰酸钾溶液加入水中与水共沸，使有机物氧化成二氧化碳和水，收集蒸馏（在蒸馏的过程中保持水中高锰酸钾紫红色不消退）。

3.3.4　纯水的贮存

玻璃容器中含有 SiO_2、Na^+、K^+、Ca^{2+} 等化学成分，因此，在一般的无机分析中，各级用水均应使用密闭的聚乙烯容器。而聚乙烯容器中的可溶成分同样会污染纯水，因此，在有机分析中，贮存纯水应选用密闭的玻璃容器。

各级水在贮存期间，因其沾污的主要来源是容器中的可溶成分以及空气中的二氧化碳和其他杂质。因此，新容器在使用前需用盐酸洗液浸泡2～3d，再用纯水反复冲洗，并注满纯水浸泡6h以上。水样应注满容器，密封贮存。一级水不可贮存，使用前制备；二级水、三级水可适量制备，分别贮存在预先经同级水清洗过的相应容器中。

3.4　溶液的配制与标定

定量分析中所用的溶液通常分为一般溶液、标准滴定溶液及缓冲溶液。正确配制和标定溶液是水质分析中最常见、最基础的操作。

3.4.1　一般溶液的配制

实验室中所用的辅助试剂多属于此类，在水质分析中常作为样品处理、调节pH、分离或掩饰离子、显色等使用。

一般溶液的浓度通常用比例浓度、质量分数、体积分数或物质的量浓度表示。

一般溶液配制的操作步骤如图3-19所示。

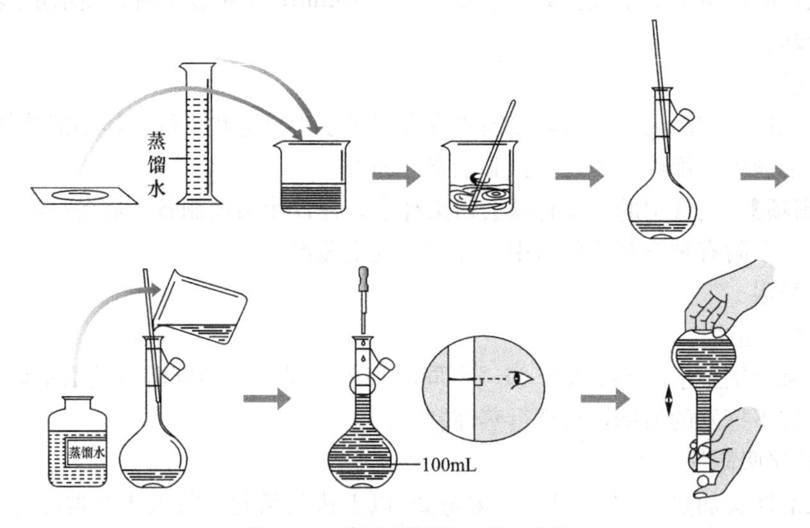

图3-19　溶液配制的过程示意图

（1）计算

首先，计算配制所需固体溶质的质量或液体浓溶液的体积。

【例】 配制 0.1mol/L 的 NaCl 溶液 0.5L。

$m=n \cdot M=c \cdot V \cdot M=0.1\times 0.5\times 58.5\approx 2.9$g，即称取 2.9g NaCl 固体试剂溶于纯水并定容至 500mL。

【例】 用密度为 1.18g/mL、质量分数为 36.6%的浓盐酸配制 0.3mol/L 的盐酸溶液 500mL。

$V=m/\rho=(0.50\times 0.3\times 36.5)/(36.6\%\times 1.18)\approx 12.7$mL，即量取 12.7mL 浓盐酸溶于纯水并定容至 500mL。

（2）称量或量取

配制一般溶液，精度要求不高，只需保持 1～2 位有效数字。因此，固体试剂用托盘天平或电子天平称量，液体试剂用量筒量取即可；配制标准溶液，固体试剂用分析天平称量（精确到万分之一），液体试剂用移液管量取。

（3）溶解

在烧杯中用适量的溶剂溶解溶质（如不能完全溶解可适当加热）并冷却至室温。

（4）转移

由于容量瓶瓶颈较细，为避免液体洒落，应用玻璃棒将烧杯内的溶液引流至容量瓶中，棒底应靠在容量瓶瓶壁的刻度线下。

（5）洗涤

用少量溶剂洗涤烧杯内壁和玻璃棒 2～3 次，并将洗涤液全部转入容量瓶中。

（6）初混

轻轻摇动容量瓶混匀。

（7）定容

向容量瓶中加入溶剂，当液面至刻度线下 1～2cm 时，改用胶头滴管滴加溶剂至溶液凹面恰好与刻度线相切。

（8）摇匀

盖好瓶盖，用食指顶住瓶塞，另一只手的手指托住瓶底，反复上下颠倒，使溶液均匀混合，配好的溶液应静置 10min 左右，使溶液分散均匀。

（9）保存

容量瓶不能长时间存放溶液，应将配得的溶液转移至试剂瓶中保存。

3.4.2 标准滴定溶液的配制与标定

（1）基准试剂

基准试剂，即基准物质，是分析化学中用于直接配制标准溶液或标定滴定分析中操作溶液浓度的化学试剂。基准物质应符合以下要求：纯度（质量分数）≥99.9%；组成应与化学式相符（如果含有结晶水，其结晶水含量应符合化学式）；性质稳定，一般情况下不易吸湿、升华，不与空气中的氧气、二氧化碳反应，干燥时不分解；参与反应时，按反应式定量进行，无副反应；有较大的摩尔质量，可减少称量时的相对误差。常用的基准物质见表 3-6。

常用基准物质的应用　　表3-6

名称	国家标准代号	主要标定对象	干燥条件
无水碳酸钠	GB 1255—2007	HCl、H_2SO_4 溶液	270～300℃（2～2.5h）
邻苯二甲酸氢钾	GB 1257—2007	NaOH、$HClO_4$ 溶液	105～110℃（1～2h）
氧化锌	GB 1260—2008	EDTA 溶液	800～900℃（2～3h）
碳酸钙	GB 12596—2008	EDTA 溶液	105～110℃（2～3h）
乙二胺四乙酸二钠	GB 12593—2007	金属离子溶液	恒湿器中放置 7d
氯化钠	GB 1253—2007	$AgNO_3$ 溶液	500～650℃（40～45min）
硝酸银	GB 12595—2008	卤化物及硫氰酸盐溶液	180～290℃（1～2h）
草酸钠	GB 1254—2007	$KMnO_4$ 溶液	130～140℃（1～1.5h）
三氧化二砷	GB 1256—2008	I_2 溶液	105℃（3～4h）
碘酸钾	GB 1258—2008	$Na_2S_2O_3$ 溶液	120～140℃（1.5～2h）
重铬酸钾	GB 1259—2007	$Na_2S_2O_3$、$FeSO_4$ 溶液	研细、105～110℃（3～4h）
溴酸钾	GB 12594—2008	$Na_2S_2O_3$ 溶液	120～140℃（1.5～2h）

（2）标准滴定溶液

标准滴定溶液是指溶液浓度的准确度达到一定有效数值的试剂。在水质分析中通常采用物质的量浓度、质量浓度，个别分析中采用滴定度来表示标准滴定溶液的浓度。标准滴定溶液浓度的准确程度直接影响分析结果的准确度。

1）配制标准滴定溶液的一般规定

《化学试剂　标准滴定溶液的制备》GB/T 601—2016 的一般规定中，明确了制备滴定分析用标准溶液应达到的要求。

① 所用试剂的级别应在分析纯（含分析纯）以上。实验用水应符合《分析实验室用水规格和试验方法》GB/T 6682—2008 中三级水的规定。

② 制备标准滴定溶液的浓度均为20℃时的浓度。在标定、直接制备和使用时，若温度不为20℃时，应对标准滴定溶液体积进行补正。规定“临用前标定”的标准滴定溶液，若标定和使用时的温度差异不大，可不进行补正。

③ 标准滴定溶液标定、直接制备和使用时所用分析天平、滴定管、容量瓶、移液管等均按相关检定规程定期进行检定或校准。容量瓶、移液管应有容量校正因子。

④ 在标定和使用标准滴定溶液时，滴定速度一般应保持在6～8mL/min。

⑤ 称量工作基准试剂的质量小于或等于0.5g时，按精确至0.01mg称量；大于0.5g时，按精确至0.1mg称量。

⑥ 制备标准滴定溶液的浓度应在规定浓度的±5%范围内。

⑦ 标定标准滴定溶液时，需两人进行实验，分别做四平行，每人四平行标定结果相对极差不得大于相对重复性临界极差［$CR_{0.95}(4)_r=0.15\%$］，两人八平行标定结果相对极差不得大于相对重复性临界极差［$CR_{0.95}(8)_r=0.18\%$］。在运算过程中，保留5位有效数字，取两人八平行标定结果的平均值为标定结果，报出结果取4位有效数字。

⑧ 标准滴定溶液浓度的相对扩展不确定度不应大于0.2%（$K=2$）。

⑨ 标准滴定溶液的浓度小于或等于0.02mol/L时（除0.02mol/L的EDTA-2Na、氯化锌标准滴定溶液外），应于临用前将浓度高的标准滴定溶液用煮沸并冷却的纯水稀释，必要时重新标定。

2）标准滴定溶液的配制和标定

标准滴定溶液配制的方法分为直接配制法和间接法。直接配制法的步骤同一般溶液的配制步骤。间接法采用标定的方法配制，又称标定法。

由于大多数试剂并不符合基准试剂的要求（如市售浓盐酸中的 HCl 易挥发；NaOH 易吸收空气中的 H_2O、CO_2，$KMnO_4$ 不易提纯并易分解），这种情况下，可将其配制成接近所需浓度的溶液，然后用基准试剂或另一种已知准确浓度的标准溶液来标定它的准确浓度，这一操作称为标定。标准滴定溶液的标定又分为直接标定法和间接标定法。

① 直接标定法

准确称取一定量的基准物质，溶于水后用待标定溶液滴定，至反应完全。根据所消耗待标定溶液的体积和基准物质的质量，计算出待标定溶液的准确浓度（C_B）。计算公式为：

$$C_B = \frac{m \times 1000}{M_B(V - V_0)} \tag{3-1}$$

式中 C_B——待标定溶液的浓度，mol/L；

m——称取基准物质的质量，g；

V——滴定消耗待标定溶液的体积，mL；

V_0——空白试验消耗待标定溶液的体积，mL；

M_B——基准物质的摩尔质量，g/mol。

【例】 配制 1000mL 0.1mol/L 的 NaOH 溶液，并用邻苯二甲酸氢钾（$KHC_8H_4O_4$）标定。

配制：取 100g NaOH 溶于 100mL 水中。注入聚乙烯瓶中，密闭放置至溶液清亮。取 5mL 上层清液溶于 1000mL 无 CO_2 水中，摇匀备用。

标定：称取已在 105～110℃ 烘干至恒重的邻苯二甲酸氢钾 0.5～0.7g（称准至 0.0001g）4 份，$m_1=0.5738$、$m_2=0.6077$、$m_3=0.6658$、$m_4=0.6112$，分别溶于 50mL 无 CO_2 纯水中，加 2 滴酚酞指示剂，用配好的 NaOH 标准溶液滴定至微红色。消耗的体积分别为 $V_1=28.01$mL、$V_2=29.66$mL、$V_3=32.55$mL、$V_4=29.88$mL，同时作空白试验，$V_0=0$mL。

由于 $M(KHC_8H_4O_4)=204.22$g/mol，根据公式（3-1）计算标定后的浓度。

【注意事项】 以上为直接标定法的全过程。凡用基准物质标定时，均按此程序进行。

② 间接标定法

有一部分标准滴定溶液，没有合适的用以标定的基准试剂，只能用已知浓度的标准溶液来标定，此为间接标定法。如乙酸溶液用 NaOH 标准溶液来标定，高锰酸钾溶液用草酸钠标准溶液来标定等。当然，间接标定的系统误差比直接标定要大些。待标定溶液的准确浓度（C_B）的计算公式为：

$$C_B V_B = C_A V_A$$

$$C_B = \frac{C_A V_A}{V_B} \tag{3-2}$$

式中 C_B——待标定溶液的摩尔浓度，mol/L；

V_B——待标定溶液的体积，mL；

C_A——已知标准溶液的摩尔浓度，mol/L；

V_A——消耗已知标准溶液的体积，mL。

【例】 配制1000mL $c(CH_3COOH)=0.1mol/L$的乙酸溶液，并用上例中的NaOH标准溶液标定。

配制：已知$M(CH_3COOH)=60.0g/mol$，$\rho(CH_3COOH)=1.05g/mL$

$V=m/\rho=(0.1\times1.0\times60.0)/1.05\approx5.71mL$，吸取乙酸5.71mL溶于纯水并定容至1000mL。

标定：用25mL移液管分别移取4份上述乙酸溶液置于250mL锥形瓶中，加入2～3滴酚酞指示剂，用上例中的NaOH标准溶液滴定至溶液微红色并保持30s不褪，即为终点。消耗NaOH标准溶液的体积分别为$V_1=25.01mL$、$V_2=24.96mL$、$V_3=25.05mL$、$V_4=25.03mL$。

根据公式（3-2）计算标定后的浓度。

3.4.3　缓冲溶液的配制

缓冲溶液即能在一定程度上抵消、减轻外加强酸或强碱对溶液酸碱度的影响，从而保持溶液pH值相对稳定的溶液。

（1）缓冲溶液的理论

根据布朗斯特-劳里（Bronsted-Lowry）酸碱理论，对于弱酸HA有如下化学反应：

$$HA+H_2O \rightleftharpoons A^-+H_3O^+$$

由亨德森-哈塞尔巴尔赫（Henderson-Hasselbach）公式：

$$Ka=[A^-][H_3O^+]/[HA]$$

$$[H_3O^+]=Ka\cdot[HA]/[A^-]$$

两边同取log：$-lg[H_3O^+]=-lg(Ka\cdot[HA]/[A^-])$

$$=-lgKa-lg([HA]/[A^-])$$

$$=pKa+lg([A^-]/[HA])$$

即

$$pH=pKa+lg([A^-]/[HA]) \tag{3-3}$$

根据公式（3-3）可得出如下结论：

1）缓冲液的pH值与该酸的电离平衡常数Ka、以及盐和酸的浓度有关。弱酸的pKa值恒定，但酸和盐的比例不同时，就会得到不同的pH值；

2）酸和盐浓度相等时，溶液的pH值与PKa值相同；

3）酸和盐浓度等比例增减时，溶液的pH值不变；

4）酸和盐浓度相等时，缓冲液的缓冲效率最高，比例相差越大，缓冲效率越低。缓冲液的一般有效缓冲范围为$pH=pKa\pm1$。同理，对于弱碱及弱碱盐缓冲溶液$pOH=pKb\pm1$。

（2）缓冲溶液的种类

1）弱酸及弱酸盐缓冲溶液

如醋酸-醋酸钠缓冲溶液，溶液偏酸性。当有强酸性或强碱性物质进入溶液时，则发生下列反应：

$$HCl+NaAc \longrightarrow HAc+NaCl$$

$$NaOH+HAc \longrightarrow NaAc+H_2O$$

2）弱碱及弱碱盐缓冲溶液

如氨水-氯化铵缓冲溶液，溶液偏碱性。当有强酸性或强碱性物质进入溶液时，则发生下列反应：

$$HCl + NH_4OH \longrightarrow NH_4Cl + H_2O$$

$$NaOH + NH_4Cl \longrightarrow NH_4OH + NaCl$$

3）酸式盐及碱式盐缓冲溶液

如磷酸二氢钾-磷酸氢二钠缓冲溶液，溶液近中性。其对强酸或强碱性物质的缓冲作用如下：

$$HCl + Na_2HPO_4 \longrightarrow NaH_2PO_4 + NaCl$$

$$KOH + KH_2PO_4 \longrightarrow K_2HPO_4 + H_2O$$

4）单一盐缓冲溶液

如邻苯二甲酸氢钾、硼砂等缓冲溶液，溶液为弱酸性或弱碱性。其中弱酸性兼可缓冲强酸性或强碱性物质的影响；而弱碱性的只能缓冲强酸性物质的影响，必须与强酸配伍后才能缓冲强碱性物质的影响。

（3）缓冲溶液的配制

配制缓冲溶液应使用新鲜的纯水，电导率以小于 1.0μs/cm 为好，并注意避开酸性或碱性物质的蒸汽。配制 pH 在 6.0 以上的缓冲溶液时，应使用无二氧化碳纯水。缓冲溶液在阴暗、密封的条件下可存放 2 个月至一年，如出现混浊、发霉及沉淀等现象即不可再用。

【例】 磷酸二氢钾和磷酸氢二钠缓冲溶液的配制。

A 液：0.1mol/L 磷酸二氢钾，$M(KH_2PO_4)=136.09$g/mol

即准确称取 1.3609g 磷酸二氢钾，加纯水定容至 100mL。

B 液：0.1mol/L 磷酸氢二钠，$M(Na_2HPO_4 \cdot 2H_2O)=177.99$g/mol

即准确称取 1.7799g 磷酸氢二钠，加纯水定容至 100mL。

磷酸二氢钾和磷酸氢二钠缓冲溶液的配制比例，可查表 3-7。

磷酸二氢钾和磷酸氢二钠缓冲溶液的配制 **表 3-7**

pH	5.60	5.91	6.24	6.47	6.64	6.81	6.98	7.17	7.38	7.73	8.04
A 液/mL	9.50	9.00	8.00	7.00	6.00	5.00	4.00	3.00	2.00	1.00	0.50
B 液/mL	0.25	1.00	2.00	3.00	4.00	5.00	6.00	7.00	8.00	9.00	9.50

3.5 常用水质检测仪表

（1）温湿度计

实验室配备温湿度计主要用于监控室内的温度及湿度。

湿度又称相对湿度，单位为 RH%，表示空气中水气的多少，即空气中所含水蒸气量（水蒸气压）与其相同情况下饱和水蒸气量（饱和水蒸气压）的百分比。根据测量原理不同，常见干湿球法和电子式传感器法。干湿球湿度计，如图 3-20 所示，内置一对并列安置的温度表，一支用来测定气温，称为“干球温度表”；另一支温度计的球部包扎一条纱

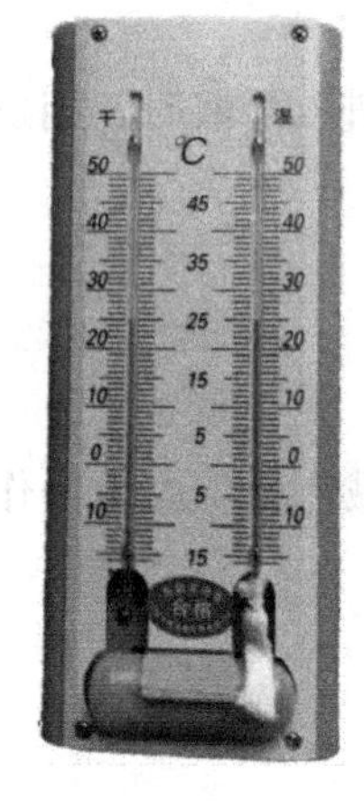

图 3-20 湿球湿度计

布，纱布下部浸到一个带盖的水杯内，杯中盛蒸馏水，供湿润湿球纱布用，称为“湿球温度表”。如果空气中的水蒸气量没饱和，湿球的表面便会不断地吸取热量汽化，因此湿球所表示的温度比干球所示要低。相反，当空气中的水蒸气量呈饱和状态时，水便不再蒸发，也不会吸取热量汽化，湿球和干球所示的温度即会相等。在一定条件下，空气的相对湿度与干、湿两球的温度差存在着函数关系，读出干、湿两球的温度差，由该湿度计所附的对照表就可查出当时空气的相对湿度。电子式湿度传感器是 20 世纪 90 年代兴起的行业，随着湿敏传感器的迅速发展，湿度测量技术也提高到了新的水平。

(2) 天平

天平是实验室中最常用的仪器，是用于测量物体质量的衡器。根据天平的构造原理可分为机械天平和电子天平。

1) 机械天平

实验室中最常见的机械天平是托盘天平，依杠杆原理制成。使用时，应将其放置在水平的桌面上。用镊子拨动游码使之归零并调节天平两端的平衡螺母使天平左右平衡。称量时，左盘放称量物，右盘放砝码，不可将称量物或药品直接放于盘中称量，砝码应用镊子夹取并保持干燥和清洁。被测物体的质量不能超过天平的量程或低于游码的最小刻度。

2) 电子天平

电子天平采用现代电子控制技术，利用电磁力平衡原理实现称重。因其操作简便、功能齐全、精度高而得到了广泛应用。

天平室应保持室温 15～30℃、湿度 55%～75%之间，注意避光、防尘。天平应放置在固定的台面上，避免震动、气流。使用前观察天平的水平仪，如水泡偏移，调整水平调节脚，使水泡位于水平仪的中心。接通电源预热半小时后按“调零”键，待天平显示稳定的 0.0000g 后即可进行称量。打开天平门，将样品放在天平称量盘的中央，关上天平门，待读数稳定后记录显示数据。天平内应保持洁净、干燥，并定期更换干燥剂（如变色硅胶）。待测样应放于容器内称量，试样及容器质量之和不能超过天平的称量上限。天平安装后，第一次使用前，应对天平进行校准。如存放时间较长、位置移动、环境变化，为获得精确的测量数据，也应对其进行校准。

(3) 表层温度计

表层温度计用于井水、江河水、湖泊水、水库水以及海水水温的测定，如图 3-21 所示。表层温度计的金属套管内装有一只水银温度计，套管开有可供温度计读数的窗孔，套管上端有一提环，以供系住绳索，套管下端有一只有孔的盛水金属圆筒，水温计的球部位于金属圆筒的中央。

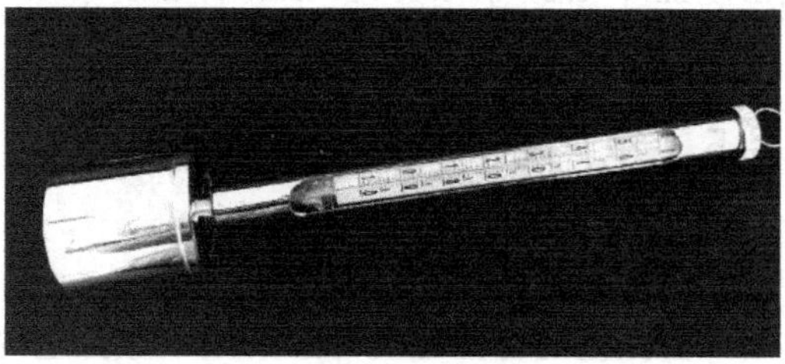

图 3-21 表层温度计

1) 测量原理

在水样采集现场，利用专门的水银温度计，直接测量并读取水温。

2）使用步骤

使用时应先将金属管上端的提环用绳子拴住，放入水层中，待与水样满足热平衡之后（约5min）迅速提出水面读数并记录。重复此步骤，再测量一次。当气温高于水温时，取两次读数中偏低的一次作为该表层水温的实测值。反之，取两次读数偏高的一次读数。水体风浪较大时，可用水桶取水测量，水桶应选用不易传热的材质，容量约5～10L。读数完毕后，将金属筒内的水倒净。

【注意事项】 从水温计离开水面至读数完毕应不超过20s。冬季测量的水样不应带有冰块和雪球。

（4）密度计

密度计又称比重计，主要用于液态样品密度的测定，如图3-22所示。密度计的外形与水银温度计相似，是一根两端封闭、粗细均匀的玻璃管，管底封存少许铅，可使其重心下移，保证密度计在液体漂浮时总保持竖直立在液体中。

1）测量原理

漂浮在液体中的密度计，其所受的重力等于浮力。根据阿基米德原理，不同的液体由于密度不同，密度计排开液体的体积也就不一样。密度计的刻度值“上小下大、上疏下密”，密度大的液体排开的体积小，浸没在液体中的长度就短；密度小的液体排开的体积大，浸没在液体中的长度就长，因此，密度计浸没在液体中的长度就与该液体的密度相对应。

图3-22 密度计

2）使用步骤

测量时，先将待测试液缓慢注入清洁、干燥的量筒内，不得留有气泡。测量待测试液的温度t（℃），然后将清洁、干燥的密度计缓缓放入试液中。其下端离筒底2cm以上，不得与筒壁接触，密度计的上端露在液面外的部分所沾液体不得超过2～3分度（避免沾附过多试样造成测量误差，若沾附过多，应另取一支密度计重新测量），待密度计在试液中稳定后，读出弯月面下缘的刻度ρ_t'(g/cm^3)。温度t（℃）下试液的密度ρ_t（g/cm^3）可通过公式（3-4）计算得出：

$$\rho_t = \rho_t' + \rho_t'\alpha(20 - t) \tag{3-4}$$

式中 ρ_t'——试液在t时由密度计读取的数值，g/cm^3；

α——密度计的玻璃膨胀系数，通常为0.000025；

20——密度计的标准温度，℃；

t——测定时的温度，℃。

由公式（3-4）可知，当温度t为20℃时，$\rho_t=\rho_t'$(即试液的密度等于密度计读取的数值)。在水质分析中，通常要求测定试液恒温（20℃）下的密度，如氯化铁、聚氯化铝、聚合硫酸铁密度的测定。因此，应将装有待测试液的量筒置于20℃的恒温水浴锅中，待温度恒定后，按上述操作放入密度计再读取密度值，该数值即为恒温（20℃）下该试液的密度。

（5）浊度仪

浊度仪用于测量水样的浑浊度，单位以NTU来表示。常见的有实验室用台式浊度仪及现场用便携式浊度仪。浑浊度是表征水清澈或浑浊的程度，是衡量水质良好程度的重要指标之一。

1）测量原理

浊度表现为水中的悬浮物对光线透过时发生的阻碍程度。一束平行光在透明液体中传播，如液体中无任何悬浮颗粒存在，那么光束在直线传播时不会改变方向；若有悬浮颗粒，光束在遇到颗粒时就会改变方向，这就形成了所谓的散射光。浊度仪采用90°散射光原理，由光源发出的平行光束通过某溶液时，一部分被吸收和散射，另一部分透过溶液，符合雷莱公式：

$$I_s = ((KNV^2)/\lambda) \times I_0 \tag{3-5}$$

式中　I_s——散射光强度；

I_0——入射光强度；

N——单位溶液微粒数；

V——微粒体积；

λ——入射光波长；

K——系数。

在一定的浊度范围内，入射光恒定的条件下，散射光强度 I_s 与溶液的浑浊度成正比。公式（3-5）可表示为：

$$I_s/I_0 = K'N \tag{3-6}$$

式中　K'——常数。

根据公式（3-6），利用一束红外线穿过含有待测样品的样品池。传感器处在与发射光线垂直的位置上，通过测量样品中悬浮颗粒散射的光量，微电脑处理器再将该数值转化为浊度值。

2）干扰及消除

当出现漂浮物和沉淀物时，读数将不准确。

气泡和震动会破坏样品的表面，得出错误的结论。

样品瓶若有划痕或沾污会影响测定结果。为了将样品瓶带来的误差降到最低，在校准和测量过程中应使用同一样品瓶。

3）使用步骤

打开仪器电源键，待仪器自检完毕后进入测量状态。将混匀的水样倒入干净的样品瓶中，擦净样品瓶外壁。

将样品瓶放入测量池内，盖上遮光盖，按“测量”键，直接读出浊度值。

测量完毕应将样品瓶洗净放回仪器盒原位。仪器存放于干燥、清洁、阴凉、通风的环境下。

【注意事项】 测量前应去除瓶中的气泡。当测量温度较低时，样品瓶会出现冷凝水滴，此时须放置片刻，使水温接近室温再进行测量。测量时应保持测量位置的一致性，样品瓶瓶体的刻度线应与试样座定位线对齐。

（6）便携式余氯仪

便携式余氯仪用于快速测定水中游离余氯的含量，单位以mg/L表示。液氯消毒是水处理行业中常用的消毒剂，游离余氯是指液氯与水接触一定时间后与水中的微生物、有机物、部分无机物等作用后消耗掉一部分外，还余留在水中的次氯酸（HOCl）、次氯酸根离子（ClO^-）及溶解的氯（Cl_2）。生活饮用水会含有游离余氯，是用来保证持续的杀菌能力，防备供水管网受到外来污染。

1）测量原理

便携式余氯仪相当于一台小型的分光光度计。显色剂DPD（N，N-二乙基对苯二胺）与水中的游离余氯迅速反应并产生红色，显色反应和水中余氯的含量成比例关系。将待测样品放入已调零的光电比色座中，于528nm波长下测定其吸光度，并与仪器的内置曲线进行对比，从而得出水中余氯的浓度。便携式余氯仪利用微电脑光电比色检测原理取代传统的目视比色法，消除了人为的误差，大大提高了分辨率。

2）干扰及消除

气泡和震动会破坏样品的表面，得出错误的结论。

样品瓶若有划痕或沾污会影响测定结果。

调零和测量用的样品瓶应进行成套性检查，避免瓶间偏差较大影响结果。

3）使用步骤

将10mL待测水样加入样品瓶中，擦净样品瓶外壁。

按下电源开关键，将样品瓶放入测量槽中，盖上遮光盖。按“调零”键，当屏幕显示“0”时，打开遮光盖取出样品瓶。

另取一只样品瓶，加入10mL待测水样，再加入一袋DPD指示剂，盖上瓶盖充分摇匀。20s后，水样中的游离余氯使水样显红色，擦净样品瓶外壁。

将样品瓶放入测量槽中，盖上遮光盖，按下“测量”键，屏幕显示的数据即为水中游离余氯的实际含量。

（7）便携式二氧化氯仪

便携式二氧化氯仪用于快速测定水中二氧化氯的含量，单位以mg/L表示。二氧化氯是高效氧化剂，易溶于水，杀菌能力强，是国际上公认的安全、无毒的消毒剂。二氧化氯与水接触后参与除臭、脱色反应并杀灭细菌、病毒而被消耗，余留在水中的二氧化氯可以长时间地维持灭菌作用，消灭原生动物、孢子、霉菌、水藻和生物膜，氧化有机物，降低水的毒性和诱变性质。

1）测量原理

便携式二氧化氯仪相当于一台小型分光光度计，测定时依次加入甘氨酸溶液及显色剂N，N-二乙基对苯二胺（DPD）。甘氨酸可将水中的氯离子转化为氯化氨基乙酸从而避免氯离子的干扰；显色剂DPD与水中的二氧化氯反应并产生粉色，显色反应和水中二氧化氯的含量成比例关系。将待测样品放入已调零的光电比色座中，于528nm波长下测定其吸光度，并与仪器的内置曲线进行对比，从而得出水中二氧化氯的浓度。

2）干扰及消除

气泡和震动会破坏样品的表面，得出错误的结论。

有划痕或沾污的样品瓶都会影响测定结果。

调零和测量用的样品瓶应进行成套性检查，避免瓶间偏差较大影响结果。

3）使用步骤

将10mL待测水样加入样品瓶中，擦去样品瓶外的液体及手印。

按下电源开关键，将样品瓶放入测量槽中，盖上遮光盖。按“调零”键，当屏幕显示“0”时，打开遮光盖取出样品瓶。

另取一样品瓶，加入10mL待测水样，立即加入4滴10%的甘氨酸溶液，充分摇匀后再加入一袋DPD指示剂，盖上瓶盖充分摇匀。20s后，水样中含有的二氧化氯使水样显粉红色，擦净样品瓶外壁。

将样品瓶放入测量槽中，盖上遮光盖，按下测量键，屏幕显示的数据即为水中二氧化氯的实际含量。

（8）便携式臭氧仪

便携式臭氧仪用于快速测定水中臭氧的含量，单位以mg/L表示。臭氧的氧化能力极强，它不但能杀灭一般细菌，而且对病毒、芽孢等也有很大的杀灭效果，是公认的绿色高效的消毒灭菌剂。但臭氧极不稳定，在常温常压下就会自行分解为氧气。

1）测量原理

便携式臭氧仪相当于一台小型的分光光度计。在pH=2.5的条件下，水中臭氧与靛蓝试剂发生蓝色褪色反应后于600nm波长下进行测定，并与仪器的内置曲线进行对比，从而得出水中臭氧的浓度（氯会对结果产生干扰，含靛蓝试剂的安瓿瓶中含抑制干扰的试剂）。

2）使用步骤

取40mL空白样（不含臭氧的去离子水）于50mL烧杯中，将含有靛蓝试剂的安瓿瓶倒置于烧杯中（毛细管部分朝下），用力将毛细管部分折断，待水完全充满后，盖好盖子，快速将安瓿瓶颠倒数次混匀，擦净样品瓶外壁。

按下电源开关键，把安瓿瓶放入测量槽中，盖上遮光盖。按“调零”键，待屏幕显示“0”时，打开遮光盖取出安瓿瓶。

另取40mL待测水样于50mL烧杯中，重复空白样测定步骤。

将安瓿瓶放入测量槽中，盖上遮光盖。按“测量”键，屏幕显示的数据即为水中臭氧的实际含量。

【注意事项】 臭氧在水中稳定性很差（10～15min即可衰减一半，40min后浓度几乎衰减为零），故应现场取样立即测定。

3.6 常用辅助设备

（1）烘箱

烘箱又称干燥箱，适用于比室温高5～300℃（有的高200℃）范围内的干燥、烘干、灭菌等。烘箱的型号很多，结构大致上由箱体、电热器和温度控制系统组成。干燥箱有普通式和鼓风式两种。鼓风式干燥箱在箱内装有一个电风扇，用以加快热空气的对流，使箱内温度均匀的同时水蒸气也加速散逸到箱外的空气中，提高了干燥的效率。

（2）离心机

离心机主要用于将悬浮液中的固体颗粒与液体分离或乳浊液中两种密度不同又互不相溶的液体分开，也可用于排除湿固体中的液体。

离心机是利用物质密度等方面的差异，用旋转所产生背向旋转轴方向的离心力使颗粒或溶质发生沉降而将其分离、浓缩、提纯和鉴定的仪器。根据离心机的分离因素 Fr 值（指物料在离心力场中所受的离心力与物料在重力场中所受的重力之比值），又可分为常速离心机、高速离心机、超高速离心机。

【注意事项】 离心管必须对称地放入套管内，防止机身振动，若只有一支样品管，另外一支要用等质量的水代替。启动离心机时，先盖上离心机顶盖再慢慢启动；如离心机有噪声或机身振动，应立即切断电源，排除故障。离心结束后，先关闭离心机，当离心机停止转动后，方可打开离心机盖，取出样品，不可用外力强制其停止运动。离心过程中，实验者不得离开。

（3）振荡器

振荡器是配合分液漏斗进行液液萃取，代替手工萃取的仪器，如图 3-23 所示，实验室常用的有卧式振荡器和立式振荡器。液液萃取是常见的水样预处理方法之一，传统的分液漏斗萃取方式耗时费力，效率极低。液液萃取仪采用电脑程序设定振荡时间和振速，让有机相和水相在分液漏斗中充分混合均匀，模拟人工萃取的过程，保证目标化合物从水相充分转移到有机相中。该设备具有自动化程度高、用时短等特点。

（4）振筛仪

将颗粒大小不同的碎散物料群，多次通过均匀布孔的单层或多层筛面，分成若干不同级别的过程称为筛分。振筛仪是配合试验筛进行物料粒度分析、代替手工筛分的机器。理论上大于筛孔的颗粒留在筛面上，称为该筛面的筛上物；小于筛孔的颗粒透过筛孔，称为该筛面的筛下物。碎散物料的筛分过程，可以看作两个阶段：一是小于筛孔尺寸的细颗粒到达筛面；二是细颗粒透过筛孔。要想完成上述过程，物料和筛面之间要存在相对运动。为此，筛箱应具有适当的运动特性，一方面使筛面上的物料层呈松散状态；另一方面，使堵在筛孔上的粗颗粒闪开，保持细粒透筛之路畅通。水质分析中通常使用标准振筛仪，如图 3-24 所示。其结构主要由机座、筛具和传动机构等部分组成。标准振筛仪可配备专用夹具，既可夹装直径 200mm 的标准筛，也可夹装 75、100mm 的套筛，具有体积小、重量轻、筛分效果好、装夹套筛灵活、使用维修方便等特点。

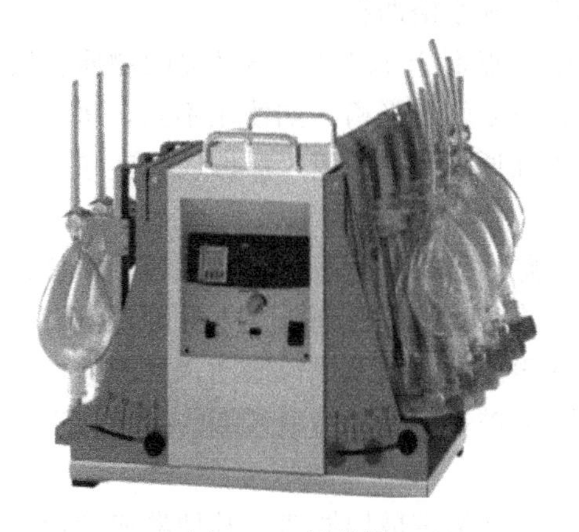

图 3-23 振荡器

图 3-24 振筛仪

（5）万用蒸馏仪

在水质分析中，蒸馏操作是十分常见且重要的前处理步骤。传统的蒸馏设备，其加

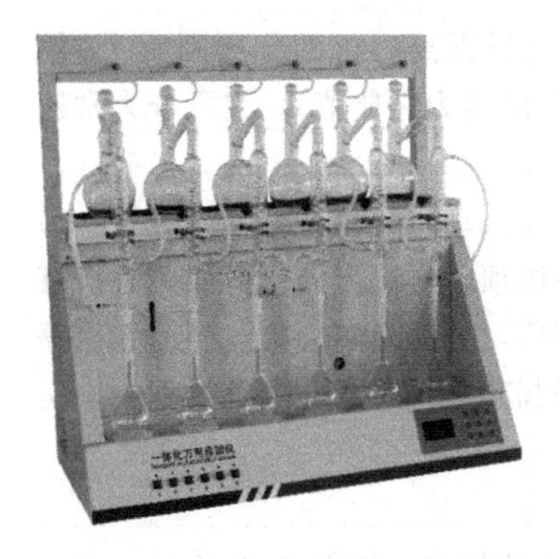

图 3-25 万用蒸馏仪

热、蒸馏、冷凝、接收等部分各自独立，操作烦琐，且由于缺乏蒸馏终点的控制，常常导致蒸馏失败，影响工作效率。

万用蒸馏仪，如图 3-25 所示，主要由加热装置、蒸馏装置、循环冷却水装置和接收装置四个部分组成。加热装置设置了单点单控加热速率智能控制功能，可实现对每一个蒸馏瓶加热温度和加热效率的精密控制；蒸馏装置大大提高了蒸馏效率；循环冷却装置为密闭式冷却水自动降温及循环回流装置，不仅确保冷却效果而且无须外接冷却水源，节能降耗；接收装置设置了自动侦测蒸馏终点的功能，自动停止加热，蒸馏体积控制在±2mL 之内，实现了智能加热的控制。

【注意事项】 为了防止水垢的生成，建议使用纯水或蒸馏水作为冷却水。添加冷凝水应使液位位于最高液位和最低液位之间。使用前应先打开冷却水循环开关，观察是否漏水，并检查蒸馏瓶与冷凝管是否连接良好。实验过程中，托盘附近严禁放置杂物，以免影响称重的准确性。夏季高温会使冷凝效果下降，建议外接自来水降温冷却；冬季低温需要做好仪器的防寒工作，防止冷凝装置发生爆裂。如果蒸馏液超出称重传感器的最大量程，可改用时间控制模式。

（6）氮吹仪

氮吹仪又称氮气浓缩装置、氮气吹干仪。在水质分析中，待测物经过一系列前处理提取之后，其浓度往往是非常低的，不利于分析，因此要对样品进行浓缩以提高待测物的浓度。

氮吹仪由底盘、中心杆、样品定位架、配气系统构成。试管由定位弹簧和托盘固定，样品位有数字标识。气体通过可调流量计进入配气系统，最后到达针阀管，由针头快速、连续、可控地吹向溶液表面，致使溶剂快速蒸发。氮吹仪一般在样品底部会有加热装置以提高样品浓缩速度，常见的加热方式有干浴和水浴两种。

【注意事项】 不得将氮吹仪用于浓缩燃点低于 100℃易燃易爆的物质。快速浓缩要求掌握样品量、氮气流速、加热温度以及针位之间的平衡，如使用不当，将会事倍功半，甚至污染样品或导致实验失败。氮吹仪应当在通风橱中使用，保证通风良好。

（7）超声波清洗机

超声波清洗机主要用于清洗物品、清除污染物。超声波清洗机通过换能器，将功率超声频源的声能转换成机械振动，通过槽壁将超声波辐射到槽池中的清洗液内。由于受到超声波的辐射，槽内液体中的微气泡能够在声波的作用下保持振动，从而破坏污染物与清洗件表面的吸附，引起污染物层的疲劳破坏而被剥离，气体型气泡的振动相当于对固体表面进行擦洗，从而达到清洁的目的。

在水质分析中，超声波清洗机广泛应用于清洗玻璃器皿、其他器皿及用品、精密机械零件等，可以除油、除锈、除碳及表面处理，特别对深孔、盲孔、凹凸槽的清洗最为理想。

(8) 固相萃取仪 (SPE)

固相萃取是从 20 世纪 80 年代中期开始发展起来的一项样品前处理技术。主要用于样品的分离、净化和富集。

其原理是水样中的待测组分与共存干扰组分在固相萃取剂上有着强弱不同的作用力。当样品溶液通过固相萃取小柱时，待测组分和少量杂质便被吸附下来，选用适当的溶剂冲去杂质，最后用少量溶剂洗脱待测物质；也可选择性地吸附干扰杂质，让待测物质流出；或同时吸附杂质和待测物质，再选用合适的溶剂选择性地洗脱待测物质，从而达到快速分离、净化与浓缩的目的。

固相萃取仪将固相萃取的各个步骤有效地集成于一个平台，可实现整个固相萃取过程（活化、上样、淋洗、干燥、洗脱）的全自动操作，大大提高了样品前处理的效率，将分析工作者从烦琐的前处理工作中解脱出来，使样品前处理变得高效快捷。

(9) 固相微萃取装置 (SPME)

固相微萃取技术是一种样品前处理技术，其装置外形类似一支气相色谱的微量进样器，萃取头以熔融石英光导纤维或其他材料作为基体支持物，采用“相似相溶”的原理，在其表面涂渍不同性质的高分子固相微萃取涂层，萃取头可在钢管内伸缩，外钢管用以保护萃取头。固相微萃取分为萃取和解吸两个过程。萃取过程是将萃取头暴露在样品中，使目标组分从样品基质转移到萃取头的固相微萃取涂层中，完成萃取。解吸过程是将已完成萃取的萃取头移入气相色谱的汽化室内，使萃取头暴露在高温载气中，使萃取物不断地被解吸下来，随流动相进入色谱柱，完成分析。

固相微萃取技术克服了传统样品前处理的诸多缺陷，集采样、萃取、浓缩、进样于一体，大大加快了检测分析的速度。整个过程无须任何有机溶剂，是真正意义上的固相萃取，避免了对环境的二次污染。该装置灵敏度高，可实现超痕量分析。因此，其显著的技术优势受到了环境、食品、医药行业分析人员的普遍关注，并扩展到了诸多领域。

(10) 顶空进样器

在色谱分析中，样品的前处理费时费力，并且人们往往只对复杂样品中的挥发性组分感兴趣（如废水中的有机挥发物），用萃取的方法显然较费时，使用顶空进样技术不仅可以免除冗长烦琐的样品前处理步骤，而且避免了有机溶剂对分析造成的干扰，以及对色谱柱及进样口的污染。

顶空分析是将待测样品置于一密闭容器中，通过加热使挥发性组分从样品基体中挥发出来，最后抽取样品基体上方的气体进行色谱分析，从而测定出这些组分在原样品中的含量。这是一种间接分析方法，其理论依据是在一定条件下气相和凝聚相（液相或固相）之间存在着分配平衡，因此气相的组成能够反映凝聚相的组成。仪器的灵敏度取决于分配系数，分配系数越高，平衡时向气相部分迁移得越多，检测灵敏度就越高。而分配系数又取决于待测组分的蒸气压和其在水中的活度系数。因此增加平衡温度或降低水中的活度系数便可使待测组分转化为更易挥发、溶解度更低的物质进行分析，从而提高检测的灵敏度。

(11) 吹扫捕集装置

吹扫捕集又称动态顶空，是用氮气、氦气等惰性气体连续吹扫水样或固体样品，使挥发性组分随气体转移到装有固定相的捕集管中。加热捕集管的同时用气体反吹捕集管，使挥发性组分进入气相色谱系统进行分析。由于气体的吹扫，破坏了密闭容器中气、液两相的平衡，使挥发组分不断地从液相进入气相，与顶空相比，吹扫捕集的分析灵敏度大大提高。吹扫捕集最主要的问题是在吹扫过程中大量的水蒸气被携带出来，水蒸气会对捕集管中的固定相和色谱柱造成损害，所以在水蒸气进入捕集管前需将其去除，但是待测物质在此过程中也会有一定量的损失。

（12）移液枪

移液枪是移液器的一种，常用于少量或微量体积的移取，不同规格的移液枪配套使用不同大小的枪头。虽然移液枪的外观略有不同，但工作原理及操作方法基本一致。

1）移液枪的使用

① 样品准备　取出样品，室温放置，使温度与室温平衡。若样品量过少，可倒入离心管中吸取。

② 设定体积　在设定体积时，用拇指和食指旋转取液器上部的旋钮，如果要从大体积调为小体积，则按照正常的调节方法，逆时针旋转旋钮即可；但如果要从小体积调为大体积，则可先顺时针旋转刻度旋钮至超过设定体积的刻度，再回调至设定体积，这样可以保证量取的最高精度。在该过程中，不要将按钮旋出量程，否则会卡住内部机械装置而损害移液枪。

③ 枪头（吸液嘴）的装配　将移液枪垂直插入枪头中，稍微用力左右微微转动即可使其紧密结合。如果是多道（如8道或12道）移液枪，则可以将移液枪的第一道对准第一个枪头，然后倾斜地插入，往前后方向摇动即可卡紧。枪头卡紧的标志是略微超过O型环，并可以看到连接部分形成清晰的密封圈。

④ 移液方法　移液之前，要保证移液枪、枪头和液面处于相同温度。吸取液体时，移液枪保持竖直状态，将枪头插入液面下2～3mm。在吸液之前，可以先吸放几次液体以润湿吸液嘴（尤其是要吸取黏稠或密度与水不同的液体时）。这时可以采取以下两种移液方法。

a. 前进移液法

用大拇指将按钮按下至第一停点，然后慢慢松开回原点。接着将按钮按至第一停点排出液体，稍停片刻继续按按钮至第二停点吹出残余的液体。最后松开按钮。

b. 反向移液法

此法一般用于转移高粘液体、生物活性液体、易起泡液体或极微量的液体，其原理就是先吸入多于设置量程的液体，转移液体的时候不用吹出残余的液体。先按下按钮至第二停点，慢慢松开至原点。接着将按钮按至第一停点排出设置好量程的液体，继续保持按住按钮位于第一停点（千万别再往下按），取下有残留液体的枪头，弃之。

⑤ 移液枪的正确放置　使用完毕，可以将移液枪竖直挂在移液枪架上。当移液枪枪头里有液体时，切勿将移液枪水平放置或倒置，以免液体倒流腐蚀活塞弹簧。

2）移液枪的日常维护

移液枪不用时，应把量程调至最大刻度，使弹簧处于松弛的状态；定期清洗移液枪并自然晾干备用；使用时要检查移液枪是否有漏液现象。检漏方法是吸取液体后悬空垂直放置几秒钟，看看液面是否下降。如果漏液，原因大致有以下几个方面：枪头是否匹配；弹簧活塞是否正常；如果是易挥发的液体，则可能是饱和蒸气压的问题，可以先吸放几次液体，然后再取液。

（13）（超）纯水机

随着科技的发展，实验室（超）纯水机因其操作简便、除去率高、经济环保已经得到了广泛的运用。

1）原理

（超）纯水机有两种类型，一种是以蒸馏法、离子交换法等制备的纯水作为进水，这样的（超）纯水机可根据水质和用途的不同，选用不同的预纯化柱和超纯化柱纯化，从而达到实验室的用水要求。

另一种是以自来水作为进水的（超）纯水机。自来水经精密滤芯和活性炭滤芯的处理，过滤较粗的颗粒杂质、胶体、悬浮物并吸附异味、异色、有机物、部分重金属。再通过反渗透装置进行水质纯化，反渗透膜的孔径只有 0.1nm，可以有效去除水中颗粒、细菌以及分子量大于 300 的有机物（包括热源）。反渗透纯水通过纯化柱进行深度脱盐处理就得到一级水。超纯水机则是在以上技术的基础上添加离子交换和终端处理技术，如加装紫外杀菌、微滤、超滤等装置，除去水中残余的细菌、微粒、热源（病毒）等。

2）日常维护

（超）纯水机中的精密滤芯、活性炭滤芯、反渗透膜、纯化柱都是具有相对使用寿命的耗材。精密滤芯和活性炭滤芯实际上是保护反渗透膜的，如果它们失效，那么反渗透膜的负荷就会加重；如果继续使用，不仅会导致出水水质的下降，而且会加重纯化柱的负荷。因此，缺乏日常维护只会加大纯水机的使用成本。

① 精密滤芯

主要过滤泥沙等大颗粒物。新的滤芯是白色，时间长了表面会淤积泥沙呈现褐色，这就表示需要更换滤芯了。精密滤芯的寿命一般在 3～6 月。

② 活性炭滤芯

主要通过吸附作用，去除水中的异味、有机物、余氯等。活性炭滤芯从表面上看没有直观的变化，根据经验一般在半年左右达到吸附饱和，建议更换。

③ 反渗透膜

其孔径微小，所以在使用过程中常常有细菌等微观物质淤积在其表面，一般的纯水机都有反冲洗功能，旨在洗掉污染物。建议即使不取水，也应经常开机，用少量的水让机器内部的水流通，减少死水沉积。反渗透膜的寿命一般在 1～2 年。

④ 纯化柱

主要用于对反渗透纯水进行深度脱盐，最终达到一级水或超纯水的水平。其原理是离子交换，纯化柱的寿命由在线电阻率来表现。低于某个特定的电阻即表示纯化柱过期，比较直观。

3.7 水质分析中法定计量单位及表示方法

（1）法定计量单位

1）我国法定计量单位的组成

按照《国务院关于在我国统一实行法定计量单位的命令》和《全面推行我国法定计量单位的意见》的规定，我国自 1991 年 1 月起，除个别特殊领域外，各行业、各组织都必须使用法定计量单位。我国的法定计量单位是以国际单位制（SI）为基础并选用少数其他单位制的计量单位组合而成。包括以下几个方面：国际单位制的基本单位、国际单位制的辅助单位、国际单位制中具有专门名称的导出单位、国家选定的非国际单位制单位、由以上单位构成的组合形式的单位、由词头和以上单位所构成的十进倍数和分数单位。

2）与水质分析有关的法定计量单位

① SI 基本单位

国际单位制共有 7 个基本单位，见表 3-8。

SI 基本单位 **表 3-8**

量的名称	量的符号（斜体）	单位名称	单位符号（正体）
长　度	$l(L)$①	米	m
质　量	m	千克（公斤）②	kg
时　间	t	秒	s
电　流	I	安［培］③	A
热力学温度	T	开［尔文］③	K
物质的量	n	摩［尔］③	mol
发光强度	$I(IV)$①	坎［德拉］③	cd

①（ ）内的字与括号前的字同义；
②（ ）内的符号为备用符号；
③［ ］内的字可省略。

a. 长度单位　米（m）是长度的基本单位。其分数单位有毫米（mm，1×10^{-3}m）、厘米（cm，1×10^{-2}m）、分米（dm，1×10^{-1}m）、千米（km，1×10^{3}m）、微米（μm，1×10^{-6}m）和纳米（nm，1×10^{-9}m）。

b. 质量单位　千克（公斤，kg）是质量的基本单位。其分数单位有克（g）、毫克（mg，1×10^{-3}g）、微克（μg，1×10^{-6}g）和纳克（ng，1×10^{-9}g）。

c. 时间单位　秒（s）是时间的基本单位。其分数单位有分（min，1×60s）、小时（h，1×60min）和天（d，1×24h）。

d. 电流单位　安培（A）是电流的基本单位。其分数单位有毫安（mA，1×10^{-3}A）和微安（μA，1×10^{-6}A）。

e. 热力学温度　又称开尔文温标、绝对温标，简称开氏温标，开尔文（K）是热力学温度的单位。热力学温度的单位除了用开尔文表示外，还常用摄氏温度表示。两者的关系为 $t=T-T_0$，式中 t 为摄氏温度，T 为开尔文温度，按照约定 $T_0=273.15$K。一般所说的绝对零度指的便是 0K，对应−273.15℃。

f. 物质的量　物质的量是表示物质所含微粒数（N）（如分子、原子等）与阿伏伽德罗常数（NA）之比，即 $n=N/NA$。阿伏伽德罗常数的数值为 0.012kg^{12}C 所含碳原子的个数，约为 6.02×10^{23}。它是把微观粒子与宏观可称量物质联系起来的一种物理量。摩尔（mol）是物质的量的单位。

g. 发光强度　简称光强，是衡量光源发光强弱的量。坎德拉（candela，简称 cd）是发光强度的基本单位，其分数单位有毫坎德拉（mcd）。

【注意事项】 使用摩尔时，应注明基本单元。基本单元可以是原子、分子、离子、电子、光子及其粒子或是这些粒子的特定组合。例如，n(O)=1mol，具有质量 15.9994g；

$n(O_2)=1mol$，具有质量 31.9988g。1molNaOH 中，$n(Na^+)=1mol$，$n(OH^-)=1mol$。

② 水质分析常用的法定计量单位

除 SI 基本单位外，还有一些常用的法定计量单位，见表 3-9。

常用法定计量单位 **表 3-9**

量的名称	量的符号	单位名称	单位符号	说明
摩尔质量	M	千克每摩［尔］①	kg/mol	质量除以物质的量，$M=m/n$（g/mol）
物质 B 的浓度，物质 B 的物质的量的浓度	C_B	摩［尔］①每立方米	mol/m^3	物质 B 的物质的量除以混合物的体积
密度（质量密度）	ρ	千克每立方米	kg/m^3	质量除以体积（g/ml、g/l）
面积	$A(S)$③	平方米	m^2	
体积	V	立方米	m^3	
频率	f（v）	赫［兹］①	Hz	$f=1/T$，$1Hz=1s^{-1}$
转速旋转频率	n	每秒	s^{-1}	"转每分"（r/min）
电压	U	伏［特］①	V	
电阻	R	欧［姆］①	Ω	电阻率＝Ω・m
电导	G	西［门子］①	S	电导率＝S/m
压强	p	帕［斯卡］①	P_a	

①［ ］内的字可省略；
②（ ）内的字与括号前的字同义；
③（ ）内的符号为备用符号。

a. 摩尔质量　摩尔质量是指单位物质的量所具有的质量。千克每摩［尔］（kg/mol）是摩尔质量的基本单位，其分数单位有克每摩［尔］（g/mol）、毫克每摩［尔］（mg/mol）。摩尔质量（M）是物质的量 n 的一个导出量，因此，在具体用到摩尔质量（M）时，同样要指明基本单元。例如，水的摩尔质量为 18.02g/mol，应表示为 $M(H_2O)=18.02g/mol$。

b. 物质的量浓度　物质的量浓度可以简称为浓度，其常用的法定计量单位名称和符号是摩［尔］每升（mol/L 或 $mol\cdot L^{-1}$）、毫摩［尔］每升（mmol/L 或 $mmol\cdot L^{-1}$）。

c. 体积或容积　体积和容积的单位有立方米（m^3）、立方分米（dm^3）、立方厘米（cm^3）、立方毫米（mm^3），但实际上常用升（L）、毫升（mL）、微升（μL）等来代替。

d. 压强　压强的单位是帕［斯卡］，$1Pa=1N/m^2$。

3）我国法定计量单位的使用方法及注意事项

组合单位的中文名称与其符号表示的顺序一致。符号中的乘号（・）没有对应的名称。除号（/）对应的名称为"每"字，无论分母中有几个单位，"每"字只出现一次。例如，比热容的单位名称是 J/(kg・K)，读作"焦耳每千克开尔文"而不是"焦耳每千克每开尔文"。

单位符号的字母一般用小写体，若单位名称来源于人民，则其符号的第一个字母用大写体。例如，kg 不能写成 Kg（KG），km 不能写成 Km（KM）；电流的单位"安［培］"的符号是 A，压强的单位"帕［斯卡］"的符号是 Pa。

词头除 10^6 及 10^6 以上的符号用大写外，一律用小写。例如，10^3 用字母 k（千）表示，10^6 用字母 M（兆）表示。

由两个以上单位相乘构成的组合单位，其符号有下列两种形式：N·m、Nm，若组合单位符号中某单位的符号同时又是某词头的符号，并有可能发生混淆时，则应尽量将它置于右侧。例如，力矩单位“牛顿米”的符号应写成Nm，不能写成mN，以免误解为“毫牛顿”。

质量的词头要加在克（g）的前面，如mg、μg；不能在千克（kg）的前面加词头，如mkg、kkg是不允许的。

单位与词头的名称，一般只宜用于叙述性文字中。单位和词头的符号可用于公式、数据表、曲线表和产品名牌等需要表示的地方，也可用于叙述性文字。

选用SI单位的倍数单位或分数单位，一般应使量的数值处于0.1～1000范围内。如1.2×10^4N可以写成12kN，0.00376m可以写成3.76mm，11585Pa可以写成11.585kPa。

（2）水质分析中常用浓度表示方法及计算

1）水质分析中常用浓度的表示方法

① 物质B的物质的量浓度$c(\mathrm{B})$

物质B的物质的量浓度$c(\mathrm{B})$等于物质B的物质的量$n(\mathrm{B})$除以混合物的体积V，即：

$$c(\mathrm{B}) = n(\mathrm{B})/V \tag{3-7}$$

式中　$n(\mathrm{B})$——物质B的物质的量；

V——溶液的体积。

物质B的物质的量浓度$c(\mathrm{B})$的SI单位为摩尔每立方米（$\mathrm{mol/m^3}$）。在水质分析中，常用的单位名称有摩尔每升（mol/L）、毫摩尔每升（mmol/L）、微摩尔每升（μmol/L）。物质的量浓度$c(\mathrm{B})$是物质的量的一个导出量，因此，在说明浓度时必须将基本单元指明。例如，$c(\mathrm{NaCl})=0.1$mol/L，表示在1L NaCl溶液中含有0.1molNaCl。

② 物质B的质量浓度$\rho(\mathrm{B})$

物质B的质量浓度$\rho(\mathrm{B})$等于物质B的质量除以混合物的体积，即：

$$\rho(\mathrm{B}) = m(\mathrm{B})/V \tag{3-8}$$

式中　$m(\mathrm{B})$——物质B的质量；

V——溶液的体积。

物质B的质量浓度$\rho(\mathrm{B})$的SI单位为千克每立方米（$\mathrm{kg/m^3}$）。在水质分析中，常用的单位名称有克每升（g/L）、毫克每升（mg/L）、微克每升（μg/L）。物质B的质量浓度$\rho(\mathrm{B})$在说明浓度时也必须将基本单元指明。例如，$\rho(\mathrm{NaOH})=15.00$g/L，表示1LNaOH溶液中含有15.00gNaOH。

ppm是part per million的缩写，它表示百万分之一（$1/10^6$）；ppb是part per billion的缩写，它表示百亿分之一（$1/10^9$）。因无法区分“ppm”“ppb”是表示质量的比值还是体积的比值，所以现已是废弃的单位，不再使用。

③ 物质B的质量分数$w(\mathrm{B})$

物质B的质量分数$w(\mathrm{B})$等于物质B的质量与混合物的质量之比，即：

$$w(\mathrm{B}) = \frac{m(\mathrm{B})}{m}\times100\% \tag{3-9}$$

式中　$m(\mathrm{B})$——物质B的质量；

m——混合物的质量。

由公式（3-9）可知，构成比值的分子和分母都是质量，单位不论用 μg、mg、g、kg 还是 t，最终计算结果都为无量纲数，市售的酸碱浓度常用此法表示，例如，$w(H_2SO_4)=96\%$表示在 100g H_2SO_4 溶液中含有 96g H_2SO_4。

④ 物质 B 的体积分数 $\varphi(B)$

物质 B 的体积分数 $\varphi(B)$ 等于物质 B 的体积 $V(B)$ 与混合物的体积 V 之比，即：

$$\varphi(B)=\frac{V(B)}{V}\times 100\% \tag{3-10}$$

由公式（3-10）可知，它与质量分数类似，故此量为无量纲纯数。液体试剂稀释时常用此法表示，例如，体积分数 20%的 HNO_3 溶液表示 100mL 硝酸溶液中含有 20mL HNO_3。

⑤ 比例浓度（V/V）

比例浓度（也称稀释比浓度或体积比浓度）是用浓的（市售原装）液体试剂 A 与溶剂 B（通常是纯水）的体积来表示的浓度，也可用 A+B 表示。例如，1/3 的 H_2SO_4 溶液可写成 $H_2SO_4(1+3)$，表示该溶液是由 1 体积市售浓 H_2SO_4 和 3 体积纯水配制而成。

⑥ 物质 B 的质量摩尔浓度 $b(B)$

物质 B 的质量摩尔浓度 $b(B)$ 等于物质 B 的物质的量 $n(B)$ 除以溶液的质量 m，即：

$$b(B)=n(B)/m \tag{3-11}$$

物质 B 的质量摩尔浓度 $b(B)$ 的 SI 单位为摩尔每千克（mol/kg），多用于标准缓冲溶液的配制。

2）水质分析中常用浓度计算

① 溶液物质的量浓度的计算和配制

【例】 某市售浓 HCl 的密度 $\rho=1.185$g/ml，其质量分数 $w(HCl)=37.27\%$，该溶液物质的量浓度是多少？

解：由质量分数 $w(HCl)=37.27\%$，可知 100g HCl 溶液中含有 32.27g HCl

查表得 $M(HCl)=36.45$g/mol

$n(HCl)=m/M=32.27/36.45=0.88$mol

$V=m/\rho=100/1.185=84.38\text{ml}=8.44\times10^{-2}\text{L}$

$c(HCl)=n(HCl)/V=0.88/(8.44\times10^{-2})=10.43\text{mol/L}$

② 与溶液稀释有关的计算

依据：溶液稀释前后溶质的质量或者物质的量不变。

$$M_1V_1=M_2V_2 \tag{3-12}$$

式中 $M_1(M_2)$——稀释前（后）溶液的浓度；

$V_1(V_2)$——稀释前（后）溶液的体积。

【例】 要配制 0.15mol/L 的 NaCl 溶液 500ml，需要 0.25mol/L 的 NaCl 溶液多少毫升？

解：根据公式（3-12），$V_1=M_2V_2/M_1=(0.15\times500)/0.25=300$mL

配制方法：量取 0.25mol/L 的 NaCl 溶液 300mL，用纯水稀释至 500mL，混匀。

③ 化学反应的计算

【例】 4gNaOH 可与多少克的 HCl 发生酸碱中和反应？

解：设有 x g HCl 参与反应

反应式 $NaOH+HCl=\!=\!=NaCl+H_2O$

40　　36.5

4g　　xg

则：40∶4=36.5∶x

x=(4×36.5)/40=3.65g

【例】 1.6gNaOH刚好与100mL的H_2SO_4完全反应，那么此H_2SO_4溶液的物质的量浓度是多少？

解：设有x molH_2SO_4参与反应

100mL=0.1L

$M(NaOH)=40g/mol$

$n(NaOH)=m/M=1.6/40=0.04mol$

$2NaOH+H_2SO_4=\!=\!=Na_2SO_4+2H_2O$

2mol　　1mol

0.04mol　$x$mol

则：2∶0.04=1∶x

x=(0.04×1)/2=0.02mol

$c(H_2SO_4)=n(H_2SO_4)/V=0.02/0.1=0.2mol/L$

3.8 理化检验基本操作

(1) 采样前的准备及水样的采集、保存与运输

水样的采集、保存及运输是水质分析中的一个环节，这个环节一旦出现问题，后续的检测分析工作也就失去了意义。因此水样采集、保存及运输的方法必须科学、规范，做到采集的样品能够反映采样水体的真实情况，监测数据能够代表某种组分在该水体中的存在状况。

《生活饮用水标准检验方法　水样的采集和保存》GB/T 5750.2—2006对水质样品的采集和保存提出了规范性要求，本章节结合此标准进行介绍。因微生物指标的测定具有特殊性，故样品的采集和保存方法见本书第6章的6.1节。

1) 采样前的准备

① 采样计划的制定

采样前应根据水质分析的目的和任务制定采样计划，内容包括：采样目的、检验指标、采样时间、采样地点、采样方法、采样频率、采样数量、采样容器与清洗、采样体积、样品保存方法、样品标签、现场测定项目、采样质量控制、运输工具和条件等。

② 采样容器的选用

容器的材质应具有一定的抗震性能且化学性质稳定，即不与水样中的组分发生反应，容器壁不吸收、吸附待测组分。容器的大小、形状和重量适宜，能严密封口，易清洁。对无机物、金属离子、放射性元素的测定不能选用玻璃容器（玻璃可溶出硼、硅、钙、镁等）；对有机物（塑料容器可溶出塑化剂、未聚合单体等）指标的测定应使用玻璃容器。对特殊项目的测定应选用惰性材质的容器，如热敏物质应选用热吸收玻璃容器，温度高、

压力大的样品应选用不锈钢容器，光敏性物质应选用棕色或深色容器。

③ 样品容器的洗涤

样品容器在使用前应根据检测项目和分析方法的要求，采用相应的洗涤方法，见表 3-10。

水样容器的洗涤方法 **表 3-10**

测定指标	洗涤方法
一般理化指标	将容器用水和洗涤剂清洗，除去灰尘、泥沙、油垢后用自来水冲洗干净，然后用质量分数 10%的硝酸浸泡 8h，取出后依次用自来水、蒸馏水淋洗干净
有机物指标	于重铬酸钾洗液中浸泡 24h，然后依次用自来水、蒸馏水淋洗干净。置烘箱内 180℃烘烤 4h，冷却后用正己烷、石油醚荡洗

④ 采样器的洗涤

采样前应选择适宜的采样器。塑料或玻璃材质的采样器可参考表 3-10 中一般理化指标的洗涤方法，洗净后晾干备用。金属材质的采样器应先用洗涤剂清除油污，再用自来水冲洗干净后晾干备用。特殊采样器的清洗方法可参考仪器说明书。

2）水样的采集及注意事项

① 水源水的采集

水源水是指集中式供水水源地的原水。水源水采样点通常应选择汲水处。

a. 表层水　在河流、湖泊可以直接汲水的场合，可用水桶采样。采样时不可搅动水底的沉淀物和混入漂浮于水面上的物质。

b. 一定深度的水　在湖泊、水库等地采集具有一定深度的水时，可用直立式采样器。这类装置在下沉的过程中水从采样器中流过，当达到预定深度时容器自动闭合而汲取水样。

c. 泉水和井水　对于直喷的泉水可在涌口处直接采样。采集不自喷的泉水时，应将停滞在抽水管中的水汲出，新水更替后再进行采样。

② 生活饮用水的采集

生活饮用水是指符合生活饮用水卫生标准，用于日常生活的饮水及用水。

a. 出厂水的采集　出厂水是指集中式供水单位经过水处理工艺过程完成的水，出厂水的采样点应设置在进入输送管道之前处。

b. 末梢水的采集　末梢水是指出厂水经输水管网输送至终端（用户水龙头）处的水。末梢水采集时应打开龙头放水数分钟，排出沉淀物。

c. 二次供水的采集　二次供水是指集中式供水在入户之前再度储存、加压、消毒或深度处理，再通过管道或容器输送给用户的供水方式。二次供水的采集应包括水箱（或泵）进水及出水。

【注意事项】 采样前，用酒精棉擦洗双手并对采样器或水龙头进行消毒。消毒后，可用水样将采样器淋洗三遍，放水 30s，然后采集水样。采集测定油类的水样时，应在水面至水面下 300mm 处采集柱状水样。采集测定溶解氧、生化需氧量、有机污染物的水样时应注满容器至溢流并密封保存。含有可沉降固体（如泥沙等）的水样，可将所采水样摇匀后倒入筒形玻璃容器（如量筒），静置 30min，将不含沉降性固体但含有悬浮性固体的水样移入采样容器内。

3）水样的保存

样品从采集到送达实验室检测需一定的时间，在这段时间内水样会发生不同程度的变化。

① 生物因素

细菌、藻类等微生物的新陈代谢会消耗水样的某些组分，产生新的组分，如溶解氧、二氧化碳、含氮化合物、磷、硅等含量和浓度都会产生变化。

② 化学因素

水样各组分之间会发生化学反应，从而改变某些组分的含量和性质，如溶解氧会使二价铁、硫化物氧化。

③ 物理因素

光照、温度、静置或震荡、敞露或密封等保存条件和容器材质都会影响水样的性质。如温度升高或强震荡会使二氧化碳、（半）挥发性有机物、氰化物挥发，长期静置会使$Al(OH)_3$、$CaCO_3$等沉淀。某些容器的内壁也会吸收一些有机物或金属化合物。

因此，在采样现场应采取一些适宜的方法防止水样变质。常见的保存方法有如下。

① 冷藏法或冷冻法

冷藏或冷冻的作用是抑制微生物的活动、减缓物理挥发和化学反应的速度。一般水样采集后于4℃冷藏保存，贮存于暗处。

② 加入化学试剂保存法

保存剂的加入不得干扰待测物的测定，不能影响待测物的浓度。一般加入的保存剂体积很小，纯度和等级都达到分析要求时，其影响可以忽略。保存剂有的可预先加入到采样容器中，有的则应在采样后加入。常用方法有以下几种。

a. 调节pH值　测定金属离子的水样常用硝酸酸化至pH值介于1～2之间，既可以防止重金属离子水解而沉淀又可以避免金属被器壁吸附；测定氰化物或挥发酚的水样可以加入氢氧化钠调至pH≥12，使之生成稳定的酚盐；测定硫化物的水样应加入一定量的乙酸盐和氢氧化钠溶液，使水样呈碱性并生成硫化锌沉淀。

b. 加入氧化剂或还原剂　测定汞的水样，可加入硝酸（pH＜1）和重铬酸钾(0.05%)，使汞保持高价态；测定溶解氧的水样则应加入少量硫酸锰和碱性碘化钾固定溶解氧。

总之，水样保存没有通用的原则。适当的保存方法虽然能降低待测组分的变化程度、减缓变化的速度，但并不能完全抑制这种变化。原则上采样和分析的间隔时间应尽可能地缩短，某些项目的测定应在现场进行。

4）水样的运输

水样采集后应选用适当的运输方式尽快送回实验室进行分析。样品装运前应逐一与样品登记表、样品标签和采样记录进行核对，核对无误后分类装箱运输。需要冷藏的样品，应配备专门的隔热容器，并放入制冷剂。装运用的箱和盖都需用泡沫塑料或瓦楞纸板作衬里或隔板，并使箱盖适度压住样品瓶。样品箱应有“切勿倒置”和“易碎物品”的标示。冬季应采取保温措施，防止样品瓶冻裂。

(2) 样品的前处理方法

在水质分析中常需将样品进行前处理，目的是消除共存物质的干扰（如测定挥发酚时需通过蒸馏消除杂质的干扰）；将被测物质转化为可以进行测定的状态（如测定总氮时需将其转变为硝酸盐）；当水中被测组分含量过低时，需富集浓缩后测定。

1）过滤

过滤是利用物质溶解性的差异，在外力的作用下，使悬浮液中的液体通过多孔介质的孔道，而悬浮液中的固体颗粒被截留在介质上，从而实现固、液分离。

其中，多孔介质称为过滤介质，所处理的悬浮液称为滤浆，滤浆中被过滤介质截留的固体颗粒称为滤饼或滤渣，通过过滤介质后的液体称为滤液。驱使液体通过过滤介质的推动力可以有重力、压力和离心力。过滤操作的目的可能是为了获得清洁的液体水样，也可能是为了得到固体样品。洗涤的作用是为了回收滤饼中残留的滤液或去除滤饼中的可溶性盐。

① 滤纸过滤的操作

a. 一贴　用滴管吸取少量纯水润湿滤纸过滤器（过滤器的制作过程，如图 3-26 所示），使滤纸紧贴漏斗内壁，中间不留气泡。否则，会减缓过滤速度。

b. 二低　滤纸要低于漏斗边缘，否则滤纸由于吸水变软而导致变形甚至破损；滤液应低于滤纸边缘，否则滤浆会直接从滤纸与漏斗之间的空隙流出。

c. 三靠　盛装滤浆的烧杯杯口紧靠玻璃棒，否则没有引流，有可能造成液滴飞溅；玻璃棒靠在三层滤纸处，否则玻璃棒可能戳破滤纸，影响过滤效果；漏斗末端较长处靠在烧杯内壁，否则同样可能导致液滴飞溅，如图 3-27 所示。

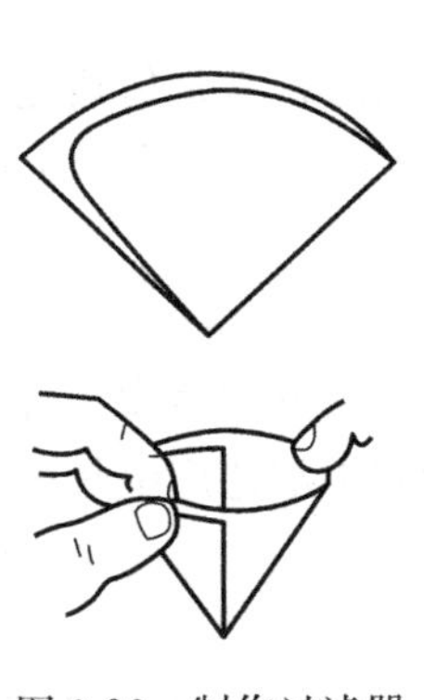

图 3-26　制作过滤器

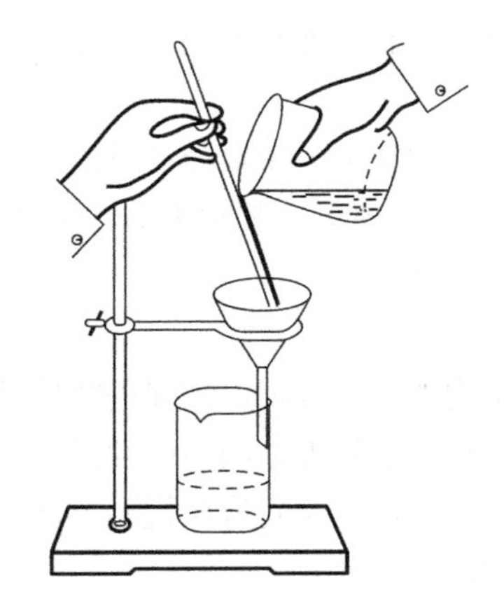

图 3-27　过滤操作

② 减压过滤（抽滤）的操作

a. 安装仪器　检查布氏漏斗与抽滤瓶、抽滤瓶与抽气泵之间的连接是否漏气。漏斗管下端的斜面应朝向抽气嘴，但不可靠得太近，以免滤液从抽气嘴抽走损坏真空泵，也可增加缓冲瓶来避免。

b. 修剪滤纸的尺寸　使其略小于布氏漏斗并能覆盖住所有的孔，滴加纯水使滤纸与漏斗紧密连接，开启真空泵，吸去抽滤瓶中部分空气，使滤纸紧贴漏斗底。

c. 打开真空泵抽滤　若滤纸上的固体需要洗涤时，可将少量溶剂滴到固体上，静置片刻，再将其抽干。从漏斗中取出固体时，先将漏斗从抽滤瓶上取下，左手握漏斗管，倒转，右手拍击左手，使固体连同滤纸一起落入洁净的表面皿上，如图 3-28 所示。

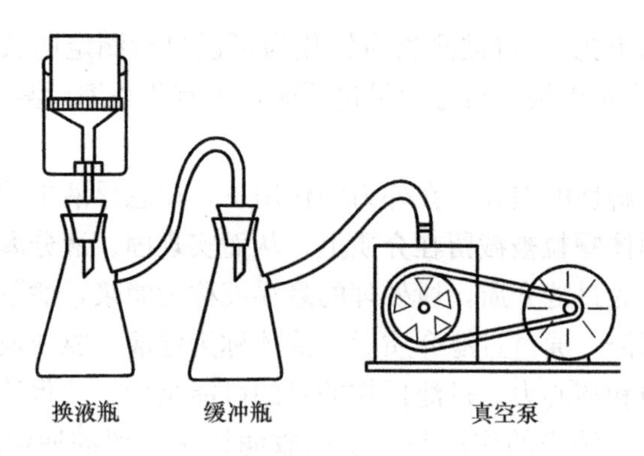

图 3-28 减压过滤

【注意事项】 停止抽滤时，先旋开安全瓶上的旋塞，恢复常压再关闭真空泵。当过滤强酸、强碱或强氧化性的滤浆时，应用玻璃纤维滤膜代替滤纸，或用玻璃砂漏斗代替布氏漏斗。

2）加热

加热是指热源将热能传给较冷物体而使其变热的过程。根据热能的获得，可分为直接热源加热和间接热源加热。直接热源加热是将热能直接加于物料，适用于对温度无准确要求且需快速升温的实验，包括隔石棉网加热和不隔石棉网加热。间接热源加热是将直接热源的热能加于一中间载体，然后由中间载体将热能再传给物料，如水浴、油浴、沙浴等。间接加热易于控制温度并可使被加热的物料受热均匀。

3）干燥

泛指从湿物料中去除水分（或溶剂）的操作。在干燥时，常常借热能使物料中的水分（或溶剂）从物料内部扩散到表面再从物料表面气化，从而实现干燥。干燥可分自然干燥和人工干燥两种。

4）烘烤

烘烤指用加热的方式，来促进物质的物理性变化，如水分的蒸发。日常的检测过程中经常需要进行烘干处理，如溶解性总固体的测定。实验室中常选用电热恒温干燥箱进行烘烤，烘烤温度及烘烤时间依照检测方法进行。

5）蒸馏

蒸馏是一种热力学的分离工艺，它利用混合液体或液-固体系中各组分沸点的不同，使低沸点组分蒸发，再冷凝以分离整个组分的单元操作过程，是蒸发和冷凝两种单元操作的联合。与其他的分离手段（如萃取）相比，它的优点在于不需要使用系统组分以外的其他试剂，从而保证不会引入新的杂质。在检测工作中常需要进行蒸馏处理，如水中挥发酚、氟化物、氰化物的测定，通过此操作可将挥发酚、氟化物、氰化物蒸出测定，而共存干扰物质就残留在蒸馏液中，如图 3-29 所示。

【注意事项】 蒸馏时，应先通入冷却水（冷却水应自下向上流动），再打开电炉，使温度缓慢升高；当蒸馏烧瓶中只有少量液体或已达到规定要求时即可停止蒸馏；实验结束时，应先停止加热，再关闭冷却水。

6）萃取

萃取又称液液萃取或溶剂萃取，是利用系统中组分在溶剂中有不同的溶解度来分离混

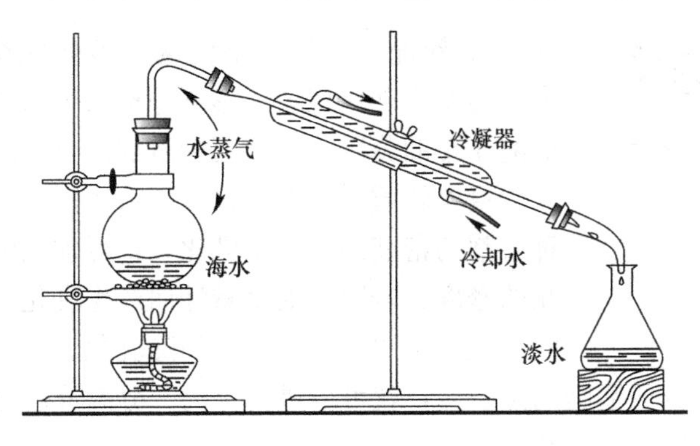

图 3-29 蒸馏示意图

合物的单元操作。分配定律是萃取的主要理论依据。实验证明，在一定温度下，在两种互不相溶的溶剂中，加入某种可溶性的物质时，它能分别溶解于这两种溶剂，并且与这两种溶剂不发生分解、电解、缔合和溶剂化等作用，不论所加物质的量是多少，该化合物在两液层中物质的量浓度之比是一个定值，用公式表示为：

$$K = c_A / c_B \tag{3-13}$$

式中 c_A、c_B——一种物质在两种互不相溶的溶剂中物质的量浓度；

K——分配系数。

用有机溶剂提取溶解于水中的化合物是萃取的典型实例，则：

$$K = c_{有机相} / c_{水相} \tag{3-14}$$

式中 $c_{有机相}$——有机相中被萃取物的物质的量浓度；

$c_{水相}$——水相中被萃取物的物质的量浓度；

K——分配系数。

由公式（3-14）可知，K 值越大，表示该组分越容易进入有机相；而 K 值越小，则表示该组分仍留在水样中。

① 萃取剂的选用原则

萃取剂和原溶液中的溶剂应互不相溶；对溶质的溶解度要远远高于原溶剂；萃取剂应具有较小的挥发性，并且不能和原溶液中的溶剂发生反应。实验室中常见的萃取剂有二氯甲烷、四氯化碳、正己烷、石油醚等。

② 操作步骤

a. 准备 分液漏斗的容积应比萃取剂和被萃取溶液的总体积大一倍以上，在活塞上涂抹少量的润滑脂，塞好后转动活塞，使润滑脂均匀分布。检查分液漏斗的盖子和旋塞是否严密，通常可加入一定量的水，振荡检漏。确认不漏水时方可将活塞关闭并固定于架子上备用。

b. 加料 将被萃取溶液和萃取剂分别由分液漏斗的上口倒入并塞紧顶塞。

c. 振荡和放气 取下分液漏斗，右手手掌顶住漏斗顶塞并握住漏斗颈，左手握住漏斗活塞处，大拇指压紧活塞，将分液漏斗口略朝下倾斜并前后振荡。开始振荡时要慢，振荡时漏斗口仍保持原倾斜状态，下部支管口指向无人处，左手仍握在活塞支管处，用拇指和食指旋开活塞“放气”，使内外压力平衡，如此重复至放气时只有很小的压力后，再剧烈振荡 2～3min，然后再将漏斗放回架子上静置，如图 3-30 所示。

图 3-30　振荡和放气

d. 静置　其目的是使两层液体完全分开。在萃取时，常常会发生乳化现象，影响分离，可适当延长静置时间或轻摇漏斗帮助分层。若因两种溶剂部分互溶而发生乳化，可加入少量电解质（如 NaCl），利用盐析作用加以破坏；若因两种溶剂的密度差小发生乳化，也可加入电解质，从而增大水相的密度；若因溶液呈碱性而产生乳化，可加入少量的稀盐酸；也可采用过滤等方法消除乳化。

e. 分离　当液体分成清晰的两层后，就可以进行分离。分离液层时，下层液体应经旋塞放出，上层液体应从上口倒出。

f. 合并萃取液　分离出的被萃取溶液再按上述方法进行萃取，一般为 3～5 次。将所有的萃取液合并加入适量的干燥剂（无水 Na_2SO_4、$CaCl_2$）进行干燥。萃取次数的多少主要取决于分配系数的大小，应遵循“少量多次”的原则。一般经过反复多次的萃取，可将绝大部分化合物提取出来。

7）消解

当测定含有机物水样中的无机元素时，需对水样进行消解处理。消解处理的目的是破坏有机质，溶解悬浮性固体，将各种价态的欲测元素氧化成单一高价态或转变成易于分离的无机化合物。消解后的水样应清澈、透明、无沉淀。通常消解水样的方法有湿法消解和干法消解两种。

① 湿法消解

a. 硝酸消解法　适用于 80～120℃的消解体系，并适用于较清洁的水样。

b. 硝酸-高氯酸消解法　适用于 140～200℃的消解体系，两种酸都是强氧化性酸，混合使用可消解含有难氧化有机物的水样。

c. 硝酸-硫酸消解法　适用于 120～200℃的消解体系，两种酸都有较强的氧化能力，其中硝酸的沸点较低，而硫酸的沸点较高，二者结合使用可提高消解温度和消解结果。常用的硝酸和硫酸的比例为 5∶2。

d. 硫酸-磷酸消解法　两种酸的沸点都比较高，其中硫酸的氧化性较强，磷酸能与一些金属离子如 Fe^{3+} 等结合，故二者结合消解水样有利于测定时消除 Fe^{3+} 等离子的干扰。

e. 硫酸-高锰酸钾法　该方法常用于消解测定汞的水样。高锰酸钾是强氧化剂，在中性、碱性、酸性条件下都可以氧化有机质，其氧化产物多为硫酸根。

f. 多元消解法　为提高消解效果，在某些情况下需要采用三元以上酸或氧化剂消解体系。例如，处理测定总铬的水样时，用硫酸、磷酸和高锰酸钾消解。

g. 碱分解法　当用酸体系消解水样造成易挥发组分挥发时，可改用碱分解法，即在水样中加入氢氧化钠和过氧化氢溶液，或者氨水和过氧化氢溶液。加热煮沸至近干，用水或稀碱溶液温热溶解。

② 干法消解

干法消解法又称干灰化法，是在一定温度下加热，使待测物质分解、灰化，留下的残渣再用适当的溶剂溶解。这种方法不用溶剂，空白值低，很适合微量元素分析。

（3）水质检验的一般操作

1）称量操作

根据不同的称量对象，需采用相应的称量方法。常用的称量方法有以下两种。

① 增量法

增量法又称指定质量称量法。在分析化学中，当需要用直接法配制指定浓度的标准溶液时，常用指定质量称样法来称取基准物质。此法适用于称取不易潮解、升华且不与空气中各组分发生作用、性质稳定的粉末状物质（最小颗粒应小于 0.1mg）。具体操作步骤如下。

a. 准备　做好称量前的准备工作（即天平水平位置调节、预热、灵敏度校准）。

b. 去皮　将干燥的称量纸或容器平稳放置于天平的称量盘上（注意所用容器的质量不能超过天平的称量上限），按下“去皮键”调零，待天平示数归零。

c. 称量　左手持盛有试样的药匙，伸向容器中心部位上方 2～3cm 处，拿稳药匙，食指轻弹药匙柄，让药匙里的试样以非常缓慢的速度抖入容器内。眼睛要注意药匙，同时也要注视着天平的示数。如果不慎加入的试样超过了指定的质量，应用药匙轻轻取出多余的样品，并弃去，不可放回原来的试剂瓶中。重复上述操作，直至样品的质量符合指定的要求为止。

d. 样品转移　称好的试样必须定量转入接收器中。若试样为可溶性盐，可采用表面皿进行称量，沾在表面皿上的样品粉末可用蒸馏水冲洗并移入接收容器内。

② 减量法

减量法又称递减称量法，称取样品的量是由两次称量之差求得的。分析化学中用到的基准物质和固体样品大多采用此法进行称量。由于称量时，被称量的试样不直接暴露在空气中，因此适用于称取易吸水、易氧化、易与二氧化碳反应等在空气中相对不稳定的粉末状或颗粒状物质。具体操作步骤如下。

a. 准备　做好称量前的准备工作（即前面讲述的天平水平位置调节、预热、灵敏度校准）。

b. 取样　从干燥器中取出盛有试样的称量瓶，注意不能用手直接接触称量瓶和瓶盖，用约 1cm 宽并具有一定强度的清洁纸带套在称量瓶上，用手拿住纸带尾部把称量瓶放在天平盘的正中位置，取出纸带。

c. 去皮　将称量瓶放入天平并关闭天平门，待示数稳定后，按下去皮键归零。

d. 称量　用手拿住纸带尾部，把称量瓶拿至烧杯或锥形瓶口上方，用小纸条夹住称量瓶盖柄，打开瓶盖（称量瓶中的试样要稍多于需要量），瓶盖不离开接收容器上方。将瓶身缓缓倾斜，这时在瓶底的试样逐渐流向瓶口，接着用瓶盖轻轻敲击瓶口上沿使试样落入接收容器内。估计倾出的样品已够量时，一边慢慢将瓶身扶正，一边继续用瓶盖轻敲瓶口，使沾在瓶口附近的试样落入接收容器内或落回称量瓶底部。再盖好瓶盖，把称量瓶放回天平盘的正中位置，取出纸带，关好天平门，准确记录其质量，所显示的值应为负值，表示称量瓶内减少的质量，该值即为所要称取的质量，如图 3-31 所示。

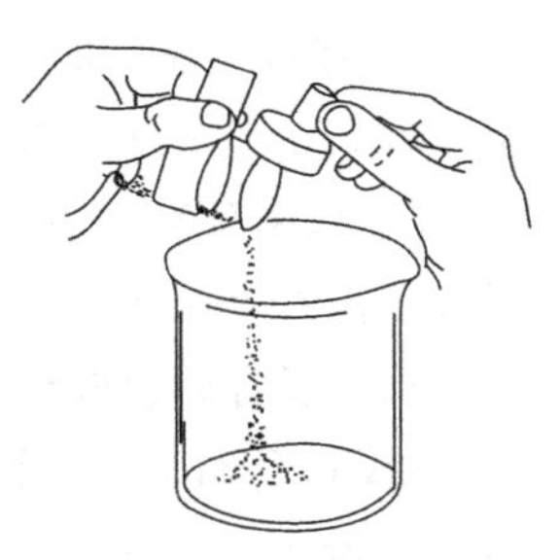
图 3-31　减量称量法

【注意事项】 如果一次倾出的样品质量不够，可按上述方法再倒、再称，但次数不能太多。如称出的样品超出要求值，只能弃去重称，不可将样品再放回称量瓶中。盛有试样的称量瓶除放在表面皿、秤盘上或用纸带拿在手中外，不得放在其他地方以免沾污。沾在瓶口上的试样应尽量处理干净，以免沾到瓶盖上而丢失。

2）移液操作

移液管是一种量出式仪器，用于准确移取一定量的液体。具体操作如下。

a. 准备　观察移液管有无破损、污渍；所用移液管的规格应等于或近似等于所要吸取的溶液的体积；观察有无“吹”字，若有，则为吹出式移液管，放液后需将尖端的溶液吹出。

b. 吸液　用右手的拇指和中指捏住移液管的上端，将管的下口插入液面下1～2cm处，太浅会产生吸空，太深又会在管外黏附过多溶液。用吸耳球将溶液吸入管内至该管容量的1/3左右，用右手的食指按住管口，取出，横持，并转动移液管使溶液接触到刻度以上部位，以置换内壁的水分或杂质。然后将溶液从下管口放出并弃去，如此反复洗3次后，即可吸取溶液至刻度以上，立即用右手的食指按住管口。

c. 调节液面　将移液管向上提升离开液面，管的末端仍靠在盛溶液容器的内壁上，管身保持直立，略微放松食指使管内溶液慢慢从下口流出，保持视线与液面的最低点水平线相切，当溶液的弯月面底部与标线相切时，立即用食指压紧管口，将尖端的液滴靠壁去掉，移出移液管，插入承接溶液的器皿中。

d. 放出溶液　承接溶液的器皿可倾斜30°，移液管直立，管下端紧靠器皿内壁，稍松开食指，让溶液沿瓶壁缓缓流下，全部溶液流完后等待15s再拿出移液管，以便使附着在管壁上的部分溶液得以流出。

3）定容操作

容量瓶主要用于准确配制一定浓度的溶液，具体操作如下。

① 查漏　容量瓶使用前应洗净晾干，并检查瓶塞处是否漏水。

② 用法　把准确称量好的固体溶质放在烧杯里，用少量溶剂溶解。然后把溶液转移到容量瓶里，由于容量瓶瓶颈较细，为避免液体洒落，应使用玻璃棒将烧杯内的溶液引流至瓶中，棒底靠在容量瓶瓶壁的刻度线下。再用少量的溶剂洗涤烧杯内壁和玻璃棒2～3次，并将洗涤液全部转入容量瓶中。加入适量溶剂后振摇，进行初步混合。

③ 继续添加溶剂　当液体液面离标线0.5～1cm左右时，应改用滴管滴加，加至液面的弯月面与标线水平相切。若加水超过刻度线，只能弃去重配。

④ 混匀　盖紧瓶塞，用食指顶住瓶塞，另一只手的手指托住瓶底，反复上下颠倒，使溶液均匀混合。静置后如果发现液面低于刻度线，这是因为容量瓶内极少量的溶液在瓶颈处润湿所损耗，所以并不影响所配制溶液的浓度，故不要继续添加溶剂。配好的溶液应静置10min左右，使溶液分散均匀。

⑤ 开盖回流　取用时，小心打开容量瓶盖，让瓶盖与瓶口处的溶液流回瓶内。取用完毕后应立即盖好瓶盖。

【注意事项】 容量瓶使用前应进行校准，校准合格方可使用；易溶解且不发热的物质可直接转入容量瓶中溶解，否则应将溶质在烧杯中溶解、冷却至室温后再转移至容量瓶内；对于混合后会放热、吸热或发生体积变化的溶液要注意，对于放热的要加入适量溶剂（距标线0.5cm处），冷却至室温再定容至刻度；对于体积发生变化的要加入适量溶剂（距标线0.5cm处），振摇，放置一段时间后再定容至刻度；用于洗涤玻璃棒、烧杯的溶剂应全部移入容量瓶内，并注意移入后不得超过容量瓶的标线；容量瓶只能用于配制溶液，不能长时间储存溶液；容量瓶用毕应及时洗涤干净。

4）滴定管的操作

滴定管是一根具有精密刻度、内径均匀的细长玻璃管。在滴定分析实验中，用于准确计量自滴定管内流出溶液的体积，具体操作如下。

① 洗涤　滴定管使用前必须洗净（洗涤方法见本书第3章3.1.3节）。

② 查漏　滴定管洗净后，先检查旋塞转动是否灵活、是否漏水。具体操作方法是：将滴定管充满水，用滤纸在旋塞周围和管尖处检查。然后将旋塞旋转180°，静置2min，再用滤纸检查。如果漏水，酸式滴定管可以涂抹少许凡士林润滑；碱式滴定管应检查橡皮管是否老化，玻璃珠的大小是否适当。

③ 润洗　滴定管在使用前需用操作溶液润洗三次，每次10～15mL，最后弃去。洗涤后将操作溶液注入至零线以上，检查滴定管尖端是否有气泡。若有，酸式滴定管可以开大活塞使溶液冲出，排出气泡；碱式滴定管可以使管体竖直，左手拇指捏住玻璃珠，使橡胶管弯曲，管尖斜上去约45°，挤压玻璃珠处胶管，使溶液冲出，排除气泡。滴定溶液必须直接装入，不能使用漏斗辅助。

④ 读初数　放出溶液后需等待1min后读数。

⑤ 用法　酸式滴定管滴定时，应将滴定管垂直夹在滴定管架上。滴定管离锥形瓶瓶口约1cm。左手控制旋塞，拇指在前，食指中指在后，转动旋塞时，手指弯曲，手掌要空。右手三指拿住瓶颈，瓶底离台面约2～3cm，滴定管下端深入瓶口约1cm，微动右手腕关节摇动锥形瓶，边滴边摇使滴下的溶液混合均匀。碱式滴定管滴定时，以左手握住滴定管，拇指在前，食指在后，用其他手指辅助固定管尖。用拇指和食指捏住玻璃珠所在部位，向前挤压胶管，使玻璃珠偏向手心，溶液就可以从空隙中流出。

⑥ 滴定速度　液体流速由快到慢，起初可以“连滴成线”，之后逐滴滴下，快到终点时则要半滴、半滴地加入。半滴的加入方法：小心放下半滴滴定液悬于管口，用锥形瓶内壁靠下。

⑦ 终点操作　当锥形瓶内的指示剂指示终点时，立刻关闭活塞停止滴定。将滴定管从滴定管架上取下，右手捏住上部无液处，保持滴定管垂直。视线与弯月面的最低点水平线相切（滴定剂若为有色溶液，其弯月面不够清晰，则读取液面最高点）读出读数，读数时应估读一位。

滴定结束，滴定管内剩余溶液应弃去，将滴定管洗净，夹在滴管架上备用。

【注意事项】 滴定时右手执锥形瓶颈部，手腕用力使瓶底沿顺时针方向画圈，使溶液在锥形瓶内均匀旋转，形成漩涡，溶液不能有跳动，管口与锥形瓶应无接触；目光应集中在锥形瓶内颜色的变化上，不要去注视刻度的变化；做平行滴定时，每次均从零线开始并及时记录在相应的表格上。使用酸式滴定管时应注意：滴定时，左手不允许离开活塞，放任溶液自己流下。使用碱式滴定管时应注意：用力方向要平，以免玻璃珠上下移动；不要捏玻璃珠下侧部分，否则会使空气进入管尖形成气泡；挤压胶管不宜用力过猛，以免溶液流出过快；滴定也可以在烧杯中进行，方法同上，但要配合电磁搅拌器使用。

3.9　微生物检验基本操作

3.9.1　接种

细菌培养是将样品中细菌或已获得的细菌进行增殖的过程。细菌培养是细菌检验的第一步。接种是细菌分离、培养的基础技术。

接种应严格遵循无菌操作。应在无菌环境中进行，致病菌的接种还应考虑在生物安全柜中进行。

细菌的接种方法很多，如斜面接种、液体接种、平板接种和穿刺接种等。

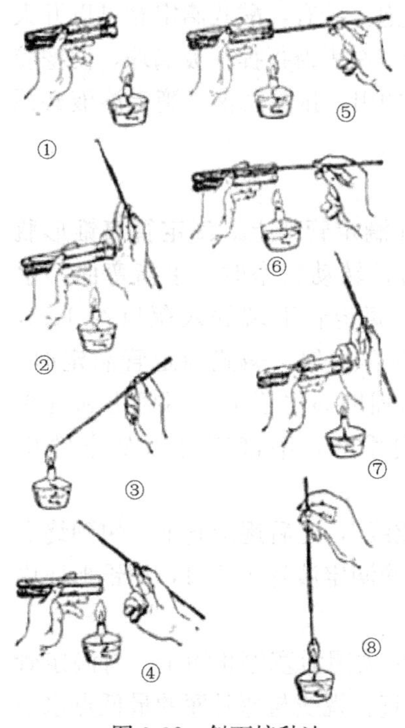

图3-32　斜面接种法

（1）斜面接种法

本法常用于细菌的传代、纯培养、菌种的保存及细菌的某些鉴定试验。将细菌从一个斜面培养基接种至另一个斜面培养基的具体操作步骤，如图3-32所示。

1）点燃酒精灯，将菌种和斜面培养基的两支试管平行放在左手上，用拇指与其他四指夹住，并使中指位于两试管之间，两试管的管口齐平。

2）右手先将试管塞拧转松动，并稍拉出一些，以便接种时拔出。

3）右手持接种针，在酒精灯火焰的外焰将接种针灼烧灭菌。

【注意事项】 凡是接种时可能进入试管的部分，均应灼烧灭菌。以下操作都要使试管口靠近火焰旁。

4）用右手的小指与掌间拔掉左手上两支试管上的试管塞，同时迅速将试管口在酒精灯上烧灼3s左右，使管口上可能沾染的少量杂菌得以杀灭。

5）将灭菌的接种针伸入菌种管内，先将针头接触培养基上没有菌的部位（如试管上壁），使其冷却，以免烫死被接种的细菌。然后轻轻接触菌体，取出少许，将接种针抽出试管，接种针抽出时不要使针头部分碰到管壁和管口，取出后，不可使针头通过火焰，更不可触及其他无关物品。

6）迅速将接种针伸进另一试管，在培养基上轻轻划线，接种菌体于其上。划线时，由底部开始，一直划到顶部，以充分利用斜面面积，但不要将培养基划破。

7）烧灼试管口，将试管塞塞上。塞试管塞时，保持试管口位于酒精灯的上方，以免试管在移动中纳入可能含菌的空气。

8）将接种针在火焰上烧灼灭菌。放回原处后，将试管塞塞紧。

（2）液体接种法

将样品或菌种接种到液体培养基中的方法即液体接种法。接种时应避免接种环或移液管与液体过多地接触，更不能在液体中混匀、搅拌，以避免产生气溶胶而污染实验室。

3.9.2 培养基制备

培养基是指经人工配制，将供细菌生长繁殖所需要的各种营养成分按比例配制而成的基质，可用于细菌分离培养、传代、鉴定、菌种保存等。培养基质量的优劣直接关系到细菌的增殖。无论是商品化的培养基或是自行配制的培养基，都应该满足目标菌生长的需要。必要时应使用标准菌株检查其质量。

（1）培养基的购置和验收

培养基应从合格有资质的供应商处购置。培养基验收时应审阅生产企业提供的文件信息，确认是否符合检测工作要求，包括培养基名称及成分、添加成分、产品批号、最终pH值、储存方式和有效期、质控证书和测试菌株、性能测试结果及验收标准、技术数据表等。

（2）培养基的储存

应严格按照说明书的储存条件、有效期进行保存。开封后的培养基，其质量可能会受到储藏环境的影响而变质，可通过观察粉末的流动性、均匀度、结块情况和色泽变化等判断培养基质量。若发现培养基受潮或者物理性状发生明显改变，则不应再使用。

（3）培养基的配制

正确配制培养基是微生物检测的前提。实验室在配制时应严格按照产品使用说明书配制，如干粉培养基的称取量、配制用水的体积、pH值、灭菌条件等。

1）称量和复水

小心称量所需干粉培养基（注意缓慢操作，必要时佩戴口罩或者在通风橱内操作，以防吸入培养基粉末），先加入少量的水，充分混合，注意避免培养基结块，然后加水至所需的量。

2）溶解和分散

干粉培养基加水后可适当加热，并连续搅拌使其快速分散，必要时要完全溶解。含琼脂的培养基加热前应浸泡几分钟。

3）pH值测定和调整

用pH计或精密pH试纸测pH值，必要时在灭菌前进行调整。除了特殊说明外，培养基灭菌后冷却至25℃时，pH值应在标准pH±0.2范围内，如需调整培养基的pH值，一般使用40g/L（1mol/L）的氢氧化钠溶液或者约为36.5g/L（1mol/L）的盐酸溶液。如需灭菌后进行调整，则使用灭菌溶液。

4）分装

将配好的培养基分别装入适当的容器中，容器的体积应比培养基的体积大至少20%。

5）灭菌

通常使用高压蒸汽灭菌法，但有一些特殊培养基只能使用煮沸灭菌，煮沸后分装，避光保存。含牛奶培养基应采用间歇灭菌法灭菌。

【注意事项】 耐高温高压培养基灭菌时，一般采用121℃灭菌20min。某些含糖培养基则采用115℃高压灭菌15min。大容积（>1000mL）的培养基灭菌时可能会造成过度加热。

6）检查

经过灭菌的培养基应对pH值、色泽、均匀度、灭菌效果和生长效果等指标进行检查。

（4）固体培养基的使用

以浇制营养琼脂平皿为例，说明其制备和用法。

1）融化

将配制好保存备用的营养琼脂培养基放到沸水浴或者高压容器的层流蒸汽中使之融化。融化后的培养基（玻璃容器存放）应短暂置于室温中降温，以避免玻璃容器遇冷破碎，然后放入45～50℃的恒温水浴锅中冷却保温并尽快使用，放置时间不宜超过4h。未用完的不能重新凝固待下次使用。

2）培养基脱氧

必要时，将培养基在使用前放入沸水或者蒸汽浴中加热15min；加热时松开容器的盖子；加热后盖紧，并迅速冷却至使用温度。

3）平板的制备

倾注融化的培养基到平皿中，使之在平皿中形成约为2.5mm的厚度（直径为90mm的平皿，通常需要加入15mL左右的琼脂培养基）。将平皿盖好水平放置，直至琼脂冷却凝固。如果平皿需要储存，或者培养时间超过48h，或者培养温度高于40℃，则需要适当增加培养基倾注量。

4）平板的储存

凝固后的培养基，若不立即使用，应冷却后存放于密封袋中2～8℃保存，以防止培养基变质。在密封袋外面做好标记，注明名称、制备时间、有效期等。

【注意事项】 对用于分离培养的固体培养基，应先对琼脂表面进行干燥：将平板倒扣于培养箱中（温度设为25～50℃），不揭开平皿盖（防止污染）；或者放在有对流空气的无菌净化台中，直到培养基表面的水滴消失为止。注意不要过度干燥。在储存期间应观察培养基（平皿）颜色变化、水分蒸发、细菌生长等情况，当培养基出现细菌生长不良、颜色变化、表面干燥等时，应禁止使用。

3.9.3　质控菌株的保藏和使用

（1）标准培养物

1）标准菌株

指从官方菌种保藏机构（如中国工业微生物菌种保藏管理中心，即CICC）获得的并至少定义到属或者种水平的菌株。标准菌株可以用于抗菌效果评价、检测方法验证、样品检验时的阳性对照、培养基或其他生物试剂质量控制和性能测试等方面。标准菌株经过实验室处理可制成标准储备菌株和工作菌株。

2）标准储备菌株

将标准菌株在实验室转接一代后得到的一套完全相同的独立菌株即为标准储备菌株。标准储备菌株可制备多份，可冻干保藏、利用多孔磁珠在－70℃保藏、使用液氮保藏或其他有效的保藏方法。在保存和使用时应注意避免污染，减少菌株突变或者发生表性特征变化。

3）工作菌株

工作菌株是由标准储备菌株经过一次传代得到的菌株。制备工作菌株时，可转种到多份非选择培养基中培养，以得到稳定的菌株。工作菌株不适合再次传代培养，但工作菌株如果处理、储存得当，即不存在污染与变异，则可以多次使用。

通常标准菌株、标准储备菌株和工作菌株统称为标准培养物。

(2) 菌株的复苏与传代

标准菌株一般为冻干粉，用西林瓶或安瓿瓶包装。使用时，应根据随附菌种复苏方法进行操作。一般操作步骤如下。

1) 开外包装。仔细检查包装是否有损坏，如包装损坏或包装瓶破裂，则对菌种进行灭活处理。

2) 开启包装瓶。操作时注意生物安全与无菌操作。

3) 复苏菌株。选择合适的培养基和培养条件（根据菌种生长要求）进行复苏。冻干粉菌种传代一般不得超过5代，冻干粉为第0代。

4) 菌株纯度检查和确认。用复苏后的培养物，在相应的培养基平皿上进行划线接种，培养后观察菌落形态是否符合该菌种的特征，同一个平皿上单菌落的大小、形状、颜色、质地、光泽等是否相似；对于出现两种或者两种以上形态的菌株，应再次做纯培养。

【注意事项】 所有菌种都具有潜在的感染风险，操作时须严格执行生物安全的相关规定。如果使用合适的培养基，菌种在规定的培养环境和时间内不生长，也应做灭菌处理。

(3) 菌株使用

标准菌株可以用于配制模拟水样，进行实验人员检测能力测试、仪器设备（如全自动细菌鉴定仪）期间核查及检测方法验证等。使用标准菌株对培养基进行验收，可以更科学地评价培养基的质量。

(4) 菌株保藏

1) 保藏要求

应制定菌种使用、保藏管理制度和标准化操作规程，涵盖菌种申购、保管、领用、使用、传代、储存等方面，确保生物安全和满足检测工作需要。

建立完善的文件记录，记录菌种名称、编号、来源、最适合培养基和培养条件、代数、纯度、保藏方法和保藏地点等信息。

所有保藏菌株的容器表面都应该贴有相对应的标签，保藏标签必须规范清晰。标签上应注明菌种名、菌种号、传代次数、接种时间等。

保存的标准菌株应制备成储备菌株和工作菌株。菌种应在规定的时间传代，每次传代都应做纯度检查。至少对菌种进行形态学观察，观察特征形态是否稳定。每传3代至少做一次鉴定。如果发现污染或变异应及时处理。

菌种应有专人负责保管和发放。

2) 保藏方法

菌株的保藏方法取决于实验室现有设备条件和菌种保藏要求。

① 培养基保藏法

根据保存菌种的特殊需要，分别选用各自适宜的培养基进行保存。由于细菌在适宜的培养基、适宜的温度下生长良好，而在低温条件下生长缓慢或者停止，因此，可通过控制保存条件来延长菌种的存活期。此方法操作简便，但保藏时间短、易被污染和发生变异。

② 液体石蜡保藏法

将无菌液体石蜡加在长好菌苔的斜面或半固体上，其用量以高出斜面顶端1cm为宜，使菌种和空气隔绝。将试管直立，置低温和室温保存。此方法实用且效果好。普通细菌可保藏1年左右。

③ 载体法

使生长合适的菌体吸附在一定的载体上，去除菌体内的水分，使细菌处于休眠或代谢停滞状态，从而达到长期保存的目的。常用的载体有砂土、明胶、磁珠等。

④ 冷冻法

使菌种始终保藏在低温环境的保藏方法。有低温法（－30℃）、超低温法（－80℃）和液氮法，保藏效果随着温度越低越好。

3.9.4 分离和纯化

细菌分离是从样品中获得活的纯化细菌的过程，样品中可以含有或不含杂菌。常用的分离方法为平板划线分离法。平板划线接种有以下两种形式。

（1）曲线接种

此法多用于含菌量较少的样品。将接种环经火焰灼烧灭菌冷却后，挑取样品或培养液少许，轻轻涂布于平板上1/5处，然后左右来回以曲线形式连续划线接种。注意线与线之间既要留有适当距离，又要尽可能地利用有效面积。将整个平板表面划满曲线后，平板扣入皿盖中，注明日期和样品号，置于适宜环境培养。

（2）分区划线接种

此法多用于含菌数量较多样品的细菌分离，用已灭菌处理且冷却的接种环挑取样品少许，将其涂布于平板上1/4区域，再连续划线，划完一个区，转动平皿90°，将接种环通过火焰灭菌冷却后，再划另一区。每一区域的划线均接触上一区域的接种线3～5次，使菌量逐渐减少，以获得单个菌落。视平板大小可进行三区、四区甚至五区划线，如图3-33所示。

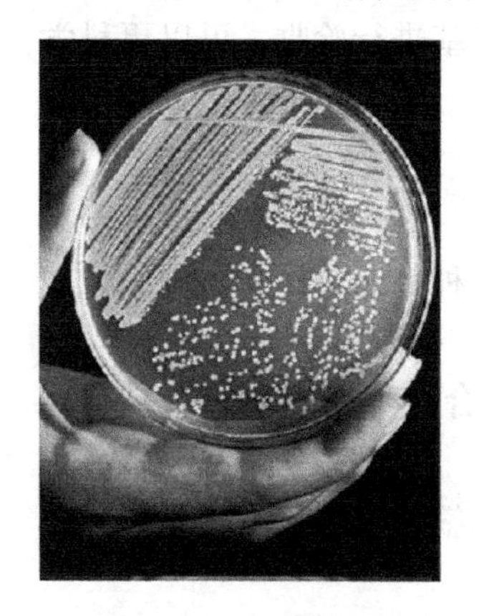

图3-33 分区划线法

3.9.5 革兰氏染色法

革兰氏染色法是细菌学中广泛使用的一种鉴别染色法，1884年由丹麦医师Gram创立，属复染色法。

（1）原理

该染色法之所以能将细菌分为革兰氏阳性菌（G^+菌）和革兰氏阴性菌（G^-菌），是由于这两类细菌的细胞壁结构和成分不同。G^-菌的细胞壁中含有较多易被乙醇溶解的类脂质，而且肽聚糖层较薄、交联度低，故用乙醇脱色时溶解了类脂质，增加了细胞壁的通透性，使结晶紫和碘的复合物易于渗出，细菌被脱色，再经复染后着色。G^+菌细胞壁中肽聚糖层厚且交联度高，类脂质含量少，经脱色剂处理后反而使肽聚糖层的孔径缩小，通透性降低，因此细菌仍保留初染时的颜色，呈现蓝紫色。

（2）操作步骤

1）涂片

取一滴生理盐水于洁净无油脂的载玻片上，用经火焰灼烧灭菌的接种环挑取标本少许，放在生理盐水中轻轻涂成薄薄的菌膜（如为液体标本，可直接挑取少许涂布）。如多个标本同时染色，可用记号笔将载玻片划为数格，标明标本编号即可。

2）固定

涂片在空气中干燥，手持一端，菌膜面朝上，在酒精灯火焰上方迅速通过 3～5 次（手触摸涂片背面，热而不烫手为宜），待冷却，染色。

3）染色

a. 初染　在细菌涂片上加草酸铵结晶紫液（覆盖菌膜为最佳），染色 1min，洗瓶缓缓水洗并去除水滴。

b. 媒染　在细菌涂片上滴加碘液，染色 1min，用洗瓶缓缓水洗除去水滴。

c. 脱色　滴加 95%乙醇，将玻片轻轻摇晃几下，约 0.5min 倾去乙醇，立即水洗，终止脱色。

d. 复染　在细菌涂片上滴加碱性复红或沙黄染色液，染色 1min，水洗。最后用吸水纸轻轻吸干。

4）镜检

用显微镜油镜观察上述细菌涂片，进行细菌的形态学鉴别。

【注意事项】 为使染色结果准确可靠，本方法操作时最好选取对数生长期的细菌。

3.9.6 消毒和灭菌

消毒和灭菌是确保实验室生物安全和正常运行的重要环节，微生物检测实验室的环境、检验试剂与耗材、实验废弃物等都离不开消毒灭菌。如实验废弃物必须经过彻底灭菌后才能处理。

消毒指杀灭或者清除传播媒介上的（如空气、物体表面、手等）病原微生物，使其达到无害化的处理。消毒针对的是病原微生物，并不是清除或杀灭所有微生物，它只是将有害微生物的数量降低至无害程度。灭菌指杀灭或去除传播媒介上的所有微生物，使其达到无菌状态。两者相比，灭菌的要求和操作更为严格。

（1）实验室环境消毒

1）紫外线消毒

波长 240～280nm 的紫外线（包括日光中的紫外线）具有杀菌作用，以 253.7nm 最强。紫外线消毒操作简便、杀菌谱广，但穿透力较弱、反射率低、影响因素多。一般按照每立方米空间≥1.5W 来安装紫外灯，如用于实验室空气及物体表面消毒，紫外线灯需安装至实验台面 1m 处；也可以使用活动式紫外线灯照射。紫外灯使用中，照射时间不应低于 30min，初始辐照强度≥90$\mu W/cm^2$，使用中辐照强度≥70$\mu W/cm^2$，一旦不满足，应立即更换。

【注意事项】 杀菌波长的紫外线对人体皮肤、黏膜有伤害，使用时注意防护。

2）臭氧消毒

实验室可根据自身的情况，选择不同类型的臭氧发生器，如移动式、壁挂式、吊灯式、落地式等，其工作原理均为高压放电式。要求达到臭氧浓度≥20mg/m^3，在相对湿度≥70%条件下，消毒时间≥30min；湿度<70%时，建议延长消毒时间，保证消毒时间≥60min。

【注意事项】 臭氧对人体有害，因此臭氧消毒时，人应该离开消毒房间，待臭氧完全分解后再进入。

(2) 检验试剂与耗材的灭菌

检验试剂与耗材的灭菌最常用的是湿热灭菌法和干热灭菌法。

1) 湿热灭菌法

湿热灭菌法可在较低的温度下达到与干热灭菌法相同的灭菌效果，常用的湿热灭菌法有煮沸法、巴氏消毒法、高压蒸汽灭菌法，其中高压蒸汽灭菌法应用最广、效果最好。

① 高压蒸汽灭菌法

可杀灭包括芽孢在内的所有微生物，是灭菌效果最好、应用最广的灭菌方法。方法是将需灭菌的物品放在高压锅内，加热至 103.4kPa（1.05kg/cm^2）蒸汽压下，温度达到 121℃，维持 15～20min。适用于普通培养基、生理盐水、玻璃容器等物品的灭菌。

② 间歇灭菌法

利用反复多次的流通蒸汽加热，杀灭所有微生物，包括芽孢。适用于不耐高热的含糖培养基。对于一些不适合用高压蒸汽灭菌的物品，可采用间歇式灭菌法。

2) 干热灭菌法

常用的干热灭菌法有烧灼、干热空气灭菌法。

① 烧灼

适用于实验室的金属器械（镊、剪、接种环等）、玻璃试管口和瓶口等的灭菌。

② 干热空气灭菌法

在干烤箱内加热至 160～170℃维持 2h，可杀灭包括芽孢在内的所有微生物。适用于耐高温的玻璃器皿、瓷器等。

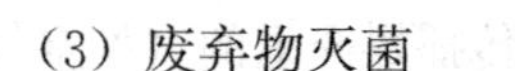

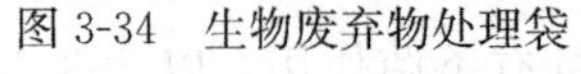
图 3-34　生物废弃物处理袋

(3) 废弃物灭菌

使用过的物品及废弃物需严格按照程序处理，对于微生物污染的物品需高压蒸汽灭菌后方可进行下一步处理。

经过培养的污染材料及废弃物应收集于专用密封袋，如图 3-34 所示，集中存放，统一高压灭菌。

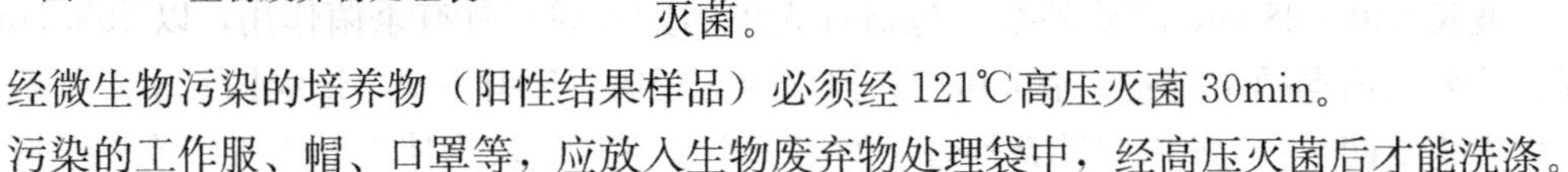

经微生物污染的培养物（阳性结果样品）必须经 121℃高压灭菌 30min。

污染的工作服、帽、口罩等，应放入生物废弃物处理袋中，经高压灭菌后才能洗涤。

3.10　分析数据处理

3.10.1　有效数字

有效数字用于表示测量数字的有效意义，在水质分析工作中指能实际测得的数字。有效数字构成的数值，只有末位数是可疑的（不确定的），其余数字是可靠的（确定的）。

数字“0”，当它用于指小数点的位置，而与测量的准确度无关时，不是有效数字；当它用于表示与测量准确程度有关的数值大小时，即为有效数字。这与“0”在数值中的位置有关。

（1）有效数字修约

通过省略原数值的最后若干位数字，调整所保留的末尾数字，使最后所得到的值最接近原数值的过程。经数值修约后的数值称为修约值。修约过程通常遵循“四舍六入五成双”法则。方法如下。

1）当拟修约的数字小于等于4时，舍去，其余各位数字不变。

【例】 将12.3修约到个位数，得12。

2）当拟修约的数字大于等于6时，进位，末位数字加1。

【例】 将12.6修约到个位数，得13。

3）当拟修约的数字等于5，且其后有非0数字时，不论被保留末尾数的奇偶，一律进1。

【例】 将10.501修约到个位数，得11。

【例】 将11.551修约到小数点后一位，得11.6。

4）当拟修约的数字等于5，且其后无数字或皆为0时，视5前面被保留的末尾数是奇数还是偶数决定取舍。5前为偶数时5应舍去，5前为奇数则进1。

【例】 将9.500修约到个位数，得10。

【例】 将10.500修约到个位数，得10。

（2）有效数字运算规则

1）加减运算

几个数据相加减时，先以小数点后位数最少的数值为准，其余的数据均比它多保留一位，把多余的位数舍去，再进行加减运算。运算结果的有效数字位数应与参与运算的数中小数点后位数最少的那个数相同。

【例】 计算$123.78-67.3+15.643=?$

修约后的数值为$123.78-67.3+15.64=72.12\rightarrow72.1$

2）乘除运算

几个数据相乘除时，以有效数字位数最少的数值为准，其余的数均比它多保留一位，把多余的位数舍去，再进行乘除运算。运算结果的有效数字位数应与参与运算的数中有效数字位数最少的那个数相同。

【例】 计算$23.51\times5.02\div1.5=?$

修约后的数值为$23.5\times5.02\div1.5=78.6\rightarrow79$

3）乘方与开方

结果的有效数字与原有效数字的位数相同。

【例】 计算$4.52^2=?$

修约后，$4.52^2=20.4304=20.4$

【例】 计算$\sqrt{6.0}=?$

修约后，$\sqrt{6.0}=2.4494897\rightarrow2.4$

【注意事项】 利用电子计算器进行计算时，应按以上方法来修约和计算数据，不能生硬照抄。

4）对数计算

对数尾数的位数应与真数的有效数字位数相同。

【例】 计算$\lg2.387=?$

修约后，lg2.387=0.3778524→0.3779

【例】 计算lg2387=?

修约后，lg2387=3.3778524→3.3779

【注意事项】 计算结果的尾数部分仍保留4位有效数字，首数“3”不是有效数字。

【例】 计算lg10=?

修约后，lg10=1.00

【注意事项】 计算结果的尾数部分仍保留2位有效数字，首数“1”不是有效数字。

有效数字的运算中，若计算结果尚需参与下一步运算，则可多保留一位。

3.10.2 误差及数据处理

误差是指测定结果与真值之差。任何测量结果都有误差。

(1) 误差的分类

根据误差产生的原因和性质，可分为系统误差、随机误差和过失误差三类。

1) 系统误差

系统误差又称可测误差、恒定误差或偏倚误差，是由分析过程中的某些固定原因造成的，是一个客观上的恒定值。系统误差总是以重复固定的形式出现，其正负、大小具有一定的规律性，不能通过增加平行测定的次数来消除，而应针对产生系统误差的原因采取相应措施来减小或消除它。

① 分类

根据产生误差的原因，系统误差可以分为四类。

a. 方法误差　由不适当的实验设计或所选择的分析方法本身不恰当所致。如滴定分析中指示剂选择有误，使得滴定终点与理论终点不能完全重合。

b. 仪器误差　由仪器本身不够精确或未经校准所致。

c. 试剂误差　由试剂纯度不够或含有杂质所致。

d. 主观误差　由操作人员感觉器官的差异、反应的敏捷程度和固有习惯所致。

系统误差表明了一个测量结果偏离真值或实际值的程度。系统误差越小，测量就越准确。

② 减少系统误差的方法

a. 进行仪器校准　测量前先对仪器进行校准，并将校正值应用到测量结果的修正中去。

b. 进行空白试验　用空白试验结果修正测量结果，以消除由于试剂不纯等原因所产生的误差。

c. 进行对照分析　一种是采用标准物质与实际样品在同样条件下进行测定，当标准物质的测定值落在其不确定的范围内，可认为该方法的系统误差已消除；另一种是采用不同的分析方法，以校正现用分析方法的误差。

d. 进行回收试验　在实际样品中加入已知量的标准物质，在相同条件下进行测量，观察所得结果能否定量回收。

2) 随机误差

随机误差又称偶然误差，它是由某些难以控制且无法避免的偶然因素造成的。如：测定过程中环境温度、湿度、气压等微小变化，以及分析人员操作技术上的前后不一致等，使分析结果在一定范围内波动而引起误差。特点是大小和方向都不确定，无法测量，因而也无法校正，但可以通过增加平行测定次数来减小。

3）过失误差

过失误差又称粗大误差或操作误差，在检测过程中发生了不应有的错误所致。如沉淀的溅失或沾污、读错刻度、加错试剂等。过失误差只要认真操作，可以完全避免。

（2）误差表示方法

1）绝对误差和相对误差

绝对误差 Δx 是测量值（单一测量值或多次测量的均值）与真值 A_0 之差。

$$\Delta x = x - A_0 \tag{3-15}$$

相对误差 γ 是绝对误差 Δx 与被测量的真值 A_0 之比（常用百分数表示）。

$$\gamma = \frac{\Delta x}{A_0} \times 100\% \tag{3-16}$$

2）绝对偏差和相对偏差

绝对偏差 d_i 是某一测量值 x_i 与多次测量结果的平均值 $\bar{x}$ 之差。

$$d_i = x_i - \bar{x} \tag{3-17}$$

相对偏差 d_r 是绝对偏差与均值之比（常用百分数表示）。

$$d_r = \frac{|x_i - \bar{x}|}{\bar{x}} \times 100\% \tag{3-18}$$

3）平均偏差和相对平均偏差

平均偏差 $\bar{d}$ 是绝对偏差的绝对值之和的平均值。

$$\bar{d} = \frac{1}{n}\sum_{i=1}^{n}|x_i - \bar{x}| \tag{3-19}$$

相对平均偏差$\bar{d}_r$是平均偏差与测量均值之比（常用百分数表示）。

$$\bar{d}_r = \frac{\bar{d}}{\bar{x}} \times 100\% \tag{3-20}$$

4）极差和相对极差

极差 R 也称为“全距”，为一组测量值中最大值与最小值之差，表示误差的范围。

$$R = x_{max} - x_{min} \tag{3-21}$$

相对极差 RR 是极差与测量均值之比（常用百分数表示）。

$$RR = \frac{R}{\bar{X}} \times 100\% \tag{3-22}$$

式中 X_{max}——一组测量值内最大值；

X_{min}——一组测量值内最小值。

（3）精密度和准确度

1）精密度

精密度是指使用特定的分析步骤，在受控的条件下重复分析测定均一样品所获得测定值之间的一致性程度。精密度大小用偏差来表示，偏差越小，说明精密度越高。

在数据统计中常用标准偏差 σ 来表达测定数据之间的分散程度。

$$\sigma=\sqrt{\frac{\sum_{i=1}^{n}(x_i-\mu)^2}{n}} \tag{3-23}$$

式中　μ——总体均值。

在一般的分析工作中，测定次数是有限的，总体均值 μ 不可求，以样本标准偏差 s 表示精密度。

$$s=\sqrt{\frac{\sum_{i=1}^{n}(x_i-\bar{x})^2}{n-1}} \tag{3-24}$$

相对标准偏差 S_r 是样本标准偏差 s 与平均值之比（常用百分数表示）。

$$s_r=\frac{s}{\bar{x}}\times 100\% \tag{3-25}$$

实验室分析方法精密度的合理估计应包括批内、批间两部分，因此，应收集不同批的重复测定结果以估计总标准偏差，并作为常规分析数据质量控制的依据。

2）准确度

准确度是指测定值（单次测定值或重复测定值的均值）与真值之间的差异程度，用误差或相对误差表示［见本书第3章3.10.2节（2）］。

为准确反映分析结果的误差，标准样品的组分应尽可能与测定的样品近似。常规工作中一个非常有用的试验是分析“加标样品”，以计算回收率，发现分析系统中影响灵敏度的干扰因素，因此加标回收率试验可用来反映分析结果准确度的优劣。加标回收率的公式如下：

$$p=\frac{\mu_a-\mu_b}{m}\times 100\% \tag{3-26}$$

式中　p——加标回收率，%；

μ_a——加标水样测定值；

μ_b——原水样测定值；

m——加标量。

收集不同浓度被测物的回收率，可作为常规分析中数据可靠性的控制依据。

（4）离群值

1）离群值相关概念

离群值是指样本中的一个或几个观测值，它们离其他观测值较远，暗示它们可能来自不同的总体。离群值按显著性的程度分为统计离群值和岐离值。

① 统计离群值是指在剔除水平下统计检验的显著性水平。

② 岐离值是指在检出水平下显著，但在剔除水平下不显著的离群值。

检出水平 α 指为检出离群值而指定的统计检验的显著性水平。除有特殊规定，一般 α 为0.05。

剔除水平 α^* 指为检出离群值是否高度离群而指定的统计检验的显著性水平。除有特殊规定，一般 α^* 为0.01。

2）离群值判断

在开展检测工作中，对多个测量值进行数据分析处理时，凭主观判断去挑选数据是不可取的，应分析原因进行合理判断。离群值产生的原因，一类是总体固有变异性的极端表现，这类离群值与样本中其余观测值属于同一总体；另一类是由于试验条件和试验方法的偶然偏离所产生的结果，或产生于观测、记录、计算中的失误，这类离群值与样本中其余观测值不属于同一总体。

离群值的类型，根据实际情况或以往经验，可分为三种情形：

① 上侧情形，离群值都为高端值；

② 下侧情形，离群值都为低端值；

③ 双侧情形，离群值可为高端值，也可为低端值。

上侧情形和下侧情形统称单侧情形；若无法认定为单侧情形，则按双侧情形处理。

3）离群值的取舍

对检出的离群值，应尽可能寻找其技术上和物理上的原因，作为处理离群值的依据。

① 若在技术上或物理上找到产生离群值的原因，应剔除或修正；若未找到原因，则不得剔除或进行修正。

② 当由未知原因产生离群值时，对这些可疑的数据应采取统计学方法判别，即离群数据的统计检验。离群数据统计检验的判别标准如下：

若计算的统计量≤检出水平 $\alpha=0.05$ 时的临界值，则可疑数据为正常数据；

若计算的统计量>检出水平 $\alpha=0.05$ 时的临界值且同时≤$\alpha^*=0.01$ 时的临界值，则可疑数据为偏离数据。

【注意事项】 对偏离数据的处理要慎重，只有能找到原因的偏离数据才可作为离群数据来处理，否则按正常数据处理。

若计算的统计量>$\alpha^*=0.01$ 时的临界值，则可疑数据为离群数据，应予剔除。一组数据中剔除了离群值后，应对剔除后剩余的数据继续检验，直到其中不再有离群数据。

4）离群值的统计检验方法

离群数据的判别应根据不同的检验目的选择不同的检验方法。水质分析检验中较常用的是 Dixon 检验法和 Grubbs 检验法。两种检验法都有单侧和双侧检验两种方式。

① Dixon 检验法

用于一组测量值的一致性检验和剔除一组测量值中的异常值，适用于检出一个或多个异常值。检验方法如下：

将 n 次测定的数据从小到大排列为 X_1，X_2……X_i……X_{n-1}，X_n。X_1 为最小可疑值，X_n 为最大可疑值。然后按照表 3-11 中公式计算统计量 r。

Dixon 检验法计算公式 **表 3-11**

样本量（n）	检验高端离群值 X_n	检验低端离群值 X_1
3～7	$D_{10}=r_{10}=\frac{X_n-X_{n-1}}{X_n-X_1}$	$D'_{10}=r'_{10}=\frac{X_2-X_1}{X_n-X_1}$
8～10	$D_{11}=r_{11}=\frac{X_n-X_{n-1}}{X_n-X_2}$	$D'_{11}=r'_{11}=\frac{X_2-X_1}{X_{n-1}-X_1}$
11～13	$D_{21}=r_{21}=\frac{X_n-X_{n-2}}{X_n-X_2}$	$D'_{21}=r'_{21}=\frac{X_3-X_1}{X_{n-1}-X_1}$
14～30	$D_{22}=r_{22}=\frac{X_n-X_{n-2}}{X_n-X_3}$	$D'_{22}=r'_{22}=\frac{X_3-X_1}{X_{n-2}-X_1}$

a. 单侧情形

确定检出水平 α，在附表1中查出临界值 $D_{1-\alpha}(n)$。

检验高端值，当 $D_n > D_{1-\alpha}(n)$ 时，判定 X_n 为离群值；检验低端值，当 $D'_n > D_{1-\alpha}(n)$ 时，判定 X_1 为离群值；否则判定未发现离群值。

对于检出的离群值 X_1 或 X_n，确定剔除水平 α^*，在附表1中查出临界值 $D_{1-\alpha^*}(n)$，检验高端值，当 $D_n > D_{1-\alpha^*}(n)$ 时，判定 X_n 为统计离群值，否则判未发现 X_n 是统计离群值（即 X_n 为歧离值）；检验低端值，当 $D'_n > D_{1-\alpha^*}(n)$ 时，判定 X_1 为统计离群值，否则判未发现 X_1 是统计离群值（即 X_1 为歧离值）。

b. 双侧情形

确定检出水平 α，在附表2中查出临界值 $\widetilde{D}_{1-\alpha}(n)$。

当 $D_n > D'_n$、$D_n > \widetilde{D}_{1-\alpha}(n)$ 时，判定 X_n 为离群值；当 $D'_n > D_n$、$D'_n > \widetilde{D}_{1-\alpha}(n)$ 时，判定 X_1 为离群值；否则判未发现离群值。

对于检出的离群值 X_1 或 X_n，确定剔除水平 α^*，在附表2中查出临界值 $\widetilde{D}_{1-\alpha^*}(n)$。当 $D_n > D'_n$ 且 $D_n > \widetilde{D}_{1-\alpha^*}(n)$ 时，判定 X_n 为统计离群值，否则判未发现 X_n 是统计离群值（X_n 为歧离值）；当 $D'_n > D_n$ 且 $D'_n > \widetilde{D}_{1-\alpha^*}(n)$ 时，判定 X_1 为统计离群值，否则判未发现 X_1 是统计离群值（即 X_1 为歧离值）。

② Grubbs 检验法

适用于检验多组测量均值的一致性和剔除多组测量值均值中的异常值。也适用于检验一组测量值的一致性和剔除一组测量值中的异常值，检出的异常值个数不超过1。检验方法如下：

将一组数据从小到大排列为 X_1，$X_2 \cdots\cdots X_i \cdots\cdots X_{n-1}$，$X_n$。若认为 X_1 为最小可疑值或 X_n 为最大可疑值时，按照下列公式计算：

$$G_n = (X_n - \bar{x})/S \tag{3-27}$$

$$G'_n = (\bar{x} - X_1)/S \tag{3-28}$$

式中　G_n——上侧情形统计量；

G'_n——下侧情形统计量；

$\bar{X}$——算数平均值；

S——标准偏差。

a. 单侧情形

确定检出水平 α，在附表3中查出临界值 $G_{1-\alpha}(n)$。

检验高端值，当 $G_n > G_{1-\alpha}(n)$ 时，判定 $X_{(n)}$ 为离群值；检验低端值，当 $G'_n > G_{1-\alpha}(n)$ 时，判定 X_1 为离群值；否则判未发现离群值。

对于检出的离群值 X_1 或 X_n，确定剔除水平 α^*，查出临界值 $G_{1-\alpha^*}(n)$（见附表3），检验高端值，当 $G_n > G_{1-\alpha^*}(n)$ 时，判定 X_n 为统计离群值，否则判未发现 X_n 是统计离群值（即 X_n 为歧离值）；检验低端值，当 $G'_n > G_{1-\alpha^*}(n)$ 时，判定 X_1 为统计离群值，否则判未发现 X_1 是统计离群值（即 X_1 为歧离值）。

b. 双侧情形

确定检出水平 α，在附表3中查出临界值 $G_{1-\alpha/2}(n)$。

当$G_n>G'_n$且$G_n>G_{1-\alpha/2}(n)$时，判断X_n为离群值；当$G'_n>G_n$且$G'_n>G_{1-\alpha/2}(n)$时，判断X_1为离群值，否则判未发现离群值。当$G_n=G'_n$时，应重新考虑限定检出离群值的个数。

对于检出的离群值X_1或X_n，确定剔除水平α^*，在附表3中查出临界值$G_{1-\alpha^*/2}(n)$，检验高端值，当$G_n>G_{1-\alpha^*/2}(n)$时，判定X_n为统计离群值，否则判未发现X_n是统计离群值（即X_n为歧离值）；检验低端值，当$G'_n>G_{1-\alpha^*/2}(n)$时，判定X_1为统计离群值，否则判未发现X_1是统计离群值（即X_1为歧离值）。

3.10.3 校准曲线

校准曲线是用于描述待测物质的浓度或量与相应的测量仪器的响应量或其他指示量之间的定量关系的曲线。校准曲线包括工作曲线和标准曲线。工作曲线是指绘制校准曲线的标准溶液的分析步骤与样品分析步骤完全相同。标准曲线是指绘制校准曲线的标准溶液的分析步骤与样品分析步骤相比有所省略，一般不做前处理。

将被测组分的标准物质配制一系列不同浓度的标准溶液，以一定体积分别进样，在一定条件下由所测定的响应量对应浓度作图，得到标准曲线。在相同条件下测定试样，注入与标样相同体积的测定试样，测得响应量，在标准曲线上查出被测组分的浓度。

（1）校准曲线的绘制

1）绘制步骤

① 配制在测量范围内的一系列不同浓度的标准溶液；

② 按照与样品相同的测定步骤，测定各浓度标准溶液的响应值；

③ 选择适当的坐标纸，以响应值Y为纵坐标，以浓度（或量）X为横坐标，将测量数据标在坐标纸上作图；

④ 将各点连接为一条适当的曲线，水质检测中，通常选用校准曲线的直线部分；

⑤ 校准曲线可由最小二乘法的原理计算求出，然后绘制在坐标纸上。

根据数理统计知识，若两变量呈线性关系，则关系的密切程度可用相关系数r表示。其数学表达式为：$y=a+bx$，如图3-35所示。

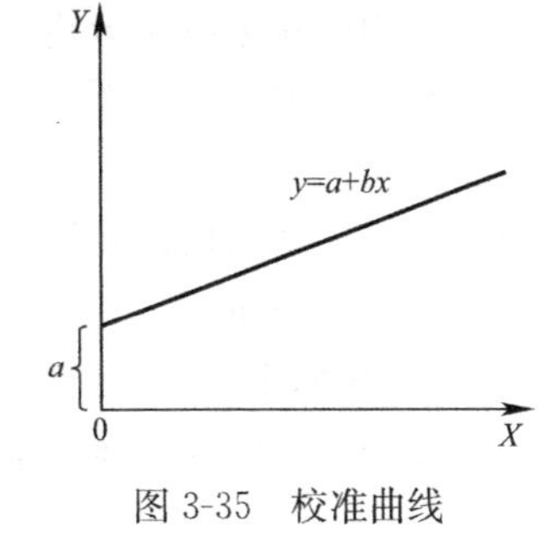

图3-35　校准曲线

2）校准曲线绘制方法

应使用有证标准物质配制校准曲线。标准物质是指具有足够均匀和稳定的特定特性的物质，其特性适用于测量或标称特性检查中的预期用途。有证标准物质是指附有由权威机构发布的文件，提供使用有效程序获得的具有不确定度和溯源性的一个或多个特性值的标准物质。因此，有证书的标准物质不一定就是有证标准物质。

在一些仪器分析方法中，利用被测物质浓度与其在仪器上响应信号值之间在一定范围内呈直线关系的特性，从预先绘制的校准曲线上查找试样的结果。因此常采用外标法或内标法进行仪器的定量分析。

① 外标法　前述绘制校准曲线的做法又称为外标法。

② 内标法　选择一种纯物质作为内标物，在分析测定样品中某组分含量时，加入该内标物以校准和消除出于操作条件的波动而对分析结果产生的影响，提高分析结果的准确

度。这是一种间接或相对的校准方法。由于是通过测量内标物及被测组分的响应值的相对值来进行计算的，因而在一定程度上消除了操作条件等变化所引起的误差；操作过程中样品和内标物混合在一起进行检测，因此只要混合溶液中被测组分与内量的比值恒定，样品体积的变化不会影响定量结果。由于抵消了样品体积以及仪器带来的影响，因此内标法的优点是测定的结果更为准确。

内标法的关键是选择合适的内标物。对内标物的要求包括试样中不含内标物质；内标物的性质与被测组分的性质相近，与试样不发生化学反应；加入内标物的量应接近被测组分的量，使响应信号值在被测组分的响应值附近。受内标物的选择所限，内标法在应用上不及外标法广泛。

（2）线性范围

线性范围是指某一方法的校准曲线的直线部分所对应的待测物质的浓度（或量）的变化范围。应注意的问题：

1）配制的标准系列应在方法的线性范围内；

2）配制标准溶液系列，已知浓度点不得小于6个（含空白浓度），根据浓度值与响应值绘制校准曲线；

3）制作校准曲线用的容器和量器，应经检定合格，如使用移液管、容量瓶，必要时应进行容积校正；

4）绘制校准曲线时应对标准溶液进行与样品相同的分析处理，包括样品的前处理操作；

5）同时做空白试验，且扣除空白试验值，空白用水需符合实验室用水要求；

6）校准曲线的使用时间取决于各种因素，如试验条件的改变、试剂的重新配制以及测量仪器的稳定性等；

7）校准曲线的相关系数 r 一般应大于或等于0.999，否则需从分析方法、仪器、量器及操作等因素查找原因，改进后重新制作。

（3）检出限

检出限指某特定分析方法在给定的置信度（通常为95%）内可从样品中检出待测物质的最小浓度或量。所谓“检出”是指定性的检出，即判定样品中存有浓度高于空白的待测物质。检出限只是一种定性的判断依据，而不是可以定量检出待测物质的浓度。检出限受全程序空白实验值以及波动性、仪器的灵敏度和稳定性的影响。在《生活饮用水标准检验方法 水质分析质量控制》GB/T 5750.3—2006中检出限的计算方法有以下几种。

1）根据全程序空白值测试结果估算

① 当空白测定次数 $n \geqslant 20$ 时，按下列公式计算：

$$DL = 4.6\sigma_{wb} \tag{3-29}$$

式中 DL——检出限；

σ_{wb}——空白平行测定（批内）标准偏差。

② 当空白测定次数 $n < 20$ 时，按下列公式计算：

$$DL = 2\sqrt{2}t_f S_{wb} \tag{3-30}$$

式中 t_f——显著性水平为0.05（单侧）、自由度为 f 的 t 值（表3-11）；

S_{wb}——空白平行测定（批内）标准偏差；

F——批内自由度，等于 $p(n-1)$，P 为批数，n 为每批样品的平行次数。

按照样品分析的全部步骤，重复 $n \geqslant 7$ 次空白试验，将各测定结果换算为样品中的浓度或含量，计算 n 次平行测定的标准偏差，按下列公式计算方法检出限：

$$MDL = t_{(n-1, 0.99)} \times S \tag{3-31}$$

式中 MDL——方法检出限；

n——样品的平行次数；

t——自由度为 $n-1$、置信度为 99%时的 t 分布（单侧）（表 3-12）；

S——n 次平行测定的标准偏差。

t 分布临界值表（单侧） **表 3-12**

平行测定次数（n）	自由度（$n-1$）	0.05	$t_{(n-1,0.99)}$
7	6	1.943	3.143
8	7	1.895	2.998
9	8	1.859	2.896
10	9	1.833	2.821
11	10	1.812	2.764
16	15	1.753	2.602
21	20	1.725	2.528

2）不同分析方法的检出限具体规定

① 分光光度法　在没有前处理的前提下，以扣除空白值后的吸光度为 0.010，相对应的浓度值为检出限。

② 色谱法　检测器恰能产生基线噪声相区别的响应信号时所需进入色谱柱的物质的最小量为检出限，一般为基线噪声的两倍。

③ 离子选择电极法　当校准曲线直线部分的延长线与通过空白电位且平行于浓度轴的直线相交时，其交点所对应的浓度值即为离子选择电极法的检出限。

（4）测定限

测定限为测定范围的两端，分为测定上限与测定下限。

1）测定上限　指在限定误差能满足预定要求的前提下，用特定方法能够准确定量测定待测物质的最大浓度或量。对于待测物含量超过方法测定上限的样品，需要稀释后再测定。

2）测定下限　指在限定误差能满足预定要求的前提下，用特定方法能准确定量测定待测物质的最小浓度或量。检测下限又称最低检测质量或最低检测质量浓度。它反映分析方法能准确地定量测定低浓度水平待测物质的极限值，是痕量或微量分析中定量测定的特征指标。在没有（或消除了）系统误差的前提下，它与精密度要求密切相关，分析方法的精密度要求越高，测定下限高于检出限越多。

《环境监测　分析方法标准制修订技术导则》HJ 168—2010 中提出以 4 倍检出限浓度作为测定下限。对预估的测定下限进行确认，多次测定求得其精密度，如果测定浓度超过计算出 MDL 的 10 倍，或者低于计算出的 MDL，都需要增加或减少浓度，重新进行测定和计算。此外，《化学分析方法验证确认和内部质量控制要求》GB/T 32465—2015 以及《合格评定　化学分析方法确认和验证指南》GB/T 27417—2017 等标准都对检出限、测定下限等技术指标的估算和确定有详细介绍。

3.11　质量控制与测量不确定度评定

实验室质量控制包括实验室内部质量控制和实验室间质量控制，其目的是发现和控制分析过程产生误差的来源，把误差控制在容许范围内，保证测量结果有一定的精密度和准确度，使分析数据落在给定的置信水平内，有把握达到所要求的质量。

3.11.1　实验室内部质量控制

检测人员依靠自己配制的质量控制样品，通过分析并应用其他方法来控制分析质量，是分析人员对分析质量进行自我控制的过程。它主要反映的是分析质量的稳定性如何，以便及时发现某些偶然的异常现象，随时采取相应的纠正措施。

实验室内部质量控制常用方法如下。

（1）平行试验

每批测试样品随机抽取10%～20%的样品进行平行双样测定。若样品数量少于10个时，应增加平行双样测定比例。

平行双样（x_1，x_2）分析以相对偏差η来判定：

$$\eta=\frac{|x_1-x_2|}{(x_1+x_2)/2}\times 100\% \tag{3-32}$$

使用已验证的检测方法进行平行双样测定时，其结果的相对偏差在规定的允许值范围之内为合格，否则应查找原因重新分析。不同浓度平行双样分析结果的相对偏差允许参考值，见表3-13（摘自《生活饮用水标准检验方法　水质分析质量控制》GB/T 5750.3—2006）。

平行双样结果相对最大允许值　　表3-13

分析结果的质量浓度水平/(mg/L)	100	10	1	0.1	0.01	0.001	0.0001
相对偏差最大允许值/%	1	2.5	5	10	20	30	50

（2）加标回收率试验

向同一样品的子样中加入一定量的标准物质，与样品同步进行测定，将加标后的测定结果扣除样品的测定值，可计算加标回收率。加标可分为空白加标和样品加标两种，检测人员可根据实际情况自行选择。

1）空白加标

在没有被测物质的空白样品（如纯水）中加入一定量的标准物质，按样品的分析步骤分析，得到的结果与加入标准的理论值之比即为空白加标回收率。回收率计算见公式（3-26）或公式（3-33）。

2）样品加标

相同的样品取两份，其中一份加入一定量的待测成分标准物质，两份同时按相同的分析步骤分析，加标的一份测得的结果减去未加标一份测得的结果，其差值与加入标准的理论值之比即为样品加标回收率。回收率计算见公式（3-26）或公式（3-33）。

加标回收率试验在一定程度上能反映检测结果的准确度。平行加标所得结果既可以反映检测结果的准确度，也可以反映其精密度。

【注意事项】 加标量不能过大，一般为待测物含量的 0.5～2.0 倍，且加标后的总含量不应超过方法的测定上限；加标物的浓度宜较高，加标物的体积应很小，一般以不超过原始试样体积的 1%为好，否则会影响加标回收率试验的准确度。

若加标体积大于 1%时，加标回收率 p 公式如下：

$$p=\frac{x-\left(B\times\frac{v}{v+u}\right)}{T\times\frac{u}{v+u}} \tag{3-33}$$

式中 x——加标样品测定值，mg/L；

B——水样中被测物本底值，mg/L；

T——标准溶液浓度，mg/L；

v——水样体积，mL；

u——标准溶液体积，mL。

（3）质控样分析

质控样分析是检测人员通常采用的内部质控手段，一般选用有证标准样品（或自制考核样）与实际水样进行同步测定，将测定结果与考核样的标准值（含不确定度）相比较，以此反映其准确度和检查实验室内（或个人）是否存在系统误差。

（4）人员比对

实验室内不同检测人员之间的比对，通常作为实验室内部质量控制或监督的手段之一，比对数据没有明显偏离，可认为检测工作质量是可接受的；或依据检测方法标准中的重复性、允差进行判定。

3.11.2 实验室间质量控制

实验室间质量控制又称外部质量控制，是指利用外部考核手段，对实验室及其分析人员的分析质量，定期或不定期实行考查的过程。一般是采用有证标准样品来进行考查，以确定实验室报出可接受的分析结果的能力，并协助判断是否存在系统误差，还可用于检查实验室间数据的可比性。实验室间质量控制通常有实验室间比对和实验室能力验证两种方式。

（1）实验室间比对

按照预先规定的条件，由两个或多个实验室对相同或类似被测物品进行校准/检测的组织、实施和评价。实验室间比对的目的是确定某个实验室对特定试验或测量的能力，并监控实验室的持续能力；识别实验室存在的问题，如人员的检测能力和仪器校准与实验室间的差异；向客户提供更高的可信度。

（2）实验室能力验证

为保证实验室在特定检测、测量或校准领域的能力而设计和运作的实验室间比对。实验室可以通过参加能力验证活动，满足监管机构和认证机构的要求，确认实验室的管理能力，识别检测过程中的问题，比较检测方法和程序。

（3）实验室间比对/能力验证结果的评价方法

在实验室间比对/能力验证中，一般用中位值代替平均值作为参考，表示为 y_{lab}。所谓中位值，是指处于中间位置的值。中位值的特点是不受过大或过小离群值的影响。适用条件为样本量不能过小。

由于各个实验室之间的测量结果（y_{lab}）具有发散性，其标准偏差也会受到离群值的影响。因此通常用四分位数间距 *IQR* 来代替标准偏差。四分位数定义为1/4处的数值。在高端和低端各有一个四分位数值，分别称为高四分位值和低四分位值。两者之差即为四分位数间距 *IQR*。

$$\text{标准 } IQR = IQR/1.3490 = 0.7413 \times IQR \tag{3-34}$$

$$Z = (y_{lab} - \text{中位值}) / \text{标准 } IQR \tag{3-35}$$

评估原理实际上是基于正态分布的显著性检验。在正常情况下，各实验室的检测值大致呈正态分布。z 值即是把一般正态分布转化为标准正态分布的标准化随机变量，变换后一般正态分布就变成了 $\mu=0$、$\sigma=1$ 的标准正态分布，根据各实验室检测值与均值的差值落的位置进行评价，一般分为：

$|z|\leqslant 2$，由于在95%置信区间内，因此该结果为满意结果；

$2<|z|<3$，有问题，尚可接受，该结果为可疑结果；

$|z|\geqslant 3$，不满意，不可接受，该结果为不满意结果。

若两个样品分别为样品A和样品B，称为“样品对”。并用 A 和 B 分别表示实验室对两个样品的测量结果，称为“结果对”。定义结果对的标准化总和 S 以及标准化差值 D 分别为：

$$S = \frac{A+B}{\sqrt{2}} \tag{3-36}$$

$$D = \frac{A-B}{\sqrt{2}} \tag{3-37}$$

【注意事项】 保留 D 的＋或－号。

分别将 S 和 D 作为测量结果，并计算实验室间 z 比分数（ZB）和实验室内 z 比分数（ZW），可以得到：

$$ZB = (S - \text{中位值 } S) / \text{标准 } IQR(S) \tag{3-38}$$

$$ZW = (D - \text{中位值 } D) / \text{标准 } IQR(D) \tag{3-39}$$

ZB 和 ZW 的判断准则同 z 比分数。ZB 主要反映结果的系统误差，ZW 主要反映结果的随机误差。当实验室间 z 比分数 $ZB\geqslant 3$，表明该样品对的两个结果太高；$ZB\leqslant -3$ 表明其结果太低；$|ZW|\geqslant 3$，表明其两个结果间的差值太大。

（4）能力验证不满意原因分析

参加能力验证活动，从样品接收到数据输出，是一套完整有序的实验过程，是实验室日常检测工作的缩影。当发现有不满意结果时，应对分析过程进行细致入微的总结和思考，及时发现问题。通常造成能力验证不满意的原因如下：

1）检验人员素质及对检测技术关键点的掌握不够；

2）仪器设备的工作状态不佳；

3）标准曲线的线性范围设计不合理；

4）样品前处理不彻底；

5）样品取样量不足；

6）使用过期标准物质等。

通过查找原因，全方位地总结分析结果，是实验室不断丰富经验、提升检测能力的良好途径。

3.11.3　测量不确定度评定

测量不确定度是表征合理地赋予被测量之值的分散性，是测量结果相联系的参数。此参数为非负参数。包括由系统影响引起的分量，有时对估计的系统影响不做修正，而是当作不确定度分量处理。可以是一个标准偏差（或其特定倍数），或是说明了包含概率的区间半宽度。

（1）常用术语

1）实验标准偏差 s：对同一被测量进行 n 次测量，表征测量结果分散性的量。

2）标准不确定度 u_i：以标准偏差表示的测量不确定度。

3）测量不确定度的 A 类评定：对在规定测量条件下测得的量值，用统计分析的方法进行的测量不确定度分量的评定。

4）测量不确定度的 B 类评定：用不同于测量不确定度 A 类评定的方法进行的测量不确定度分量的评定。评定基于一些信息，如有证标准物质的量值、仪器的检定或校准证书、测量仪器的准确度等级、权威部门发布的量值等。

5）合成标准不确定度 u_c：由在一个测量模型中各输入量的标准测量不确定度获得的输出量的标准测量不确定度。

6）相对标准不确定度 $U_{rel}(x_i)$：标准不确定度除以测得值的绝对值。

7）扩展不确定度 U 或 U_p：合成标准不确定度与一个大于 1 的数字因子的乘积。

【注意事项】 当包含因子 k 的数值不是根据被测量 Y 的分布计算得到，而是直接取定时，用 U 来表示扩展不确定度。当包含因子 k 的数值是根据被测量 Y 的分布计算得到（此时常用 k_p 表示）而不是直接取定时，用 U_p 来表示扩展不确定度。

8）包含因子 k：为获得扩展不确定度，对合成标准不确定度所乘的大于 1 的数字。

9）不确定度报告：对测量不确定度的陈述，包括测量不确定度的分量及其计算和合成。

（2）测量不确定度评定

测量不确定度评定的方法简称 GUM。用该方法评定测量不确定度的步骤，如图 3-36 所示：

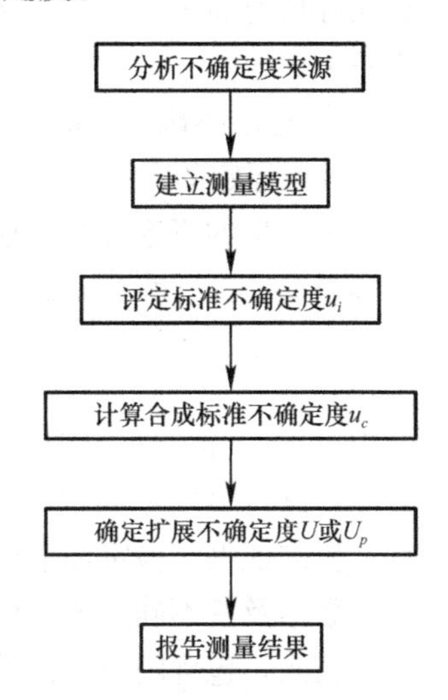

图 3-36　GUM 法评定步骤

1）测量不确定度来源

由测量所得的值只是被测量的估计值，测量过程中的随机效应及系统效应均会导致测量不确定度。

测量不确定度的来源必须根据实际测量情况具体分析。分析时，可从测量仪器、测量环境、测量人员、测量方法等方面全面考虑，特别注意对测量结果影响较大的不确定度来源，尽量做到不遗漏、不重复。

2）测量模型的建立

列出被测量 Y 与输入量 X 的关系。若被测量 Y 的估计值为 y，输入量 X_i 的估计值为 x_i，通过函数 f 来确定，则测量模型为

$$y = f(x_1, x_2, \cdots, x_i) \tag{3-40}$$

【注意事项】 测量过程的测量模型与测量方法有关。

3）标准不确定度的评定

评定方法可分为 A 类评定和 B 类评定两类。

① 标准不确定度的 A 类评定方法

在重复性条件或复现性条件下对被测量 X 进行 n 次独立测量，得到一系列的测定值 x_i（$i=1,2,\cdots,n$），用算术平均值 $\bar{x}$ 作为被测量估计值，公式如下：

$$\bar{x} = \frac{1}{n}\sum_{i=n}^{n} x_i \tag{3-41}$$

用统计分析方法获得单次测量的实验标准偏差 $s(x_i)$，由贝塞尔公式计算：

$$s(x_i) = \sqrt{\frac{\sum_{i=1}^{n}(x_i - \bar{x})^2}{n-1}} \tag{3-42}$$

因此，计算 A 类不确定度 $u(x_i)$ 的公式如下：

$$u(x_i) = s(\bar{x}) = \frac{s(x_i)}{\sqrt{n}} = \sqrt{\frac{\sum_{i=1}^{n}(x_i - \bar{x})^2}{n \times (n-1)}} \tag{3-43}$$

则相对标准不确定度 $U_{rel}(x_i)$ 的公式如下：

$$u_{rel}(x_i) = \frac{u(x_i)}{\bar{x}} \tag{3-44}$$

观测次数 n 充分多，才能使 A 类不确定度的评定可靠，一般认为 $n \geqslant 6$ 为宜。但也要视实际情况而定，当 A 类不确定度分量对合成标准不确定度的贡献较小时，n 小一些关系也不大。

② 标准不确定度的 B 类评定方法

B 类评定的方法是根据有关的信息或经验，判断被测量的可能值区间 $[\bar{x}-a, \bar{x}+a]$。假设被测量的概率分布，根据概率分布和要求的概率 p 确定包含因子 k，则 B 类评定标准不确定度 $u(x)$ 可由下式得到：

$$u(x) = \frac{a}{k} \tag{3-45}$$

式中　a——被测量可能值区间的半宽度。

要进行 B 类不确定度评定，首先，确定区间半宽度 a 的来源。如提供的技术说明文件；校准证书、检定证书或其他文件提供的数据、准确度的等级；手册或某些资料给出的参考数据及其不确定度；检定规程、校准范围或测试标准中给出的数据等。

其次，包含因子 k 值的确定方法。k 值与分布有关，当假设为正态分布时，根据要求的概率，k 值查表 3-14。

正态分布情况下概率 p 与 k 值间的关系　　表 3-14

p	0.50	0.68	0.90	0.95	0.9545	0.99	0.9973
k	0.67	1	1.645	1.960	2	2.576	3

假设为非正态分布时，根据分布类别，k 值与 B 类不确定度的关系查表 3-15。

常用非正态分布时的 k 值与 B 类不确定度 $u(x)$ 的关系　　表 3-15

分布类别	k	$u(x)$
三角	6	$a/6$
梯形 β=0.71	2	$a/2$
矩形（均匀）	3	$a/3$
反正弦	2	$a/4$

当 $\beta=1$ 时，梯形分布变为矩形分布；当 $\beta=0$ 时，梯形分布变为三角分布。

4）计算合成标准不确定度 u_c

在得到各不确定度分量 $u_i(y)$ 后，需要将各分量合成，以得到被测量 Y 的合成标准不确定度 $u_c(y)$。

$$u_c(y) = \sqrt{\sum_{i=1}^{n} u_i^2(y)} \tag{3-46}$$

5）扩展不确定度的确定

扩展不确定度 U 由合成标准不确定度 u_c 乘包含因子 k 得到，公式如下：

$$U = ku_c \tag{3-47}$$

测量结果公式如下：

$$Y = y \pm U \tag{3-48}$$

y 是被测量 Y 的估计值，被测量 Y 的可能值以较高的包含概率落在 $[y-U, y+U]$ 区间内，即 $y-U \leqslant Y \leqslant y+U$。被测量的值落在包含区间内的包含概率取决于所取的包含因子 k 的值，k 值一般取 2 或 3。

当 y 和 $u_c(y)$ 所表征的概率分布近似为正态分布时，且在 $u_c(y)$ 的有效自由度较大的情况下，若 $k=2$，则由 $U=2u_c$ 所确定的区间具有的包含概率约为 95%；若 $k=3$，则由 $U=3u_c$ 所确定的区间具有的包含概率约为 99%。在通常的测量中，一般取 $k=2$。当取其他值时，应说明其来源。

结果及其不确定度的数值表示中不可给出过多的位数。通常不确定度最多保留两位有效数字，测量结果的位数与不确定度位数相同。

6）测量不确定度的报告

完整的测量不确定度报告一般应包括以下内容：

① 被测量的测量模型；

② 不确定度来源；

③ 输入量的标准不确定度 $u(x_i)$ 的值及其评定方法和评定过程；

④ 合成不确定度 u_c 及其计算过程；

⑤ 扩展不确定度 U 或 U_p 及其确定方法；

⑥ 报告测量结果，包括被测量的估计值及其测量不确定度。

随着不确定度理论的进一步发展，国际上于2008年又发布了VIM第三版（2008）和新版的GUM，即ISO/IEC Guide 98—3：2008（GUM）及其附件1：《用蒙特卡洛法传播概率分布》。我国也于2011年和2012年发布了与这两个文件相应的新版本，即《通用计量术语及定义》JJF 1001—2001和《测量不确定度评定与表示》JJF 1059.1—2012，而《用蒙特卡洛法评定测量不确定度技术规范》JJF 1059.2—2012则作为《测量不确定度评定与表示》JJF 1059.1—2012的补充文件。

第二篇　专业知识与操作技能

第4章 理化分析

4.1 滴定分析法

4.1.1 滴定分析法概述

(1) 滴定反应基本原理

滴定分析法又称容量分析法，是将一种已知准确浓度的试液（滴定剂），通过滴定管滴加到被测物质的溶液中，直到物质间的反应达到化学计量点时，根据所用试剂溶液的浓度和消耗的体积，计算被测物质含量的方法。

当所加的试剂溶液与被测物质按确定的化学计量关系恰好完全反应时，称为化学计量点。许多滴定分析本身在达到化学计量点时，外观上并没有明显的变化，为了确定化学计量点的到达，常在滴定体系中加入一种辅助试剂，借助其颜色的明显变化（突变）指示化学计量点的到达，这种辅助试剂称为指示剂。当观察到指示剂的颜色发生突变而终止滴定时，称为滴定终点。

适用于滴定分析的化学反应必须具备以下三个条件。

1) 反应能定量完成，即标准物质与被测物质之间的反应要能按一定的化学反应方程式进行，具有明确的计量比，且反应完全（>99.9%），无明显的副反应。

2) 反应能快速完成，对于速度较慢的反应，可以通过加热或加入催化剂等措施提高反应速率。

3) 反应可指示，即有适宜的指示剂或简便可靠的方法确定滴定终点。

(2) 滴定反应类型

凡能满足上述条件的反应，都可用直接滴定法，即用标准溶液直接滴定待测物质。直接滴定法是滴定分析法中最常用、最基本的滴定方法。

有些反应不能完全满足上述条件，因此不能采用直接滴定法。此时可采用下列几种方法进行滴定。

1) 返滴定法

当溶液中待测物质与滴定剂反应很慢时，反应不能立即完成。此时可先准确地加入过量标准溶液，使之与溶液中的待测物质进行反应，待反应完成后，再用另一种标准溶液滴定之前反应剩余的标准溶液。这种滴定方法称为返滴定法。

2) 置换滴定法

当待测物质所参与的反应不按一定反应方程式进行或伴有副反应时，可先用适当试剂与待测物质反应，使其定量地置换为另一种物质。再用标准溶液滴定这种物质。这种滴定方法称为置换滴定法。

3）间接滴定法

不能与滴定剂直接反应的物质，有时可以通过另外的化学反应，以滴定法间接进行测定。这种滴定方法称为间接滴定法。

返滴定法、置换滴定法、间接滴定法的应用极大地扩展了滴定分析法的应用范围。

（3）滴定误差

在滴定分析中，除了会产生一些随机误差外，还有可能因为方法本身的不完善而产生不可避免的系统误差。这些误差会影响测量结果的准确性。

由滴定终点与化学计量点在实际滴定操作中不完全一致造成的分析误差称为终点误差或滴定误差。这是因为一方面溶液滴定的操作过程中，不能控制液滴到很小的程度，因此滴定不可能正好在化学计量点结束；另一方面所采用的指示剂也不可能恰好在化学计量点改变颜色。不同的滴定分析法应掌握其滴定误差的来源。

滴定分析法是化学分析中重要的一类分析方法，根据反应类型的不同，还可分为酸碱滴定法、沉淀滴定法、配位滴定法、氧化还原滴定法。

4.1.2 酸碱滴定法

酸碱滴定法是利用酸和碱的中和反应的容量分析方法。

（1）原理

1）酸碱反应

酸碱反应的实质是 H^+ 离子和 OH^- 离子结合生成 H_2O：

$$H^+ + OH^- \rightleftharpoons H_2O$$

此反应进行很快，瞬间即达到平衡。

实际中，酸碱滴定法经常测定的是弱酸、弱碱。常见的有醋酸（HAc）、草酸（$H_2C_2O_4$）、碳酸（H_2CO_3）、磷酸（H_3PO_4）、氢氧化铵（NH_4OH）。除此之外，凡能与酸或碱起反应的物质如碳酸钠（Na_2CO_3）、碳酸氢钠（$NaHCO_3$）、硫酸铵[$(NH_4)_2SO_4$]等或者通过间接方法能与酸或碱起反应的物质都可以用中和法来测定。

强碱滴定弱酸，因为溶液中弱酸盐水解产生 OH^- 离子，使化学计量点时的溶液呈弱碱性。强酸滴定弱碱，溶液中强酸弱碱盐水解产生 H^+ 离子，使化学计量点时的溶液呈酸性。因此，酸碱滴定的化学计量点不一定与中性点一致。不同的滴定反应在化学计量点时的 pH 值并不相同。

2）确定终点的方法

酸碱滴定是利用酸碱指示剂的颜色突变来指示滴定的终点，因此必须根据在化学计量点时溶液的 pH 值来选择指示剂。

（2）酸碱指示剂

1）指示剂变色原理

酸碱指示剂一般是有机弱酸或有机弱碱，在溶液中部分离解，离解出来的酸式和碱式具有不同的颜色。当溶液的 pH 值发生一定变化时，指示剂的结构发生了变化从而引起颜色的改变。所以酸碱指示剂可指示溶液的 pH 值。

例如，酚酞是一种有机弱酸，它在溶液中的离解平衡如图 4-1 所示。

酚酞在水溶液中以何种形式存在，取决于水溶液的 pH 值。在水溶液中，随着 pH 值的上升，上述平衡向右移动，酚酞由酸式转变为碱式，其颜色由无色转变为红色；当溶液 pH 值降低时，平衡向左移动，酚酞由碱式转变为酸式，其颜色由红色转变为无色。

又如，甲基橙是一种常用的酸碱双色指示剂，它在溶液中的离解平衡如图 4-2 所示。

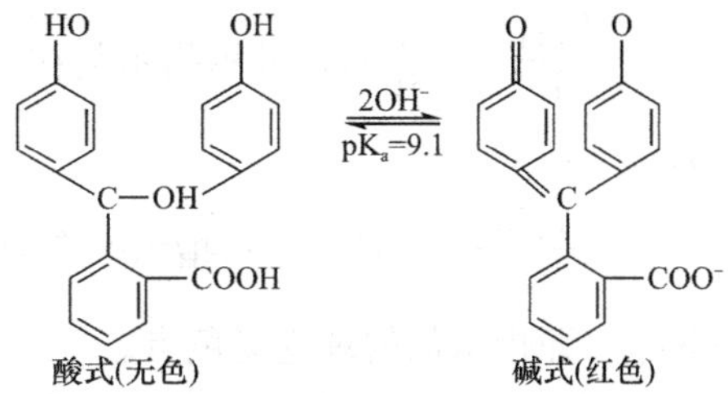

酸式(无色)　　碱式(红色)

图 4-1　酚酞酸式、碱式结构

在溶液中，随着 pH 值的上升，平衡向左移动，由酸式转为碱式，其颜色由红色转为黄色；当 pH 值降低时，平衡向右移动，甲基橙由碱式转变为酸式，颜色由黄色转为红色。

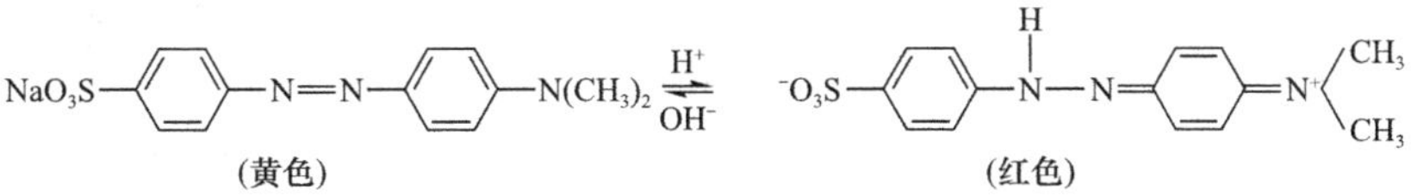

(黄色)　　(红色)

图 4-2　甲基橙的酸式、碱式结构

2）指示剂变色范围

由指示剂变色原理可知，指示剂的变色与溶液的 pH 值有关，当溶液的 pH 值改变到一定的范围时，能看到指示剂颜色的变化。以弱酸指示剂（HIn）为例。

HIn 在溶液中存在如下离解平衡：

$$HIn \rightleftharpoons H^+ + In^-$$

HIn 和 In^- 分别代表指示剂的分子和离子，它们颜色不同，HIn 为酸，其颜色称为酸式色；In^- 为其共轭碱，其颜色称为碱式色。

当离解达到平衡时，得：

$$K_{HIn}=\frac{[H^+][In^-]}{[HIn]}$$

整理得

$$[H^+]=K_{HIn}\frac{[HIn]}{[In^-]}$$

$$-\lg[H^+]=-\lg K_{HIn}-\lg\frac{[HIn]}{[In^-]}$$

$$pH=pK_{HIn}-\lg\frac{[HIn]}{[In^-]}$$

式中，K_{HIn} 是指示剂离解常数，其值取决于指示剂的性质。当 pH 值变化时，$\frac{[HIn]}{[In^-]}$ 随之改变，从而引起指示剂的颜色改变。虽然在不同 pH 值时指示剂的酸式和碱式同时存在，但由于人的视觉限制，在其中一个形态所占的比例较高时，就不容易察觉出另一个形态的存在。

当 $\frac{[HIn]}{[In^-]}\geqslant 10$ 时，表示指示剂在溶液中主要以酸式存在，看到的是酸式色，得 $pH=pK_{HIn}-1$；

当$\frac{[HIn]}{[In^-]}\leqslant\frac{1}{10}$时，表示指示剂在溶液中主要以碱式存在，看到的是碱式色，得 $pH=pK_{HIn}+1$；

当$\frac{[HIn]}{[In^-]}=1$时，表示指示剂在溶液中酸式与碱式浓度相等，溶液呈中间色，得 $pH=pK_{HIn}$，即指示剂的理论变色点。

由此可知，当溶液的pH值由 $pK_{HIn}-1$ 变化到 $pK_{HIn}+1$ 时，溶液的颜色变化由酸式色逐渐变为碱式色，此时，$pH=pK_{HIn}\pm1$，这一pH值范围称为指示剂的变色范围，见表4-1。

常见酸碱指示剂的颜色变化及变色范围　　表4-1

指示剂	酸碱的表观颜色变化		pH值的变化范围
	酸形色	碱形色	
甲基橙	红	黄	3.1～4.4
甲基红	红	黄	4.2～6.3
石蕊	红	蓝	5.0～8.0
酚酞	无色	红	8.0～10.0

由于人们的眼睛对不同颜色的敏感性不一样，实验测得的各种指示剂的变色范围不都是两个pH单位。如甲基橙的 $pK_{HIn}=3.4$，其变色范围pH值在3.1～4.4，而不是2.4～4.4。这是因为眼睛对于黄色敏感性差些，只有当黄色所占比例较大时才能被看出来，所以甲基橙变色范围在pH值小的一边可短些。

因此，在使用甲基橙指示剂时，让它由黄色变向红色（酸滴定碱）比由红色变向黄色（碱滴定酸）要容易观察。用碱滴定酸时，一般采用酚酞为指示剂，滴定终点由无色变为红色比较敏感。

3）指示剂的选择

不同的指示剂在不同的pH值范围内变色，所以选择合适的指示剂在酸碱滴定中非常关键。在各种酸碱滴定情况下，选择所用的指示剂，应以使滴定误差最小为原则，一般使滴定误差在±0.1%以内。

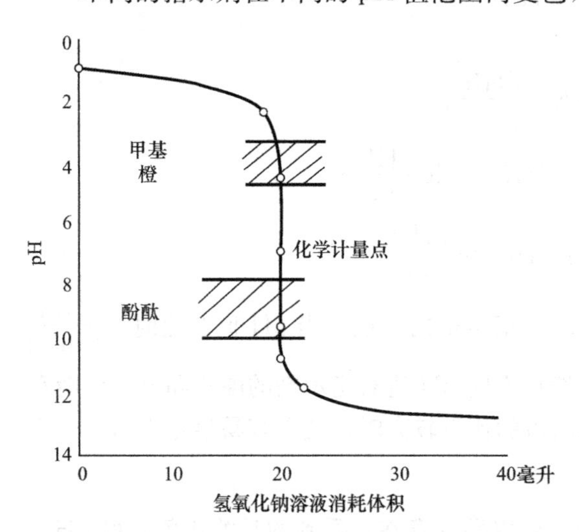

图4-3　0.1mol/L氢氧化钠溶液滴定20mL 0.1mol/L盐酸的滴定曲线

为了选择合适的指示剂，必须了解滴定过程中溶液pH值的变化情况，尤其是化学计量点附近pH值的变化。用曲线来表示滴定过程中pH值随着标准溶液加入的量的变化，此曲线称为滴定曲线。

下面讨论各类滴定中的滴定曲线以及如何选择适合的指示剂。

① 强碱滴定强酸（或强酸滴定强碱）

【例】 用0.1mol/L氢氧化钠溶液滴定20mL 0.1mol/L盐酸。

由图4-3可以看出，滴定开始时，由

于这时溶液中存在过量的酸，溶液的 pH 值变化不大；过了化学计量点以后，因为溶液中有大量的氢氧化钠存在，所以 pH 值变化也不大，曲线也逐渐平直。只有在化学计量点前后，溶液的 pH 值有一个最明显的改变，pH 值由 4.3 到 9.7，在曲线上可以看到有一段较为垂直的部分，称为“滴定突跃”。

显然，一切变色范围在 pH 值为 4.3～9.7 之间的各种指示剂，都可以用来指示这类滴定的终点，此时甲基红、酚酞都是适合的指示剂，如果选择甲基橙作指示剂则必须滴定至呈现明显黄色。可见，指示剂的选择主要是以滴定曲线的滴定突跃为依据。溶液酸度的大小不同，滴定突跃的大小也不同。不同浓度氢氧化钠滴定不同浓度盐酸时的滴定曲线如图 4-4 所示。

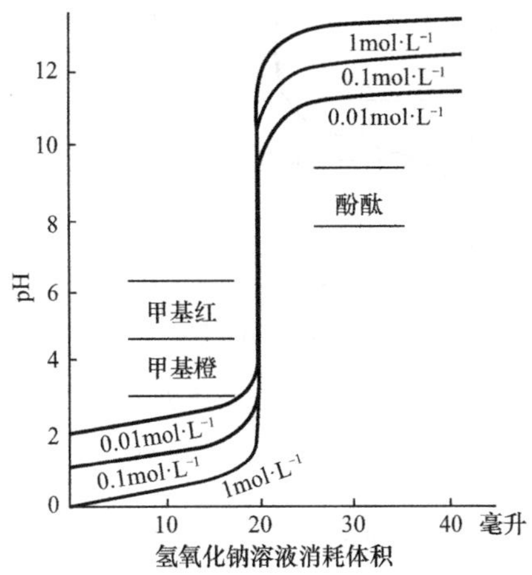

图 4-4 不同浓度氢氧化钠溶液滴定不同浓度 20mL 盐酸时的滴定曲线

由图 4-4 可知，盐酸及氢氧化钠浓度在 1mol/L 时，滴定突跃为 pH＝3.3～10.7，甲基橙、酚酞、甲基红都可以用。在 0.1mol/L 时，滴定突跃为 pH＝4.3～9.7，用酚酞或甲基红较好，如用甲基橙，必须滴定至明显黄色（pH≥4.4）。在 0.01mol/L 时，滴定突跃范围较窄，为 pH＝5.3～8.7，甲基橙、酚酞不能用，使用甲基红时也必须滴定到显示出纯黄色为止。

上述讨论并未考虑二氧化碳的影响。空气、蒸馏水里都会有少量二氧化碳，氢氧化钠试剂里也有少量碳酸钠，这些都会对酸碱滴定有一定的影响。二氧化碳溶于水而成为碳酸，为二元弱酸。碳酸部分中和成碳酸氢盐，消耗一部分氢氧化钠。用酚酞或其他在碱性范围变色的指示剂将引起误差。但是，如果滴定时选用甲基红、甲基橙或其他在 pH<7 时变色的指示剂，少量二氧化碳的影响不大。在酸碱浓度为 1mol/L 时影响很小，可是在 0.01mol/L 时影响就比较明显。

用强酸滴定强碱与强碱滴定强酸相类似，滴定突跃范围亦是取决于酸标定液浓度和被测碱浓度，滴定时溶液中的 pH 值由高到低变化（即由碱性至酸性）。甲基红、酚酞都是适合的指示剂。如果以甲基橙作指示剂，滴定至橙色时（pH＝4），误差较大。

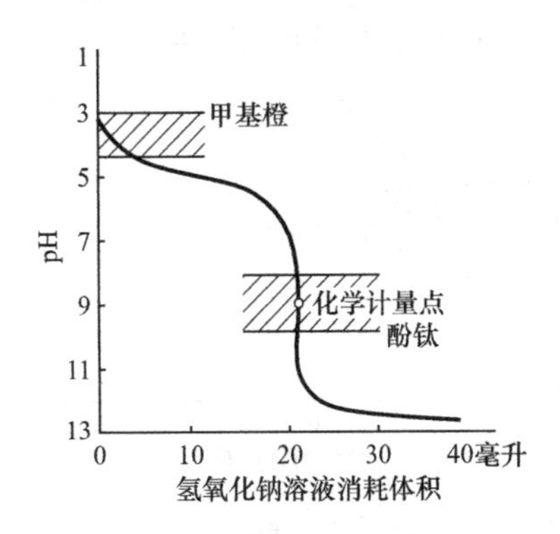

图 4-5 0.1mol/L 氢氧化钠溶液滴定 20mL 0.1mol/L 醋酸溶液的滴定曲线

② 强碱滴定弱酸

【例】 用 0.1mol/L 氢氧化钠溶液滴定 20mL 0.1mol/L 醋酸（HAc）溶液。

滴定前溶液的 pH＝2.9。在化学计量点时，由于生成的醋酸钠（强碱弱酸盐）的水解，所以溶液呈碱性。溶液中会发生以下反应：

$$Ac^- + H_2O \rightleftharpoons OH^- + HAc$$

滴定曲线如图 4-5 所示。

滴定突跃在 pH 值 7.7～9.7 范围。因而甲基橙、甲基红不适合作指示剂，而只有酚酞的变色范围在滴定突跃内，所以可选用酚酞作指示剂。

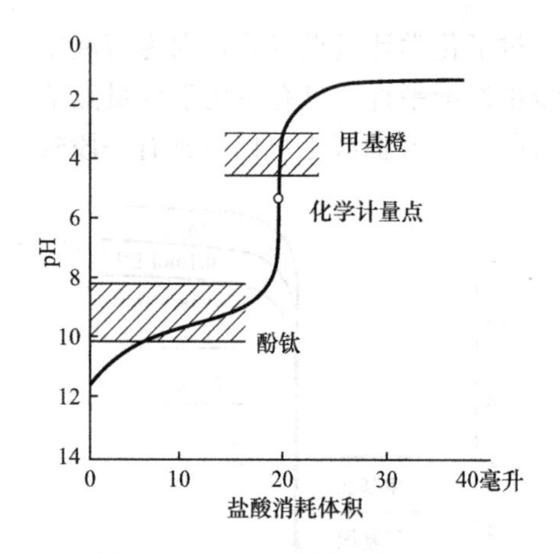

图4-6 0.1mol/L盐酸滴定20mL 0.1mol/L一水合氨溶液的滴定曲线

③ 强酸滴定弱碱

【例】 用0.1mol/L盐酸滴定20mL 0.1mol/L一水合氨溶液。

滴定前溶液pH=11.1。在达到化学计量点时，由于生成的氯化铵（NH_4Cl，强酸弱碱盐）的水解，所以溶液呈酸性。溶液发生以下反应：

$$NH_4Cl+H_2O \rightleftharpoons HCl+NH_3 \cdot H_2O$$

滴定曲线如图4-6所示。

滴定突跃在pH值6.3～4.3范围，因而酚酞不宜作指示剂，可选用甲基橙或甲基红作指示剂。

④ 弱碱滴定弱酸

【例】 用0.1mol/L一水合氨溶液滴定20mL 0.1mol/L醋酸溶液。

滴定曲线几乎没有突跃，故不可能做出准确的滴定。所以在中和法中不采用这种滴定，一般选用强碱滴定弱酸。

⑤ 多元酸及其盐的滴定

任何酸在一个分子中含有两个以上可被金属离子替换的氢，称之为多元酸。硫酸（H_2SO_4）和碳酸（H_2CO_3）都是二元酸。但硫酸是强酸，完全解离，因此，当用碱去中和时，只会在接近硫酸完全被碱中和的化学计量点时，发生一个突跃。其滴定曲线与一元酸相同。

实际检测中更常见的是用酸滴定碳酸钠，举例如下。

【例】 用0.1mol/L盐酸滴定10mL 0.1mol/L碳酸钠溶液。

碳酸钠在水溶液中呈碱性，

$$CO_3^{2-}+H_2O \rightleftharpoons HCO_3^-+OH^-$$

$$HCO_3^-+H_2O \rightleftharpoons H_2CO_3+OH^-$$

因此，当用盐酸滴定时也可以分两步中和，即

$$Na_2CO_3+HCl \rightarrow NaHCO_3+NaCl$$

$$NaHCO_3+HCl \rightarrow NaCl+H_2O+CO_2\uparrow$$

碳酸钠首先被中和为碳酸氢钠，此反应进行到化学计量点时，溶液的pH值为8.4，在这一点附近产生一个滴定突跃，pH值由8.5到7.5，可用酚酞作指示剂。碳酸氢钠再被中和达到第二反应化学计量点时，溶液pH值为3.9，这一点附近也有一个滴定突跃（pH值为5.0～3.5），可以用甲基橙作指示剂。滴定曲线如图4-7所示。

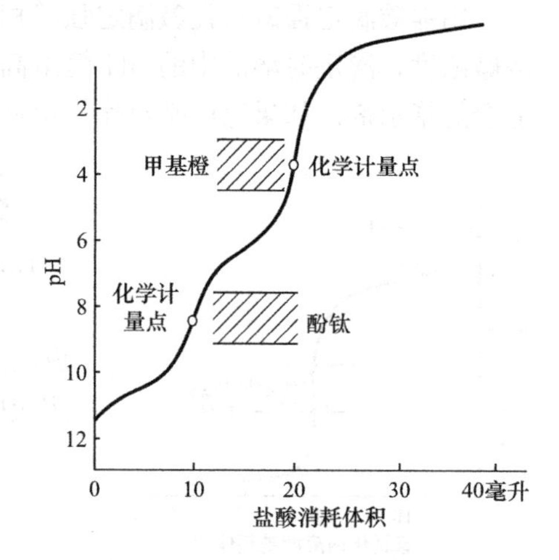

图4-7 0.1mol/L盐酸滴定10mL 0.1mol/L碳酸钠溶液的滴定曲线

4）指示剂的用量

指示剂用量通常为被滴定溶液体积的0.1%。指示剂用量过多，则会浓度过高使终点变色不明显，测定准确度反而更差，因为指示剂存在下列平衡关系：

$$HIn \rightleftharpoons H^+ + In^-$$

如果溶液中指示剂量少，则 HIn 分子不多，当加入极少量碱时，它几乎全部转变为 In^-，指示剂的颜色将急剧改变。反之，含有大量指示剂时，溶液颜色较为鲜明，但是由于 HIn 分子多，要使其转变为 In^- 所消耗的碱液就多，颜色的改变较为缓慢，滴定的准确度较差。

（3）滴定误差的来源

1）指示剂加入量过多

一般用的指示剂都是弱酸或弱碱，在变色时需要消耗一定量的酸或碱，因此指示剂过量，可能产生显著误差。

2）二氧化碳的影响

避免因二氧化碳的影响而产生误差，可以除去碱性标准溶液里的碳酸盐和煮沸去除蒸馏水中的二氧化碳。

（4）酸碱滴定法实例（水中碱度的测定）

水中碱度是一种水的综合性特征指标，代表能被强酸滴定的物质的总和。

1）原理

样品用酸性标准溶液滴定至规定的 pH 值，其终点可由加入的酸碱指示剂在该 pH 值时颜色的变化来判断。当滴定至酚酞指示剂由红色变为无色时，溶液 pH 值即为 8.4，指示水中氢氧根离子（OH^-）已被中和，碳酸盐（CO_3^{2-}）均被转为重碳酸盐（HCO_3^-）。当滴定至甲基橙指示剂由橘黄色变成橘红色时，溶液的 pH 值为 4.4，指示水中的重碳酸盐（包括原有的和由碳酸盐转化成的）已被中和，反应如下：

$$OH^- + H^+ \longrightarrow H_2O$$

$$CO_3{}^{2-} + H^+ \longrightarrow HCO_3^-$$

$$HCO_3^- + H^+ \longrightarrow H_2O + CO_2 \uparrow$$

根据上述两个终点到达时所消耗的盐酸标准溶液的体积，可以计算出水中碳酸盐、重碳酸盐及总碱度。

2）分析步骤

取 100mL 样品于 250mL 锥形瓶中，加入 4 滴酚酞指示剂，摇匀；当溶液显红色时，用盐酸标准溶液（0.025mol/L）滴定至刚刚褪为无色，记录盐酸标准溶液用量（若加酚酞指示剂后溶液无色，则不需要用盐酸标准溶液滴定，并接着进行下项操作）。向上述锥形瓶中加入 3 滴甲基橙指示剂，摇匀，继续用盐酸标准溶液滴定至溶液由橘黄色刚变成橘红色为止。记录盐酸标准溶液用量。

3）计算

对于多数天然样品，碱性化合物在水中所产生的碱性，有五种情形。以酚酞作指示剂时，滴定至颜色变化。所消耗盐酸标准溶液的量为 PmL，以甲基橙作指示剂时盐酸标准溶液的用量为 MmL，则盐酸标准溶液总消耗量为 $T=M+P$。

① 第一种情形，$P=T$ 或 $M=0$ 时：

P 代表全部氢氧化物及碳酸盐的一半，由于 $M=0$，表示不含有碳酸盐，也不含有重碳酸盐。说明水中只有氢氧化物存在，$P=T=$氢氧化物。

② 第二种情形，$P>1/2T$ 时：

表明 $M>0$，有碳酸盐存在，且碳酸盐$=2M=2(T-P)$。而且由于 $P>M$，说明尚有氢氧化物存在，氢氧化物$=T-2(T-P)=2P-T$。

③ 第三种情形，$P=1/2T$，即$P=M$时：

M代表碳酸盐的一半，说明水中仅有碳酸盐。碳酸盐$=2P=2M=T$。

④ 第四种情形，$P<1/2T$时：

此时，$M>P$，因此M除代表由碳酸盐生成的重碳酸盐外，尚有水中原有的重碳酸盐。碳酸盐$=2P$，重碳酸盐$=T-2P$。

⑤ 第五种情形，$P=0$时：

此时，水中只有重碳酸盐存在。重碳酸盐$=T=M$。

以上五种情形的碱度，见表4-2。

总碱度、碳酸盐、重碳酸盐的关系 **表4-2**

滴定结果	氢氧化物（OH^-）	碳酸盐（CO_3^{2-}）	重碳酸盐（HCO_3^-）
$P=T$	P	0	0
$P>1/2T$	$2P-T$	$2T-P$	0
$P=1/2T$	0	$2P$	0
$P<1/2T$	0	$2P$	$T-2P$
$P=0$	0	0	T

按下述公式计算各种情况下总碱度、碳酸盐、重碳酸盐的含量。

$$总碱度（以CaCO_3计，mg/L）=\frac{c(P+M)\times 50.05}{V}\times 1000 \tag{4-1}$$

式中 c——盐酸标准溶液浓度，mol/L；

V——水样体积，mL；

50.05——碳酸钙（$1/2CaCO_3$）摩尔质量，g/mol。

① 当$P=T$时，$M=0$：

碳酸盐（CO_3^{2-}）$=0$

重碳酸盐（HCO_3^-）$=0$

② 当$P>1/2T$时：

$$碳酸盐碱度（以CaCO_3计，mg/L）=\frac{c(T-P)\times 50.05}{V}\times 1000$$

重碳酸盐（HCO_3^-）$=0$

③ 当$P=1/2T$，$P=M$时：

$$碳酸盐碱度（以CaCO_3计，mg/L）=\frac{cP\times 50.05}{V}\times 1000$$

重碳酸盐（HCO_3^-）$=0$

④当$P<1/2T$时：

$$碳酸盐碱度（以CaCO_3计，mg/L）=\frac{cP\times 50.05}{V}\times 1000$$

$$重碳酸盐碱度（以CaCO_3计，mg/L）=\frac{c(T-2P)\times 50.05}{V}\times 1000$$

⑤ 当$P=0$时：

碳酸盐（CO_3^{2-}）$=0$

重碳酸盐碱度（以 $CaCO_3$ 计，mg/L）$=\frac{cM\times 50.05}{V}\times 1000$

4.1.3 沉淀滴定法

沉淀滴定法是基于沉淀反应的容量分析方法。

（1）原理

1）沉淀反应

沉淀滴定法是指两种物质在溶液中反应生成溶解度很小的难溶电解质，以沉淀的形式析出。例如物质的量相等的硝酸银和氯化钠溶液混合即会发生下列反应：

$$AgNO_3+NaCl=AgCl\downarrow+NaNO_3$$

当反应达到平衡时，即沉淀生成的速度与沉淀溶解的速度相等时，溶液便成为氯化银的饱和溶液。由于氯化银的溶解度极小，此时溶液中银离子和氯离子的浓度都很低。根据质量作用定律，在饱和溶液中各离子浓度的关系为：

$$[Ag^+][Cl^-]=K_{SP}$$

即在饱和溶液中，难溶电解质的离子浓度的乘积，当温度一定时是一常数，这个常数标志着此物质溶解度的大小，称之为溶度积，以 K_{SP} 表示。

当难溶电解质电离成两个或多个相同的离子时，如 PbF_2、$Ca_3(PO_4)_2$，其溶度积为：

$$PbF_2：[Pb^{+2}][F^-]^2=K_{SP}$$

$$Ca_3(PO_4)_2：[Ca^{+2}]^3[PO_4{}^{-3}]^2=K_{SP}$$

根据物质的溶度积，可以判断沉淀的生成或溶解：

① 当溶液中某难溶电解质的离子浓度乘积大于其溶度积时，就能生成沉淀；

② 当溶液中某难溶电解质的离子浓度乘积等于其溶度积时，溶液达到饱和；

③ 当溶液中离子浓度乘积小于其溶度积时，溶液未达到饱和，不能析出沉淀。

一种沉淀剂常常可与同时存在的一种以上的离子生成难溶解的电解质。这种情况下，到达溶度积较早（所需沉淀剂的离子浓度较小）的难溶物先析出沉淀。

沉淀反应的计算一般以沉淀中阳离子的价数为基础。阳离子为一价，其当量单元的摩尔质量为 M_B；阳离子为二价，其当量单元的摩尔质量为 $M_{(\frac{1}{2}B)}$；阳离子为三价，其当量单元的摩尔质量为 $M_{(\frac{1}{3})B}$。例如，AgCl 当量单元的摩尔质量为 $M_{(AgCl)}$，Ag_2S 当量单元的摩尔质量为 $M_{(\frac{1}{2}Ag_2S)}$，$CaCl_2$ 当量单元的摩尔质量为 $M_{(\frac{1}{2}CaCl_2)}$。

2）沉淀滴定反应条件

作为沉淀滴定的反应必须满足下列条件：

① 反应生成的沉淀有一定的组成；

② 沉淀生成速度较快；

③ 沉淀物溶解度很小；

④ 有确定的化学计量点。

3）确定终点的方法［摩尔（Mohr）法］

能满足滴定反应要求的沉淀反应不多，最成熟且有应用价值的是银量法。银量法中的摩尔（Mohr）法在水质分析中最为常用（该方法是以滴定终点确定方法的提出者命名），可用于 Cl^-、Br^-、I^-、Ag^+ 等离子的测定。

摩尔法是以铬酸钾（K_2CrO_4）为指示剂，用硝酸银作标准溶液测定卤化物（Cl^-、Br^-、I^-）的方法。因为铬酸银（Ag_2CrO_4）的溶解度比卤化银的溶解度大，所以用硝酸银标准溶液滴定时，卤化银首先沉淀出来，滴定到达化学计量点时，由于 Ag^+ 离子浓度迅速增加，先达到了铬酸银的溶度积，立刻出现砖红色的铬酸银沉淀，指示出滴定终点。硝酸银滴定氯化物的反应如下：

$$Ag^+ + Cl^- \longrightarrow AgCl\downarrow \text{（白色）}$$

$$2Ag^+ + CrO_4^{2-} \longrightarrow Ag_2CrO_4\downarrow \text{（砖红色）}$$

（2）滴定误差的来源

以摩尔法为例，来分析沉淀滴定误差的来源。

1）溶液的酸碱度

在酸性溶液中，铬酸银的溶解度比较大。当 Ag^+ 过量时，才能产生红色沉淀指示终点到达，因而加大了滴定误差。同时，因为在酸性溶液中产生橙红色的重铬酸根离子 $Cr_2O_7^{2-}$，使终点不明显，所以该滴定反应必须是在中性或弱碱性（pH＝6.5～10.5）溶液中进行。在强碱性溶液中将会产生黑褐色的氧化银（Ag_2O）。如果溶液呈酸性，可以用碳酸氢钠或硼砂中和。由于络合物的形成，该滴定不能使用氨水中和。

2）指示剂的用量

指示剂的用量越多，终点的反应越灵敏。但由于指示剂也会消耗标准滴定溶液的用量，因此指示剂用量过多，会影响滴定结果的准确度。指示剂的用量过多，还会使滴定终点出现过早，造成结果偏低；反之，用量过少，则终点过迟到达，造成结果偏高。理论上，在化学计量点时应该是铬酸银刚饱和，加入少量过量的硝酸银就会立即产生红色沉淀。在滴定操作中，由于铬酸钾是黄色的，当浓度较高时，颜色会很深，使得终点观察易发生误差，因此指示剂的浓度较低一些效果更好。通常在 50mL 水样中加入 1mL 的 5%铬酸钾溶液。

3）氯化物浓度

先生成的氯化银（AgCl）会显著地吸附氯离子，一些氯离子就不能与银离子作用，而使铬酸银过早生成，所以在滴定中尤其是在化学计量点附近，必须剧烈摇动，使被吸附的氯离子更容易与银离子作用。被测溶液中的氯化物含量应在 10～80mg/L 范围内。氯化物浓度若低于这个范围，滴定突跃小，结果准确度不高；高于这个范围，生成的氯化银沉淀较多，对氯离子的吸附也多，则滴定误差大。因此，氯化物浓度小于 5mg/L 时，应当使用硝酸高汞［$Hg(NO_3)_2$］滴定，氯化物浓度大于 80mg/L，应当首先稀释水样，再进行滴定。

（3）沉淀滴定法实例（水中氯化物的测定）

1）原理

硝酸银与氯化物生成氯化银沉淀，过量的硝酸银与铬酸钾指示剂反应生成红色铬酸银沉淀，指示反应到达终点。

2）分析步骤

吸取水样 50.0mL，置于瓷蒸发皿内，另取一瓷蒸发皿，加入 50mL 纯水，作为空白样。分别加入 2 滴酚酞指示剂（5g/L），用硫酸溶液［$c(1/2H_2SO_4)=0.05mol/L$］或氢氧化钠溶液（2g/L）调节至溶液红色恰好褪去。各加 1mL 铬酸钾溶液（50g/L），用硝酸银

标准溶液 [$c(AgNO_3)$=0.014mol/L] 滴定，同时用玻璃棒不停搅拌，直至溶液生成橘黄色为止。

3）计算

$$\rho(Cl^-)=\frac{(V_1-V_0)\times 0.50\times 1000}{V} \tag{4-2}$$

式中 $\rho(Cl^-)$——水样中氯化物（以 Cl^- 计）的质量浓度，mg/L；

V_0——空白试验消耗硝酸银标准溶液体积，mL；

V_1——水样消耗硝酸银标准溶液体积，mL；

V——水样体积，mL。

4.1.4 配位滴定法

配位滴定法是利用配位反应进行的一种滴定分析方法。

（1）原理

1）配位反应

配位反应是指金属离子与配位剂作用，生成难电离可溶性配位化合物的反应。如：

$$Ag^+ + 2CN^- \longrightarrow Ag(CN)_2^-$$

$Ag(CN)_2^-$ 为银氰配位离子，在水中电离度很小，部分电离为简单离子 Ag^+ 和 CN^-。配位反应为可逆反应，达到平衡时离子浓度的关系服从质量作用定律，以稳定常数或不稳定常数表示。

$$稳定常数: K_{稳}=\frac{[Ag(CN)_2{}^-]}{[Ag^+][CN^-]^2} \tag{4-3}$$

$$不稳定常数: K_{不稳}=\frac{[Ag^+][CN^-]^2}{[Ag(CN)_2{}^-]} \tag{4-4}$$

$K_{不稳}$用于衡量配位化合物稳定性大小。$K_{不稳}$越大，表示配位化合物的电离倾向越大，该配位化合物越不稳定。

一种金属离子与配位剂反应，可能生成多种配位离子，所以反应产物较复杂，且反应常常是分步进行的：

$$Fe^{3+} + CNS^- \longrightarrow FeCNS^{2+}$$

$$FeCNS^{2+} + CNS^- \longrightarrow Fe(CNS)_2^+$$

每一种配位化合物的不稳定常数各不相同。

2）配位滴定的反应条件

作为配位滴定的反应必须满足下列条件：

① 形成的配位化合物必须很稳定且可溶于水；

② 配位反应速度足够快；

③ 配位反应必须按一定的计量关系进行，这是定量计算的基础；

④ 有适当的方法指示化学计量点。

（2）配位滴定的配位剂

虽然各种金属离子的配位反应很多，但无机配位剂能适应配位滴定反应的并不多。主要是因为配位化合物的不稳定常数比较大，反应生成物比较复杂，很难确定其定量的关系；或者是化学计量点的指示剂难找，使这类配位滴定应用和发展有限。随着有机配位剂，特别是氨羧络合剂在容量分析中的应用，配位滴定的方法发展很快，成为容量分析的重要方法之一。水质分析中常用氨羧配位滴定法测定水中二价和三价的金属离子，下面着重介绍这一方法。

氨羧配位剂是以氨基二乙酸［$-N(CH_2COOH)_2$］为基础的衍生物，其通式为［$R-N(CH_2COOH)_2$］。如果R被$-CH_2COOH$代替，即得氨基三乙酸，可称为氨羧配位剂Ⅰ。如果R被［$-(CH_2)-N(CH_2COOH)_2$］代替，即可得乙二胺四乙酸，可称为氨羧配位剂Ⅱ（简称EDTA）。

EDTA是白色结晶，微溶于水。它是四元酸，可以简写为H_4Y，分级电离如下：

$$H_4Y \rightleftharpoons H_3Y^- + H^+ \qquad K_1 = 1.0\times10^{-2}$$

$$H_3Y^- \rightleftharpoons H_2Y^{2-} + H^+ \qquad K_2 = 2.1\times10^{-3}$$

$$H_2Y^{2-} \rightleftharpoons HY^{3-} + H^+ \qquad K_3 = 6.9\times10^{-7}$$

$$HY^{3-} \rightleftharpoons Y^{4-} + H^+ \qquad K_4 = 5.5\times10^{-11}$$

由各级电离常数可以看出，第一级和第二级电离比较容易，第三级和第四级电离比较困难，因此，通常都是H_2Y^{2-}与金属离子发生配位作用。由于乙二胺四乙酸在水中的溶解度很小，实用价值不大，如果将乙二胺四乙酸中的两个H^+离子用Na^+离子取代，就得到较容易溶于水的乙二胺四乙酸二钠盐，称氨羧配位剂Ⅲ（习惯上也称为EDTA或EDTA－2Na)。EDTA是白色结晶状化合物，以简式$Na_2H_2Y \cdot 2H_2O$表示，在水质检测中是最常用的氨羧配位剂。

除碱金属外，EDTA能与许多种不同价态的金属离子形成摩尔比为1∶1的稳定性不同的可溶性配位化合物，水质分析中用EDTA的物质的量浓度来计算分析结果比较方便。反应通式为：

$$M^{n+} + H_2Y^{2-} \longrightarrow MY^{(n-4)} + 2H^+$$

由于乙二胺四乙酸是一个四元酸，所以pH值对EDTA配位化合物的稳定性有很大的影响。如果金属离子与EDTA的配合化合物为MY^{2-}，它在溶液中的平衡可以用下面公式来表示：

$$MY^{2-} \rightleftharpoons M^{2+} + Y^{4-} \rightleftharpoons HY^{3-} + H^+ \rightleftharpoons H_2Y^{2-} + H^+$$

当pH值升高时，Y^{4-}倾向于与H^+离子结合为HY^{3-}、H_2Y^{2-}等，使平衡向右移动，促使配位化合物解离。另一方面，许多重金属离子具有水解的倾向（形成氢氧化物或碱式盐），也促进配位化合物解离。

pH值是影响配位滴定的重要因素。pH值对配位化合物稳定性的影响，与配位化合物自己的稳定性有关。$K_{不稳}$越小（即稳定性很大），则使配位化合物完全解离所需的H^+离子浓度越大。例如，FeY^-的$K_{不稳}=7.9\times10^{-23}$，其稳定性很大，即使在酸性溶液中仍然很稳定。MgY^{2-}的$K_{不稳}=2\times10^{-9}$，其稳定性很小，在pH值为6～7时即能完全解离。因此，一般金属离子与EDTA配位时必须使溶液保持一定的pH值。控制配位反应的pH值，不仅可以使反应定量进行，还可以除去干扰，进行选择滴定。

如果几种金属离子生成的配位化合物稳定度相近，在滴定时即使控制pH值，仍然会有干扰。可以选择掩蔽剂使干扰离子形成更稳定的配位化合物，去除干扰。例如，用EDTA滴定水中Ca^{2+}、Mg^{2+}离子，Fe^{3+}、Al^{3+}离子均有干扰，加入三乙醇胺，可以与Fe^{3+}、Al^{3+}离子形成稳定的配位离子，但不与Ca^{2+}、Mg^{2+}离子作用，这样可以消除Fe^{3+}、Al^{3+}离子的干扰。

(3) 配位滴定的指示剂

EDTA 配位滴定中，常见的指示剂有金属指示剂、酸碱指示剂、氧化还原指示剂等，其中常用的是金属指示剂。

金属指示剂是一种酸性有机化合物，它本身也是一种配位剂，能与金属离子生成配位化合物，而配位化合物的颜色与指示剂原来的颜色不一样。常用金属指示剂有铬黑 T、钙指示剂等。分别介绍如下。

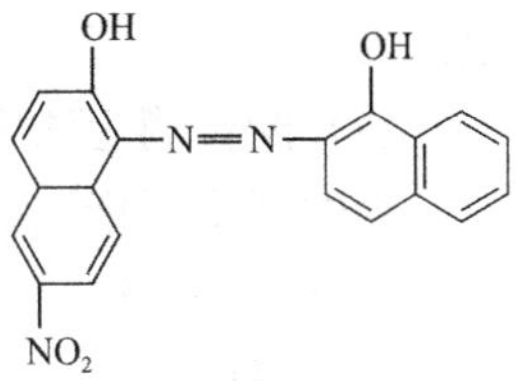

1）常用金属指示剂

① 铬黑 T

铬黑 T 的结构式如图 4-8 所示。

图 4-8 铬黑 T 结构式

铬黑 T 也是酸碱指示剂，具有两个变色区域。因为分级电离的关系，pH<6 时呈酒红色，pH 在 8～10 时为蓝色，pH>12 时显橙色。以 H_3In 代表铬黑 T，反应如下：

$$H_3In \rightleftharpoons \underset{\substack{(酒红色)\\(pH<6)}}{H_2In^-} + H^+ \rightleftharpoons \underset{\substack{(蓝色)\\(pH=8\sim10)}}{HIn^{2-}} + 2H^+ \rightleftharpoons \underset{\substack{(橙色)\\(pH>12)}}{In^{3-}} + 3H^+$$

在碱性溶液中（pH=10），它与许多金属离子形成酒红色的配位化合物。所以应用范围在 pH=8～10，在滴定到达化学计量点时，溶液即从酒红色变为蓝色。

例如，在 pH=10 时，用 EDTA 滴定 Mg^{2+} 离子，以铬黑 T（HIn^{2-}）为指示剂。在化学计量点前，铬黑 T 与一部分 Mg^{2+} 生成红色的配位化合物（$K_{不稳}=1.0\times10^{-9}$）。

$$Mg^{2+} + \underset{(蓝色)}{HIn^{2-}} \rightleftharpoons \underset{(红色)}{MgIn^-} + H^+$$

此时过量的 Mg^{2+} 离子为游离状态，开始滴入 EDTA（H_2Y^{2-}）后，EDTA 与游离 Mg^{2+} 离子形成无色的配位化合物（$K_{不稳}=2.0\times10^{-9}$）。

$$Mg^{2+} + H_2Y^{2-} \rightleftharpoons \underset{(无色)}{MgY^{2-}} + 2H^+$$

由于配位化合物 $MgIn^-$ 的稳定性小于配位化合物 MgY^{2-}，故接近化学计量点时，配位化合物 $MgIn^-$ 中的 Mg^{2+} 离子逐渐被 EDTA 夺取，溶液中开始出现游离铬黑 T 的蓝色，滴定过量以后，溶液变为蓝色。

$$MgIn^- + H_2Y^{2-} \rightleftharpoons \underset{(无色)}{MgY^{2-}} + \underset{(蓝色)}{HIn^{2-}}$$

铬黑 T 指示剂的甲醇或乙醇溶液不稳定，由于空气的氧化作用缓慢失效，只能保存几天。固体铬黑 T 与氯化钠按照 1∶100 的比例混合研磨，可以保存几年稳定不变。

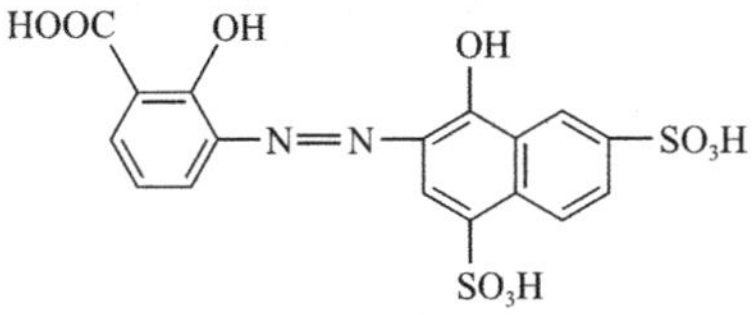

② 钙指示剂（铬蓝黑 R）

钙指示剂（铬蓝黑 R）的结构式如图 4-9 所示。

图 4-9 钙指示剂（铬蓝黑 R）结构式

钙指示剂（铬蓝黑 R）在 pH>12 的溶液中显蓝色，与金属离子配位呈红色。在碱性溶液中 Mg^{2+} 离子生成氢氧化镁沉淀，故可以在 Ca^{2+}、Mg^{2+} 离子共存时直接测定 Ca^{2+} 离子。

2）金属指示剂应具备的条件

① 指示剂以及指示剂与金属离子形成的配位化合物必须有不同的颜色，颜色的变化明显灵敏。

② 指示剂与金属离子生成的配位化合物，应该有足够的稳定性，滴定终点变化敏锐。

③ 指示剂的稳定性要适当。它既要有足够的稳定性，又要比该金属离子生成的配位

化合物的稳定性小。如果稳定性太低，就会提前出现终点，而且变色不灵敏；如果稳定性太高，就会使终点拖后，而且有可能使 EDTA 不能夺出其中的金属离子，显色反应失去可逆性，得不到滴定终点。

④ 金属指示剂的变色范围，应在 EDTA 和金属离子形成配位化合物所选择的 pH 值范围内。

(4) 配位滴定法实例（水中总硬度的测定）

水的硬度原指沉淀肥皂的程度。使肥皂沉淀的原因主要是由于水中的 Ca^{2+}、Mg^{2+} 离子，此外，铁、铝、锰、锶及锌也有同样的作用。

1) 原理

水样中有铬黑 T 指示剂存在时，与 Ca^{2+}、Mg^{2+} 离子形成紫红色配位化合物，这些配位化合物的不稳定常数大于乙二胺四乙酸钙和镁配位化合物不稳定常数。当 pH=10 时，乙二胺四乙酸二钠先与 Ca^{2+} 离子，再与 Mg^{2+} 离子形成配位化合物，滴定至终点时，溶液呈现出铬黑 T 指示剂的天蓝色。

2) 分析步骤

量取 50.0mL 水样，置于 150mL 锥形瓶中。加入 1～2mL 缓冲溶液（pH=10）和 5 滴铬黑 T 指示剂（或一小勺固体指示剂），立即用 EDTA－2Na 标准溶液（0.01mol/L）滴定至溶液从紫红色成为不变的天蓝色为止，同时做空白试验，记下用量。若水样中含有金属干扰离子，使滴定终点延迟或颜色发暗，可另取水样，加入 0.5mL 盐酸羟胺（10g/L）及 1mL 硫化钠溶液（50g/L）再行滴定。水样中 Ca^{2+}、Mg^{2+} 离子含量较大时，要预先酸化水样，并加热除去二氧化碳，以防碱化后生成碳酸盐沉淀，滴定时不易转化。

3) 计算

$$\rho(CaCO_3)=\frac{(V_1-V_0)\times c(EDTA-2Na)\times 100.09\times 1000}{V} \tag{4-5}$$

式中 $\rho(CaCO_3)$——总硬度（以 $CaCO_3$ 计），mg/L；

V_0——空白滴定所消耗 EDTA－2Na 标准溶液的体积，mL；

V_1——滴定中消耗乙二胺四乙酸二钠标准溶液的体积，mL；

$c(EDTA-2Na)$——乙二胺四乙酸二钠标准溶液的浓度，mol/L；

V——水样体积，mL；

100.09——与 1.00mL EDTA－2Na 标准溶液［$c(EDTA-2Na)=1.000mol/L$］相当的以 mg 表示的总硬度（以 $CaCO_3$ 计）。

4.1.5 氧化还原滴定法

氧化还原滴定法是利用氧化还原反应的滴定分析方法。这种方法可用于测定各种变价元素及其化合物的含量。几乎所有长周期的过渡元素和大部分非金属元素的化合物都可以直接或间接用氧化还原法来测定。

(1) 原理

由本书第 1 章 1.2 节氧化还原反应所知，根据能斯特公式，氧化还原滴定过程中因为氧化剂和还原剂浓度的变化，导致两个电对的氧化势发生变化。两个电对的氧化势相差较大时，氧化还原反应进行得相当完全，滴定可以得出定量的结果。在化学计量点附近，氧化剂或还原剂浓度轻微地改变，都会对电对的氧化势产生很大的影响，形成一个氧化势的突跃，这和酸碱滴定法的滴定曲线很相似。两个电对的氧化势差别越大，则滴定曲线的突跃部分越长；反之，两个电对的氧化势差别较小，滴定曲线的突跃部分较短。因此，氧化还原滴定法可以根据氧化势的突跃变化来选择指示剂，指示反应的终点。

（2）氧化还原滴定的指示剂

在氧化还原滴定中，常用的指示剂有以下两种。

1）自身指示剂

标准溶液就是指示剂，如高锰酸钾，因为高锰酸根离子的颜色很深，而还原后的Mn^{2+}离子在稀溶液中无色，少许过量的高锰酸钾［每100mL加0.01mL的$c(1/5KMnO_4)=0.1000$mol/L的高锰酸钾溶液］就可以使溶液显出淡粉红色，指示出滴定终点。

2）特效指示剂

例如氧化还原法的碘量法中用淀粉作为指示剂，淀粉遇碘（I_2）呈现蓝色。到达化学计量点时，I_2被还原成I^-或I^-被氧化成I_2，溶液即从蓝色变为无色或从无色变为蓝色。淀粉就是特效指示剂。

（3）氧化还原法分类

一般可以把氧化还原法分为高锰酸钾法、重铬酸钾法和碘量法三类。

1）高锰酸钾法

高锰酸钾是一种很强的氧化剂，通常在酸性、中性或碱性溶液中都能发生氧化作用。

高锰酸钾在酸性溶液中发生下列反应，被还原为Mn^{2+}：

$$MnO_4^- + 8H^+ + 5e \rightleftharpoons Mn^{2+} + 4H_2O$$

在中性或碱性溶液中反应时，会产生二氧化锰（MnO_2）沉淀：

$$MnO_4^- + 2H_2O + 3e \rightleftharpoons MnO_2 \downarrow + 4OH^-$$

由于MnO_2沉淀会影响终点的观察，所以应用很少。

① 耗氧量的测定

水中耗氧量的测定是氧化还原滴定法中高锰酸钾法的应用。

耗氧量（COD_{Mn}）是指在一定的条件下，用氧化剂氧化水中的还原性物质时所消耗氧化剂相当于氧的量。

方法原理：高锰酸钾在酸性溶液中有很强的氧化性，在一定条件下将水中还原性物质氧化，高锰酸钾还原为Mn^{2+}，过量的高锰酸钾用草酸钠标准溶液测定。反应方程式为：

$$2MnO_4^- + 5C_2O_4^{2-} + 16H^+ \rightleftharpoons 2Mn^{2+} + 10CO_2 \uparrow + 8H_2O$$

高锰酸钾法通常选用硫酸而不用硝酸或浓盐酸，因为硫酸不含还原性物质，而硝酸是强氧化剂，常含有亚硝酸，浓盐酸会被高锰酸钾氧化。

高锰酸钾法使用自身作为指示剂。高锰酸钾溶液本身呈深紫色，用它滴定无色或浅色溶液时，一般不需要另加指示剂，应用方便。

市售的高锰酸钾试剂常含有少量的MnO_2和其他杂质，高锰酸钾溶液在制备和贮存过程中，也常混入少量的杂质，蒸馏水中常含有微量还原性的物质与高锰酸钾反应析出MnO_2沉淀。这些外界条件均会造成高锰酸钾浓度不稳定，因此需要经常标定。

② 标准溶液的配制和标定

a. 高锰酸钾标准溶液的配制：称取3.3g高锰酸钾，溶于少量纯水中，并稀释至

1000mL。煮沸15min，静置2周。然后用玻璃砂芯漏斗过滤至棕色瓶中，置暗处保存。此标准溶液浓度为$c(1/5KMnO_4)=0.01000mol/L$。

标定高锰酸钾标准溶液的基准物很多，其中最常用的是草酸钠（$Na_2C_2O_4$）。草酸钠不含结晶水，容易制纯，没有吸湿性，烘干后可配制成标准溶液使用。

b. 草酸钠标准溶液的配制：准确称取在105℃干燥至恒重的基准试剂草酸钠（$Na_2C_2O_4$）约6.701g，溶于少量纯水中，并于1000mL容量瓶中用纯水定容。置暗处保存。此溶液浓度为$c(1/2Na_2C_2O_4)=0.1000mol/L$。

标定步骤：吸取25.00mL上述草酸钠标准溶液于250mL锥形瓶中，加入75mL新煮沸放冷的纯水及2.5mL浓硫酸。迅速自滴定管中加入约24mL上述配制的高锰酸钾溶液，待褪色后加热至65℃，再继续滴定呈微红色并保持30s不褪色。当滴定终了时，溶液温度不低于55℃。记录高锰酸钾用量。

在室温下，上述标定反应进行较慢。为了使反应能够定量、较快地进行，应注意下列滴定条件。

温度：可在加热条件下滴定，常将溶液加热至60～80℃。但温度过高（高于90℃），会使部分草酸发生分解。

滴定速度：开始滴定时的速度不宜太快，否则加入的$KMnO_4$溶液来不及与$C_2O_4^{2-}$反应，即在热的酸性溶液中发生分解反应。

催化剂：开始加入的几滴$KMnO_4$溶液褪色较慢，随着滴定产物Mn^{2+}的生成，反应速率逐渐加快，因此，可于滴定前加入几滴硫酸锰（$MnSO_4$）作为催化剂。

滴定终点：用高锰酸钾溶液滴定至终点后，溶液中出现的粉红色不一定能持久，这是因为空气中的还原性气体和灰尘都可使高锰酸根（MnO_4^-）离子还原，使粉红色逐渐褪色。因此，滴定时溶液中出现的粉红色如在0.5～1min内不褪色，即可认为已经到达滴定终点。

2）重铬酸钾法

重铬酸钾（$K_2Cr_2O_7$）是较强的一种氧化剂，比高锰酸钾的氧化性稍弱。在酸性溶液中，$Cr_2O_7^{2-}$被还原为Cr^{3+}，它能与Fe^{2+}、I^+、Br^-等离子定量反应。反应如下：

$$Cr_2O_7^{2-}+14H^++6e \rightleftharpoons 2Cr^{3+}+7H_2O$$

重铬酸钾可以在氯离子（Cl^-）存在的情况下滴定，不受Cl^-的干扰（高温时Cl^-被重铬酸钾氧化成游离氯，当盐酸浓度超过3.5mol/L时也有影响）。

① 化学需氧量的测定

水中化学需氧量的测定即是氧化还原滴定法中重铬酸钾法的应用。

化学需氧量（COD）又称化学耗氧量，是度量水体受污染程度的重要指标。其含义是指在一定条件下，经重铬酸钾氧化处理时，水样中的溶解性物质和悬浮物所消耗的重铬酸盐相对应的氧的质量浓度，以mg/L表示。

方法原理：在水样中加入已知量的重铬酸钾溶液，并在强酸性溶液下，以银盐为催化剂，经沸腾回流后，以试亚铁灵为指示剂，用硫酸亚铁铵标准溶液滴定水样中未被还原的重铬酸钾，由消耗的重铬酸钾的量计算出消耗氧的质量浓度。反应方程式为：

$$Cr_2O_7^{2-}+6Fe^{2+}+14H^+ \rightleftharpoons 2Cr^{3+}+6Fe^{3+}+7H_2O$$

② 标准溶液的配制和标定

重铬酸钾容易提纯，可以直接配制成标准溶液，溶液非常稳定，容易保存。

重铬酸钾标准溶液的配制：将重铬酸钾基准物质在105℃烘箱中烘干至恒重。准确称取12.258g重铬酸钾溶于水中，定容至1000mL。此溶液浓度为$c(1/6K_2Cr_2O_7)=0.250mol/L$。

硫酸亚铁铵标准溶液的配制：称取19.5g硫酸亚铁铵溶解于适量的水中，加10mL浓硫酸，待溶液冷却后用水稀释至1000mL。贮存于棕色瓶中。此溶液的浓度为$c[(NH4)_2Fe(SO4)_2 \cdot 6H_2O] \approx 0.05mol/L$。每日临用前，必须用重铬酸钾溶液准确标定其浓度。

3）碘量法

碘（I_2）属于较弱的氧化剂，它能与较强的还原剂作用。而碘离子（I^-）是一个中强的还原剂，能与一般氧化剂作用，产生的碘可以用硫代硫酸钠或其他还原剂滴定。前一种方法称为直接法，后一种方法称为间接法，总称为碘量法。

固体碘在水中的溶解度很小，通常将碘溶解在碘化钾（KI）溶液中形成三碘（I_3^-）离子，而使溶解度增大。

① 直接法

直接法是利用I_2的氧化作用直接滴定的方法。只适用于亚硫酸盐（SO_3^{2-}）、硫化物（S^{2-}）、硫代硫酸盐（$S_2O_3^{2-}$）、亚砷酸盐（AsO_3^{3-}）等一些较强的还原性物质的测定。例如，以直接法滴定亚硫酸盐时，反应如下：

$$SO_3^{2-}+I_2+H_2O \rightleftharpoons SO_4^{2-}+2H^++2I^-$$

直接法只能在中性或弱酸性溶液中进行。不能在碱性溶液中用碘滴定，因为碘与碱作用生成次碘酸根（IO^-），进而自相氧化还原，使IO^-再变为I^-和碘酸根（IO_3^-），这样就带来滴定误差。因此直接法不及间接法应用广泛。

$$I_2+2OH^- \rightleftharpoons IO^-+I^-+2H_2O$$

$$3IO^- \rightleftharpoons IO_3^-+2I^-$$

② 间接法

间接法是溶液中加入过量碘化物（通常是KI），利用氧化剂氧化碘化物，生成游离碘。用标准溶液（通常为$Na_2S_2O_3$）滴定析出的碘，测出氧化剂的量。为了判断滴定终点，常用淀粉作指示剂，在有少量碘化物存在时，痕量的碘与可溶性淀粉作用，使溶液呈现显著的蓝色，滴定终点到达时，溶液由蓝色变为无色。反应方程式为：

$$Cr_2O_7^{2-}+14H^++6I^- \rightleftharpoons 2Cr^{3+}+7H_2O+3I_2$$

$$2S_2O_3^{2-}+I_2 \rightleftharpoons S_4O_6^{2-}+2I^-$$

碘与硫代硫酸钠（$Na_2S_2O_3$）的反应产物，因为溶液的酸度不同而不同。上述反应是在中性或弱酸性溶液中进行，产物为四硫酸根离子（$S_4O_6^{2-}$）。在碱性溶液中，反应为：

$$S_2O_3^{2-}+4I_2+10OH^- \rightleftharpoons 2SO_4^{2-}+8I^-+5H_2O$$

反应产物为$SO_4{}^{2-}$，同时碘在碱性条件下发生副反应，将影响分析结果，所以滴定反应必须在中性或弱酸性溶液中进行。

碘易挥发，淀粉指示剂的灵敏度会随着温度的升高而降低，故滴定应当在室温下进行。淀粉与碘（在有碘化物存在下）产生蓝色化合物，容易吸附包藏部分碘，导致这部分碘不易与硫代硫酸钠反应，因而使滴定产生滴定误差。故滴定中淀粉指示剂不宜过早加入，必须在$Na_2S_2O_3$滴定到溶液颜色呈浅黄色时，才能加入淀粉溶液，再继续滴定至蓝色消失。

I^-在酸性溶液中易受空气中氧的作用析出碘：

$$4I^- + 4H^+ + O_2 \rightleftharpoons 2I_2 + 2H_2O$$

因此，滴定结束后半分钟淀粉不再变蓝，就可以认为终点已经到达。如果滴定结束以后5～10min，颜色又显出蓝色，这是由于空气将I^-氧化生成I_2，出现“终点返回”现象，此时不应再继续滴定下去。如果溶液很快变为蓝色，而且不断变蓝，说明氧化剂与I^-作用尚未完全，原因主要有放置的时间不足、溶液过早稀释或有干扰的离子，实验应当重新做或者先除去干扰离子。

③ 溶解氧（DO）的测定

水中溶解氧（DO）的测定即是氧化还原中碘量法（间接法）的应用实例。

方法原理：水样中溶解氧与氯化锰和氢氧化钠反应，生成高价锰棕色沉淀。加酸溶解后，在碘离子存在下即释出与溶解氧含量相当的游离碘，然后用硫代硫酸钠标准溶液滴定游离碘，换算溶解氧含量。

④ 标准溶液的配制与标定

a. 碘标准溶液的配制和标定

碘标准溶液的配制：称取一定量的碘，加入过量碘化钾，置于研钵中，加入少量水研磨，使碘全部溶解。将该溶液稀释后，倾倒入棕色瓶中避光保存。

通常采用市售碘固体试剂来配制溶液，由于其纯度不高，无法作为基准物质，需先配制为大致所需浓度，再用基准物进行标定。且由于碘几乎不溶于水，但能溶于碘化钾溶液，形成溶解度较大的三碘（I_3^-）离子，所以配制碘标准溶液时应加入过量碘化钾，待碘全部溶解后，将溶液稀释，装入棕色瓶中于暗处保存。应避免碘溶液与橡皮等有机物接触，并防止其见光遇热。

碘标准溶液的标定：常用硫代硫酸钠标准溶液，其反应方程式为：

$$I_2 + 2S_2O_3^{2-} = 2I^- + S_4O_6^{2-}$$

b. 硫代硫酸钠标准溶液的配制和标定

硫代硫酸钠标准溶液的配制：称取一定量硫代硫酸钠基准试剂，直接稀释后配制，避光保存于棕色瓶中。

配制好的硫代硫酸钠溶液易受空气及水中二氧化碳、微生物等作用而分解。因此，必须使用煮沸过的冷蒸馏水配制。由于溶液在pH值为9～10时较稳定，可加入0.4g氢氧化钠或0.2g无水碳酸钠，储存于棕色瓶内，防止溶液分解。如果发现溶液变浑浊或析出硫，就应该过滤后再标定或者另配溶液标定。

硫代硫酸钠标准溶液的标定：常用重铬酸钾（$K_2Cr_2O_7$）基准物质标定。称取一定量的重铬酸钾基准物质，在酸性溶液中与过量碘化钾（KI）反应，析出的碘以淀粉为指示剂，反应方程式如下：

$$Cr_2O_7^{2-} + 14H^+ + 6I^- \rightleftharpoons 2Cr^{3+} + 7H_2O + 3I_2$$

重铬酸钾与碘化钾的反应不是立刻完成，在稀溶液中反应进行得更慢。为了使反应完全，在加入碘化钾后放置一段时间，再用硫代硫酸钠标准溶液进行滴定。若滴至终点后，很快又转变为碘-淀粉的蓝色，则表示碘化钾与重铬酸钾的反应未进行完全，应另取溶液重新标定。

4.2 重量分析法

重量分析法是用适当的方式将试样中的待测组分与其他组分分离，转化为一定的称量形式，最后用称量的方法测定该组分含量的定量分析方法。

(1) 适用对象

重量分析法通过使用分析天平准确称量来获得分析结果，与滴定分析法相比，具有不需要与基准试剂或标准物质进行比较的特点，获得结果的途径更为直接，对于常量组分测定的相对误差一般不超过±0.1%。但重量分析法的操作步骤一般较多而且烦琐，消耗时间较长，难以满足快速分析的要求，对于低含量组分的测定误差较大。因此，重量分析法大多用在无机物的分析中，适用于常量分析。

(2) 分类

根据被测组分与其他组分分离的方法不同，重量分析法可以分为沉淀法和气化法。

1) 沉淀法

利用沉淀反应使待测组分生成溶解度很小的微溶化合物沉淀出来，沉淀经过滤、洗涤、烘干或灼烧后称其质量，计算待测组分的含量。沉淀法是重量分析中最常用的方法。

沉淀法对沉淀和称量有如下要求：

① 沉淀应有确定的组成，必须与化学式相符，这是计算分析结果的基本依据；

② 沉淀纯度要高，性质较稳定，不易受空气中水分、CO_2 和 O_2 的影响；

③ 沉淀的溶解度要小，即待测组分必须定量沉淀完全，沉淀的溶解损失不应超过分析天平的称量误差，一般要求溶解损失小于 0.2mg；

④ 沉淀易于过滤和洗涤，摩尔质量尽可能大，以减少称量误差。

目前水质分析中的重量法一般采用沉淀法，主要用于溶解性总固体的测定以及与水处理相关的滤料和活性炭中部分指标的测定。

2) 气化法

利用加热或其他方法使待测组分从试样中挥发逸出，测定待测组分逸出前后试样的质量来计算待测组分的含量；或者用适当的吸收剂，将挥发逸出的待测组分吸收，测定待测组分前后吸收剂的质量来计算待测组分的含量。这种分析法称为气化质量法，简称为气化法。用气化法可以测定样品的水分、残渣、挥发分和灰分。

(3) 重量分析法实例（水中溶解性总固体的测定）

1) 原理

水样经过滤后，在一定温度下烘干，所得的固体残渣称为溶解性总固体，包括不易挥发的可溶性盐类、有机物及能通过过滤器的不溶性微粒等。烘干温度一般采用 105±3℃。但 105℃的烘干温度不能彻底除去高矿化水样中盐类所含的结晶水。采用 180±3℃的烘干温度，可得到较为准确的结果。水样的溶解性总固体中含有大量氯化钙、硝酸钙、氯化镁、硝酸镁时，由于这些化合物具有强烈的吸潮性使称量不能恒量，此时可在水样中加入适量碳酸钠溶液而得到改进。

2) 分析步骤

方式一（105±3℃烘干）：将蒸发皿洗净，放在 105±3℃烘箱内烘烤 30min，取出，于干燥器内冷却30min。在分析天平上称量，再次烘烤、称量，直至恒量（两次称量相差不超过0.0004g）。将水样上清液用滤器过滤，量取滤过水样100mL于蒸发皿中，如水样溶解性总固体过少时可增加水样体积。将蒸发皿置于水浴上蒸干（水浴液面不要接触皿底）。将蒸发皿移入105±3℃烘箱内，1h后取出。干燥器内冷却30min，称量。将称过质量的蒸发皿再放入105±3℃烘箱内30min，干燥器内冷却30min，称量，直至恒量。

方式二（180±3℃烘干）：按上述步骤将蒸发皿在180±3℃烘箱内烘干并称量至恒量。量取100mL水样于蒸发皿中，精确加入25.0mL碳酸钠溶液（10g/L）于蒸发皿内，混匀，同时做一个只加25.0mL碳酸钠溶液的空白样。计算水样结果时应减去碳酸钠空白样的质量。

3）计算

$$\rho(TDS)=\frac{(W_1-W_0)\times1000\times1000}{V} \tag{4-6}$$

式中 $\rho(\mathrm{TDS})$——水样中溶解性总固体的质量浓度，mg/L；

W_0——蒸发皿的质量，g；

W_1——蒸发皿和溶解性总固体的质量，g；

V——水样体积，mL。

4.3 比色分析法

比色分析法是利用被测的组分，在一定条件下，与试剂作用产生有色化合物，然后测量有色溶液的深浅并与标准溶液相比较，从而测定组分含量的分析方法。比色分析法分为目视比色法和分光光度法。

4.3.1 显色基本原理和定律

（1）有色化合物溶液显色原理

在水质分析中，各种溶液会显示不同的颜色，是由于溶液中的物质对光的吸收具有选择性。在可见光中，通常所说的白光是由许多不同波长的可见光组成的复合光，由红、橙、黄、绿、青、蓝、紫这些不同波长的可见光按照一定的比例混合的。研究表明，只需要把两种特定颜色的光按照一定的比例混合，例如绿光和紫红光混合、黄光和蓝光混合，都可以得到白光。这种按照一定比例混合后得到白光的两种光称为互补光，互补光的颜色称为互补色（表4-3）。

溶液的颜色与互补光　　表4-3

溶液的颜色	互补光的颜色和波长/nm
绿色带黄	青、紫（400～435）
黄	蓝（435～480）
橙、红	蓝色带绿（480～490）
红	绿色带蓝（490～500）
紫	绿（500～560）
青、紫	绿色带黄（560～580）
蓝	黄（580～595）
蓝色带绿	橙、红（595～610）
绿色带蓝	红（610～750）

当一束阳光（白光）照射到某一种溶液时，如果该溶液地溶质不吸收任何波长的可见光，则组成白光的各色光将全部透过溶液，透射光依然是白光外，溶液呈现无色；如果溶质有选择地吸收了某种颜色的可见光，则会只有其余颜色的光透过溶液，透射光中除了仍然两两互补的那些可见光组成白光外，还有未能配对的被吸收光的互补光，溶液就会呈现该互补光的颜色。例如，当白光通过 $CuSO_4$ 溶液时，Cu^{2+} 选择吸收黄色光，使透过光中的蓝色光失去了互补光，于是 $CuSO_4$ 溶液呈现蓝色。

如果溶液对多个波段的光都有一些吸收，那么溶液的颜色也将呈现出几种被吸收光的补色光的混合色。如果溶液对白光中各种波段光都是均匀吸收，那么溶液呈现暗灰色。物质对光产生选择性吸收，是由其原子、离子或分子的电子结构所决定的。元素的简单离子生成配位化合离子后可以吸收更多的光能，使溶液呈现更深的颜色，所以比色测定中，常常利用生成颜色较深的配位化合离子，可以大大提高反应灵敏度。

（2）显色剂的选择

显色剂的选择和用量是影响比色反应的重要因素。为了提高比色分析的灵敏度和准确度，必须正确选择显色剂，合理控制显色剂的浓度。

1）显色剂的条件

在比色分析中主要是以配位反应的形式，生成有色配位化合物，再进行比色测定。常用的显色剂大多是配位剂。因此，比色测定的有色配位化合物应尽可能具备下列条件。

① 摩尔消光系数要大。摩尔消光系数越大，比色测定的灵敏度越高。

② 解离常数要小。解离常数越小，配位化合物越稳定，比色测定的准确度越高，可以避免和减少试样中其他离子的干扰。

③ 组成要恒定。如果组成发生变化易引起色调的改变，因为比色的反应本身是分步反应，每一步反应生成的有色化合物的色调不尽相同。有色化合物的组成和色调都取决于试剂的浓度，试剂浓度的改变会引起色调的改变，就不利于比色。

2）显色反应的影响因素

① 显色剂用量

当比色用的有色配位化合物的稳定性很大，溶液中没有能与被测组分或试剂起作用的干扰物质存在时，显色剂的浓度可以不必严格控制。如果有色配位化合物不够稳定，解离常数较大，则会部分离解：

$$RX\text{（有色络合物）} \rightleftharpoons R\text{（试剂）} + X\text{（被测组分）}$$

溶液中一部分被测组分 X 未能被配位化合，有色配位化合物 RX 显示的颜色深度不能代表真正的被测组分含量。但在比色分析中，未知溶液的颜色深度通常是与标准溶液的颜色深度相比较而测出。如果两个溶液中有色配位化合物的解离度相差较大，就会产生误差。反之，若解离度相同，则可得到正确结果。

② 酸度

酸度对显色反应的影响很大，如二氮杂非显色剂与 Fe^{2+} 反应，酸度过高，二氮杂非发生质子化反应，降低反应完全的程度；酸度过低，Fe^{2+} 又会水解或沉淀，故控制反应 pH 值在 3～9。

③ 温度

温度对于某些显色反应具有决定性作用。多数显色反应室温下即可进行，少数显色反应需要加热使其迅速完成，但是温度过高可能使某些显色剂分解，适宜的温度由显色配合物的性质确定。

④ 显色时间和溶液颜色稳定时间

多数显色反应在加入试剂后都要经过一定时间才能呈现稳定的颜色，通常方法中会列出颜色的稳定时间，但某些显色反应在实验室的具体环境条件（如室温、阳光）、纯水和试剂杂质等因素，会影响颜色的稳定。如双硫腙法测定铅、汞会因为阳光照射而褪色。

⑤ 干扰离子的存在

干扰物质可与试剂形成有色物质或抑制显色剂与待测组分的显色反应。如当铜、锰存在时，会影响铬天青S法测定铝的显色，应当根据标准方法采取除干扰措施。

（3）朗伯-比尔定律

物质对光吸收的定量关系，很早就受到了科学家们的关注。科学家朗伯于1760年提出了光线强度的变化与有色溶液厚度的关系，科学家比尔在1852年提出光线强度的变化与有色溶液浓度的关系，两者结合称为朗伯—比尔定律，又称光的吸收定律。朗伯—比尔定律描述了一定波长的入射光通过某一均匀有色溶液时，被吸收的程度与溶液里有色物质的浓度及有色溶液的液层厚度成正比。数学式为：

$$A = Kbc \tag{4-7}$$

式中 A——吸光度，即光线通过溶液时被吸收的程度；

c——有色溶液的浓度；

b——液层厚度；

K——摩尔吸光系数，它与溶液的性质及入射光的波长有关。

【注意事项】 朗伯—比尔定律仅适用于单色光。

4.3.2 目视比色法

（1）概述

目视比色法是用肉眼来观测溶液颜色深浅的一种分析方法。即在一组相同规格的比色管中加入一系列待测组分的标准溶液，再分别加入等量的显色剂和其他试剂，定容制成一套标准色阶，将待测样品溶液在相同的条件下显色，然后与标准色阶比较，以确定其含量。目视比色法示意图如图4-10所示。

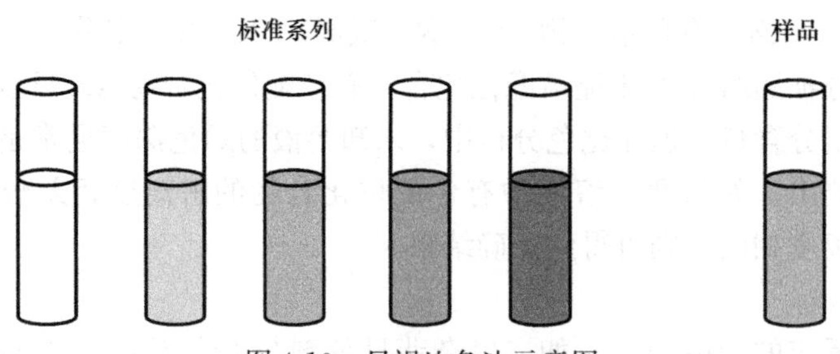

图4-10 目视比色法示意图

操作时，先在比色管底部衬白，然后从正上方向下观测。目视比色法操作方便，适合大批量的水样分析，但主要缺点为许多有色物质颜色不稳定，配制标准系列耗费时间。虽然可以利用某些稳定的有色物质（如重铬酸钾、硫酸铜、硫酸钴等）配制永久性标准系列，或者利用有色玻璃、有色塑料制作成固体标准系列（色阶），但是由于它们的颜色与试液的颜色往往有差异，同时人的眼睛观察颜色亦会有主观误差，故准确度不高，相对误差较大（一般在5%～20%）。

（2）目视比色法实例（水中余氯的测定）

1）原理

在pH值小于2的酸性溶液中，余氯与3，3′，5，5′-四甲基联苯胺（以下简称四甲基联苯胺）反应，生成黄色的醌式化合物，用目视比色法定量。

2）试剂

重铬酸钾-铬酸钾溶液：称取0.1550g经120℃干燥至恒重的重铬酸钾（$K_2Cr_2O_7$）及0.4650g经120℃干燥至恒重的铬酸钾（K_2CrO_4），溶解于氯化钾-盐酸缓冲溶液中，并稀释至1000mL。此溶液生成的颜色相当于1mg/L余氯与四甲基联苯胺反应生成的颜色。

永久性余氯标准比色管（0.005～1.0mg/L）：按表4-4所列用量分别吸取重铬酸钾-铬酸钾溶液注入50mL具塞比色管中，用氯化钾-盐酸缓冲溶液（pH=2.2）稀释至50mL刻度。

0.005～1.0mg/L永久性余氯标准系列的配制　　表4-4

余氯/mg/L	重铬酸钾-铬酸钾溶液/mL	余氯/mg/L	重铬酸钾-铬酸钾溶液/mL
0.005	0.25	0.40	20.0
0.010	0.50	0.50	25.0
0.030	1.50	0.60	30.0
0.050	2.50	0.70	35.0
0.10	5.0	0.80	40.0
0.20	10.0	0.90	45.0
0.30	15.0	1.0	50.0

3）测量

于50mL具塞比色管中，先加入2～3滴盐酸溶液（1+4），再加入澄清水样至50mL刻度，混匀，加入2.5mL四甲基联苯胺溶液（0.3g/L），混合后立即比色，所得结果为游离余氯；放置10min比色，所得结果为总余氯。总余氯减去游离余氯即为化合余氯。

4.3.3 分光光度法

（1）分光光度计组成

分光光度计主要由光源、分光系统、样品吸收池、检测器和信号处理及输出系统五部分组成，组成结构示意图如图4-11所示。

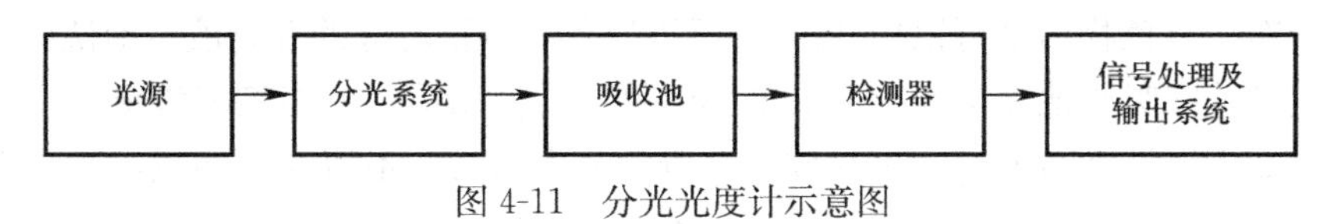

图4-11　分光光度计示意图

1）光源

光源是提供入射光的装置。对其基本要求是在广泛的光谱区域内发射强度足够且稳定的连续光谱。在紫外—可见分光光度计中常见的光源有热辐射光源和气体放电光源两类。热辐射光源用于可见光区，常见的为钨丝灯和卤钨灯。气体放电光源用于紫外光区，一般为氢灯或氘灯。钨丝灯是固体炽热发光，是最常见的可见光光源，又称白炽灯，其适宜波长范围为350～1000nm。钨丝灯的发光强度与供电电压的3～4次方成正比，电源电压的微小波动就会引起发射光强度的很大变化，因此，必须采用稳压电源供电。卤钨灯则是钨灯灯泡内充碘或溴的低压蒸气，可提高发光效率、延长使用寿命。氢灯或氘灯都是气体放电发光，发射150～400nm的紫外连续光谱，具有石英窗或由石英灯管制成，用作紫外区光源。气体放电发光需要先激发后使用，同时应保持电流的稳定。氘灯的发光强度和使用寿命比氢灯大2～3倍，故目前使用的仪器多用氘灯。

2）分光系统

单色器是分光系统的主要构件，是将来自光源的复合光按波长顺序色散，并从中分离出所需波长的单色光。其原理是来自光源并聚焦于入射狭缝的光，经准直镜变为平行光，投射于色散元件。色散元件使不同波长的平行光有不同的投射方向（或偏转角度），形成按波长顺序排列的光谱。再经过准直镜将色散后的平行光聚焦于出射狭缝上。转动色散元件的方位，可使所需波长的单色光从出射狭缝分出。

常用的色散元件有棱镜和光栅。早期多采用棱镜，现在多使用光栅。

单色器的性能直接影响出射光的纯度，从而影响实验测定的灵敏度、选择性以及校准曲线的线性优劣。

3）吸收池

吸收池是用以盛放待测溶液和决定透光液层厚度的器件。它的作用是让从单色器出来的单色光全部进入被测溶液，并且让透过溶液的光全部进入信号检测器。因此，要求吸收池的材质对所通过的光是完全透明，即不吸收或只有很少部分吸收。盛装液体样品的吸收池常被称为“比色皿”。比色皿一般为长方体，底部及两侧为毛玻璃，另两面为光学透光面。为测定易挥发溶液，上部也可加盖。依据光学透光面的材质，比色皿可分为光学玻璃比色皿和石英比色皿两种。玻璃比色皿一般常用于可见光区域的测定，若在紫外光区进行测定，则必须使用石英比色皿。

比色皿通常分为五种规格：0.5、1.0、2.0、3.0和5.0cm。不同规格的比色皿拥有不同光程。由于比色皿的光程与其标示值存在微小误差，即使是同一个厂家出品的同规格的比色皿也不能互换使用。

【注意事项】 拿取比色皿时，只能用手指接触两侧的毛玻璃区域，不可拿取光学面，以免指纹影响测定。不能将光学透光面与硬物或脏物接触，只能用擦镜纸擦拭光学透光面。显色液不可注满，只可装至吸收池的70%～80%。凡含有腐蚀性物质（如F^-、$SnCl_2$、H_3PO_4等）的溶液，不得长时间盛放在比色皿池中。比色皿使用完毕后应立即用纯水冲洗干净。有色物污染可以用3mol/L HCL和等体积乙醇的混合液浸泡洗涤。生物样品、胶体或其他在吸收池光学面上形成薄膜的物质要使用适当的溶剂来洗涤。洗净备用的比色皿要倒立于清洁纱布上，晾干后放好，避免灰尘沾污。不得在火焰或电炉上对吸收池进行加热、烘烤。

4）检测器

检测器是对透过比色皿的光做出响应，并将其转变成电信号输出，其输出的电信号大小与透过光的强度成正比。常用的检测器有光电池、光电管和光电倍增管。作为检测器对光电转换器的要求是光电转换有恒定的函数关系，能在较宽的波长范围内有所响应，响应灵敏度高、速度快、噪声低、漂移小、稳定性高，产生的电信号易于检测放大。

5）信号处理及输出系统

由检测器产生的各种电信号经过放大等处理后，用一定方式显示出来，以便于计算和记录。显示方式一般为透光率或吸光度，有的还可以转换成浓度、吸光系数等显示。

（2）分光光度计

分光光度计按照测定波长（λ）范围划分，可分为可见光分光光度计、紫外-可见分光光度计和红外分光光度计；按照光源结构不同来划分，可以分为单光束分光光度计和双光束分光光度计；按照测量过程中提供的波长数不同，可以分为单波长和双波长分光光度计。下面介绍几种常见分光光度计的特点。

1）单光束分光光度计

经过单色器分光后的单色光，轮流测定参比溶液和试样溶液的吸光度。其结构简单、价格低廉，适用于固定测量波长的定量分析。例如，实验室常用的酶标仪即酶联免疫检测仪，是酶联免疫吸附试验的专用仪器，又称微孔板检测器。加入酶反应的底物被酶催化变为有色产物，产物的量与标本中待测物质的量直接相关，因此，可以根据反应后颜色的深浅进行定性、定量的分析。酶标仪的核心是一个特殊的比色计。光源灯发出的光经滤光片或单色器变成一束单色光，进入塑料微孔中的待测样品，该单色光一部分被样品吸收，一部分则透过样品照射到光电检测器上，光电检测器将光信号转换成相应的电信号，最后由显示器和打印机显示结果。

2）单波长双光束分光光度计

利用一个光束分裂器将单色器色散后的单色光分为两束，一束通过参比溶液，一束通过试样溶液，检测器交替接受参比溶液透射光和试样溶液透射光，经处理后可以获得两者的吸光度之差，该差值为试样溶液的吸光度。由于参比溶液和试样溶液几乎同时测量，基本上可以忽略光源和检测系统不稳定的影响，因此，具有较高的测量精密度和准确度，还可以实现试样溶液吸收光谱的自动扫描，适合水样的结构分析。但是其光路设计严格，价格昂贵，参比溶液和试样溶液装在不同检测池中，不能完全消除因检测池不同而带来的误差。双光束分光光度计原理如图 4-12 所示。

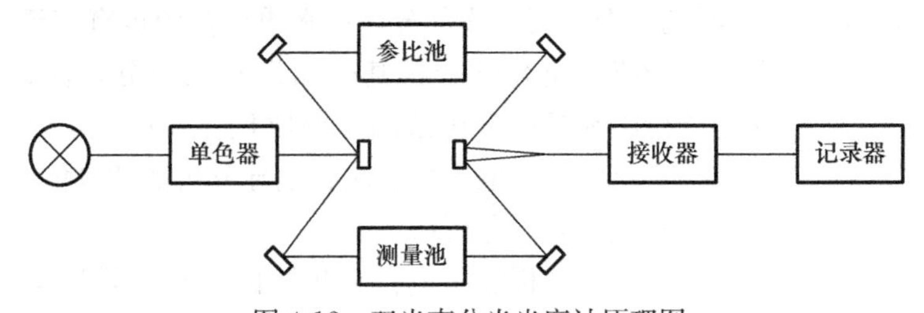

图 4-12 双光束分光光度计原理图

3）双波长分光光度计

由同一光源发出的光，分别经过两个单色器后，得到不同波长的单色光，交替照射同一溶液，然后经过光电倍增管和电子控制系统，由测量系统显示两个波长下吸光度的差值，其差值与溶液中的待测组分浓度成正比。双波长分光光度计不仅能够测定高浓度试样、多组分混合试样，还可以测定部分浑浊试样。

（3）分光光度法应用实例（水中氨氮的测定）

1）原理

水中氨与纳氏试剂（K_2HgI_4）在碱性条件下生成黄至棕色化合物（$NH_2Hg_2 \cdot OI$），

其色度与氨氮含量成正比。

2）试剂

纳氏试剂：称取100g碘化汞（HgI_2）及70g碘化钾（KI），溶于少量纯水中，将此溶液缓缓倾入已冷却的500mL氢氧化钠溶液（320g/L）中，并不停搅拌，再以纯水定容至1000mL，储于棕色瓶中，用橡皮塞塞紧，避光保存。

【注意事项】 纳氏试剂有毒，谨慎使用，规范管理。

氨氮标准溶液：$\rho(NH_3-N)=10mg/L$

3）分析步骤

取50.0mL澄清样品或经预处理的样品（如氨氮含量大于0.1mg，则取适量样品加纯水至50mL）于50mL比色管中。另取50mL比色管10支，分别加入氨氮标准溶液0、0.10、0.20、0.30、0.50、0.70、0.90、1.20mL，用纯水稀释至50.0mL。向样品及标准溶液管内分别加入1mL酒石酸钾钠溶液（500g/L），混匀，加1.0mL纳氏试剂，混匀后放置10min，于420nm波长下，用1cm比色皿，以纯水作参比，测定吸光度。绘制校准曲线，从曲线上查出样品管中氨氮含量（或目视比色记录样品中相当于氨氮标准的含量）。

【注意事项】 若氨氮含量低于30μg，改用3cm比色皿。低于10μg可用目视比色法。

4）计算

$$\rho(NH_3-N)=\frac{m}{V} \tag{4-8}$$

式中 $\rho(NH_3-N)$——样品中氨氮的浓度，mg/L；

m——从校准曲线上查得的样品管中氨氮的含量，μg；

V——样品体积，mL。

4.4 电化学分析法

电化学分析法是仪器分析的一个重要组成部分，在水质分析中也有广泛的应用。本书第1章介绍了电化学分析基础知识和电位分析法、电导分析法、库伦分析法和极谱分析法的主要原理，本章节主要介绍在水质分析中有广泛应用的电位分析法、电导分析法的具体应用。

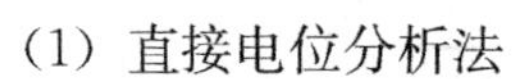

（1）直接电位分析法

直接电位分析法是电位分析法的一种，是根据指示电极与参比电极间的电位差与被测离子浓度间的函数关系直接测出该离子浓度的分析方法。本节以水中pH值的测定为例来介绍。

1）pH玻璃电极

玻璃电极对溶液中的H^+离子有选择性响应，可以用来测定溶液中H^+离子浓度，即pH值，玻璃电极结构如图4-13所示。

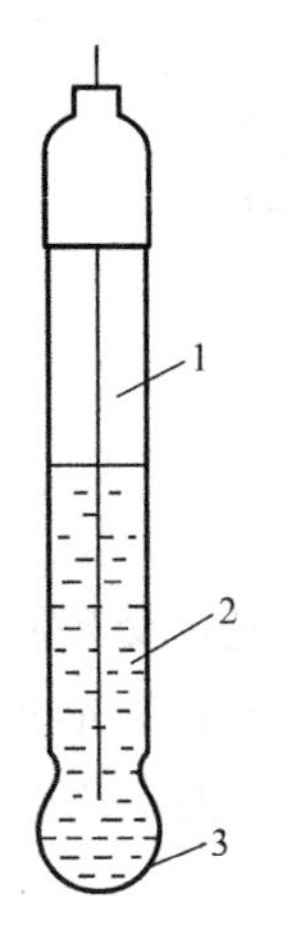

图4-13　玻璃电极
1—Ag-AgCl电极；2—内部缓冲溶液；3—玻璃膜

2）玻璃电极的保养

玻璃电极膜很薄、易破碎，使用要十分小心。其表面需保持清洁，如有污物，可以用稀HCl或乙醇清洗后，浸入蒸馏水中。玻璃电极不能接触腐蚀玻璃的物质，例如F^-、浓硫酸、铬酸洗液等，也不能长期浸泡于碱性溶液中。

3）影响 pH 值测定的因素

① 温度

由于温度影响能斯特方程的斜率，所以测定 pH 值需要温度补偿，测定水样时需要与室温一致。

② 玻璃电极

由于玻璃膜的组成与厚度不均匀，存在不对称电位，为消除不对称电位的影响，需要用 pH 标准缓冲溶液定位，通常用与被测溶液 pH 值接近的标准缓冲溶液定位。

③ 标准缓冲溶液

是 pH 测定的基准，配制缓冲溶液需准确，使用时需注意各种缓冲溶液在不同温度下的 pH 值。

④ 玻璃电极适用范围

普通玻璃电极只适用于 pH＜10 的溶液，pH＞10 测定结果偏低，用锂玻璃制成的玻璃电极可以测定 pH＝14 的强碱溶液。

⑤ 离子强度

溶液的离子强度影响离子活度，也会影响 H^+ 离子有效浓度，测定离子强度较大的样品时，应使用同样离子强度的标准缓冲溶液定位，可以减小误差。

4）水中 pH 值的测定实例

① 原理

以玻璃电极为指示电极、饱和甘汞电极为参比电极，插入溶液中组成原电池。当氢离子浓度发生变化时，玻璃电极和甘汞电极之间的电动势也随着引起变化，在 25℃时，每单位 pH 标度相当于 59.1mV 电动势变化值，在仪器上直接以 pH 的读数表示，温度差异在仪器上有补偿装置。

在较强的碱性溶液中测量时，大量钠离子的存在会产生误差，使读数偏低。

② pH 标准物质

又称 pH 标准缓冲溶液，包括苯二甲酸氢钾［4.01(25℃)］、混合磷酸盐［6.86(25℃)］、四硼酸钠［9.18(25℃)］，见表 4-5。

pH 标准缓冲溶液在不同温度时的 pH 值 **表 4-5**

温度/℃	标准缓冲溶液 pH 值		
	苯二甲酸氢钾	混合磷酸盐	硼酸钠
0	4.00	6.98	9.46
5	4.00	6.95	9.40
10	4.00	6.92	9.33
15	4.00	6.90	9.28
20	4.00	6.88	9.22
25	4.01	6.86	9.18
30	4.02	6.85	9.14
35	4.02	6.84	9.10
40	4.04	6.84	9.07

③ 仪器

精密酸度计。

④ 分析步骤

玻璃电极和复合电极在使用前应放入纯水中浸泡24h以上；仪器开启待稳定后，进行调零、温度补偿以及满刻度校正等工作。测量待测样品前先用接近水样pH值的标准缓冲溶液对仪器和电极进行检查定位，即当水样pH＜7.0时，使用苯二甲酸氢钾缓冲溶液定位，以四硼酸钠或混合磷酸盐缓冲溶液复定位；如果水样pH＞7.0时，则用硼酸钠缓冲溶液定位，以苯二甲酸氢钾或混合磷酸盐缓冲溶液复定位。

用洗瓶以纯水缓缓淋洗两个电极数次，再以水样淋洗6～8次，然后插入水样中，1min后直接从仪器上读出pH值。

【注意事项】 复合电极（甘汞电极）内为氯化钾的饱和溶液，当室温升高后，溶液可能由饱和状态变为不饱和状态，故应保持一定量氯化钾晶体。

（2）电位滴定法

电位滴定法也是电位分析法的一种，它可以实现分析自动化。电位滴定法是通过滴定过程中指示电极的电位变化来确定滴定终点。其基本原理与普通滴定分析相同，区别在于指示电极的电位变化代替指示剂的颜色变化来指示滴定终点的到达，虽然没有指示剂确定终点方便，但可以广泛用于浑浊、有色溶液和无合适指示剂的滴定分析中。下面分别介绍电位滴定法在四种普通滴定分析法（见本书第4章4.1节）中的应用。

1）酸碱滴定

常用pH玻璃电极作指示电极，饱和甘汞电极作参比电极，在化学计量点附近溶液的pH值突跃，使电位发生突跃从而指示滴定终点。

通常普通酸碱滴定法不能测定的许多弱酸、弱碱、多元酸、混合酸，均可以用电位滴定法测定。

2）氧化还原滴定

常用惰性电极作指示电极，甘汞电极作参比电极，在滴定过程中，溶液的氧化态和还原态浓度比值发生变化，使电位发生突变。

3）沉淀滴定

常用银电极做指示电极，双盐桥甘汞电极作参比电极，滴定Ag^{+}离子。

4）配位滴定

利用待测离子的氧化还原体系进行滴定，铂电极做指示电极，甘汞电极作参比电极。如用EDTA溶液测定Fe^{3+}，可以在试液中加入Fe^{2+}，根据滴定中Fe^{3+}/Fe^{2+}的电位变化来确定终点。

（3）电导分析法

电导分析法中的直接电导法在水质分析中应用最多，本节以水的电导率来介绍该方法。

1）原理

水中可溶性盐类大多数以水合离子形式存在，离子在外加电场的作用下具有导电作用，其导电能力的强弱可以用电导率（κ）来表示。当两个电极插入溶液中时，构成电导池，将电源接到两个电极上，可以测出两个电极间电解质溶液的电阻（R）。根据欧姆定律，当温度、压力等条件恒定时，R与两电极的距离L成正比，与电极的截面积A成正比，即：

$$R=\rho\frac{L}{A} \tag{4-9}$$

式中 ρ——比例常数，电解质溶液的电阻率，Ω·cm；

L——两电极的距离，cm；

A——电极的截面积，cm^2。

电阻 R 的倒数称为电导，用 G 表示。电导反映溶液的导电能力。可知，溶液的电阻越小，它的导电能力越大。

由于 L 和 A 是固定不变的，故$\frac{L}{A}$为一常数，称为电导常数或电极常数，用 θ 表示。又由电阻率 ρ 的倒数称为电导率，用 κ 表示，可知：

$$\kappa=\frac{1}{\rho}=\frac{1}{R}\cdot\frac{L}{A}=G\cdot\theta \tag{4-10}$$

式中 κ——电导率，S/cm；

G——电导，西门子 S；

θ——电导常数或电极常数。

2）电极

用电导率仪测定水中电导率时，应根据溶液电导率的不同选择相应类型的电极。

① 电导率＜10μS/cm 时，使用光亮电极；

② 电导率为 10～10^4μS/cm 时，使用铂黑电极；

③ 电导率＞10^4μS/cm 时，使用铂黑电极。

【注意事项】 盛溶液的容器需清洁，无离子沾污。电极测量前、后需用去离子水冲洗。使用时严禁用电极搅拌。擦拭时，应避免接触电极探头的铂黑层。电极不用时应浸泡在蒸馏水中；若长时间不用，应清洗干净，用净布擦干放好。测量前应预估待测溶液的测量值，尽量避免电导电极的超量程使用。若溶液温度较低，使用温度补偿器会产生较大的补偿差，可将待测溶液加热至 25℃左右再行测量。

3）电导率测定的影响因素

① 温度的影响

溶液的电导率受温度影响较大，在其他条件一致时，温度的升高使溶液中离子迁移的速度加快，在电场的作用下，离子定向运动加快，电导率增加。一般温度每升高 1℃，电导率增加 2%，通常以 25℃为基准温度，其他温度下需要加以校正，按照下式换算 25℃时的电导率 κ 值：

$$\kappa=\frac{\kappa_t}{1+\beta(t-25)} \tag{4-11}$$

式中 κ_t——t℃时的电导率，μS/cm；

β——温度校正系数，一般为 0.02。

② 电极极化的影响

当电流通过电极时会发生氧化或还原反应，从而改变电极附近溶液的组成，产生极化现象，导致测量误差。为了减少极化现象，通常在铂电极表面镀上一层粉末状的铂黑，使电极表面积增大，增加电极之间的相对电流，使被测电导率相对上升，从而可以减小电导率测量误差。但是，表面积增大也会使电极的吸附性增强，在溶液离子浓度极少的情况下，会影响测量的准确性。

③ 电容的影响

为了消除电极极化作用采用交流电源，会在两电极之间产生电容，造成测量误差。一般电导率仪可以设置高频和低频两种频率的电源。当测量高浓度的溶液时，由于极化作用较大，应当选用高频率的电源；当测量低浓度的溶液时，极化作用较小，应选用低频率的电源。

第5章　仪器分析

随着人类的频繁生产活动，令水污染、水安全问题不断加剧；且随着人们对健康的日益关注，饮用水水质标准也更趋严格，水质检测分析技术亦不断趋向快速化、痕量化。

仪器分析是以物质的物理或物理化学性质为基础，探求这些性质在分析过程中所产生的分析信号与被分析物质组成的内在关系和规律，进而对其进行定性、定量、形态和结构分析的一类测定方法。与化学分析相比，具有样品用量少、测定速度快、灵敏度高、准确性高等显著特点，使用大型分析仪器逐渐成为水质检测行业的发展趋势。

大型水质分析仪器主要为光谱类、色谱类及质谱类，此外，还有一些专门用于某参数测量的方法和专用仪器。本章将着重介绍仪器的分析操作技能。

5.1　光谱法

光谱法是基于物质与电磁辐射作用时，测量由物质内部发生量子化的能级之间跃迁而产生的发射、吸收或散射辐射的波长和强度的分析方法。根据与电磁辐射作用的物质存在形式（气态原子或分子），可将光谱法分为原子光谱法和分子光谱法两类。根据物质与电磁辐射相互作用的机理，又可将光谱法分为发射光谱、吸收光谱和拉曼光谱三类。下面将介绍水质分析中常用的几种光谱分析方法。

5.1.1　红外吸收光谱法

（1）基本原理

分子的能量主要由平动能量、振动能量、电子能量和转动能量构成。若以连续波长的红外线为光源照射样品，由于红外线辐射能量不足以引起分子中电子能级的跃迁，只能被分子吸收，实现分子振动能级和转动能级的跃迁，所得的吸收光谱即为红外吸收光谱，简称红外光谱。根据红外吸收光谱中吸收峰的位置、强度和形状可对有机化合物进行结构分析、定性鉴定和定量分析。

产生红外吸收光谱必须具备两个条件：

1）红外辐射应具有恰好能满足能级跃迁所需的能量，即物质分子中某个基团的振动频率应正好等于该红外光的频率；

2）物质分子在振动过程中应有偶极矩的变化。

因此，那些对称分子中原子的振动不能产生红外吸收光谱。由于实验技术和应用的不同，通常把红外区（0.8～1000μm）划分为三个部分。

1）近红外区（泛频区）：波长0.8～2.5μm，主要用来研究O—H、N—H及C—H键的倍频吸收。

2）中红外区（基本转动-振动区）：波长2.5～25μm，是研究应用最广泛的区域，该区的吸收主要是由分子的振动能级和转动能级跃迁引起的。

3）远红外区（转动区）：波长 25～1000μm，该区的吸收主要是分子的纯转动能级跃迁以及晶体的晶格振动。

红外吸收光谱与其他光谱法相比较，具有如下特点。

1）定性能力强。红外光谱可依据样品在红外光区（一般指 2.5～25μm 波长区间）吸收谱带的位置、强度、形状和个数，并参照谱带与溶剂、浓度等的关系来推测分子的空间构型，计算化学键的力常数、键长和键角，可推测出分子中某种官能团以及官能团的邻近基团，从而确定化合物的构成，是结构分析的有力工具。

2）制样简单、测定方便。红外光谱不破坏样品，并且对样品的任何存在状态都适用，气体、液体、可研细的固体或薄膜样品都可以分析。

3）特征性强。红外光谱常被称为“分子指纹光谱”，可以鉴定同分异构体、几何异构体和互变异构体。

4）分析时间短。色散型红外光谱可在几分钟内检测完一个样品。傅里叶变换红外光谱仪 1s 内就可完成多次扫描，为快速分析提供了技术支持。

根据红外光谱的特性，一般用于结构分析，也可用于定量分析。只要混合物中的各组分能有一个不受其他组分干扰的特征吸收峰，即可借助于对比吸收峰强度来进行定量分析。红外光谱定量分析的原理也是基于朗伯-比尔定律，主要有测定谱带强度和谱带面积两种方式。此外，也有采用谱带的一阶导数和二阶导数的计算方法，这种方法能准确地测量重叠的谱带，甚至包括强峰斜坡上的肩峰。

组分众多而谱带又彼此严重重叠的样品，通常无法选出较好的特征吸收谱带，例如水中石油类的测定，可根据吸光度的加和特性（溶液在某一波数处的吸收强度正比于其中某种基团的浓度，且吸收具有加和性）建立数学模型，采用解联立方程法进行定量分析。采用这一方法的条件是必须具备各个组分的标准样品，且各组分在溶液中是遵守朗伯-比尔定律的。现代的红外光谱仪均带有功能良好的计算机，借助计算机可使解联立方程法成为十分实用的方法。

（2）红外光谱仪基本结构

红外光谱仪一般分为色散型红外光谱仪和傅里叶变换红外光谱仪两类。

1）色散型红外光谱仪

色散型红外光谱仪一般采用棱镜或光栅作为单色器，作用于中红外区。自光源发出的连续红外光对称地分为两束，一束通过样品池，一束通过参比池。这两束光经半圆形镜面调制后进入单色器，再交替地射在检测器上。当样品有选择地吸收特定波长的红外光后，两束光的强度就有了差别，在检测器上产生与光强差成正比的交流信号电压。该信号经放大后带动参比光路中的减光器（光楔）向减小光强差方向移动，直至两光束强度相等。与此同时与光楔同步的记录笔，可描绘出物质的吸收情况，得到光谱图。仪器基本结构和图例如图 5-1 所示。

光源的作用是产生高强度、连续的红外光。目前在中红外区较为实用的红外光源有硅碳棒和能斯特灯。硅碳棒由硅碳砂加压成型并经煅烧而成，工作温度为 1300～1500℃，工作寿命为 1000h。硅碳棒不需要预热，价格便宜且使用寿命较长。能斯特灯由金属氧化物加压成型后在高温下烧结而成，工作温度为 1300～1700℃，使用寿命可达 2000h。能斯特

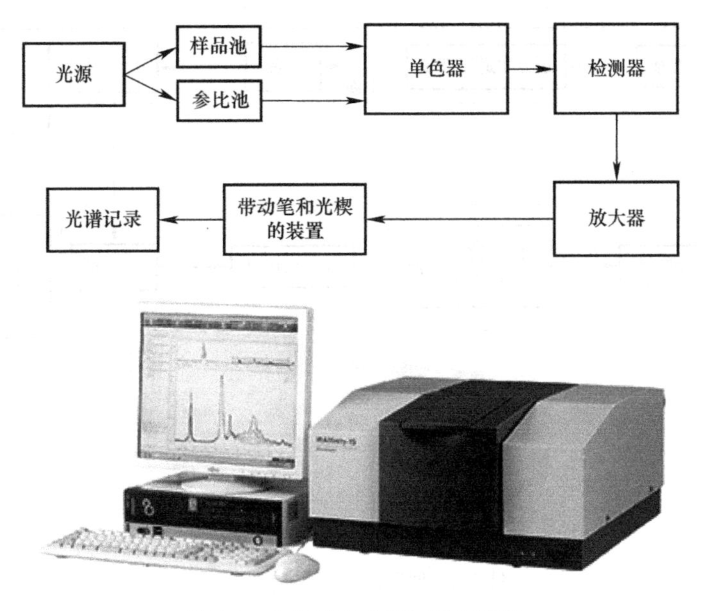

图 5-1 色散型双光束红外光谱仪

灯常温下不导电，在 500℃以上为半导体，所以点亮这种灯要预热到 700℃以上。能斯特灯寿命长、稳定性好，但价格较昂贵，操作不如硅碳棒方便。

检测器是测量红外光强度大小并将其变为电信号的装置，主要有真空热电偶、高莱池和热电量热计三种，其中真空热电偶应用最多，其波长范围为 2～50μm。当红外光通过窗片射到涂黑的热电偶接点上时，接点温度升高，产生温差电势，回路产生电流激发电信号，通过电信号大小测量出红外光强度的变化。

2）傅里叶变换红外光谱仪

傅里叶变换红外光谱仪是利用光源发出的光经过迈克尔逊干涉仪变成干涉光，再让干涉光照射样品，检测器采集获得含有样品信息的红外干涉图，经过计算机对数据进行傅里叶变换，得到样品的红外光谱图。

傅里叶变换红外光谱仪由光学检测系统、计算机数据处理系统、计算机接口、电子线路系统组成。光学检测系统由迈克尔逊干涉仪、光源、检测器组成，迈克尔逊干涉仪是其中的核心部件。傅里叶变换红外光谱仪不使用狭缝和光的色散元件，消除了狭缝对光谱能量的限制，使光能的利用率得到提高，具有测量时间短、高通量、高信噪比、高分辨率的特性。仪器基本结构和图例如图 5-2 所示。

（3）红外光谱仪分析技术

1）样品处理和制备

红外光谱检测的样品可以是固体、液体或气体，因此牵涉到样品的制备。常见的制备方法包括液膜法、溶液法、压片法、石蜡糊法和薄膜法等，必须按照样品的状态、性质、分析目的、测定装置条件等选择最适合的制样方法，这是成功完成检测的基础，也是红外光谱法比较特殊的要求。

样品应是单一组分的纯物质，一般要求纯度大于 99%，否则要进行提纯。多组分样品应在检测前用分馏、萃取、重结晶、离子交换、色谱或其他方法进行分离提纯，否则各组分光谱互相重叠，难以解析。对含水分和溶剂的样品要进行干燥处理，因为水本身有红外

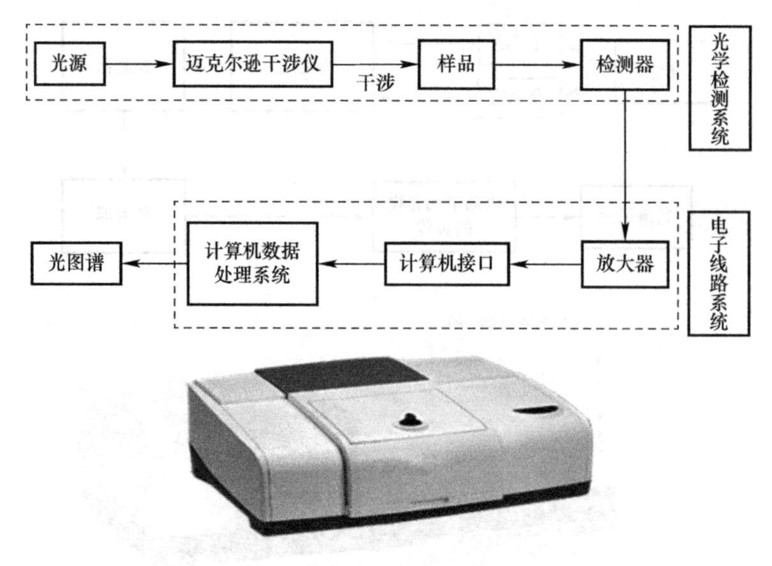

图 5-2　傅里叶变换红外光谱仪

吸收会严重干扰样品谱图，还会浸蚀吸收池的盐窗（实际为半透膜，可令一半红外光通过，一半红外光反射，常采用 KBr 材料制成）。如果样品不稳定，则应避免使用压片法。制样过程还要注意避免空气中水分、CO_2 及其他污染物混入样品。

① 液体样品

液体样品的制备可分为液膜法和溶液法。液膜法是在两个窗片之间滴加 1～2 滴液体试样使之形成一层薄的液膜，再进行检测。液膜厚度可借助于池架上的固紧螺丝做微小调节。该法操作简便，适用于对高沸点液体化合物的定性分析。

溶液法是将溶液样品溶于适当的红外用溶剂中，如 CS_2、CCl_4、$CHCl_3$ 等，然后注入封闭液体池中进行测定。一些固体样品也可以溶液的形式进行测定。在使用溶液法时，必须特别注意红外溶剂的选择，要求溶剂在较大范围内无吸收，样品的吸收带尽量不被溶剂吸收带所干扰。该法适用于定量分析，此外还能用于红外吸收很强、用液膜法不能得到满意谱图的液体样品的定性分析。

② 气体样品

气体样品一般使用气体池进行测定，气体池长度可以选择，标准的气体池长约 10cm，光程加长的专用气体池适用于低蒸气压或含量低的试样。气体池为玻璃或金属制成的圆筒，两端有两个透红外光的窗片，材质一般为 NaCl 或 KBr，在圆筒两边装有两个活塞作为气体的进出口。进样时，一般先把气槽抽真空再灌注样品。

③ 固体样品

固体样品的制备可分为压片法、石蜡糊法和薄膜法。

压片法是把 1～2mg 固体样品放在玛瑙研钵中研细，加入 100～200mg 磨细干燥的碱金属卤化物（多用 KBr）粉末，混合均匀后加入压模内，在压片机上边抽真空边加压，制成厚约 1mm、直径约为 10mm 的透明片子，然后进行测量。

石蜡糊法是将固体样品研成细末，与糊剂（如液体石蜡油）混合成糊状，然后夹在两窗片之间进行测量。石蜡油是精制过的长链烷烃，具有较大的黏度和较高的折射率。

薄膜法制样有两种方式：一种是直接将样品放在盐窗上加热，熔融样品后涂成薄膜；

另一种是先把样品溶于挥发性溶剂中制成溶液，然后滴在盐片上，待溶剂挥发后，样品遗留在盐片上形成薄膜。

2）维护及注意事项

红外光谱仪应该放置在环境清洁、无强烈振动、无电磁干扰的恒温恒湿房间内。室内应该加装空调和除湿机。对于较长时间的样品测量过程，温度变化对测量结果的影响很大，要求温度波动每小时不超过1℃，每天不超过2℃，并注意定期检查除湿机的水箱是否装满，及时倾倒。

仪器室应与化学实验室、样品制备室分开。因为实验产生的气体和易挥发的溶剂会腐蚀红外光谱仪的零部件，缩短使用寿命。中红外分束器的半透膜镀层和检测器的盐窗材料对卤化物气体尤为敏感，因此要防止卤化物气体进入光学台。

仪器的光学镜面必须严格防尘、防腐，防止机械摩擦，一旦附有灰尘，就只能用洗耳球吹。吹不掉的灰尘不能用有机溶剂清洗，更不能用镜头纸擦拭，否则会降低镜面的反射率。仪器不使用时，应罩上防尘布或防尘罩。

各运动部件要定期用润滑油润滑，以保持运转良好。仪器若长期不用，再用时要对其性能进行全面检查。

5.1.2 原子吸收光谱法

（1）基本原理

原子吸收光谱法（Atomic Absorption Spectrometry，AAS）又称原子吸收分光光度法，是基于待测元素的基态原子蒸汽对其特征谱线的吸收，由特征谱线的特征性和谱线被减弱的程度对待测元素进行定性定量分析的一种光谱分析方法。

原子吸收光谱法必须将待测元素原子化，依据原子化方式的不同，可分为火焰原子吸收光谱法（FAAS）和无火焰原子吸收光谱法（GFAAS）两类。

原子吸收光谱法具有下列特点。

1）灵敏度高、检出限低。FAAS的检出限可达10^{-6}g/mL，GFAAS的检出限可达10^{-14}～10^{-13}g/mL。

2）选择性好。原子吸收光谱是元素的固有特征。用原子吸收光谱法测定元素含量时，共存元素对待测元素的干扰较少，一般可以在不分离共存元素的情况下直接测定。

3）准确度高。其准确度接近经典化学方法。

4）进样量少、操作简便、分析速度快。FAAS的进样量为10～50μL。GFAAS的液体进样量为10～30μL。准备工作做好后，FAAS测定一个样品仅需十几秒，GFAAS测定一个样品则需要1min左右。

5）应用广泛。可直接测定70多种金属元素，能分析元素周期表中绝大多数非金属元素。利用联用技术可以进行元素的形态分析，还可以进行同位素分析。

（2）原子吸收光谱仪基本结构

原子吸收光谱仪在结构上与分光光度计类似，只是用锐线光源代替连续光源，用原子化器代替吸收池。原子吸收光谱仪分为单光束和双光束两类，均由光源、原子化系统、分光系统及检测系统四个部分组成。目前双光束原子吸收光谱仪的应用更加广泛。仪器基本结构和图例如图5-3所示。

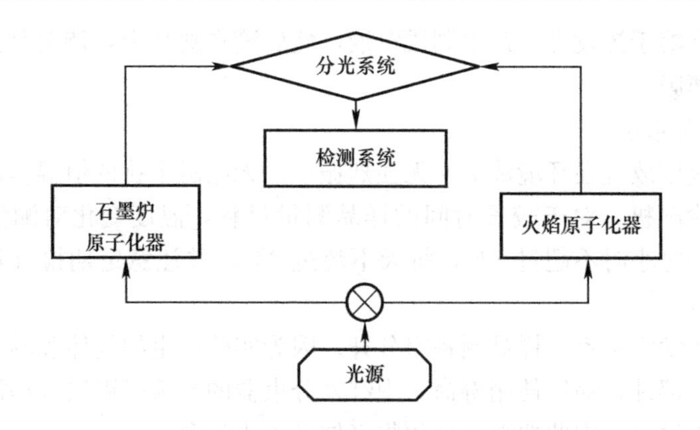

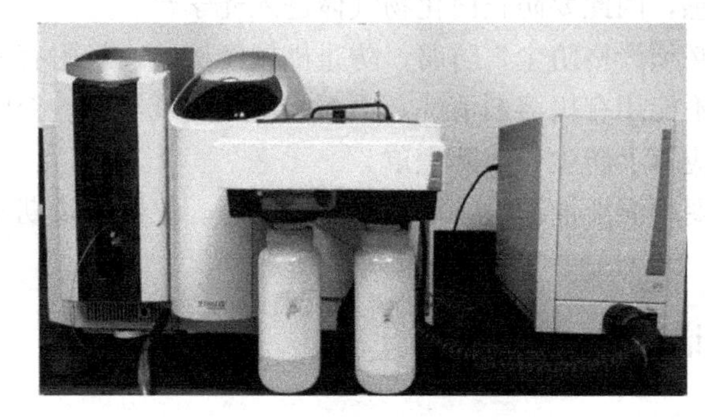

图 5-3 原子吸收光谱仪

单光束原子吸收光谱仪是最简单的原子吸收光谱仪，它不能消除光源波动所引起的基线漂移，但仪器结构简单、价格低廉。基本结构如图 5-4 所示。

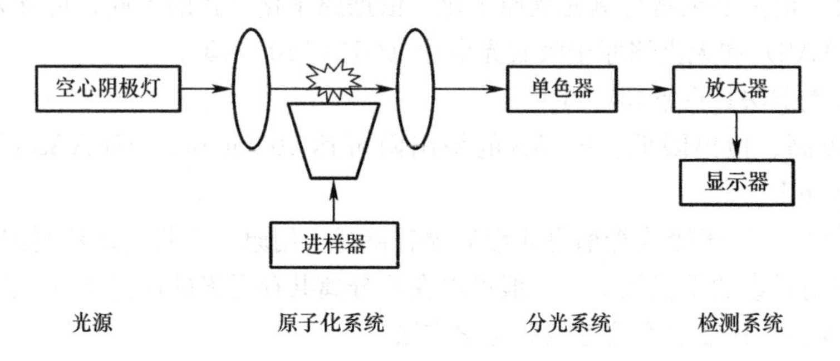

图 5-4 单光束原子吸收光谱仪基本结构

双光束原子吸收光谱仪利用切光器将光源的辐射分为性质完全相同的两束光：一束光通过原子化器，经单色器后到达光电检测器；另一束光则不通过原子化器，而是通过装有可调光栅的空白池作参比光束，然后利用半透射半反射镜将样品光束及参比光束交替通过单色器后至检测系统，这样便可以检测出两束光的强度之比。如果先将空白溶液喷入，通过仪器调节使两束光强度相等，然后换用待测样品，则测得的吸光度仅与待测元素的吸收相关。所以双光束型仪器可保证基线的稳定性，消除光源波动带来的影响，利于提高测量结果的准确度。但双光束原子吸收光谱仪的光学系统复杂，入射光能量损失较大，且仪器价格昂贵。仪器基本结构如图 5-5 所示。

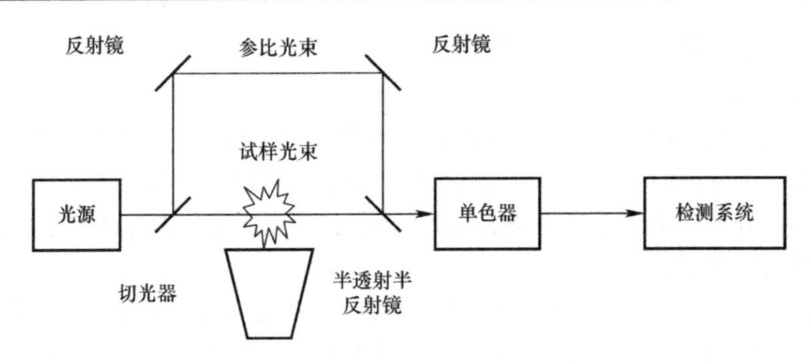

图 5-5 双光束原子吸收光谱仪基本结构

1）光源

光源是原子吸收光谱仪的重要组成部分，功能是发射待测元素基态原子所吸收的特征共振辐射，其性能直接影响分析实验的检出限、精密度及稳定性等参数。用于原子吸收光谱仪的光源通常是锐线光源，分为空心阴极灯、蒸气放电灯、高频无极放电灯和激光光源等。其中空心阴极灯的应用最为广泛，如图 5-6 所示。

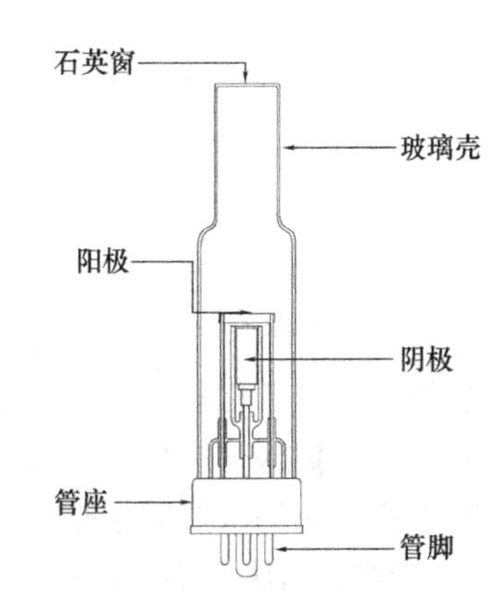

图 5-6 空心阴极灯

空心阴极灯是一种能产生原子锐线发射光谱的低压气体放电管，其阴极形状一般为空心圆柱，由待测元素的纯金属或其合金材料制成，并以其阴极材料的元素名称命名。阳极一般用金属钨制成，上绕钛丝或锆丝兼作吸气剂，以保持灯内气体的纯净。阴极和阳极均密封于充有低压（充入的惰性气体体积大于玻璃管，对玻璃管产生较小的持续压力）惰性气体（氖、氩等）的玻璃管中。空心阴极灯管前端窗口材料由透过率最大的物质构成，波长小于 250nm，一般选用人造石英，大于 250nm 选用透紫玻璃（可透过紫外线的玻璃）制成。

空心阴极灯所发射的谱线强度及宽度主要与灯的工作电流有关。在实际检测工作中，应选择适宜的工作电流，一般在 3～20mA 范围内。空心阴极灯达到稳定发射前的加热时间称为预热时间，有的元素过程极短，如 Ag、Au，1～2min 内就能达到稳定发射；有的元素过程要长一些，如 Fe、Zn，最长不超过 30min。

由于原子吸收光谱仪的特点，测量不同元素需更换不同的元素灯，使用起来较麻烦。随着计算机技术的进步与发展，各类自动换灯结构应运而生，可进行 4 支、6 支甚至 8 支元素灯自动切换，目前也已出现多元素通用空心阴极灯。

2）原子化器

将试样中待测元素变成气态基态原子的过程称为试样的“原子化”。完成试样原子化所用的设备称为原子化器或原子化系统。常见的原子化方法主要有火焰原子化法和无火焰原子化法两种。火焰原子化法利用火焰热能使试样转化为气态原子。无火焰原子化法利用电加热或化学还原使试样原子化。

原子化器在原子吸收光谱仪中是一个关键装置，它对原子吸收光谱法的灵敏度、准确度以及测量数据的重现性有决定性的影响，也是分析误差最大的来源。因此，要求它具有原子化效率高、记忆效应小和噪声低等特点。

① 火焰原子化器

火焰原子化器的工作原理是将样品溶液通过毛细管，利用压缩空气气流形成的负压，将样品提升成高度分散的雾态气溶胶进入火焰燃烧器，用燃烧产生的热量使进入火焰的试样蒸发、熔融，分解成基态原子并进行测定。同时应尽量减少其他自由原子的激发和电离，减少背景吸收和发射。

由于它是通过燃烧产生能量使试样发生解离，因此火焰原子化器需要专用的燃烧器。燃气在助燃气的作用下在燃烧器内形成火焰，使进入火焰的试样微粒原子化。燃烧器应能使火焰燃烧稳定，试样原子化程度高，并耐高温、耐腐蚀。燃烧器可分为两种：一种是预混合型，已充分混合的燃气与助燃气进入燃烧器后产生层流火焰，并先将试样雾化后，再喷入火焰燃烧；另一种是全消耗型，即将试样直接喷入火焰。目前预混合型燃烧器使用较为普遍，它由喷雾器、预混合室和燃烧器等部分组成。由于预混合型火焰原子化器的燃气、助燃气、气溶胶在预混合室内充分混合，存在燃烧的充分条件，当供气速度小于燃烧速度时，将会引起“回火”，因此这种原子化器不宜采用燃烧速度过快的可燃混合气体，且在排水管的下端必须设有水封，以免气体逸出引起回火爆炸。按照火焰反应的特性，一般将火焰原子化器使用的火焰分为还原性火焰（富燃焰）、中性火焰（化学计量火焰）和氧化性火焰（贫燃焰）三类。对于原子吸收光谱测定而言，最适合的还是还原性火焰。影响火焰反应的主要因素是燃气的性质和燃气与助燃气的比例。

空气-乙炔火焰燃烧稳定，重复性好，噪声低，燃烧速度不大，使用安全，易于操作，火焰温度可达2300℃，对多数元素均有足够的测定灵敏度。不足之处是对波长在230nm以下的辐射有明显的吸收，使噪声增大，另一个不足之处是温度不够高，容易形成难熔氧化物的B、Be、Al、Se、Y、Ti、Zr、V等元素在该火焰中原子化效率低。

使用笑气代替空气作助燃气，既可以提高乙炔火焰的温度，又能保持较低的燃烧速度。使用这种火焰可以测定约70种元素，扩大了火焰原子吸收分光光度法的应用范围。笑气-乙炔火焰是目前唯一获得广泛应用的高温化学火焰。

② 无火焰原子化器

石墨炉原子化器是应用最广泛的无火焰原子化器。其基本原理是将试样注入石墨管中，用大电流通过石墨炉腔加热石墨管，产生高达2000～3000℃的高温，使试样蒸发和原子化。石墨炉原子化器体积较小，基态原子在其中停留时间较长，原子蒸气浓度比火焰法高出两个数量级，不用富集分离便可测定痕量或超痕量成分，而且所需样品量较少，操作也较简单。石墨炉原子化器和石墨管结构如图5-7所示。

为了防止样品及石墨炉本身被氧化，升温过程需要在惰性气体中进行（不断通入氮气或氩气）。测量步骤可分为干燥、灰化、原子化、净化四个阶段。

a. 干燥　在灰化或原子化过程中，为了防止样品的突然沸腾或渗入石墨炉壁中的试液激烈蒸发而飞溅，必须将样品预先干燥。干燥阶段的作用是除去样品溶液的溶剂，而不允许待分析元素有任何损失。干燥温度一般在100℃左右，每微升试液的干燥时间为2～3s。

b. 灰化　灰化是为了除去共存有机物或低沸点无机物的干扰，使气相化学干扰和背景吸收干扰大幅度减小，并保证没有待分析元素损失，以相同的化学形态进入原子化阶段，从而获得良好的分析结果。灰化时间应与样品量成正比。灰化温度低于450℃时，石墨管

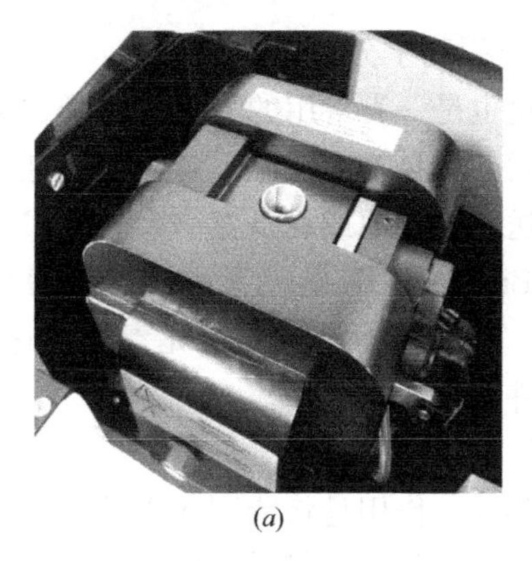

(a)

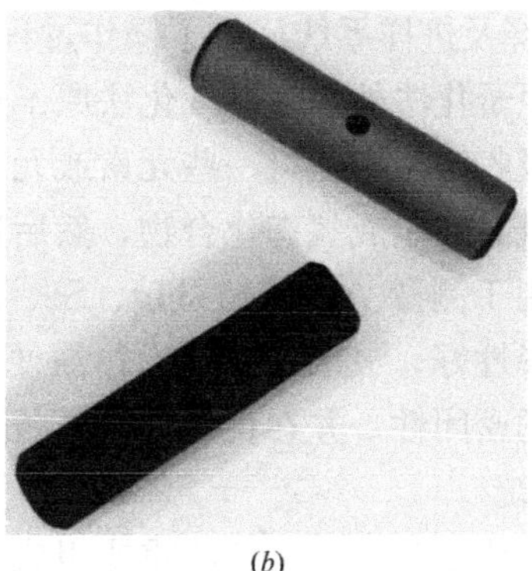

(b)

图 5-7 石墨炉原子化器和石墨管

(a) 石墨炉原子化器；(b) 石墨管

的损耗很少。灰化温度低于 600℃时，大多数元素通常不会损失，若适当提高灰化温度，灰化时间则相应缩短。

c. 原子化 原子化阶段应控制温度确保所有试样都被原子化，同时保证较高的灵敏度。一般原子化时间为 3s，以捕捉到完整的原子化信号。此阶段需停止通入惰性气体。

d. 净化 样品热分解的残留物有时会附着在石墨炉的两端，存留记忆效应，对下次样品的测量产生影响。故在每次测量之后应升高温度（一般比原子化阶段高 100～200℃），并通入惰性气体“洗涤”，使石墨炉腔内部得到净化。

石墨炉系统的载气分为外气路和内气路两部分。外气路又称屏蔽气，经由石墨管壁外流动，流量固定，作用是保护石墨管表面在被加热升温及高温原子化过程中不与氧气接触发生氧化，保护石墨管中的样品在干燥、灰化、原子化过程中不与大气接触发生氧化。内气路则从石墨管两端进入，在干燥灰化阶段将加热蒸发的样品溶剂、共存物质蒸气由管中心进样孔带出。原子化阶段除特殊要求外一般选择停气，以增加原子蒸气的停留时间，提高灵敏度。高温空烧净化阶段则需吹去高温蒸发的样品残留物，避免其积累产生记忆效应。

如今商品化仪器常用的石墨管包括普通石墨管、热解涂层石墨管、长寿命石墨管、石墨平台及金属舟等，应用较广泛的为前三种。按加热方式分，石墨炉原子化器可分为纵向加热和横向加热。纵向加热石墨炉结构简单、体积小巧，但由于供电石墨锥在光路的前后，沿光路方向有较大的温度变化，基体干扰严重。新兴的横向加热技术能克服纵向加热石墨炉的固有缺陷，减少温度差带来的干扰，降低基体干扰，提高石墨管的使用寿命。

为使石墨管在第二次分析之前能迅速将温度降至室温，石墨炉原子化器必须使用冷却水对石墨炉体进行冷却。冷却水的最佳温度为 20℃，流量一般为 1～2L/min。水温不宜过低，流量也不宜过大，否则会在石墨锥体或石英窗上形成冷凝水，影响光路测量。

石墨炉原子化器的特点是：

a. 样品使用量少（通常只需 10～20μL），灵敏度高，检出限低；

b. 可直接测量黏度较大的样品和固体样品（固体样品使用金属进样舟）；

c. 整个原子化过程是在一个密闭的配有冷却装置的系统中进行的，过程安全且记忆效应小；

d. 自动稀释及进样系统简化了操作过程，提高了分析速度。

除石墨炉原子化法外，还原气化法原子化也是一类常用的无火焰原子化法，这种方法也称为冷原子吸收法。它是将一些元素或元素的化合物在低温下与强还原剂反应，使待测原子本身变为气态或生成气态化合物，然后送入吸收池或在低温（<1000℃）下加热进行原子化，主要用于测量As、Sb、Hg、Se、Bi、Sn、Te等元素。该方法的基体干扰和化学干扰小、选择性好、灵敏度高、操作简便。但要注意某些金属元素的氢化物毒性较大，应保证发生器的密闭性，并在良好的通风条件下进行实验。

3）分光系统

分光系统是原子吸收光谱仪的重要组成部分，作用是将待测元素的特征谱线与其他干扰谱线分离开来，只让待测元素的特征谱线通过。早期一般采用棱镜进行分光，现代原子吸收光谱仪大多采用光栅装置进行分光。该装置用两个小凹面镜作为准直镜和成像物镜，光路在装置中是对称的，出射狭缝与入射狭缝位于光栅的两侧，从入射狭缝入射的光线投射至第一个凹面反射镜，变为平行光反射至光栅上，经光栅色散后折回第二个凹面反射镜，然后聚焦在出射狭缝的焦面上。

4）检测及显示系统

原子吸收光谱仪中的检测和显示装置的作用是将待测的光信号转换为电信号，经放大后显示出来。原子吸收光谱分析中的信号是交变的光信号，一般采用光电倍增管作为检测器。放大器将光电倍增管输出的电信号进行放大，再经对数变换器变换，提供给显示装置。在显示装置里，信号可以转换成吸光度或透光率，也可转换成浓度，用数字显示器显示出来，同时记录吸收峰的峰高和峰面积。

5）背景校正装置

在原子吸收光谱分析中，为消除样品测定时的背景干扰，背景校正装置是必不可少的部件。特别是使用石墨炉原子化器对痕量元素、超痕量元素进行分析时，背景干扰尤其严重，因此发展出了各类背景校正技术。目前常用的背景校正装置包括氘灯背景校正装置（连续光源法背景校正装置）、塞曼效应背景校正装置、空心阴极灯自吸收背景校正装置等。由于各种背景校正装置的适用范围不同，因此常见的原子吸收光谱仪器大部分具备一种或一种以上的背景校正装置。

① 氘灯背景校正

氘灯可用于紫外波段（180～400nm），原子吸收测量的元素共振辐射大多处于紫外波段，所以氘灯背景校正是背景校正最常用的技术。它利用待测元素空心阴极灯的辐射作样品光束，测量总的吸收信号，用连续光源的辐射作参比光束并视为纯背景吸收，光辐射交替通过原子化器，两次所测吸收值相减使背景得到校正。

② 塞曼效应背景校正

光源在强磁场作用下产生光谱线分裂的现象称为塞曼效应，其应用于原子吸收做背景校正有多种方法。可将磁场施加于光源，也可将磁场施加于原子化器；可利用横向效应，也可利用纵向效应；可用恒定磁场，也可用交变磁场。由于条件限制，目前常见的仪器大多采用施加于原子化器的塞曼效应背景校正装置。

③ 空心阴极灯自吸收背景校正

自吸收背景校正方法是利用空心阴极灯在大电流时出现自吸收现象，发射的光谱线变宽，以此测量背景吸收。

(3) 原子吸收光谱仪分析技术

1) 溶液制备

根据待测元素的含量范围，可配制多元素混合标准溶液以简化操作，例如 Fe、Mn、Cu、Zn 可配成混合标液，性质稳定。其最佳浓度范围应根据样品性质进行选择。

2) 干扰及其校正

原子吸收光谱分析相对于化学分析来说是一种干扰较少的检测技术，原子吸收检测中的干扰可分为四类：化学干扰、物理干扰、电离干扰和光谱干扰。要保证测量结果的准确性，必须明确干扰的性质并采取适当的措施，加以抑制或消除。

化学干扰是原子吸收光谱分析中最普遍的干扰，是由于液相或气相中待测元素与干扰物质组分之间形成了热力学更稳定的化合物，从而影响待测元素化合物的解离和原子化。化学干扰对测量条件的依赖性很强，可根据具体情况采用化学分离，提高火焰温度，加入释放剂、保护剂或缓冲剂等方法来克服或抑制。

3) 分析测量条件的选择及优化

选择合适的测量条件，对于保证测量结果的准确度和精密度非常重要。测量条件一般分为仪器工作参数和原子化条件两类。仪器工作参数包括分析线、光谱通带、灯电流等，各参数之间交互效应较小，可对各参数分别进行优化。原子化条件包括燃烧器高度、进样量等，各参数之间交互效应显著，应进行综合优选。

① 分析线的选择

分析线的选择要兼顾测量灵敏度、精密度、工作曲线的动态范围，可能受其他元素谱线的干扰等。通常选择共振吸收线作为分析线以获得较高的测量灵敏度。分析高浓度样品时，为保证工作曲线的线性动态范围，经常选用次灵敏线作为吸收线。

② 光谱通带的选择

对于给定的仪器，只需调节出射狭缝宽度即可改变光谱通带。在吸收线附近无干扰光谱线存在的前提下，选用较宽的光谱通带，以充分利用辐射光源的能量。对于谱线简单的碱金属和碱土金属，宜用较宽的光谱通带以保证测量精度和灵敏度。对于多谱线元素，如铁族元素，宜用较窄的光谱通带来提高灵敏度，并改善标准曲线线性。

③ 空心阴极灯工作电流的选择

空心阴极灯的发射特征与灯电流有关，在保证放电稳定与合适光强输出的条件下，尽量选用较低的工作电流，一般不超过最大允许值的 2/3。

④ 火焰原子化条件的选择

观测高度是指距燃烧器缝口以上的距离。在火焰中进行的原子化过程较为复杂，待测元素化合物的性质决定了原子在火焰区域内的分布，因此，不同元素在火焰中形成的基态原子的最佳浓度区域高度不同、灵敏度不同。应选择合适的观测高度，保证光束从原子浓度最大区域通过，一般选择 2～5mm 附近处为宜。

⑤ 无火焰原子化条件的选择

石墨炉原子吸收光谱分析法的灵敏度取决于石墨炉及其工作过程。待测样品在石墨炉原子吸收分析中必须经过干燥、灰化和原子化三个阶段，在原子化之前，样品的共存组分与待分析元素分离得越好，干扰越少，原子化后加上高温净化即构成石墨炉原子吸收法的完整升温程序。当分析未知样品时，在建立升温程序的试验过程中要注意观察和分析所发生的现象。

干燥阶段若已知样品的性质，可将温度快速升至略低于沸点，再缓慢升温到刚好高于沸点并保持10～20s。但实际工作中样品大都是未知的，有些多组分成分复杂，防止待分析元素损失的方法是用斜坡升温方式缓慢升到设定的干燥温度，既可将溶剂完全蒸发去除又不发生样品飞溅。

灰化阶段为了尽可能把样品中的共存物质全部或大部分除去，可通过用纯标准溶液制作待分析元素灰化曲线，确定其最佳灰化温度，若在此灰化温度下不能或只能小部分蒸发除去共存物质，就要考虑使用化学改进剂，把共存物质转化为易挥发形态的化合物，或将待分析元素转变为低挥发性化合物，提高灰化温度以达到除去共存物质的目的。在试验过程中应注意观察灰化阶段有无原子吸收信号出现，就能立即知道待分析元素有无损失。

原子化阶段应使样品中待分析元素完全或尽可能多地变成自由原子，气相物理化学干扰尽可能小，恒温原子化是最佳选择。通过用纯标准溶液制作待分析元素的原子化曲线确定最佳原子化温度。选择原子化温度时，宜低不宜高，考虑到石墨管的使用寿命，原子化的最高温度一般不超过2700℃。对于某些难熔元素，提高原子化温度时应使用长寿命、耐高温涂层石墨管。

4）维护及注意事项

放置仪器的室内应保持清洁，温度保持在10～30℃，空气相对湿度应小于80%，避免日光直射，以及烟尘、污浊气流、腐蚀性气体和强电磁场的干扰。

石墨炉使用的冷却水应为去离子水，用水质较硬的自来水容易在石墨炉腔体内形成水垢，难以清除。

乙炔燃气钢瓶不要放在仪器房间内，要放在离主机最近、安全禁烟火、通风良好的房间。乙炔气出口的压力应在0.05～0.08MPa之间，纯度为99.9%。乙炔钢瓶必须配有气压调节阀和防回火装置。

原子吸收光谱仪的原子化器是暴露在外面的，需经常清洁。进行火焰分析时，测试完毕应吸喷200mL以上的去离子水清洗火焰原子化器。若检测样品含有有机溶剂或高盐溶液，每1～2周应拆开雾化器、燃烧头用超声波振荡器清洗，以保证其良好的性能，注意禁止用酸浸泡。石墨炉原子化器若每天使用，20～30d要清洁一次炉腔和石英窗，可用脱脂棉蘸乙醇轻轻擦洗，并用洗耳球进行吹除。应经常检查石墨管，观察内壁和平台性状，有破损或出现麻点则不应继续使用。

长时间放置的仪器应1～2个月开机一次，去除仪器内部湿气，让电子元器件保持良好的状态。长时间不使用的元素灯，也应每半年点灯工作半小时，保持激活状态。

5.1.3　原子荧光光谱法

（1）基本原理

原子荧光光谱分析（Atomic Fluorescence Spectrometer，AFS）是测量被分析物气态自由原子蒸气在辐射能激发下所发射的原子荧光强度进行痕量元素定量分析的方法。原子荧光产生于光致激发，即基态原子吸收了特定波长（或频率）的辐射能量后，原子的外层电子由基态跃迁到高能态（激发态），处于激发态的原子很不稳定，在极短时间内会自发地以光辐射形式发射原子荧光释放能量，回到基态。在一定的条件下和一定的含量范围内，原子荧光光谱法遵循朗伯-比尔定律，原子荧光强度与被测元素的含量成正比。

从理论上讲，原子荧光光谱分析是介于原子吸收光谱和原子发射光谱之间的光化学分析技术，具有这两种技术的优点，也克服了两者的不足。AFS 技术的特点是谱线简单，光谱干扰少，选择性好；灵敏度高，检出限低；适用于多元素同时分析；校正曲线的线性范围宽，可达 3～5 个数量级；允许的干扰物质浓度较高，对于基体较复杂的样品一般不经分离即可直接测定。

由于荧光光谱分析存在着严重的散射光干扰及荧光猝灭等固有缺陷，使得该方法对激发光源和原子化器有较高的要求。氢化物发生-原子荧光光谱分析是唯一满足检测需求的方式，在测量 As、Sb、Bi、Se 等易于生成氢化物的元素及易蒸发的汞元素时具有独特的优势。该法利用还原剂将样品溶液中的待测组分还原为挥发性氢化物，然后借助载气流将其导入原子荧光光谱分析系统进行测量。由于氢化物可以在氩-氢焰中得到很好的原子化，而氩-氢焰本身具有较高的荧光效率及较低的背景，因此使用简单的仪器装置就可以得到很低的检出限，对于测量环境样品、生物样品、食品、地质样品、钢铁合金中的痕量元素具有非常好的效果。

(2) 原子荧光光谱仪基本结构

原子荧光光谱仪一般由激发光源、原子化器、光学系统和检测系统四大部分组成。仪器结构及图例如图 5-8 所示。

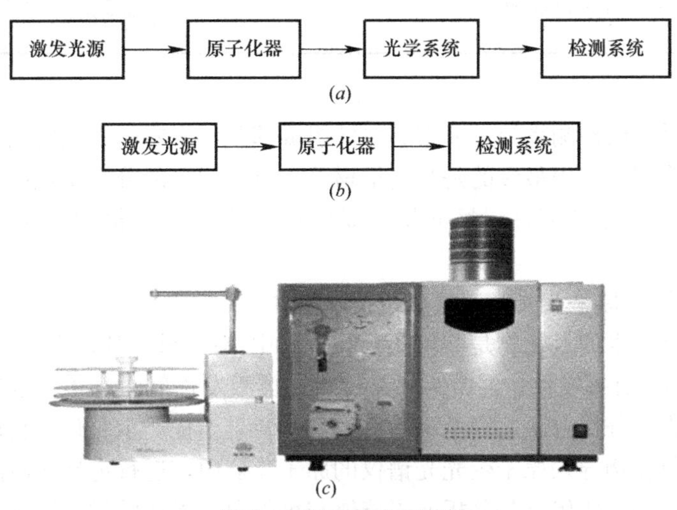

图 5-8 原子荧光光谱仪

(a) 有色散原子荧光；(b) 非色散原子荧光；(c) 原子荧光光谱仪图例

1) 激发光源

原子吸收使用条件下操作的空心阴极灯不能激发出足够强的原子荧光信号，而原子荧光在一定条件下其灵敏度与激发光源的发光强度成正比，因此普通的空心阴极灯不适用于原子荧光分析。原子荧光光谱仪的激发光源包括高强度空心阴极灯、氙灯连续光源、无极放电灯、激光光源和等离子体光源等，其中最为常用的为高强度空心阴极灯。

高强度空心阴极灯是在普通的空心阴极灯中加了一对辅助电极，空心阴极和阳极之间辉光放电产生金属蒸气的溅射，所形成的自由原子层与辅助电极所形成的等离子区的离子相互碰撞而被激发，可明显提高元素共振线的强度，减少杂散谱线，得到较强的荧光信号。

2）原子化器

原子荧光光谱仪中可使用的原子化器包括石英管原子化器、火焰原子化器、无火焰原子化器（石墨炉）、等离子体原子化器等，应用最广泛的为电热石英氩-氢火焰原子化器，但由于工作温度较低（约 200℃），只能使那些易形成氢化物的元素原子化。

3）光学系统

根据有无单色器，原子荧光光谱仪可分为有色散型和非色散型两类。非色散型原子荧光光谱仪不需要单色器，一般采用光学滤光片消除光谱干扰，或者直接采用日盲光电倍增管进行原子荧光检测。色散型原子荧光光谱仪由于原子荧光发射强度较弱、谱线较少，因而要求单色器有较强的聚光性。色散系统与非色散系统的优缺点对比见表 5-1。

原子荧光色散系统与非色散系统的比较 **表 5-1**

系统	优点	缺点
色散系统	波长范围广； 分离色散光能力较强； 灵活性较大，转动光栅即可选择分析元素； 可以采用灵敏的宽波长范围的光电倍增管	价格较高； 必须调整波长； 有可能存在波长漂移
非色散系统	仪器简单且价格低廉； 不存在波长漂移； 检出限较好	需采用日盲光电倍增管； 较易受到散射干扰； 较易受到光谱干扰； 对光源的纯度有较高的要求

4）检测系统

原子荧光光谱仪的检测系统是非常重要的组成部分，主要由光电转换和放大读数两部分组成。光电转换部分应用最多的是光电倍增管，放大读数部分主要包括前置放大、主放大、同步调节、放大器等部件。目前检测系统已实现与计算机的联用，使得检测更加便捷。

（3）氢化物发生-原子荧光光谱仪分析技术

碳、氮、氧族元素的氢化物是共价化合物，其中 As、Sb、Bi、Se、Ge、Pb、Sn、Te 8 种元素的氢化物具有挥发性，通常为气态。对这类激发辐射大都落在远紫外光谱区的元素，用常规原子光谱分析方法，测量灵敏度较低，背景干扰严重且信噪比较大。借助载流气可方便地将其氢化物导入原子荧光光谱仪的原子化器中，进行定量光谱测量。

氢化物发生法的主要优点是分析元素能够与可能引起干扰的样品基体分离，消除了干扰；与溶液直接喷雾进样相比，氢化物发生法能将待测元素充分富集，进样效率接近 100%；连续氢化物发生装置易于实现自动化；不同价态的元素氢化物发生条件不同，可进行价态分析。

1）氢化物发生方法

氢化物发生方法概括起来可以归纳为硼氢化钠-酸还原体系、金属-酸还原体系、碱性模式还原以及电解还原法四种。最常见的为硼氢化钠-酸还原体系，在还原能力、反应速度、自动化操作、抗干扰能力以及适用的元素数目等诸多方面表现出极大的优越性。硼氢化钠-酸还原体系反应原理如下：

$$NaBH_4 + 3H_2O + H^+ \longrightarrow H_3BO_3 + Na^+ + 8H\cdot \xrightarrow{E^{m+}} EH_n + H_2\uparrow \text{（过剩）}$$

（m 可以等于 n 或不等于 n）

氢化物的形成取决于被测元素与氢化合的速率，以及硼氢化钠在酸性溶液中分解的速率这两个因素。

$$BH_4^- + 3H_2O + H^+ \rightarrow H_3BO_3 + 4H_2\uparrow \text{（过剩）}$$

经计算，在 pH＝0 时［即 $c(H^+)=1mol/L$］，硼氢化钠按上述反应生成 H_2 仅需 4.3μs。因此，在进行氢化反应时，必须保持一定的酸度，被测元素也必须以一定的价态存在。

从分析化学角度来看，在溶液中以锌粉、硼氢化钠作为还原剂制备氢化物的反应最具有实用意义，因为反应可在室温条件下进行，而且生成的氢化物在室温为气态，易从基体中分离出来并引入原子化器。

2）氢化物发生装置

氢化物发生装置包括进样系统、气-液分离装置及载气系统。

① 进样系统

目前，原子荧光光谱仪采用的多是断续流动进样方式。首先由蠕动泵分别泵入样品和还原剂，稍经停顿将进样管放入载流中，再运行蠕动泵执行测量步骤，可以得到峰状信号。断续流动进样方式利用计算机控制蠕动泵的转速和时间，定时定量采集样品进行测量，具有稳定性好、精密度高等特点，配有自动进样器后，不仅实现了操作自动化，还能提高仪器的灵敏度和测量精度，降低检出限。

顺序注射为新一代进样方式，采用注射泵代替蠕动泵，克服了蠕动泵的脉动以及泵管长期使用发生老化而引起信号漂移的问题。与蠕动泵相比，注射泵节约了酸、碱和氩气，降低了分析成本且更加环保。顺序注射的另一大优点是实现了标准溶液自动稀释，即使痕量进样，精度依然很高。

② 气-液分离装置

水蒸气随载气进入原子化器，对荧光信号测定产生影响，因此需要进行气-液分离。经一级气-液分离器后仍然有水蒸气存在，会随载气一起向原子化器传输，在管道中冷凝为小水珠，因此需第二级气-液分离器以去除这部分冷凝水。

③ 载气系统

载气可用氮气或氩气，但氩气灵敏度优于氮气。载气流量可以手动调节或使用计算机自动调节。

3）维护及注意事项

某些金属元素（如 As、Hg）的氢化物毒性较大，仪器应放置于具有良好通风条件的实验室内。

泵管应定期滴加硅油，不使用时应打开压块，不宜长时间挤压泵管。

由于检测样品的酸度较高，会造成自动进样器周围的环境空气酸度过大，应定期给自动进样器的导轨轴涂抹润滑油（机油或硅油）。

每次检测结束后需用纯水清洗整个进样系统，减少酸对进样管路的腐蚀。

原子化器使用时间较长后，还原剂及其他杂质会令石英炉芯沾污，应将原子化器拆下后清洗石英炉芯（1+1 硝酸浸泡，直到污渍去除），如图 5-9 所示，同时用洁净湿布擦拭原子化器室。

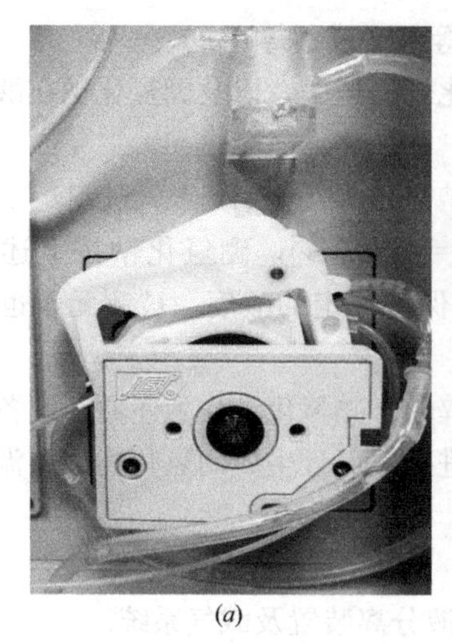

(a)　　(b)

图 5-9　石英炉芯的拆除

(a) 松开压块，拆下石英炉芯；(b) 石英炉芯

5.2　色谱法

色谱法是一种分离分析方法。它具有两相，一相固定不动，称为固定相；另一相则按规定的方向流动，称为流动相。色谱法利用混合物中各组分在两相中的分配系数不同，当一个含有多组分的混合物进入色谱柱中运行时，各组分在两相（流动相和固定相）间反复多次的分配（溶解-吸附-脱附）。分配系数大的组分在固定相上的溶解或吸附能力强，在柱内的移动速度慢；分配系数小的组分在固定相上的溶解或吸附能力弱，在柱内的移动速度快。经过一定的柱长后，由于分配系数的差异，各组分在柱内差速移行，即得到了分离。经分离后进入检测系统转换成相应的信号，记录成色谱图。对色谱图采用一定的定性、定量分析方法处理后，即可得到各组分相应的结果。

色谱法的特点是高选择性、高分离效能、高灵敏度，以及分析速度快、应用范围广；缺点是从色谱法不能直接给出定性的结果，必须有已知的纯物质作对照，才能确定色谱峰对应的物质。

根据流动相的状态，色谱法可分为气相色谱法和液相色谱法等。

5.2.1　气相色谱法

(1) 基本原理

流动相为气体的色谱法称为气相色谱法（Gas Chromatography，GC）。它的原理简单，操作方便。只要在气相色谱仪允许的条件下，可以气化且不分解、不具腐蚀性的物质，都可以通过气相色谱法进行分析。该方法在水质检测中已广泛应用于含氯或含磷、硫农药的检测。而部分热不稳定或者难以气化的物质，也可通过化学衍生化，使之成为卤代、酯类等衍生物，再用气相色谱法分析，如对丙烯酰胺、卤乙酸的检测。气相色谱法还能分离性质极相似的物质，如同位素、同分异构体以及组分极复杂的混合物，如石油。

(2) 气相色谱仪基本结构

气相色谱仪由气路系统、进样系统、分离系统、温度控制系统、检测系统、数据记录和处理系统等部分组成。仪器结构及图例如图 5-10 所示。

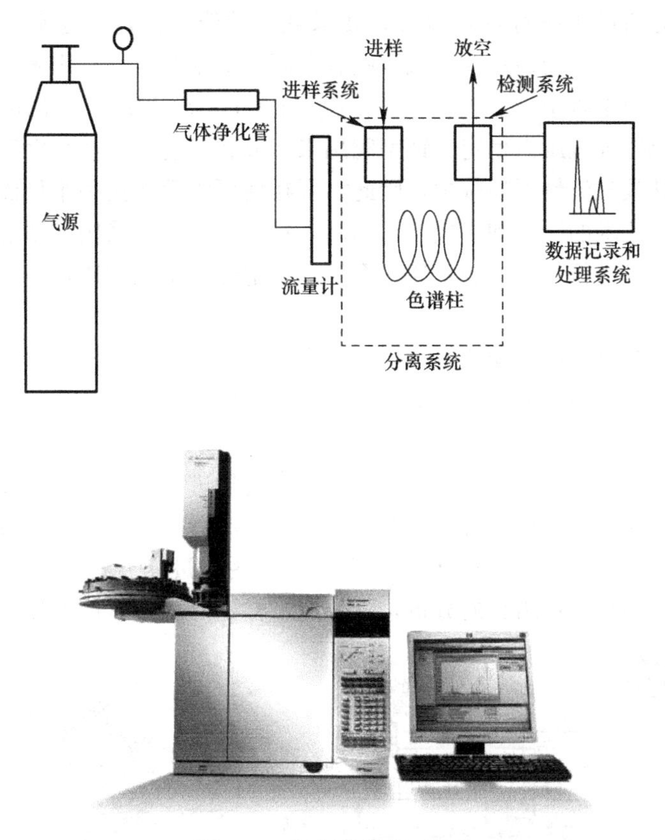

图 5-10 气相色谱仪（GC）

气相色谱法中把作为流动相的气体称为载气。纯度为 99.999%（体积比）的载气由气路系统以稳定的流量通过进样系统、分离系统和检测系统，最后放空。

1）气路系统

气相色谱仪气路系统由气源、气体净化管和载气流速控制装置等部分组成。气相色谱仪除需载气外，部分检测器还需要燃气和助燃气，如氢火焰离子化检测器和火焰光度检测器需使用氢气作燃气，空气作助燃气。毛细管柱系统还需用氮气作尾吹气来改善色谱峰的峰形，同时还需氮气作小流量的隔垫吹扫气以消除因高温下隔垫降解等原因而引入的污染杂质。载气的选择主要取决于检测器、色谱柱和分析要求，常用载气有氮气、氢气、氦气等，其中最常用的载气是氮气，适用于绝大多数的检测器。

气源通常来自于高压钢瓶，其供气流量稳定，气体纯度有较好的保证。各类钢瓶应放在远离电源、热源的地方，并加以固定。钢瓶内的气体不能完全用尽，必须留有一定的残留压力。由于氢气具有一定的危险性，因而目前常用气体发生器而非钢瓶来供气。氢气发生器通过电解水的原理产生氢气。

气相色谱仪要求使用的流动相都必须有尽可能高的纯度。载气纯度不高所引入的有机物杂质会使谱图噪声增大、基线漂移，甚至产生鬼峰。因此，不管是钢瓶气还是发生器产生的气体都需要在进入气相色谱仪之前再进行净化。气体通过净化管去除气体中可能存在的水分、烃类、氧气等杂质。气体先通过水分净化器，而后通过烃类净化器和氧气净化器，最后进入气相色谱仪。各净化管需直立放置，以免柱内材料中产生空隙。

为保证气相分析的准确性和重复性，要求载气的流量恒定。通常使用减压阀、稳压阀、针型阀等来控制载气的稳定性。减压阀装在高压钢瓶的出口，用来将高压气体调节到较小的工作压力，通常将10～15MPa压力减小到0.1～0.5MPa。流出的气体通过气体净化管到稳压阀，保持气流压力稳定。针型阀用来调节载气流量。在程序升温中，色谱柱内阻力不断增加，其载气流量不断减少，因此需要在稳压阀后连接一个稳流阀，以保持恒定的流量。随着电子技术的进步和集成度的提高，目前许多仪器采用高精度的电子压力控制或电子流量控制技术进行气路控制，使得系统的稳定性和重现性达到新的高度。

2）进样系统

气相色谱仪进样可采用手动微量进样针进样或自动进样器进样，目前常用自动进样器进样。自动进样器可自动完成进样针清洗、润冲、取样、进样、换样的过程，进样盘内可放置几十个至上百个样品。

目前，气相色谱仪多采用毛细管柱进样系统，包括进样口、气化室和分流器。进样口内插有玻璃衬管，样品进样后的气化在此处完成。分流器用来完成不同进样方式的样品分流。其中分流/不分流进样是毛细管柱气相色谱最常用的进样方式，如图5-11所示。分流进样主要用于样品中高含量组分的分析，不分流进样主要用于痕量组分的分析。

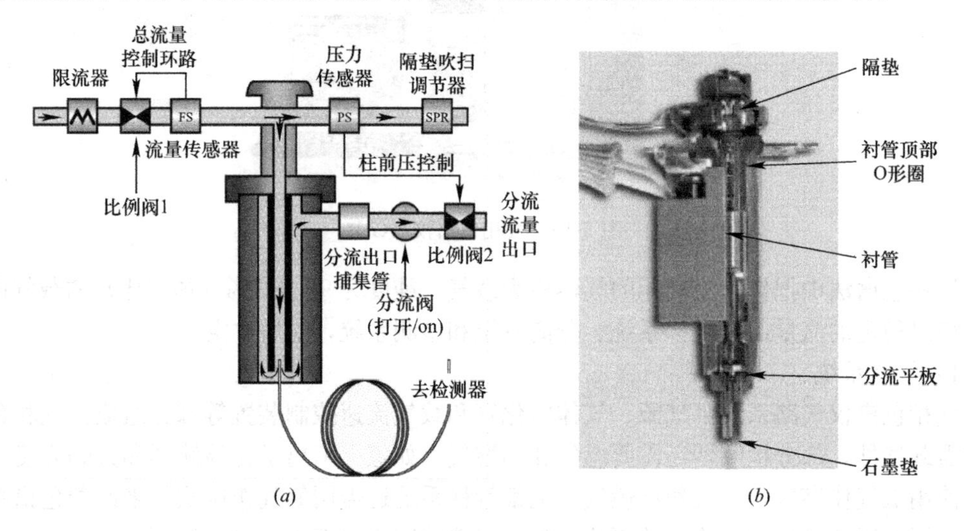

图5-11 分流/不分流进样口

(a) 进样系统结构示意图；(b) 进样口实例

① 分流进样

由于毛细管柱内径较细，分流进样是将少量样品引入色谱柱而不造成柱超载的有效方法。样品气化后，通过进样口处的分流装置按照设定的分流比，只将较小比例的样品送入色谱柱。

分流比等于柱流量和分流出口流量之和除以柱流量。例如，分流出口的流量为30mL/min，通过色谱柱的流量为1mL/min，那么可以计算出其分流比为31∶1。即进样口进样1μL样品，实际进入色谱柱的样品量约为0.03μL。

分流进样应注意“分流歧视”，分流歧视是指在一定分流比下，不同组分的实际分流比有所差异的现象。这将造成进入色谱柱的样品组成与原始组成不一致的情况，从而影响分析结果的准确性。因此在柱容量允许和样品浓度合适的情况下，应适当减小分流比。分流进样选用的衬管也应采取缩径、加玻璃毛等措施，增大与样品接触的比表面积，保证样品组分气化完全并减小分流歧视。

分流进样也适用于分析组分未知的样品，或组分浓度相差很大的样品以及比较“脏”的样品。

② 不分流进样

不分流进样是通过在进样过程中关闭分流阀而实现不分流模式的。由于不分流进样样品气化后的体积相对于柱内载气流量过大，气化的样品中含有大量溶剂，不能瞬间进入色谱柱，导致溶剂峰严重拖尾，使先流出组分的色谱峰被掩盖在溶剂拖尾峰中，使分析变得困难，此现象称为溶剂效应。可采用瞬间不分流进样方法避免溶剂效应，即进样开始时关闭分流阀实现不分流模式，样品在衬管中瞬间气化，样品气体被载气带入色谱柱，并在低于溶剂沸点的温度下在柱头实现再浓缩。当大部分样品都进入色谱柱后，打开分流阀直到分析结束，残留在衬管中的样品蒸汽被吹出。瞬间不分流时间的长短与溶剂的沸点直接相关，也与色谱柱的初始温度有关，一般在 30～80s，多数选 40～50s。不分流进样的最大好处是大部分样品都进入了色谱柱，这将比分流进样的灵敏度高得多。

不分流进样多选用直通型并适当填充玻璃毛的衬管。不分流进样模式中，样品在气化室内停留时间相对较长，热不稳定组分在气化室内分解的可能性加大，因此衬管内壁和玻璃毛都需要进行硅烷化处理。此外还应做好日常维护，及时更换衬管。

3）分离系统

分离系统的部件是色谱柱，色谱柱是气相色谱仪的核心。试样中各组分在色谱柱中进行分离，因此选择合适的色谱柱是分析的关键。色谱柱主要分为填充柱和毛细管柱两大类，如图 5-12 所示。填充柱由不锈钢或玻璃制成，内径一般为 2～4mm，长度为 1～4m，外形有 U 字形和螺旋形，柱内填充有颗粒状固定相。填充柱的优点是柱容量大，允许的进样量大，但其柱效较毛细管柱低。毛细管柱又称开口毛细管柱，一般由外表面包裹一层聚酰胺的石英毛细管制成，内径为 0.25～0.53mm，长度为 10～60m。毛细管柱内通常没有填充物，固定相通过化学键合或吸附作用固定在经过去活性处理的毛细管内表面。与填充柱相比，毛细管柱传质阻力小、分离效率高、分析速度快、样品用量小，目前几乎已代替填充柱，但柱容量低，对检测器的灵敏度要求高。

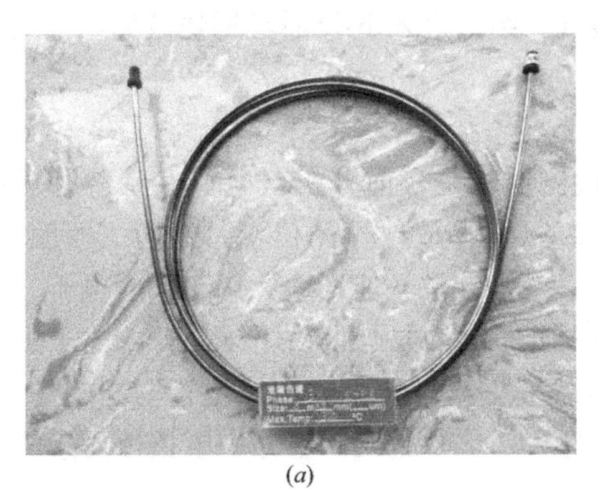

(*a*)

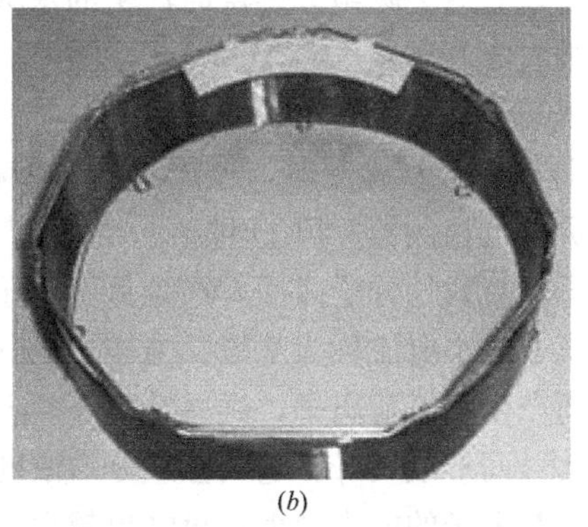

(*b*)

图 5-12　填充柱和毛细管柱

(*a*) 填充柱；(*b*) 毛细管柱

4）温度控制系统

温度是气相色谱分析中最重要、最敏感的工作条件之一。进样系统的气化室、检测器和色谱柱都要求进行严格的温度控制，控温精度均在±0.1℃以内。三套独立的自动温度控制电路及其辅助设备，可使气化室、检测器恒定在适当温度，使柱温恒定或按程序升温。

5）检测系统

样品组分经色谱柱分离后依次进入检测器，组分浓度或质量随时间的变化，转变成相应的电信号，经放大后记录并给出色谱图及相关数据。如果没有好的检测器，无论分离效果多好也看不到好的分析结果。

根据检测器的响应信号与被测组分的质量或浓度的关系，检测器可分为浓度型检测器和质量型检测器。浓度型检测器测得的峰高表示组分通过检测器时的浓度值，峰宽表示组分通过检测器的时间。峰面积随着流速增加而减小，峰高基本不变。质量型检测器测得的峰高表示组分单位时间内通过检测器的质量，峰面积表示该组分的总质量。峰高随着流速的增加而增大，峰面积基本不变。

根据检测的组分，检测器还可分为通用型检测器和选择型检测器。前者对所有组分均有响应，后者只对特定组分产生响应。

气相色谱分析中常用的检测器有氢火焰离子化检测器（FID）、电子捕获检测器（ECD）、火焰光度检测器（FPD）、氮磷检测器（NPD）等。

① 氢火焰离子化检测器（FID）

FID属质量型检测器，对含碳有机化合物有明显响应，信号值的大小取决于碳原子数目，是有机物的通用型检测器。

FID的主要部件是离子室。离子室由气体入口、喷嘴、收集极和发射极等组成。在收集极与发射极间施加一定的直流电压形成一个静电场。含碳有机物进入FID后，在氢火焰中发生化学电离产生碎片离子，并在电场作用下产生微弱的离子流。带电粒子被收集极吸引和捕获，经高电阻放大后由记录系统记录，成为与有机化合物的量成正比的电信号。

FID一般需要氮气作载气、氢气作燃气和空气作助燃气。增大空气流速、提高检测器的温度可以有效去除组分燃烧时产生的水蒸气。组分进入FID后经燃烧破坏，检测后的样品不能被收集利用。

② 电子捕获检测器（ECD）

ECD是浓度型检测器，也属于选择型检测器，是目前分析含电负性元素有机物最常用、最灵敏的检测器。ECD包括一个镀有^{63}Ni（一种放射性同位素）的检测器池。^{63}Ni释放β粒子，与载气分子碰撞，产生低能电子。每个β粒子能产生大约100个电子。这些自由电子形成的小电流称为基流。当样品组分的分子进入并与自由电子碰撞，电子被样品分子捕获而产生负电荷离子，这些负离子再与载气正离子复合成中性化合物，使基流下降，产生负信号而形成负峰。电负性组分的浓度越大，负峰越大；组分中电负性元素的电负性越强，捕获电子的能力越大，负峰也越大。

ECD对含卤素、硫、氰基、硝基、共轭双键的有机物、过氧化物、醌类金属有机物等具有高灵敏度，对胺类、醇类及碳氢化合物等灵敏度不高。ECD线性范围较窄，多用于农副产品、食品及环境中农药残留量的测定。

③ 火焰光度检测器（FPD）

FPD是质量型检测器，也属于选择型检测器，对含磷或含硫化合物有高度选择性。FPD主要由火焰喷嘴、滤光片、光电倍增管三部分组成。含硫（或磷）样品在富氢-空气火焰中燃烧，被氢还原并受到激发，激发态分子或碎片返回基态时发射出特征波长的光。特征光通过硫（或磷）滤光片进入到光电倍增管并被转变为光电流，经放大器放大后在记录仪上记录下含硫或含磷化合物的信号。

硫的发射有几种产生机理，被激发的碎片是双原子的，发射强度和硫原子的浓度平方成正比。磷的激发碎片是单原子的，所以发光强度和磷原子浓度呈线性关系。

④ 氮磷检测器（NPD）

NPD是质量型检测器，也属于选择型检测器，它对含氮或含磷的有机化合物有很高的灵敏度。NPD具有跟FID相似的结构，检测器的喷嘴上方有一个被大电流加热的铷珠。铷珠上加有极化电压，与收集极形成直流电场。铷珠受热逸出的少量离子在直流电场作用下定向移动，形成微小电流被收集极收集，即为基流。当含氮（或磷）的有机化合物从色谱柱流出，在铷珠的周围产生热离子化反应，使铷珠的电离度大大提高，产生的离子在直流电场作用下定向移动，形成的电流被收集极收集，经放大器将信号放大，再由积分仪处理，实现定性定量分析。

NPD的铷珠在受热状态下发生离子逸出，并与载气和样品相互作用，因此NPD的使用过程也是铷珠不断损耗的过程。新的铷珠一般基流较大，使用一段时间后，由于铷珠的不断耗损，基流也会逐渐降低，此时就必须增加铷珠加热电流以提高NPD的基流和灵敏度。

6）控制系统和数据处理系统

气相色谱仪的控制系统（温度控制、压力控制、操作参数设定、故障检测和预报等）和数据采集处理等各种操作都是通过色谱工作站来完成的。色谱工作站是通过将一台计算机从硬件和软件上进行扩充，使其具有系统控制和数据采集处理等功能的仪器操作系统。通过色谱工作站可以实时操控色谱仪，并对色谱数据进行采集和处理，最后给出定性、定量分析结果。

（3）气相色谱仪分析技术

1）进样口温度的设定

分流进样时，设置的进样口温度应为最后流出色谱柱化合物的沸点，保证所有组分能瞬间蒸发，减少进样口歧视。

不分流进样时，设置的进样口温度可比分流进样时稍低一些，以减小样品降解。但要能保证待测组分在瞬间不分流时完全气化，否则过低的进样口温度会造成高沸点组分的损失，影响分析灵敏度和重现性。

2）毛细管色谱柱的选择

当被分离样品为非极性物质时，一般选用非极性色谱柱，各组分按照沸点由低到高出峰；当被分离样品为极性物质时，一般选用极性色谱柱，各组分按照极性从小到大顺序出峰；当被分离样品为极性物质和非极性物质的混合物时，一般也选用极性色谱柱，非极性物质先出峰，极性物质后出峰。

增加色谱柱固定相的液膜厚度，能增大载样量，但会使色谱峰展宽，分离度下降，同时易发生固定相流失。一般优先考虑 0.25μm 膜厚的色谱柱，分离易挥发物质可使用 0.5μm 厚液膜的色谱柱。

增加柱长，有利于提高分离度，但会增加组分的保留时间，同时增大柱阻力，影响柱效。柱长选择的一般原则是在满足分离目的的前提下，尽可能选用较短的色谱柱。

增加柱内径，会增大样品容量，降低柱阻力，但也会降低分离度。一般优先考虑内径为 0.32mm 的色谱柱。

3）柱温的设定

柱温箱温度设置要求各组分在柱内不冷凝、不分解。提高柱温可使气相传质速率加快，改善柱效，但柱温不能超过色谱柱固定相最高允许温度。商品色谱柱一般标明有两个最高使用温度，一个用于恒温分离，一个用于程序升温。采用程序升温时色谱柱的最高使用温度一般略高于恒温时的最高使用温度。在保证组分分离的前提下，应尽可能降低色谱柱的使用温度，以减少高温可能带来的固定相的流失和柱效下降。一般柱温选在样品各组分的平均沸点附近。

对于宽沸程多组分混合物，可采取程序升温。程序升温一开始采取较低的温度，柱温按预定的升温速度，随时间作线性或非线性的增加。程序升温兼顾高、低沸点组分的分离效果和分析时间，使不同沸点组分基本上都在其较合适的平均柱温下进行分离。

4）检测器条件的设定

为保证 FID 的灵敏度，一般情况下载气、氢气、空气的比例设置为 1∶1∶10。检测器温度应高于最高柱温 50℃左右，通常设置为 250℃，不能低于 150℃，否则将不能点火。

ECD 常用温度范围为 250～300℃，至少要比最高柱温高 25℃。FPD 需要富氢火焰。NPD 推荐温度为 325～335℃。在灵敏度足够的情况下，尽量选择较低的氢气流量，降低铷珠的损耗速度。

5）维护及注意事项

液相色谱仪应放置在温度为 10～30℃、相对湿度＜80%的实验室内，远离高电干扰、高振动设备。最好配备空调设备保持实验室恒温恒湿。

① 进样口的维护

气相色谱仪应使用高纯度气体，定期对仪器进行检漏，检查气瓶压力。当气瓶压力较低时要及时更换气瓶，以防止非挥发性物质进入气相色谱气体流路。

使用自动进样器进样时，应在进样后使用洗针程序，避免注射器拉杆阻塞或针头堵塞。如遇色谱峰丢失的情况，应先检查注射器状态，并使用新注射器验证。

定期更换隔垫可以避免样品的损失、泄漏、出现鬼峰和色谱柱固定相降解等问题。选择的隔垫要具有适宜的温度使用范围。

根据进样方式选择合适的衬管。衬管的内径要与溶剂沸点、溶剂膨胀和进样体积相匹配。应定期检查，更换进样口衬管，如图 5-13 所示。变脏的衬管会使色谱峰峰形变差，还会产生活性点吸附样品。因此，当发现灵敏度下降的时候，应及时检查衬管的清洁程度。衬管的上端常用“O”形硅橡胶密封圈。O形圈使用一段时间后会老化而造成漏气，应及时更换。当进样口温度超过400℃时，最好采用石墨O形圈。

② 色谱柱的维护

色谱柱加热前要通入高纯载气15～30min，以去除柱内可能存在的空气。色谱柱卸下后，应及时采用硅橡胶或进样垫封住柱两端，防止空气和灰尘颗粒进入柱内，并放入柱包装盒中，防止柱头污染。安装时将色谱柱插入石墨密封垫圈，并将色谱柱两端切除少许，端口表面应整齐平滑，保证没有进样垫和石墨的碎屑残留于柱头，如图5-14所示。

图5-13 更换进样口衬管

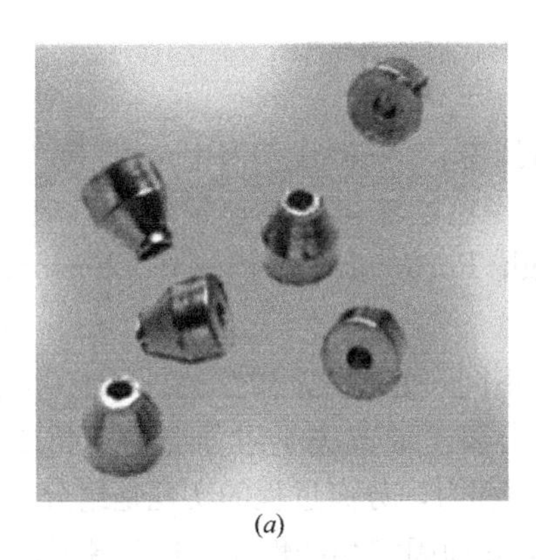

(a)

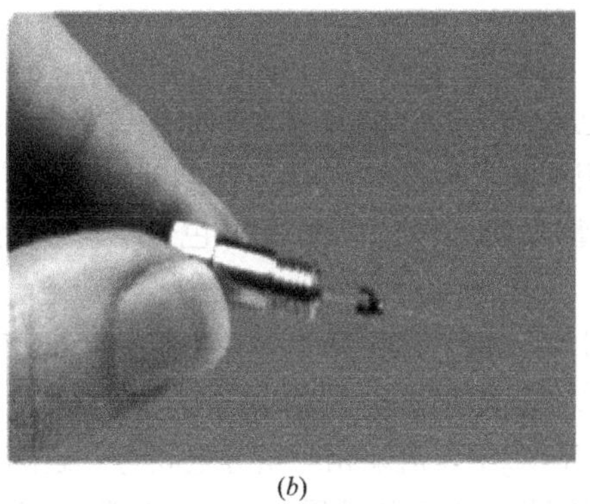

(b)

图5-14 石墨密封垫圈及色谱柱安装

(a) 石墨密封垫圈；(b) 色谱柱安装

新色谱柱需要老化后才能使用，以去除柱子制造时残留的键合剂和不太稳定的固定相，赶走杂质。当色谱峰发生变形或出现“鬼峰”时，除要检查更换衬管外，还应切除进样口一端一定长度的色谱柱再进行老化，以去除柱子中高沸点样品物质的积累和受损断裂的固定相。色谱柱老化时，一定要通入载气保护色谱柱，且不要连接检测器，使用死堵堵住检测器，避免污染。新色谱柱和使用中的色谱柱的老化均先要用低柱温（一般为40℃）吹扫，使用中的色谱柱一般吹扫几分钟，新柱子则需吹扫较长时间以去除柱内的空气（一般为30min）。以10℃/min左右的速率升至比使用方法高20℃的温度或比柱最高耐受温度低20℃的温度，保证柱内各沸程化合物都能流出，新色谱柱一般高温保持30min，使用中的色谱柱可根据情况适当延长时间，一般控制在120min以内。

当将色谱柱插入FID喷嘴内时，注意色谱柱插入的深度，不要让色谱柱进入火焰内，否则会烧掉毛细管色谱柱外表面的聚酰胺涂层及色谱柱内的固定相。

关机前应将柱温箱温度降到50℃以下，然后关电源和载气。

③ 检测器的维护

FID检测器和喷嘴在正常使用下也会形成沉积物，通常是由色谱柱流失所产生的白色二氧化硅或黑色炭灰。这些沉积物会降低检测器的灵敏度并产生色谱噪声和毛刺。可定期清洗或更换喷嘴，清洗时应注意不要划伤喷嘴内部，划痕会使FID的性能下降。

随着ECD使用时间的增长，仪器的基线噪声或者输出值会逐渐升高，如果已经确定这些问题不是系统漏气造成的，那么检测器内可能存在有柱流失带来的污染物。要清除污染可对检测器进行热清洗。保持热清洗几个小时，然后将系统冷却至正常操作温度，检查输出值有无降低。如无降低，请求专业人员进行维护或拆卸。ECD中具有放射性^{63}Ni源，不得自行拆卸。

FPD应避免使用腐蚀性强的氯化有机溶剂。更换滤光片前，一定要关闭光电倍增管电压。更换滤光片时，勿用手触碰以保证其表面清洁无污物。

如果NPD在高湿度环境中长期关闭，铷珠很可能受潮，需要定期烘烤铷珠。清洁收集极时，可以先用砂纸打磨，然后再用棉签蘸丙酮等溶剂清洗。安装新铷珠初期应手动调节铷珠电压，选择较小的铷珠电压。

5.2.2 液相色谱法

（1）基本原理

液相色谱法是以液体为流动相的柱色谱分离技术。20世纪60年代，随着高压输液泵、高效固定相和高灵敏度检测器等技术的采用，液相色谱法得到迅速发展，形成具有高效、快速、灵敏等特点的高效液相色谱法（High Performance Liquid Chromatography，HPLC）。

HPLC和气相色谱在基本理论方面没有显著不同，它们之间的主要区别在于流动相和操作条件。在气相色谱中，流动相是惰性气体，分离主要取决于组分与固定相之间的作用力；而在HPLC中，流动相与组分之间有一定的亲和力，分离过程的实现是组分、流动相和固定相三者间相互作用的结果。分离不但取决于组分和固定相的性质，还与流动相的性质密切相关。HPLC一般可在室温下进行分析，对样品的适用性广，不受分析对象挥发性和热稳定性的限制，因而弥补了气相色谱法的不足。目前已知的有机化合物中，可用气相色谱分析的约占20%，而80%则需要HPLC来分析。由于采用颗粒极细的固定相，柱内压力较大，加上流动相黏度高，HPLC必须采用高进口压力，以维持一定的流动相线速度。

（2）高效液相色谱仪基本结构

高效液相色谱仪一般由高压输液系统、进样系统、分离系统、检测系统、微机控制及数据处理系统五部分组成，仪器结构及图例如图5-15所示。

1）高压输液系统

① 储液器及脱气装置

储液器一般为惰性材质，具有耐酸碱、坚固、易清洗的特点，并且保证容积充分、脱气方便，能耐一定的压力。

脱气装置是用来给流动相脱气的，因为流动相中的气体流入色谱柱和检测器易产生气泡，形成的死体积会增加基线噪声而影响色谱柱的分离效果，因此流动相需脱气后才能使用。常用的脱气方法有真空脱气法、吹氦/氮脱气法、超声脱气法等。

② 高压输液泵

高压输液泵是实现高效快速分离的必要条件。输液泵应满足流量稳定、耐高压、耐酸碱、耐缓冲盐和有机溶剂、泵死体积小等条件。

输液泵常见的有恒压泵和恒流泵两种类型。恒压泵压力不变，流量可变；恒流泵流量

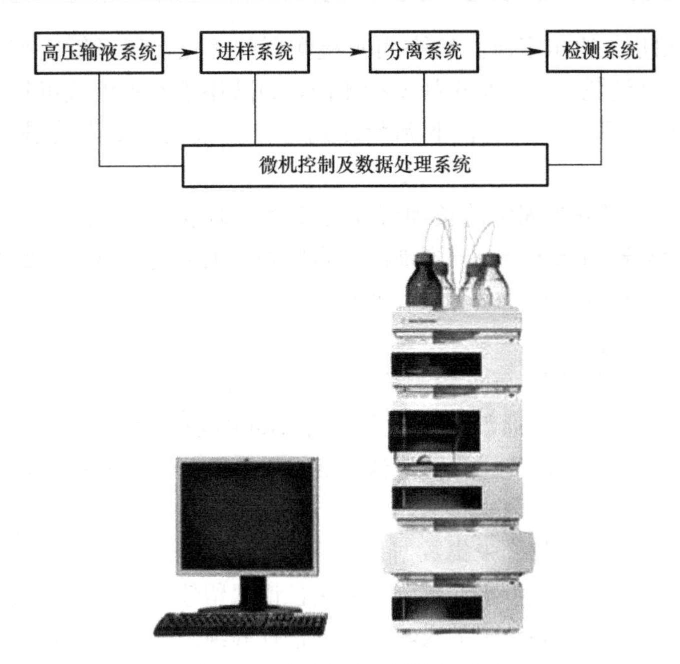

图 5-15 高效液相色谱仪（LC）

不变，泵压力可变。由于稳定流量对色谱分离更有利，因此使用较多的为恒流泵，且以往复柱塞式恒流泵最为常见。

2）进样系统

在高效液相色谱中，进样方式和进样体积对柱效都有很大的影响，为了取得好的分离效果，要求进样器具有良好的密封性、死体积小、稳定性好、进样时对柱压和流量影响小。进样方式一般包括手动进样阀进样和自动进样器进样两种，手动进样阀进样采用专用六通阀，通过更换不同规格的定量环可调节进样量。这种阀密封性和耐压性能良好，适合大体积进样，缺点在于小体积进样时误差较大。目前高效液相色谱仪多配备了自动进样器，重复性好，进样误差小。

3）分离系统

分离系统主要指色谱柱，如图 5-16 所示。样品在色谱柱中进行分离（色谱柱的性质和选择见后续介绍）。色谱柱一般位于柱温箱中，柱温箱可控制温度，保证色谱分离在稳定高效的环境中进行。

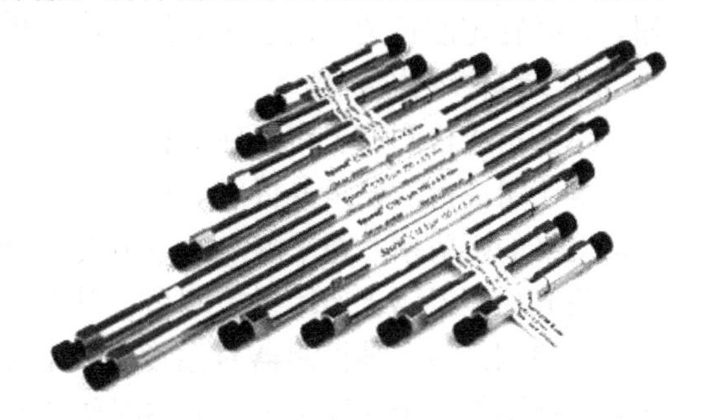

图 5-16 不同规格的液相色谱柱

4）检测系统

检测系统即指检测器。检测器的作用是将色谱柱中流出的样品组分的量或浓度变化转变为易于测量的电信号。检测器一般要求灵敏度高、重现性好、噪声低（对温度、流量变化不敏感）、响应速度快、线性范围宽、适应性广等。水质检测中常见的检测器有紫外-可见、二极管阵列、荧光、示差折光等。

① 紫外-可见检测器

紫外-可见检测器的工作原理是样品对特定波长的紫外或可见光有吸收，且样品浓度和吸光度之间服从朗伯-比尔定律。紫外-可见检测器的优点在于灵敏度高，对温度和流速不敏感，可用于梯度洗脱。但它是选择型检测器，只适用于有紫外或可见光吸收物质的检测。同时要保证流动相在检测波长下无紫外或可见光吸收，不干扰被测组分的吸收和测定。

紫外-可见检测器可分为固定波长和可变波长两种类型。固定波长检测器目前已极少使用。可变波长检测器相当于装有流通池的一台紫外可见分光光度计，波长可在一定范围内连续调节，一般选择被测物质最大吸收波长。

② 二极管阵列检测器

二极管阵列检测器是紫外-可见检测器的一个重要进展，以光电二极管阵列作为检测元件。二极管阵列检测器与普通紫外-可见检测器不同的是，普通紫外-可见检测器是先用单色器分光，只让特定波长的光进入流通池。而二极管阵列检测器是先让所有波长的光都通过流通池，然后通过一系列分光技术，使所有波长的光在二极管阵列上同时被检测，并用计算机对二极管阵列快速扫描采集数据。二极管阵列检测器在一次色谱测量中可同时得到保留时间-吸光度-波长三维色谱-光谱图，利用色谱保留值及光谱特征吸收曲线进行综合定性；通过比较一个峰中不同位置的吸收光谱，估计峰纯度；通过比较每个峰的吸收光谱选择最佳测定波长，为定性、定量分析提供更丰富的信息。该检测器是液相色谱中最有发展前途的检测器。

③ 荧光检测器

荧光检测器的工作原理是利用某些特定组分受光激发后能发射荧光，且荧光强度与物质浓度成正比来进行分析的。荧光检测器的光源为氙灯。在250～600nm波长范围内发出连续波长的光，通过透镜和激发光栅，分离出特定波长的光线，称为激发光谱。该光线再经聚焦透镜聚集于吸收池上，此时荧光组分被激发光谱激发产生荧光，称为发射光谱。为避免激发光谱的干扰，选取与激发光谱成直角方向的荧光，由第二透镜将其会聚到发射光栅，选择特定波长荧光通过光电倍增管以及放大器，最终由记录器进行记录。

④ 示差折光检测器

示差折光检测器工作原理是利用物质折射率的差异来进行检测。稀溶液中，溶液的折射率等于组成溶液各组分折射率乘以各自摩尔分数的和。通过连续检测参比池和样品池中溶液对光的折射率之差来测定样品中被测物浓度。由于每种物质都有特定的折射率，所以示差折光检测器属于通用型检测器，某些不能用紫外-可见和荧光检测器检测的物质可以用它来检测。但这种检测器对温度变化较敏感，且流动相组分变化会导致折射率发生变化，因此不能用于梯度洗脱。上述四种检测器主要性能汇总见表5-2。

高效液相色谱仪常用检测器主要性能 **表5-2**

	紫外-可见	二极管阵列	荧光	示差折光
检测信号	吸光度	吸光度和波长	荧光强度	折光率
类型	选择型		选择型	通用型
适用检测对象	具有较强紫外或可见光吸收能力的物质		能产生荧光的物质	多糖类、萜类、脂肪烷烃类化合物
检测限/(g/mL^{-1})（进样10μL）	10^{-8}～10^{-7}		10^{-10}～10^{-9}	10^{-5}～10^{4}
对温度、流速敏感度	不敏感，可梯度洗脱		不敏感，可梯度洗脱	敏感，不可梯度洗脱

5）微机控制及数据处理系统

现代色谱仪多元泵溶剂比例的调整、梯度变化、流速、柱温、检测器参数设置等都可以通过微机来控制，提高了准确度和分析速度。

（3）高效液相色谱仪分析技术

1）液相色谱柱的性质及选择

色谱柱从极性上可分为正相色谱柱和反相色谱柱。固定相极性大于流动相即为正相色谱柱，反之则为反相色谱柱。色谱柱从组成上，包括柱管和填料（即固定相）。固定相又包括基质和键合相。基质主要是微粒硅胶；键合相通常可分为非极性键合相（常用于反相色谱）和极性键合相（常用于正相色谱）。正相色谱柱多以硅胶为柱填料；反相色谱柱主要是以硅胶为基质，在其表面键合了非极性填料。

选择合适的色谱柱，首先要了解色谱柱的参数，包括色谱柱内径、长度、粒径和填料。HPLC使用最多的是柱内径为4.6mm、柱长为15～30cm、填料内径为5～10μm的色谱柱。在仪器压力许可的情况下，拥有更小粒径和内径、更短柱长的超高压快速分离色谱柱是更好的选择。

在实际应用过程中，色谱柱的选择应综合考虑以获得较好的分离度、好的峰型、稳定的保留时间。增加柱长，选用柱效高的固定相和合适的流动相及相应的操作条件可以改善分离度。

2）流动相的选择

高效液相色谱法的流动相要求溶剂纯度高，一般采用色谱纯级别；与固定相不互溶，并能保持色谱柱稳定性；对样品有足够的溶解能力；具有较低的黏度，减小传质阻力；不妨碍检测器对样品组分的检测；尽量选用毒性小的溶剂。

液相色谱中，溶解强度（即溶剂将组分从色谱柱上洗脱下来的能力）与其极性有关。正相色谱中，固定相是极性的，流动相极性越强洗脱能力越强。反相色谱中，固定相是非极性的，弱极性溶剂洗脱强度更大。为了达到最佳分离效果，常采用二元或多元组合的溶剂作为流动相，根据所起的作用分为底剂和洗脱剂，底剂决定基本的色谱分离情况，洗脱剂起调节组分滞留和对几个组分选择性分离的作用。使用正相色谱柱时，常选用正己烷、氯仿等弱极性溶剂作为底剂，醚、酯、酮等极性较强的溶剂洗脱；使用反相色谱柱时，常用水作为底剂，甲醇、乙腈等作为洗脱剂。

3）洗脱方式的选择

液相色谱法洗脱方式分为等度和梯度两种。等度洗脱指分离的全过程中流动相组成比例、离子强度、pH值等保持不变。梯度洗脱是相对于等度洗脱而言的，是指洗脱过程中两种或两种以上不同极性溶剂比例连续或间歇的改变。液相色谱的梯度洗脱类似于气相色谱的程序升温，通过流动相极性的变化来改变被分离组分的容量因子和选择因子，达到改善色谱分离效果和增加峰容量的目的。对于组分简单的样品，等度洗脱就可以实现组分的分离；对于组分复杂的样品，等度洗脱无法在希望的时间将组分都洗脱下来，采用梯度洗脱可使各组分都在其最佳分离状态下洗脱下来。

4）维护及注意事项

液相色谱仪应放置在温度为10～30℃、相对湿度小于80%的实验室内，远离高电干扰、高振动设备，最好配备空调设备保持室内恒温恒湿。

定期更换流动相，尤其是水相溶剂，以保证试剂瓶吸滤头不被堵塞，建议使用棕色玻璃瓶来避免藻类的生长。

泵的维护重点在于防止堵塞和密封垫磨损。使用过程中注意防止系统压力过高而产生的漏液现象。需选用纯度高的试剂，避免盐沉淀。缓冲盐溶液需过滤后使用。使用缓冲盐和有机溶剂体系作为流动相，在梯度阀的混合点，重力作用会使盐颗粒沉淀下来，下次使用时如果切换有机溶剂会造成堵塞。使用缓冲盐流动相之后要用纯水充分冲洗管路，避免盐沉淀。

建议使用配备自动洗针功能的洗针程序来避免进样器针的交叉污染。

色谱柱的维护重点在于避免柱的污染。样品进样前需过滤。做样完毕后建议使用冲洗程序，避免气泡进入色谱柱影响柱效。色谱柱若长时间闲置，需液封保存，常用的C18柱一般采用甲醇液封。

检测器应避免频繁开关，以免影响灯的寿命。

5.2.3 离子色谱法

（1）基本原理

离子色谱法（Ion Chromatography，IC）是一种分析阴离子和阳离子的液相色谱方法。水中待测离子随淋洗液进入阴、阳离子交换柱系统（保护柱和分离柱），淋洗液将样品中的阴、阳离子从分离柱中洗脱下来进入检测器进行分析。各种离子的洗脱顺序和保留时间取决于离子对树脂的亲和力、淋洗液种类、柱长和流速。以保留时间定性、峰面积定量，可确定水样中待测离子的浓度。离子色谱本质上就是离子交换色谱。

（2）离子色谱仪基本结构

离子色谱仪与高效液相色谱仪结构相似，由高压输液系统、进样系统、分离系统、检测系统和色谱工作站5个部分组成，仪器结构及图例如图5-17所示。但相比高效液相色谱仪，离子色谱仪的淋洗液多为强酸或强碱，凡是淋洗液流经的管道、阀门、泵、柱子、接头等不仅要求耐高压，还要耐酸碱的腐蚀。

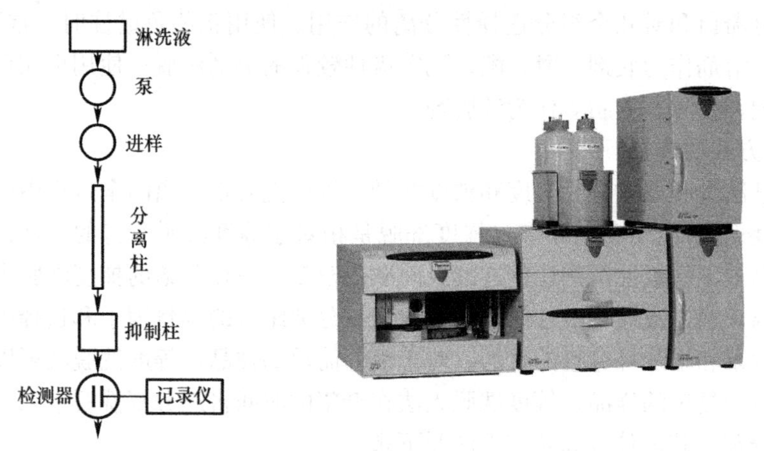

图5-17 离子色谱仪（IC）

1）高压输液系统

高压输液系统主要由淋洗液瓶、高压分析泵和输液管路等部分组成。根据分析对象的性质不同，淋洗液可分为阴离子淋洗液和阳离子淋洗液，常用的阴离子淋洗液有 KOH、$NaHCO_3/Na_2CO_3$ 等，阳离子淋洗液有甲烷磺酸、硫酸、盐酸等。为防止空气中二氧化碳气体进入淋洗液而改变其 pH 值，淋洗液瓶为封闭式结构。同时将高纯氮气通入淋洗液瓶中，以防止因淋洗液减少而在瓶中产生负压。高压分析泵可在高压下将淋洗液经进样阀输送到色谱柱内，并对待测物进行洗脱。

2）进样系统

进样方式包括手动进样和自动进样两种。手动进样使用注射器向仪器外置的进样口直接注入样品。自动进样采用六通进样阀和自动进样器配合使用。六通进样阀耐高压，具有进样量准确稳定、误差小、操作方便的特点。自动进样可满足多样品分析和自动化操作的要求，适用于大批量的样品分析。

3）分离系统

分离系统的主要构件是分离柱。常用分离柱填料是由苯乙烯-二乙烯基苯共聚物制得。离子交换过程中，离子交换树脂的本体结构不发生明显的变化，仅由其带有的离子与水样中同电性离子发生等量的离子交换。柱温的改变会影响分离柱的分离效果，因此，需通过柱温箱对柱温进行控制。

4）检测系统

离子色谱仪的检测器分为两大类，即电化学检测器和光学检测器。电化学检测器包括电导、直流安培、脉冲安培和积分安培等检测器，其中电导检测器又可分为抑制电导和直接电导两类。光学检测器包括紫外-可见检测器和荧光检测器。在水质检测领域离子色谱仪最常配备的是抑制电导检测器。

抑制器是抑制电导检测器的关键部件，主要有两个作用：一是降低淋洗液的背景电导；二是增加被测离子的电导值，改善信噪比。例如，阴离子抑制器为强酸性高交换容量阳离子交换树脂，KOH 淋洗液中的 OH^- 与抑制器中的 H^+ 结合生成低电导的水，降低了淋洗液的背景电导。被测阴离子与抑制器中的 H^+ 结合生成高电导的酸，增加了被测离子的电导值。一降一增便提高了阴离子检测的灵敏度。被测离子的反离子（阳离子）与淋洗液中的 K^+ 一同进入废液桶。目前广泛使用的是可以自动再生的抑制器。

5）色谱工作站

利用色谱工作站能获取各组分峰型、图谱、分离度等信息，也可以绘制标准曲线、回归方程等，对各组分进行定性定量分析。

（3）离子色谱仪分析技术

1）离子色谱法特点

① 快速、方便。特别适合无机阴离子和阳离子的快速分析。水中常规检测的离子很多，逐个分析操作烦琐、工作量大，且需要不同仪器或方法测定。使用离子色谱法对常见阴离子的检测，分析时间仅需 15min，离子色谱图如图 5-18 所示。

② 灵敏度较高。离子色谱法分析的浓度范围为微克每升到毫克每升，通常进样量为 $10\sim500\mu L$。常见阴离子的检出限小于 $10\mu g/L$。

③ 选择性较好。离子色谱法选择性好，对样品前处理的要求较为简单，通常稀释和过滤后即可进样检测。

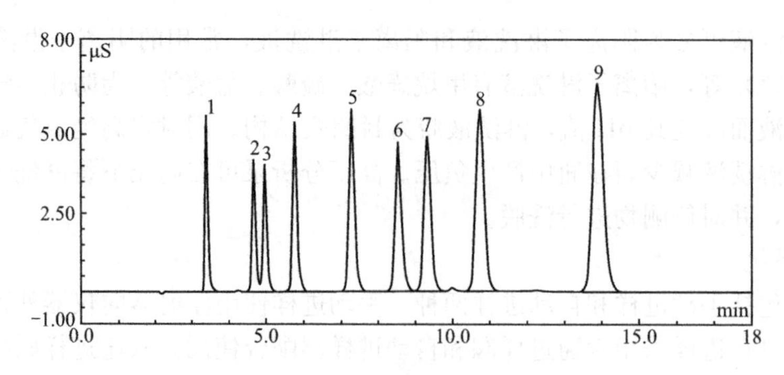

图 5-18 阴离子的谱图

1—氟化物；2—亚氯酸盐；3—溴酸盐；4—氯化物；5—亚硝酸盐；6—氯酸盐；7—溴化物；8—硝酸盐；9—硫酸盐

2）维护及注意事项

① 泵的维护

经常使用去离子水对泵进行清洗。使用强酸强碱溶液后必须对泵进行清洗，以防止泵内的密封圈受到损害。在泵的使用过程中应当随时观察淋洗液余量，适时添加淋洗液，避免溶液耗光，造成泵空抽。如产生气泡，应当先停机，将淋洗液超声脱气，再对淋洗液瓶加压可排除泵内气泡。

② 六通阀的维护

样品溶液进样前必须用 0.45μm 滤膜过滤，以减少微粒对进样阀的磨损。

③ 色谱柱的保存与维护

如柱压升高，需要更换色谱柱过滤网板。一般先更换保护柱进口端的网板，更换时应当注意不要损失柱填料。

④ 抑制器的维护

在开启抑制电流前，要确保有流动相流过抑制器。抑制器过热会导致其内离子交换膜的损伤。

防止抑制器工作压力过高。电化学抑制器是由离子交换膜材料制备而成的，过高的压力会使膜穿透，损坏抑制器。

5.3 质谱法

5.3.1 气相色谱质谱法

（1）基本原理

气相色谱-质谱（Gas Chromatography-Mass Spectrometry，GC-MS）法是一种联用技术，是将样品在进样口气化后由载气带入到色谱柱进行分离，被分离的组分按照色谱峰保留时间的顺序依次进入质谱的离子源，通过合适的离子化模式离子化，产生的离子按照质荷比的大小顺序通过质量分析器。在给定的质量范围内，每个质量数的离子流量被检测器测量出来，用离子流量对碎片的质量数作图形成质谱图。

每个化合物都有反映其特征的质谱图作为定性分析的基础，化合物质谱图中离子流量与化合物的量成正比则作为定量分析的基础。质谱作为检测器，具有强大的定性能力。谱库检索极大地方便了组分的定性，弥补了气相色谱定性的不足。质谱的多种扫描方式和质量分析技术，可以选择性地检测目标化合物的特征离子，有效排除基质和杂质峰的干扰，提高检测灵敏度。

GC-MS 作为一种较为成熟的检测手段，既可定性又可定量，一直以来都是环境监测中分析鉴定复杂未知物、环境突发事故来临时进行应急监测最常用的工具。GC-MS 结合了色谱、质谱两者的优点，是一种高效能、高选择性、高灵敏度的分离分析方法，它不但是应急监测最常用的工具，也是检测水中有机物的最佳方法，可准确、快速地测定水中多种微量有机污染物。

(2) 质谱仪基本结构

GC-MS 联用仪一般采用纯度≥99.999%的氦气作为载气。氦气化学惰性好，电离能高，其分子离子峰 $m/z=4$ 在多数质谱的扫描质荷比下限之外，对质谱检测无干扰。如果配置了化学电离（CI）源，GC-MS 联用仪还需要配置甲烷、异丁烷、氨等反应气体。GC-MS 联用仪的管路必须经过严格净化处理后才能使用。除通过净化管去除气体中可能存在的水分、烃类、氧气等杂质外，还应设法控制其中氮气、氩气等永久性气体的含量。

质谱仪的基本部件由进样系统、离子源、质量分析器、检测器和真空系统五部分组成。仪器结构及图例如图 5-19 所示。

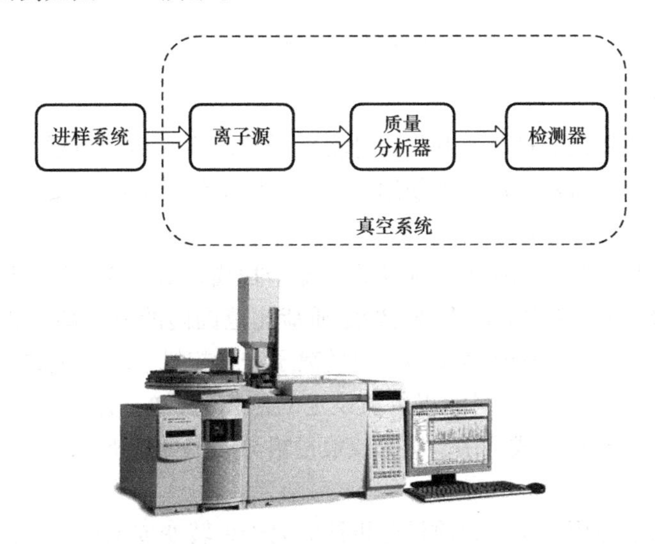

图 5-19　气相色谱-质谱仪（GC-MS）

1) 进样系统

进样系统的作用是将待测物质送入质谱仪，进样方式的选择取决于样品的物理化学性质，如熔点、蒸气压、纯度和所采用的离子化方式。将样品导入质谱仪常用的方法有三种：漏孔进样、插入式直接进样和色谱法进样，与色谱联用的进样方式是最重要、最常用的进样方法之一。GC-MS 联用仪的接口是解决气相色谱与质谱联用的关键组件。直接导入型接口是最常用的一种接口技术。气相色谱将色谱柱分离的组分通过一根金属毛细管直接导入质谱仪的离子源，而载气由于不受电场影响，被真空泵抽走。接口还能保持温度，使色谱柱流出物始终不发生冷凝。

2）离子源

离子源的作用是接受样品并使样品组分离子化。GC-MS联用仪中常用的离子化方式有电子轰击离子化（EI）和化学离子化（CI）。EI源要求被测组分能气化且气化时不分解，其结构如图5-20所示。由于电子能量为70eV时产生的离子流最为稳定，获得的质谱图具有高度的重现性，因此现有的“标准EI电离谱图”都是在70eV的电子能量下得到的。为便于样品组分的谱库检索定性，GC-MS联用仪测定样品时离子化方式多采用EI模式。

图5-20　EI离子源

3）质量分析器

质量分析器是质谱仪的核心，其作用是将离子源产生的离子按质荷比（m/z）大小分离。其中四级杆质量分析器被广泛地使用。它可以用于分析皮克（pg，千分之一纳克）级的样品，分析结果重复性好，相对标准偏差一般小于5%。

四级杆质量分析器常采用两种扫描模式，即全扫描模式（SCAN）和选择性离子扫描模式（SIM）。在SCAN模式下，质谱对给定质荷比范围内的所有离子进行扫描。在SIM模式下，质谱只对设定的一个或数个质荷比的离子进行扫描。SIM模式测定的灵敏度常高于SCAN模式，但是SIM模式只能提供被设定的监控离子的信息。SCAN模式主要用于化合物的定性分析，SIM模式常用于微量或痕量组分的定量分析。

4）检测器

质谱中检测器的作用是将来自质量分析器的离子束转变成电信号，并将信号放大。常用的检测器是电子倍增器。通常电子倍增器有14级倍增器电极，可大大提高检测灵敏度。

5）真空系统

质谱的离子源、质量分析器和检测器必须在高真空状态下工作，以减少本底干扰，避免发生不必要的离子-分子反应。高真空的实现一般是由机械泵和涡轮分子泵串联完成。虽然涡轮分子泵可在十几分钟内将真空度降至工作范围内，但一般仍需要继续平衡2h左右，充分排除真空体系内存在的诸如水分、空气等杂质以保证仪器正常工作。

（3）质谱仪分析技术

1）仪器调谐

为了得到好的质谱数据，在进行样品分析前应对质谱仪的参数进行优化，这个过程就是质谱仪的调谐。全氟三丁胺（PFTBA）是EI离子源最常使用的调谐化合物。通过比对调谐化合物特征离子的相对强度、实测质量的误差，质谱仪可调整离子源的发射电流、电子能量以及质量分析器的工作电压、离子聚焦透镜电压等参数，以达到所需要的分辨率、灵敏度、准确度和正常的离子强度比。调谐操作可提高质谱谱库检索的准确性，同时操作人员可通过调谐报告了解质谱仪状态的好坏。调谐操作时，仪器软件的运行窗口可以显示特定离子质量的峰形及各参数的变化情况，调谐结束后可以直接给出调谐结果。

每次开机都应进行调谐。调谐包括自动调谐和手动调谐两种方式，通常使用自动调谐。自动调谐是为质谱仪常规操作设置的调谐程序，可自动调整质谱参数以满足大多数分析的要求。调谐报告能提供详细的系统性能信息。开机抽真空至少2h后，通过空气水检查，即可进行自动调谐。手动调谐允许操作人员修改调谐参数以达到分析要求，如对质谱仪状态进行诊断（如检漏）和更改仪器设置（如切换灯丝）等。

2）仪器校准

GC-MS方法作为一种通用的检测方法，可同时检测多种同类化合物，如挥发性有机物和半挥发性有机物。由于所分析的多种化合物离子的质量数范围较宽，在开始分析前，需要对GC-MS联用仪的性能进行测试。有两种质谱仪的性能测试方法被广泛采用。一种方法是仪器的常规检验，可判断仪器性能是否适用；另一种方法是用质谱仪分析性能校准溶液（组成与待测样品相近的样品）。上述两种方法都可使用，二者结合使用会更好。第二种方法在判断质谱仪分析指定样品的性能方面，更切实可行。如在分析挥发性有机物之前，使用一定浓度的4-溴氟苯（BFB）按方法步骤进样分析，得到的BFB质谱在扣除背景后，要求其所有关键质量数应满足一定的相对丰度指标，否则要重新调谐质谱仪直至符合要求。

性能试验通过后可建立校准曲线。由于挥发性有机物极具挥发性，在完成初始校准曲线后，还需要进行再校正（一般使用校准曲线的中间浓度），来评价仪器的灵敏性和验证校准曲线的有效性。再校正一定要在空白和样品分析之前完成，如果连续分析几个再校正都不能达到允许标准，则需重新绘制校准曲线。

3）测定方法的选择

GC-MS常用的测定方法有总离子流色谱法、质量色谱法和选择性离子监测法。

①总离子流色谱法（TIC）

总离子流色谱法的扫描模式为全扫描，即在选定的质量范围内，连续改变射频电压，使不同质荷比的离子依次产生峰强信号。

经色谱分离后的样品组分分子进入离子源后被电离成离子。同时在离子源内的残余气体和一部分载气分子也被电离成离子，这部分离子构成本底。样品离子和本底离子被离子源的加速电压加速，射向质量分析器。离子源内设置一个总离子检测极，收集总离子流的一部分，经放大并扣除本底离子流后，可得到该样品的总离子流谱图。总离子流谱图上色谱峰由基线上升到峰顶再下降的过程，就是某组分经过离子源的过程。当接近峰顶时，扫描质谱仪的磁场得到该组分的质谱信号，经电子倍增器和放大器放大后，可获得质谱图。因而GC-MS联用仪在获得色谱图的同时还可得到对应于每个色谱峰的质谱图。TIC图谱可用于定性和定量分析。

② 质量色谱法（MC）

为了充分利用全扫描质谱图的信息，可选取其中几个特征离子的峰强对保留时间作图，记录具有某质荷比的离子强度随时间变化的图谱，即可得到质量色谱图。因为它仅提取了部分离子作图，故又称为提取离子色谱（EIC）。MC不同于TIC，它具有质谱和色谱两者的信息，改变不同的提取离子，可得到不同的MC。MC通过扣除本底，除去其他无关离子的干扰，降低噪声来提高选择性、分辨率和灵敏度。MC还可用于检验一个色谱峰是单组峰还是混合峰，这是相比于色谱法的又一个优点。

③ 选择离子监测法（SIM）

选择离子监测法是对选定的某个或数个特征离子进行单离子或多离子选择性检测，得出所选定的特征离子峰强随时间变化的色谱图。其扫描模式为SIM扫描，即在扫描时间内，跳跃改变射频电压，使选定的特征离子产生信号峰。

MC是先全扫描后再选择特征离子，通过降低本底提高灵敏度，而SIM是先选定特征离子后再扫描，它通过增加特征离子的峰强来提高灵敏度。SIM检测灵敏度比TIC高2～3个数量级。SIM是GC-MS定量测定常用的方法之一。

SIM测定时选用的离子碎片应具有特征性并尽可能使峰强较大。记录多个碎片及相应的离子强度比，可大大提高它的专一性。

4）定性分析方法

GC-MS一般通过质谱谱库检索和解析对组分进行定性。常用的质谱谱库有NIST库、NIST/EPA/NIH（美国国家科学技术研究所/美国环境保护局/美国卫生研究院）库和Wiley库，这些谱库收录的标准质谱图有十几万张，并且还在不断地更新。另外，用户也可以根据自己的相关领域建立自己的谱库。

在谱库检索时，工作站通过峰匹配将组分质谱图与谱库中的标准谱图相比较。这种方法只有两个变量，即质荷比和相对峰强度。谱图检索是一种从大量化合物中进行筛选的过程，在标准电离条件（EI电离源，70eV）下，将已被分离的未知组分质谱图与数据库内已知化合物的标准质谱图按一定的程序进行比较，根据匹配度（相似度）列出可能化合物的名称、相对分子质量、分子式、结构式等。值得注意的是，匹配率最高的并不一定是最终确定的分析结果，需根据各方面已知条件和因素结合匹配结果综合分析。对于具有相似质谱图的化合物（如同分异构体）则很难根据谱图进行定性。另外，不同组分同时流出时也会影响组分的定性。

在进行色谱峰谱库检索时，常得到不同质荷比（m/z）的环形结构化合物。这些环状结构化合物的产生可能是由于高温或有氧环境下，聚硅氧烷固定液或隔垫等发生降解或色谱柱污染等造成。

5）定量分析方法

定量分析方法的选择需先根据样品浓度确定扫描模式是全扫描模式还是选择性离子扫描。一般样品浓度较大时用全扫描模式，浓度较小时用选择性离子扫描模式。

用全扫描模式时，如果被测组分已完全分离，可用TIC峰面积定量。为了对未完全分离峰的各组分定量，可分别选择各组分的特征离子用MC图定量。选择性离子扫描模式定量的灵敏度和选择性主要取决于特征离子的选择，通常选择分子离子或特征性强、质量大、强度高的碎片离子作为定量离子，再选择1～2个确认离子（定性离子）。

定量离子是目标组分的特征离子。在保留时间相近的情况下，可以用此离子区分目标组分和另一个相近组分。确认离子是从目标组分谱图中选择出的一些特征离子，这些离子与定量离子成特征性的比例可作为确认目标组分的依据。

6）质谱条件的设置

质谱条件的设置要依据样品性质选择适宜的分析条件，得到理想的图谱和分析结果。质谱仪的主要条件及其选择见表 5-3。

质谱仪的主要条件及其选择 **表 5-3**

项目	实验条件	选择
质谱检测	扫描范围	根据样品中待测组分的相对分子质量范围设定合适的范围
	扫描速度	视色谱峰宽而定。在一个色谱峰出峰时间内最好能有不少于 8 次的质谱扫描。这样得到的离子流色谱峰比较圆滑，一般扫描速度可设在 0.5～2s 扫一个完整质谱即可
	灯丝电流	常用范围 0.20～0.25mA。灯丝电流小，仪器灵敏度低。灯丝电流太大会降低灯丝寿命
	溶剂延迟时间	设置合理的溶剂延迟时间，避免对灯丝的损害
	电子倍增器电压	电子倍增器电压大小与灵敏度有关。在仪器灵敏度满足要求的情况下，应使用较低的倍增器电压，以保护倍增器，延长使用寿命
	电子能量	一般设定为 70eV
	扫描模式	全扫描、选择离子扫描

7）维护及注意事项

① 工作环境

用于放置 GC-MS 联用仪的实验室应保持清洁，温度保持在 20～30℃，空气相对湿度应小于 70%，避免振动和阳光直接照射。工作环境中避免高浓度有机溶剂蒸汽或腐蚀性气体，电源应符合规定，供电电源的电压及频率应稳定，避免各种强磁场、高频电场的干扰。

② 仪器开关机

质谱仪需要在真空条件下才能正常工作，因此在检测之前，要进行充分的抽真空，保证测试结果的准确性和重现性。为了减少频繁开关机对分子涡轮泵的损耗和维持高真空度，GC-MS 联用仪一般情况下不关机。如长时间不开机，开机前最好先吹扫下气路，可避免开机后氮气偏高的问题。GC-MS 联用仪需要配备 UPS（不间断电源）或交流接触器，前者在断电后可正常供电，后者在恢复供电后必须手动送电，均能避免突然断电对分子涡轮泵造成的损害。GC-MS 联用仪需在系统放空，分子涡轮泵转速以及离子源和四级杆的温度降至设定值后，才能正常关机。

③ 色谱柱的使用

GC-MS 联用仪一般使用窄口径毛细管色谱柱，最好是 MS 专用色谱柱，以保证低流失和较高的分离效率。色谱柱需要使用 GC-MS 专用的石墨垫圈。接进样口端和接质谱端所用石墨垫圈和柱螺母的规格型号不同，不可混用。进入质谱端的色谱柱长度应适中，可通过仪器公司提供的专用工具进行量取。色谱柱老化时不可连接质谱仪。

④ 离子源的清洗

GC-MS 使用一段时间后，出现分析结果重现性差、电子倍增器电压显著升高等现象提示离子源变脏，需要进行清洗。清洗离子源前需要确保所有溶剂、玻璃容器和质谱专用无纺布必须是洁净无污染的。清洗过程中如果需要进行备件的更换，则在开始清洗之前，必须把消耗品如灯丝、推斥极等都准备好。一定要等仪器温度降到室温才能拆机拆离子源进行清洗。

⑤ 真空泵的维护

保证真空泵正常运转，定期检查油面高度以及泵油的清澈程度和颜色，适时更换泵油，保持泵油清洁。保证仪器的真空度，真空度越好，仪器灵敏度越高。

(4) 气相色谱串联质谱联用仪（GC-MS-MS）分析技术

串联质谱法（MS-MS）是质谱法的重要联用技术之一，目前GC-MS-MS已在环境分析、食品分析等方面得到广泛的应用。该技术不仅适用于复杂基体混合物的定性分析，而且可以利用二级质谱结果进行定量分析。在两个前后串联的质谱仪中，前级质谱主要担任分离工作，在样品被电离后，它只允许被分析的目标化合物的分子离子（母离子）或特征离子碎片通过，经过碰撞裂解后，再由第二级质谱分析裂解后产生的离子碎片。利用MS-MS可以同时得到较低的检测限和良好的结构鉴定信息（1个母离子和2个或更多的子离子），与一级质谱相比，其灵敏度更高，可对复杂基体中的微量待测物进行测定，对一级质谱无法区分的化合物可进行进一步确认，可进行同分异构体的区分。

5.3.2 液相色谱质谱法

(1) 基本原理

液相色谱质谱法（Liquid Chromatography-Mass Spectrometry，LC-MS）是一种联用技术，是将液相色谱技术和质谱分析技术联合使用，以实现更快、更有效的分离和分析的技术方法。液相色谱质谱中的液相色谱起分离作用，其基本原理在本章5.2.2节中已详细介绍过，而质谱可以看作是液相的检测器。质谱分析的原理是通过将被测样品裂解为分子离子和碎片离子或带电粒子的集合，然后按质荷比的大小对离子进行分离和检测，以确定样品相对分子质量信息、分子式或元素组成、分子结构及裂解规律。

液相色谱质谱法集液相色谱的高分离度与质谱的高灵敏度、极强的定性专属性于一体，是目前发展最迅速的水质检测手段。液相色谱质谱法可分离极性的、离子化的、不易挥发的相对分子量大的和对热不稳定的化合物；具有极高的灵敏度，特别适合进行痕量分析；可提供分子量和碎片质量等结构信息，可靠性极高，在水质检测和水质突发事故应急检测中发挥越来越大的作用。

(2) 质谱仪基本结构

质谱仪整个系统在高真空度下运转，由进样系统、离子源（或电离室）、质量分析器、离子检测器、真空系统以及记录系统六部分组成。仪器结构及图例如图5-21所示。

1) 进样系统

进样系统采用与液相色谱联用的方式进样。由于液相色谱的一些特点，它需要解决液相色谱流动相对质谱工作环境的影响和质谱离子源的温度对液相色谱分析试样的影响，在实现联用时所遇到的困难比GC-MS联用仪大得多。为了解决这些问题，早期的LC-MS联用技术的研究主要集中在如何去除液相溶剂方面，并取得了一定的成效，但电离技术中电子轰击离子源、化学电离源等经典方法并不适用于难挥发、热不稳定的化合物。直到20世纪80年代以后，电喷雾电离（ESI）接口、大气压化学电离（APCI）接口和粒子束

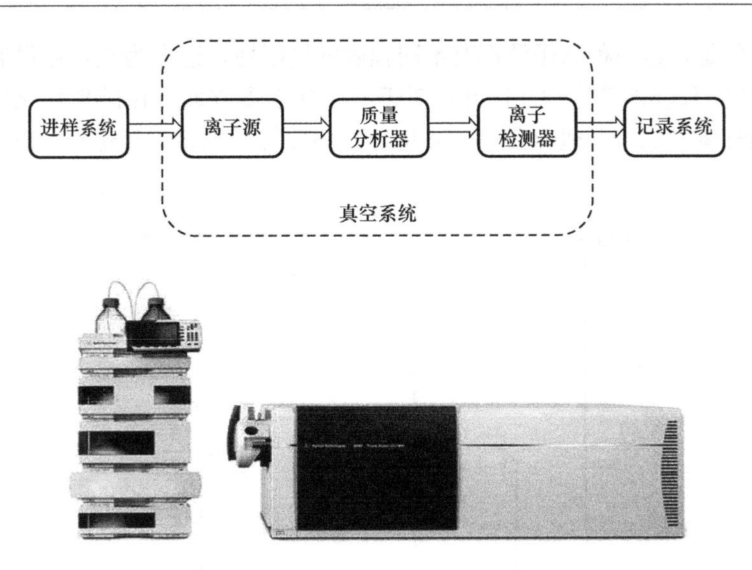

图 5-21 液相色谱-质谱仪（LC-MS）

（PB）接口等技术的出现才使得 LC-MS 联用成为真正的联用技术。该接口技术可将液相色谱流出液导入质谱仪，去除溶剂和完成离子化。

2）离子源

离子源是质谱仪的核心，其主要作用是将样品中的原子、分子电离成离子。在 LC-MS 联用中接口技术是关键，这个接口技术即指离子源。现对目前广泛采用的两种离子源 ESI 和 APCI 进行介绍。

① 电喷雾电离源（ESI）

ESI 的主要部件是一个多层电喷雾喷嘴，最内层是液相色谱流出物，外层是喷射气。样品溶液从雾化器的细管末端流出，在流出的瞬间受到管端几千伏高压电以及雾化气的吹扫，溶剂在高压作用下形成喷雾蒸汽，即无数细微的带电液滴。在加热的干燥氮气作用下，微滴蒸发过程中比表面积逐渐增大，到临界值时，离子就从表面蒸发出来，借助于与锥孔之间的电压，穿过取样孔进入分析器。随样品离子进入质谱的溶剂，由于动量小而且呈电中性，将在进入质量分析器前被抽走。电喷雾电离是一种软电离方式，即便是分子质量大、稳定性差的化合物，也不会在电离过程中发生分解，适用于分析极性强的大分子化合物。

氮气主要有三个用途：作为雾化气，可让样品溶液更好地雾化形成细小液滴；作为干燥气，可加热干燥带电液滴，使样品更好地离子化；作为串联质谱的碰撞气，可进一步打碎分子离子（母离子）。LC-MS 可使用顶空液氮罐或氮气发生器作为气源。

②大气压化学电离源（APCI）

APCI 的结构与 ESI 大致相同，不同的地方是 APCI 喷嘴下游放置了一个针状电晕放电电极。通过高压放电，空气中某些中性分子发生电离，产生 H_2O^+、N_2^+、O_2^+、O^+ 等离子，溶剂分子也会被电离。这些离子与样品分子进行离子-分子反应，使样品分子离子化。APCI 产生的是单电荷离子，主要用来分析中等极性化合物。有些分析物因结构和极性的原因，用 ESI 不能产生足够强的离子，采用 APCI 可增加离子产率。它的缺点是由于产生大量的溶剂离子，与样品离子一起进入质谱仪，造成较高的化学噪声。

值得注意的是，这两种离子源都有不同程度的局限性，迄今为止，还没有一种接口技术具有像GC-MS那样的普适性。因此，对于一个从事多方面工作的现代化实验室，需要同时具备这两种离子源，以适应液相分离化合物的多样性要求。ESI和APCI的应用关系如图5-22所示。

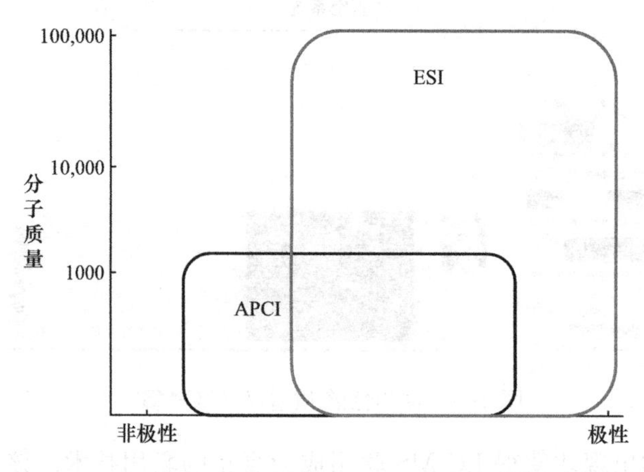

图5-22　ESI和APCI应用关系

3）质量分析器

质量分析器在质谱仪中的作用是将离子源产生的离子按质荷比分开，组成质谱图。质量分析器包括磁单聚焦、磁双聚焦、四级杆和飞行时间等类型。

① 磁单聚焦质量分析器

磁单聚焦质量分析器是处于扇形磁场中的真空容器，常采用180°、90°、60°磁场开角。在离子源中产生的一定质量的带电离子被电场加速后进入入射狭缝，进入磁场受洛仑磁力的作用做半径为R的运动，穿过出射狭缝到达检测器。在磁场强度和电压不变的情况下，R取决于质荷比。

具有相同质荷比的离子束进入入射狭缝时，各离子的运动轨迹是发散的，但在通过磁单聚焦质量分析器之后，发散的离子束又重新聚焦于出射狭缝处。磁单聚焦质量分析器的这种功能称为方向聚焦。磁单聚焦质量分析器结构简单、操作方便，缺点是不能克服初始能量对离子分离造成的影响。

② 磁双聚焦质量分析器

磁双聚焦质量分析器能同时实现能量聚焦和方向聚焦。它由一个扇形静电场和一个扇形磁场组成。离子通过静电场时，受电场力作用，会改变运动方向，电场对不同能量的离子起到能量色散作用，使能量相同的离子聚在一起。进入磁场后，质荷比相同的离子又在磁力作用下聚在一起，从而实现能量和方向的双聚焦。双聚焦质量分析器提高了分辨率，但操作和维护较困难。

③ 四级杆质量分析器

四级杆质量分析器由四根平行且两两对称的杆状电极组成，相对的两个电极电压大小相等、极性相同，而相邻的两个电极电压大小相等、极性相反。在一定的电压和频率下，带电粒子射入高频电场中，只有特定质荷比的离子可以通过四级杆到达检测器。利用电压或频率扫描，可以检测不同质荷比的离子。四级杆质量分析器的优点是扫描速度快、体积小，缺点是质量范围和分辨率有限。

④ 飞行时间质量分析器

飞行时间质量分析器是利用具有相同能量、不同质量的带电粒子，在漂移管中飞行速度的差异性，造成到达检测器所用时间的不同而进行分离的。飞行时间质量分析器优点是结构简单、扫描速度快、灵敏度高、分辨率高，不受质量范围限制；缺点是定量准确度差、价格贵。因此，飞行时间质量分析器更适用于定性分析。

4）离子检测器

现代质谱仪所用的离子检测器一般是电子倍增器。一定能量的离子轰击阴极导致电子发射，电子在电场作用下依次轰击下一级电极而被放大，放大倍数为 $10^5 \sim 10^8$。电子倍增器中电子通过的时间很短，利用电子倍增器可以实现灵敏、快速测定。电子倍增器的缺点是存在质量歧视效应，随着时间的增加，增益逐步衰减。

5）真空系统

质谱仪的离子源、质量分析器、离子检测器必须处于高真空状态。质谱仪通常采用机械真空泵预抽真空，再用高效率油扩散泵或分子涡轮泵连续运行保持高真空度。在足够高的真空度下，离子才能从离子源到达离子检测器，真空度不够则检测器灵敏度大幅降低。

6）记录系统

质谱的信号十分丰富，电子倍增器产生的信号可通过具有不同灵敏度的检流计检出，再通过镜式记录仪快速记录下来。计算机对产生的信号进行接收和处理，并对仪器条件状态进行监控，从而保证精密度和灵敏度。

（3）三重四级杆质谱联用分析技术

20 世纪 80 年代，在传统的质谱基础上发展了串联质谱技术。与传统的单级液质联用相比，液相色谱串联质谱联用技术（LC-MS-MS）具有灵敏度高，分析速度快，能分析相对分子质量大、极性强的物质的优点。目前制药等少数检测领域因所检测目标化合物组分相对单一，仍保留一定数量的传统单级液质联用，在环境、食品、水质等大部分检测领域，LC-MS-MS 已成为主流。

MS-MS 按照系统构成和工作模式可分为空间串联型和时间串联型。空间串联质谱是将两个质量分析器前后排列起来，离子按顺序经过两个分析器。两分析器间有一个碰撞室，目的是将前级质谱选定的离子打碎，在后一级质谱进行分析。该方式由于离子传输距离较长，使检测灵敏度受到影响，而且仪器的购买维护费用较高。时间串联质谱捕获离子存储在离子肼中，前一时刻选择特定的离子（母离子）留在肼中，把其他的离子排除出离子肼；后一时刻肼中的母离子与惰性气体（氦气、氩气或者氮气）碰撞后，解离产生碎片离子再进行分析。空间串联质谱可分为磁扇形串联、四极杆串联、混合串联等，以三重四级杆质谱应用最为广泛。时间串联质谱包括离子肼质谱和回旋共振质谱。

1）三重四级杆质谱

三重四级杆质谱仪又称作 Triple Q 或者 QQQ，是串联质谱中最常见的一种，可以与 LC 或者 GC 相连。它可以进行二级质谱分析，具备一定的定性能力，并且在质谱定量上有明显的优势，因此已经成为药物代谢、环境检测等领域的常用仪器，是目前串联质谱仪中销量最大的一种类型。下面我们对三重四级杆的结构和工作模式进行说明，如图 5-23 所示。

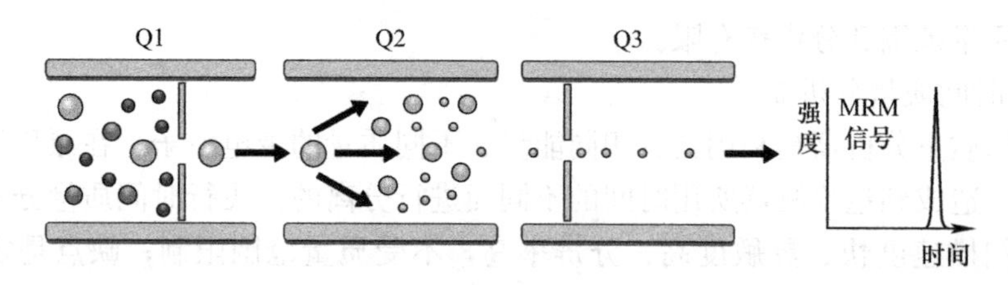

图 5-23 三重四级杆质谱仪的结构示意图

① 仪器结构

图 5-23 中 Q1 和 Q3 是正常的四级杆质量分析器。Q1 可根据设定的质荷比范围扫描和选择所需的离子；Q3 用于分析在 Q2 中产生的碎片离子。Q2 又称作碰撞室，用于聚集和传送离子，在离子的飞行途中，引入碰撞气体（如氮气）与离子发生碰撞，使离子部分动能转化为自身内能，导致离子分解。由于四级杆质量分析器对离子选择性高，有更好的聚焦作用；八极杆质量分析器对离子散射的抑制作用最强，有更好的传输作用；六级杆质量分析器则具有两者的优点，因此商品仪器中 Q2 采用六极杆质量分析器较多。Q2 有直线型，也有呈 90°或者 180°弯曲的。三重四级杆的优点是碰撞效率高、定量线性范围宽。

② 工作模式

三重四级杆质谱通常有全扫描、选择离子监测（SIM)、子离子扫描、母离子扫描、中性丢失扫描、多反应监测（MRM）等几种工作模式。

全扫描用于检测离子流中各种离子的质荷比和强度，相当于单四级杆质谱，可进行初步的定性分析，挑选需要进一步分析的离子。当色谱分离度好的时候，对简单的成分可以直接定性或定量。可以使用 Q1 或者 Q3 做全扫描，两者的差别是混合离子的离子束是否通过了 Q2。

已知化合物为了提高分子离子的灵敏度，并排除其他离子的干扰，可以使用选择离子监测（SIM）模式。SIM 模式下，化合物离子全通过 Q1 和 Q2，Q3 选择分子离子进行检测。

子离子扫描可以得到母离子的碎片信息，从而了解母离子的结构信息，可以用来区分几种质荷比相同的母离子，降低假阳性率。这时 Q1 工作在 SIM 模式下，即只允许母离子这一特定离子通过；Q2 碰撞室工作在碰撞诱导模式（CID）下，母离子与惰性气体分子碰撞产生碎片，并且在 Q2 的电场作用下将全部的碎片输送到 Q3；Q3 工作在全扫描模式下，检测 Q2 产生的碎片离子的质荷比和强度。子离子扫描的作用是通过母离子碎片种类和强度的差异来区分质荷比相同的母离子。

母离子扫描可以知道离子束中哪些母离子具有我们感兴趣的基团碎片。这时的工作模式与子离子扫描正好相反。仪器内部 Q1 工作在全扫描模式下；Q2 工作在 CID 模式下；Q3 用 SIM 模式监测感兴趣的碎片。

中性丢失扫描用于检测哪些母离子丢失了中性基团。中性丢失是指离子在碎裂过程中掉下一些不带电荷的中性碎片而变成一个质荷比更小的离子，常见的中性碎片有 H_2O、NH_3 等。此时仪器内部 Q1 处于全扫描模式；Q2 工作在 CID 模式；Q3 也处于全扫描模式。通过四级杆上电压参数的设定，使得 Q1 和 Q3 始终保持固定的质量差（即中性丢失质量），只有满足相差固定质量的离子才能得到检测。多电荷母离子在检测时应考虑多电荷的影响，如果子离子的电荷数比母离子少，则发生中性丢失后可能子离子的质荷比比母离子还要高。

多反应监测（MRM）指的是Q1选择的母离子在Q2碰撞室内碎裂成多个碎片离子，同时监测一组或多组母离子和碎片离子的工作模式。这时Q1和Q3都工作在SIM模式，Q2工作在CID模式。由Q1选择一个特定离子，经碰撞碎裂后，由其子离子中选出一对特定离子，只有同时满足Q1和Q3选定的一组离子时，才有信号产生。用这种扫描方式的好处是增加了选择性，即便是两个质量相同的离子通过了Q1，仍可以依靠其子离子的不同将其分开。这种方式非常适合从复杂的体系中选择某特定化合物，经常用于微量成分的定量分析。在实际使用过程中，往往需要在一份样品中同时检测几十甚至上百种物质。这时可以分别对每一个物质选择1～2个离子对，并且可以分多个时间段，每个时间段监测多个物质的离子对，让仪器来循环定量检测。

2）仪器调谐

调谐是通过把一系列已知质荷比的标准物质引入质谱并产生离子，利用这些已知离子调整离子光学组件（包括skimmer、八极杆、透镜、四级杆和检测器）上的电压，使之在全质量范围获得最大传输，调整宽度增益和宽度补偿以给出足够的质量分辨率，设置检测器增益以得到最佳的信号强度。调谐之前要检查调谐液液面，确保液面高出吸液管1cm以上，否则需要添加调谐液。

每次开机之后要进行调谐，每隔一个月应检查质量轴是否偏离。调谐后，应在调谐文件中保存被优化和校正过的质谱参数。

3）质谱仪条件的选择

① 电离模式的选择

首先，确定合适的离子源。根据离子源的特点可知，ESI离子源中离子在溶液中产生，化合物无须具有挥发性，可分析热不稳定化合物，除了生成单电荷离子之外还可以生成多电荷离子；APCI离子源中离子在气态条件中生成，被测化合物需要有一定的挥发性，必须是热稳定的，而且电离过程中只生成单电荷离子。应当综合化合物的热稳定性、挥发性、分子质量、分子极性等性质选择合适的离子源。

其次，确定电离模式，包括正离子电离模式和负离子电离模式。正离子电离模式适合碱性样品（如含有仲氨基或叔氨基的样品），可接受质子，选择酸性流动相。负离子电离模式适合含强负电性基团的酸性样品（如含氯、含溴和多个羟基的样品），可失去质子，选择中性或弱碱性流动相。还有一些物质既可以采用正离子电离模式，也可以采用负离子电离模式，此时应比较两种模式下的灵敏度来进行选择。

② 流动相的选择

ESI和APCI离子源分析常用的流动相为甲醇、乙腈、水和它们不同比例的混合溶液。液相色谱分析中常用的非挥发性盐类如磷酸缓冲液等一般在液质联用中不使用，需用挥发性缓冲盐如甲酸铵、乙酸铵等替代。流动相常用的挥发性有机酸是甲酸、乙酸和三氟乙酸，但负离子模式检测使用三氟乙酸易引起信号抑制。

③ 离子源参数的选择

质谱物理参数的优化原则是在适合仪器的参数数值范围内进行优化，以得到更好的灵敏度和稳定性。优化干燥气温度和流量，可提高去溶剂的干燥效果；优化雾化器压力和喷针位置，可提高雾化效果。

④ 离子对参数优化

正确使用MS-MS质谱仪，还需要对离子对参数进行优化。首先，采用SCAN或SIM模式对标准品进行扫描，优化毛细管出口电压，保证母离子的传输效率。其次，使用已经优化好的电压对子离子进行扫描，优化碰撞能量，选择定性离子和定量离子，得到较好的子离子响应。然后，使用已经优化好的电压和碰撞能量，优化驻留时间，得到合适的扫描速度，从而确定多反应监测的离子对参数。

4）维护及注意事项

① 工作环境

用于放置LC-MS联用仪的实验室应保持清洁，温度保持在20～25℃，空气相对湿度应小于70％，避免振动和阳光直射。工作环境中避免高浓度有机溶剂蒸汽或腐蚀性气体，电源应符合规定，供电电源的电压及频率应稳定，避免各种强磁场、高频电场的干扰。

②真空条件

质谱仪必须在高真空状态下工作（真空度应达 $1.3\times10^{-5}\sim1.3\times10^{-6}$ Pa）。若真空度过低，会造成离子源损坏、本底增高、副反应增多、灵敏度下降、分子涡轮泵磨损等恶劣影响。而真空系统组件维护（如清洗毛细管、四级杆和检测器等）需要在卸真空后进行，这些组件精密度高，清洗时对操作要求高，必要时可请专业人员进行维护。

③ 雾化室的清洗

每天做样完成后要对电喷雾雾化室进行清洗。使用流动相或异丙醇/纯水（1∶1）清洗雾化室后，先用无尘布进行擦拭，再用棉签擦拭离子源。如果有些污染物无法用常规清洗去除，必要时使用专用砂纸轻轻打磨后，再进行清洗。

④ 真空泵的维护

真空泵（前级泵）也需要定期维护，须保证泵油位于最低刻度和最高刻度之间。每周打开气振阀约15～30min，把油气分离器内多余的泵油放回泵内，然后再关紧气振阀。泵油使用时间达到3000h左右应及时更换。

⑤ 定期检查废液桶，及时清理废液。

5.3.3 电感耦合等离子体质谱法

（1）基本原理

电感耦合等离子体质谱（Inductively Coupled Plasma Mass Spectrometry，ICP-MS）是以电感耦合等离子体为离子源，用质谱仪进行检测的方法。待测样品通常以水溶液的气溶胶形式引入氩气流（液氩汽化为氩气，其中一路作为载气携带样品）中，然后进入氩等离子体（由一路辅助气形成的等离子体）中心区，等离子体的高温使样品去溶剂化、汽化解离和电离。部分被电离的样品及氩气经过多级真空进入质量分析器，正离子被拉出并按照其质荷比分离。检测器将离子转换成电子脉冲，电子脉冲的大小与样品中分析离子的浓度成正比。通过与已知标准物质或参考物质的比较，实现未知样品的痕量分析。

ICP-MS适用多种有机溶剂，可进行多元素同时测定，也可进行同位素鉴别和测定。它具有快速扫描能力（半定量）、对样品需求量少、动态范围宽、检出限低、干扰较少且易于消除的优点。ICP-MS测定无机元素的灵敏度比火焰原子吸收光谱法、电感耦合等离子体原子发射光谱法高得多，许多元素的灵敏度甚至超过石墨炉原子吸收光谱法，是目前无机元素分析方法中灵敏度最高的方法之一。

ICP-MS一直以来被应用于痕量金属分析的各个领域，其中环境及半导体行业应用最为广泛，在化妆品检测、食品安全、医药领域的使用也逐渐增多。

（2）电感耦合等离子体质谱仪基本结构

不同品牌的ICP-MS仪器结构各异并包含特殊设计，但基本组成类似，主要包括进样系统、离子源、接口部分、离子透镜、质量分析器、检测器及数据处理系统，此外还配置真空系统和软件控制系统。仪器结构及图例如图5-24所示。

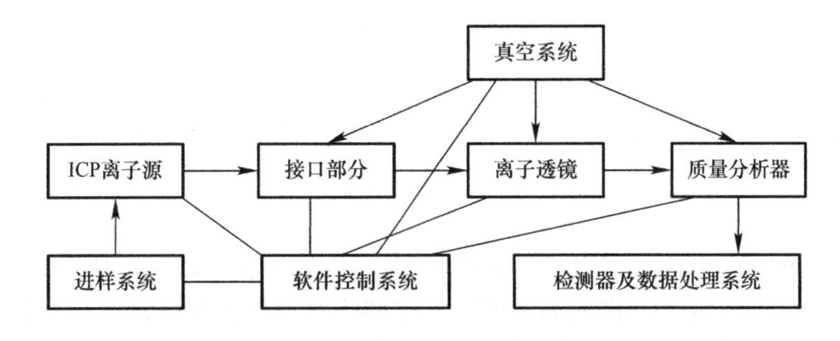

图5-24　电感耦合等离子体质谱仪（ICP-MS）

1）进样系统

进样系统是ICP-MS的重要组成部分，对分析性能影响较大。ICP-MS要求所有样品以气体、蒸汽和细雾滴的气溶胶（直径约小于10μm的雾滴）或固体小颗粒的形式引入中心通道气流中。目前最常用的是溶液气动雾化进样系统。该系统包含样品提升和样品雾化两个步骤，由蠕动泵、雾化器和雾室组成，主要作用是将待测样品气溶胶化。雾化器和雾室结构如图5-25所示。

① 蠕动泵

气动雾化进样系统采用蠕动泵提升待测样品，并通过T型三通混合样品与内标，实现内标的在线加入。蠕动泵可以保证样品的流速一致，克服不同样品、标准以及空白溶液之间的黏度差别。采用泵的定量提升减少空气的引入，从而减小造成等离子体不稳定的因素。通过增加泵速可以减少样品间的清洗时间，改变液体的提升量。

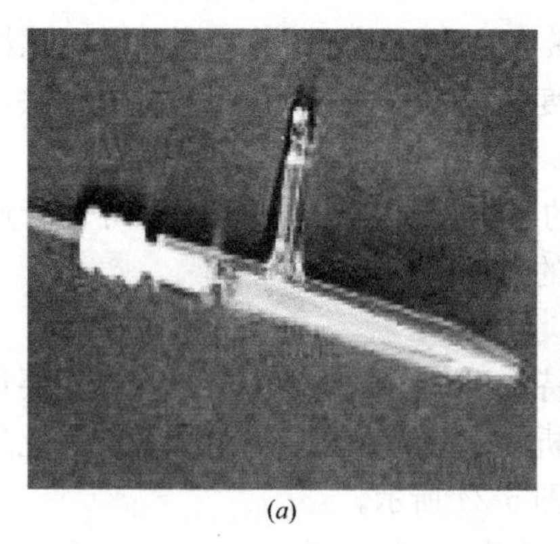

(a)

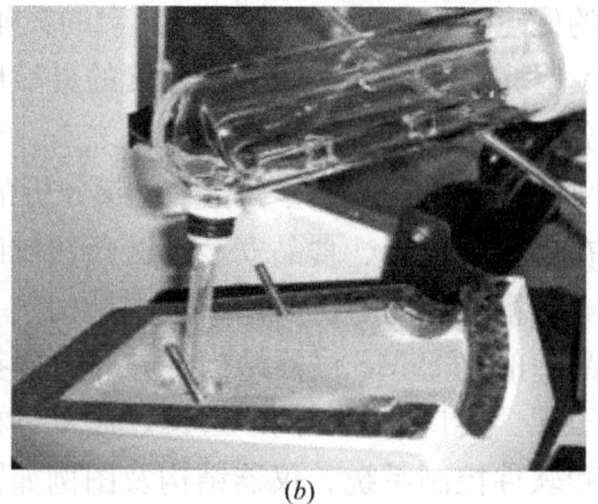

(b)

图 5-25　雾化器和雾室

(a) 雾化器；(b) 雾室

在使用蠕动泵时，必须正确连接排废管、内标管、进样管的位置及方向，并根据管路中液体流动的通畅度来调节弹簧夹的松紧程度。

② 雾化器

气动雾化器的工作机理是利用气流的机械力产生气溶胶，较大的雾粒通过雾室除去，仅允许直径小于 10μm 的雾滴进入等离子体。这些小雾滴仅占由蠕动泵引入样品溶液体积的 1%，进样效率较低。但由于其使用方便，具有较好的稳定性，也易与自动进样器联用，因此仍被广泛使用。

在 ICP-MS 中，主要使用三种类型的气动雾化器，包括同心雾化器、交叉流雾化器和 Burgener 型雾化器。同心雾化器适用于比较干净的样品，而交叉流雾化器和 Burgener 型雾化器则适合含盐量较高的样品。交叉流雾化器是利用高速气体与液流之间的接触使液体破碎产生气溶胶，其液体毛细管直径较大，不易堵塞，对高盐或有极少悬浮物的样品溶液是较好的选择。Burgener 型雾化器是使液体样品流经一个球体表面，加压的气体通过水膜下的一个小孔令其产生气溶胶。由于样品不通过毛细管，因此 Burgener 型雾化器具有很强的耐高盐能力，且固体浆液也可被雾化，但与同心雾化器或交叉流雾化器相比，记忆效应较强。雾化器一般使用石英材料，也有使用抗腐蚀材料和应用于特殊样品的聚合物材料。

ICP-MS 中使用最广泛的为同心雾化器，其工作示意如图 5-26 所示。在该雾化器中，气流方向与毛细管平行，溶液迅速通过毛细管末端被引入低压区，在雾化器的开放型末端被低压和高速气流共同破碎成气溶胶。它的优点是灵敏度高，稳定性好；缺点是价格昂贵、更换成本高，以及含盐量较高的样品溶液进样时易造成堵塞。

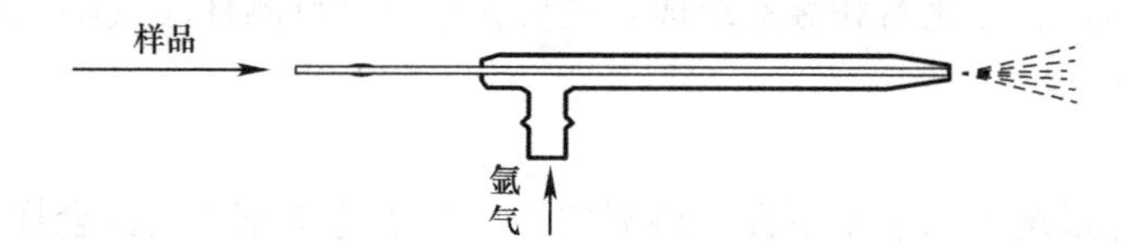

图 5-26　同心雾化器工作示意图

雾化器堵塞一般有两个原因：

a. 悬浮物堵塞样品提升毛细管，更换进样管路可解决该问题；

b. 样品含盐量高，来自雾化器的干燥冷气流使沉积的溶液冷却和蒸发，并沿雾化器的环状气流通道形成盐分结晶，造成信号下降。引入蒸馏水或稀酸溶液清洗可去除盐分结晶。

③ 雾室

雾室的主要作用是从气流中除去并排出大雾粒（直径大于 10μm），同时使气溶胶流经雾化室通道后，分布更加均一。携带着气溶胶的气流进入雾室，在运动方向上经历了突然的变化，较大的雾粒不能继续前进，这些雾粒撞击雾室壁，最后成为废液。雾室仅保证那些小至足以悬浮在气流中的雾粒被载气带入等离子体。

2）离子源-电感耦合等离子体（ICP）

不同厂家、不同型号仪器使用的作为离子源的 ICP 装置，基本原理都是类似的，都是由等离子体炬管和射频发生器（RF）组成。点火时 RF 产生能量，令环绕矩管的负载线圈放电，利用线圈附近的等离子辅助气（用于点燃等离子体的一路氩气）点燃矩管。气体一旦发生电离，即可通过感应耦合作用维持环形电离状态。

① 等离子体矩管

炬管水平安放在 RF 线圈的中间，离接口大约 10～20mm。ICP 通常使用的炬管由 3 个石英同心管组成，即外管、中间管和样品注入管。炬管的主要作用是使放电的等离子体与负载线圈隔开以防止短路，并借助通入的外气流带走等离子体的热量和限制等离子体的大小。等离子体矩管如图 5-27 所示。

图 5-27 等离子体矩管

② ICP 气路系统

ICP-MS 中，通入炬管的工作气体多为氩气（Ar），因为 Ar 是惰性气体，相对便宜且易于获得高纯度。更重要的是，Ar 的第一电离电位是 15.75eV，高于大多数元素的第一电离电位（除了 He、F、Ne），低于大多数元素的第二电离电位（除了 Ca、Sr、Ba 等），能有效地将元素电离成带单个电荷的离子，几乎不会形成二次电子电离。ICP 气路系统的主要作用是提供电离能、冷却、保护炬管和输送样品等。

需要强调的是，ICP-MS 所用氩气的纯度非常重要，最好使用纯度≥99.999%的氩气。氩气纯度差时，其所含的杂质气体会对某些同位素产生质谱干扰，比如氩气中的 CO_2 会影响 ^{45}Sc 和 ^{52}Cr 的测定。

③ 射频发生器

ICP 使用的射频发生器（RF Generator）有两种基本类型，即自激式（频率漂移）和晶控型（他激式，频率固定）振荡器。大多数 ICP-MS 射频系统的工作功率在 1.0～1.5kW，维持等离子体所需的功率一般为 0.75～2.0kW。

3）接口部分

接口是整个 ICP-MS 系统最关键的部分，由一个采样锥和一个截取锥组成，作用是将等离子体中的离子有效传输到质谱仪。离子采集接口要最大限度地让所生成的离子通过并保持样品离子的完整性，不易堵塞，便于拆卸和维护。接口区的工作示意如图 5-28 所示。

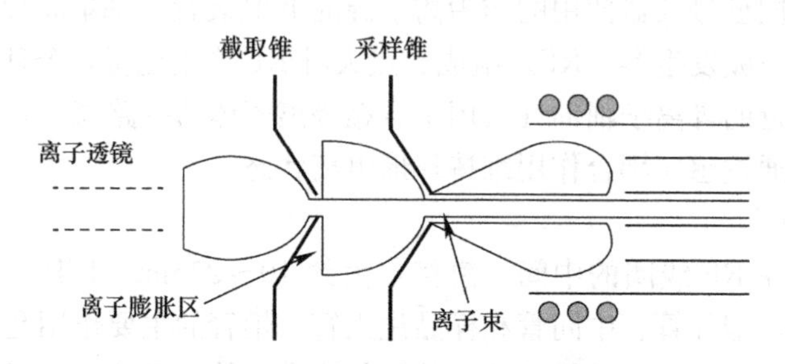

图 5-28 接口区离子采集和自由膨胀过程示意图

采样锥通常由 Ni、Al、Cu 和 Pt 等金属制成，其中 Ni 锥用得最多。在分析有机材料时最好使用 Pt 锥，因为 Pt 锥的抗剥蚀能力优于 Ni 锥。采样锥的作用是把来自等离子体中心通道的载气流，即大部分离子流吸入锥孔，进入第一级真空室。不同仪器的采样锥孔径差别不大，一般为 1.0mm 左右。

截取锥的材料与采样锥相同，通常也由 Ni 材料制成。不同仪器的截取锥孔径差别较大，其孔径一般为 0.4～0.9mm。截取锥锥孔小于采样锥，安装于采样锥后，与其在同一轴线上，两者相距 6～7mm。截取锥通常比采样锥的角度更尖，以便在尖口边缘形成的冲击波最小。它的作用是令离子流中心部分（通过采样锥孔的离子流）进入下一级真空。截取锥应经常清洗，否则重金属基体沉积在其表面会再蒸发电离形成记忆效应。

4）离子透镜

离子离开截取锥后，需要由离子聚焦系统传输至质量分析器。离子聚焦系统位于截取锥和质谱分离装置之间，作用是聚集并引导待分析离子从接口区域到达质谱分离系统，同时阻止大量不带电荷的（中性）原子和粒子通过。离子聚焦系统决定了离子进入质量分析器的数量和仪器的背景噪声水平。一个好的离子聚焦系统应该在保持离子束成分和电学完整性不变的前提下，具有最高的离子传输效率，即具有灵敏度高、背景低、检出限低、信号稳定的特征。

5）质量分析器

质量分析器位于离子光学系统和检测器之间，用涡轮分子泵（利用高速旋转的动叶轮将动量传给气体分子，使气体产生定向流动而抽气的真空泵）保持高真空度。质量分析器的作用是将离子按照其质荷比（m/z）分离。目前绝大多数 ICP-MS 采用的是四极杆质量分析器。

6）检测器及数据处理系统

四极杆质量分析器将离子按质荷比分离后最终引入检测器，检测器将离子转换成电子脉冲，然后由积分线路计数。电子脉冲的大小与样品中分析离子的浓度成正比。数据处理系统通过与已知浓度的标准进行比较，实现未知样品中痕量元素的定量分析。

检测器有连续或不连续打拿极电子倍增器、法拉第杯检测器、Daley 检测器等类型，现在的 ICP-MS 系统采用的基本都是不连续打拿极电子倍增器。电子倍增器通常有一个有限的寿命，它取决于总的累积放电，即：输入离子×增益。超过这个寿命，内表涂层不再起倍增作用，需进行更换。为了延长其使用寿命，施加的电压应保持在能达到所要求性能的最小值。

7）真空系统和软件控制系统

质谱技术要求离子具有较长的平均自由程，以便在通过仪器的途径中与另外的离子、分子或原子碰撞概率最低。离子的平均自由程与离子所在系统的压力，即真空度有关。一个大气压下（760Torr），离子的平均自由程仅有 1×10^{-7}m，这样的平均自由程离子是不能走远的。因此，质谱仪必须置于一个真空系统中。一般 ICP-MS 仪器的真空度大约为 10^{-6}Torr，离子的平均自由程为 50m。ICP-MS 采用一种称为“差压抽气”的技术，通过几个分立的真空级使压力逐渐降至要求值。因此用这种方式时，仪器需要三个隔离孔隙（采样锥、截取锥和差压抽气隔离孔）将不同的真空区域隔开，每级都有自己的密封真空室和抽气泵。

ICP-MS 仪器中，用得较多的压力单位是托（Torr）或毫巴（mbar）。我国的法定计量单位是国际标准的帕斯卡（Pa）。在换算中，1mbar＝0.75Torr＝100Pa。

软件控制系统可实时操控仪器，对仪器各个模块参数进行设置，并可对其运行状况进行监控。

（3）ICP-MS 分析技术

1）准备工作

ICP-MS 作为应用广泛的痕量元素分析技术，在检测前的样品制备过程中必须注意污染及损失问题。常见的污染源包括所使用器皿、工具、试剂及实验室环境。

由于污染物可能从使用的器皿及工具中溶出，痕量待测元素的吸附效应也无法完全避免，但仍可以通过选择合适材料制成的器皿及工具来降低污染风险，减小吸附作用。PTFE、FEP、PE 及 PP 材质的存储容器、烧杯及容量瓶，解吸或吸附造成的污染和损失相较于玻璃器皿可忽略不计。此外，对所用容器必须用去离子水进行充分清洗后方可使用，建议使用单独的酸缸进行浸泡，避免交叉污染。

ICP-MS 对所使用的试剂纯度要求较高，购买时应根据实验室自身情况进行选择，避免空白较高带来的影响。此外实验室应在保证洁净的前提下进行通风，避免封闭空气带来的污染。

2）标准溶液配制

对于痕量元素的检测，在配制标准溶液时，为了避免体积法肉眼定容所带来的误差，推荐使用重量法。具体步骤是先向塑料样品瓶中加入部分稀释液，用天平称取质量，再吸取一定体积已知浓度的标准溶液加入到该样品瓶中，并用天平称取质量，两者的质量差即为标准溶液的质量。最后用稀释液定容，用天平称取稀释后溶液的质量，即可算出配制好的标准溶液的浓度。需要注意的是，不要将移液枪或吸量管直接插到标准溶液里移取，应倒出部分进行取用。

标准储备溶液浓度通常为1～10mg/L，若存储条件良好，可稳定保存1年左右。通过逐级稀释制成的μg/L级标液可以保存一个月。ng/L级低浓度工作标液以及硼、铝等不稳定元素标准溶液，则须当天配制或每周更换。同时测定多个元素时，可制备或购买多元素混标，配制混标过程中需注意元素之间的相容性，确保混标性质稳定。

3）仪器调谐

仪器一般具有自动调谐功能，可使仪器工作条件最佳化。调谐的参数包括透镜组电压、等离子体采样深度、等离子体发生器的入射功率和反射功率、载气流速，检测器电压等，目的是为了获得最佳仪器灵敏度和稳定性，降低氧化物、双电荷离子等的干扰。通常采用含有轻、中、重质量范围的元素的混合溶液作为调谐液，比如^{7}Li、^{59}Co、^{89}Y、^{115}In、^{140}Ce、^{205}Tl、^{209}Bi、^{232}Th，浓度范围一般为1～10μg/L。

4）仪器基本校准

仪器一般配有自动校准程序，操作较方便。仪器基本校准包括质量校准和检测器校准两部分。质量校准是对质谱仪器质量标度的校准，通常在整个质量范围内进行，一般选择几个有代表性的轻、中、重质量范围的元素作为校准点进行自动校准，比如^{7}Li、^{115}In、^{205}Tl，浓度范围一般为10～50μg/L。检测器校准是对脉冲和模拟两种模式的交叉自动校准，一般选择几个轻、中、重质量范围的元素进行自动校准，比如^{7}Li、^{115}In、^{205}Tl，浓度范围一般为10～50μg/L。检测器校准非常重要，校准不当会严重影响分析曲线的线性。

经过仪器调谐和基本校准后，确认仪器状态达到检测要求，就可以建立检测方法，对样品进行分析。

5）元素分析

ICP-MS一般提供定性分析、半定量分析和定量分析三种模式。

定性分析一般用来初步判断未知样品组分，通过连续扫描1～240质量数范围的元素，依据谱图上出现的峰可以判断存在的元素和可能的干扰，是一个非常有效、快速且比较可靠的定性手段。

许多ICP-MS仪器都有半定量分析软件。该软件内置通过测量含有已知浓度的多元素标样，计算得到响应值与浓度值之间的半定量响应因子数据。未知样品中所有元素的半定量结果都可以根据此响应曲线求出，也可以通过配制新的混标溶液来更新半定量响应因子，以匹配当前仪器性能。用半定量方法获得数据的精确度约为50%或更高，主要取决于被测的元素和样品基体。

定量分析用于测定样品中各组分的精确浓度，为保证结果的高准确度，可使用内标法进行校正。内标法是在样品和标准系列中加入一种或几种元素，用来监测和校正信号的短期漂移和长期漂移，同时校正一般的基体效应。内标元素不能是环境污染元素，且必须是样品中不含的元素，不会对分析元素产生干扰，同时不受样品基体的干扰。常用的内标元素有^{9}Be、^{45}Sc、^{59}Co、^{74}Ge、^{89}Y、^{103}Rh、^{115}In、^{159}Tb、^{175}Lu、^{187}Re、^{232}Th，针对轻、中、重不同质量段，建议选择与待测元素质量接近的内标元素进行监测。分析溶液形式的样品时，内标元素可以在样品处理过程中加入，也可在测定时单独采用内标管引入，通过三通接头和样品溶液混合后引入雾化系统。

6）维护及注意事项

① 环境

放置仪器的房间应保持清洁，采用超净实验室设计可显著减少环境对背景检测值的影响。室内气温应保持在15～30℃，推荐的最佳温度是20±2℃；仪器工作状态下，房间温度需保持在25℃以下，否则冷却水循环机易报错。湿度范围在20%～80%，推荐的最佳湿度是35%～50%，湿度大的季节，必须采用除湿机除湿。

② 进样系统

样品能否顺利引入蠕动泵管直接影响信号的稳定性，所以应经常检查泵管的使用情况并及时更换，建议大约每工作40h更换一次。排废液管使用期限可以长一些，但也必须经常检查，以防排废不畅，引起雾室内废液聚集，信号不稳定，过多的液体流入矩管会导致等离子体熄火，对仪器造成损害。如果喷入高浓度的有机溶剂，应该换成有机溶剂专用泵管。分析完后需松开泵管，操作如图5-29所示。

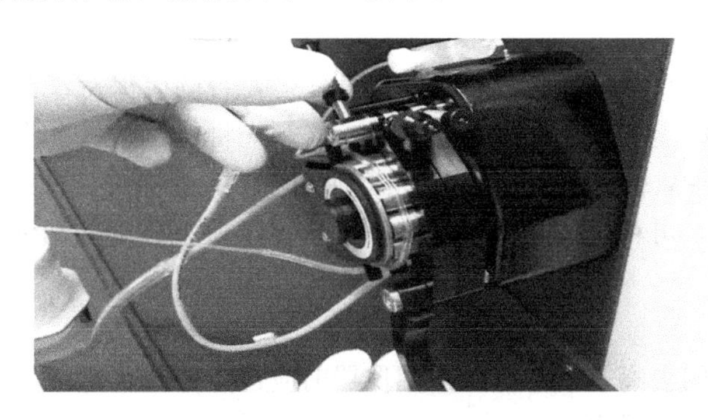

图5-29　松开泵管

雾化器和雾室应定期使用清洗液清洗，由于检测样品的洁净程度和仪器使用的频率不同，雾化器和雾室的清洁周期也不相同。若检测过程中发现内标元素的信号明显降低，而雾化器压力显著增大，则可能是雾化器堵塞造成的，需要进行清洗。通过肉眼观察雾室内壁，如发现明显沉积物也需要进行清洗。清洗液根据情况可采用3%～5%浓度的热王水、硝酸或盐酸，浸泡清洗后用去离子水充分洗净、晾干。交叉气动雾化器可以采用超声波清洗。

除蠕动泵、雾化器、雾室外，炬管也应定期清洗。尤其是观察到中心注入管部分有明显沉积污染，或检测时某些元素的背景空白突然增大，通过在线纯水进样或稀酸进样清洗已无法降低时，需要拆卸炬管进行清洗。可将内管取下，用3%～5%浓度的热王水或硝酸浸泡，最后用去离子水充分清洗，自然晾干或用吹风机吹干后使用。如炬管内管的嘴部烧蚀明显，则应更换。

③ 采样锥和截取锥

采样锥和截取锥表面的变形将引起采样过程中等离子体气流的散射和干扰离子的生成，因此，锥表面应尽可能保持干净和平滑。采样锥和截取锥的清洗周期取决于运行时间和分析样品的含盐量。当仪器背景噪声过高、灵敏度显著降低、峰形变差、界面系统真空显著升高或肉眼观察到锥间有积盐时，则需要拆卸采样锥和截取锥进行清洗。锥孔尤其是截取锥孔非常尖，极易碰损，卸取、清洗和安装都必须格外小心。可在大约5%的专用洗涤液中超声清洗15min，然后再放到1%～5%的硝酸中超声清洗2min，用去离子水充分洗净，最后用丙酮或空气使其干燥。如果锥孔形状发生明显变化，则必须更换。

④ 透镜系统

透镜系统一般由专业人员维修检查。若仪器运行负荷较大，或进样浓度很高造成记忆效应，则需要进行清洗。清洗透镜时所使用的工具顶部也要清洗，而且一定要戴好无粉手套后才可接触透镜，以防污染。透镜需要使用专用砂纸打磨，注意要均匀打磨透镜的整个表面，即使表面的某些部分看起来不脏也要打磨。将离子污染斑痕打磨后用去离子水冲洗，并在去离子水中超声清洗5min，在空气中晾干或烘箱中烘干，也可用丙酮将表面的水赶尽。

⑤ 检测器

为了保护检测器的寿命，实际应用中对高浓度样品应尽可能采取稀释或其他方法，避免长时间测量高强信号。

⑥ 真空系统

真空系统一般不需要日常维护保养，除非长期停运，否则应保持仪器的真空状态。若泵油的颜色变深变黄，则需要更换。更换泵油时，必须先将仪器关机。将废泵油排放至废油桶中，然后添加新泵油，油面高度一般达到满刻度的80%处即可。日常工作中如果发现油雾过滤器处存油太多，可在机械泵工作状态下，直接旋松泵顶部的回油阀3～5min，让泵油流回泵中。

⑦ 冷却水系统

冷却水系统一般采用去离子水。每次使用仪器前应检查冷却水进出是否通畅。定期检查液面高度，及时更换去离子水。

5.4 特种仪器分析法

5.4.1 放射性测定

(1) 基本原理

水中核素一般分为稳定核素和不稳定核素两大类。不稳定核素通过放射性衰变自发地从核内释放出α粒子、β粒子、γ粒子以及其他射线，从而衰变成为另外一种元素。α、β射线可以通过直接或间接的电离作用，使人体的分子发生电离或激发，产生多种自由基和活化分子，严重的还会导致人体细胞或机体的损伤和死亡，因此，对α、β粒子放射性的测量意义重大，生活饮用水中的总α、总β放射性含量，20世纪80年代就被列为国家生活饮用水卫生标准的常规指标。

通过将水样酸化，蒸发浓缩，转化为硫酸盐，于350℃灼烧，残渣转移至样品盘中制成样品源，即可在低本底α、β测量系统中测定总α、总β的放射性活度。

(2) 放射性测量仪基本结构

低本底α、β测量仪可测定水中总α、总β放射性活度，包括探测部件和屏蔽体、测量和数据处理单元、电源等部件。这些部件可组装成一个整体，也可分成几个部分用电缆连接。仪器结构及图例如图5-30所示。

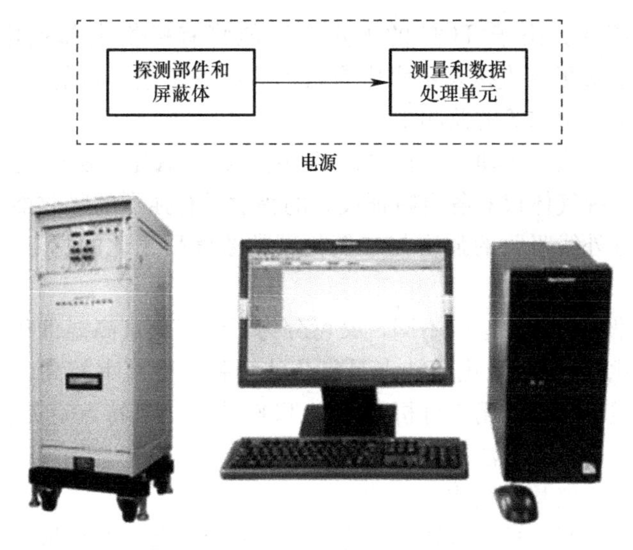

图 5-30 BH1227 放射性测量仪

仪器可用交流或直流供电。探测部件多由主探测器和反符合探测器构成。主探测器利用 α 和 β 射线能量的差别，采用脉冲幅度甄别技术，可将测量样品中的 α、β 计数完全分开，同时测量样品中包含的 α、β 放射性。该测量仪属于弱放射性样品的低本底测量装置，因此，应降低由宇宙射线和土壤中的天然放射性产生的本底计数贡献，除了采用较厚的物质（如厚铅和钢壳制作的铅室）作屏蔽体，还安装有反符合探测器，利用反符合电子学技术达到降低本底的目的。

测量和数据处理单元具有自检、数据存储、历史数据查询、报表打印和数据传输等功能。

（3）维护及注意事项

仪器所用的电源应有良好的地线。仪器应安放在远离大型机电设备（如大型电机、冰箱等）、环境清洁的实验室内。

实验室应备有空调和除湿设备，调节室内温湿度。在比较潮湿的季节，仪器在 1 周内至少要工作 2～3d，即使没有样品需要测量也要开启仪器，可防止仪器受潮。

仪器专用于弱 α、β 放射性的测量，强 α、β 放射性的样品不能用它测量。否则极易污染屏蔽室，致使仪器本底升高，不利于测量弱 α、β 放射性。此外，实验室、铅室、送样板、样品盘、放射源的托盘及相关的用具都必须保持高度清洁，且应专用。

用放射源测量样品后，一定要及时把放射源或样品取出探测器室。样品中的酸及有机溶剂，必须要在制备样品的过程中灼烧干净，否则会对探测器造成损害。

5.4.2 总有机碳测定

（1）基本原理

总有机碳（TOC）是指水体中溶解性和悬浮性有机物含碳的总量。它是以碳的含量表示水体中有机物质的总量，是评价水体被有机物质污染程度的重要指标。水样中的碳根据存在形式可分为总碳（TC）、无机碳（IC）、总有机碳、不可吹扫有机碳（NPOC）和可吹扫有机碳（POC）五种。其中 TC 是指水样中所有碳的总量，由 TOC 和 IC 组成；TOC 是由NPOC和POC组成。由于TOC的测定方法能将有机物全部氧化，因此，TOC较COD、BOD、COD_{Mn}等更能直接表示水中有机污染物的总量。目前，TOC被广泛应用于地表水、饮用水、工业用水等的监测中。

TOC测定的原理是把不同形式的有机碳通过一定的氧化方法转化为易定量测定的二氧化碳，通过利用每种气体仅对各自特征波长的辐射具有强烈的吸收能力，且在一定浓度范围内二氧化碳对红外线吸收的强度与二氧化碳的浓度呈正比的特点，对水样中的TOC进行定量测定。

根据对有机污染物氧化方法的不同，又可分为干法氧化（高温催化燃烧氧化）和湿法氧化（过硫酸盐氧化）。干法氧化的特点是氧化能力强、检出率较高、流程简单、分析速度快、重现性好。湿法氧化适用于分析低浓度TOC水样，其特点是灵敏度高、进样量大、安全性能好。因此，这两种方法的应用比较普遍。

（2）总有机碳分析仪基本结构

总有机碳分析仪主要由进样装置、反应器、气液分离器、非分散红外二氧化碳检测器和数据处理单元组成，其中最重要的部分为反应器和非分散红外二氧化碳检测器。仪器结构及图例如图5-31所示。

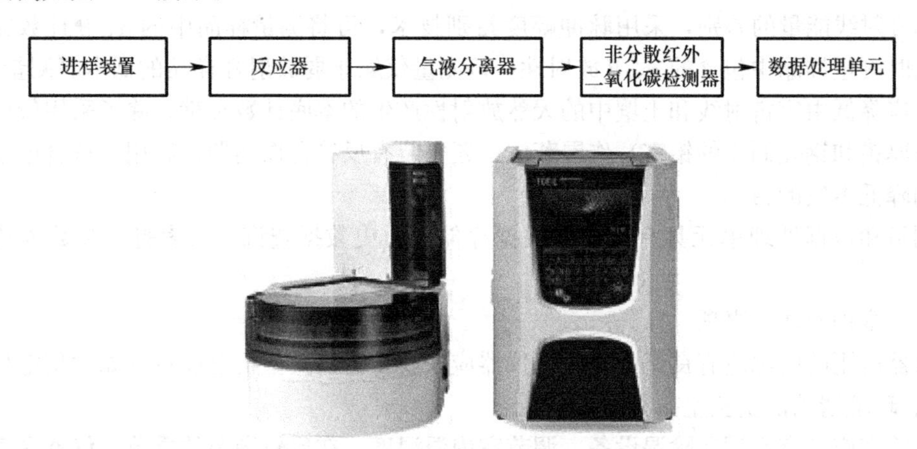

图5-31　总有机碳分析仪（TOC）

1）反应器

反应器是把不同形式的有机碳通过一定的氧化方法转化为二氧化碳的装置。根据实现氧化的原理不同，分别有两种结构。

① 采用干法氧化的反应器

一定量的水样注入反应器内的石英管，在高温条件下，以铂和三氧化钴或三氧化二铬等为催化剂，使有机物燃烧裂解转化为二氧化碳。由于在高温下，水样中的碳酸盐也会分解生成二氧化碳，故上述测定的为水样中的TC。

为获得有机碳含量，可使用直接测定法（IC预处理法）和间接测定法（减差法）进行测定。

直接测定法是将水样酸化后曝气，除去各种碳酸盐分解生成的二氧化碳后，再注入反应器中。可直接测定总有机碳TOC。但由于曝气过程会造成水样中挥发性有机物的损失而产生测定误差，因此其测定结果只是NPOC。

间接测定法（差减法）适用于高温反应器和低温反应器皆有的 TOC 测定仪，即将一定量水样分别注入高温反应器和低温反应器内。在高温反应器中，水样中的有机碳和无机碳均转化为二氧化碳；而在低温反应器中，仅无机碳酸盐被分解为二氧化碳，有机物却不能被分解氧化。将高、低温反应器中生成的二氧化碳依次导入检测器，分别测得 TC 和 IC，二者之差即为 TOC。

②采用湿法氧化的反应器

水样由进样系统进入反应器，首先与一定浓度的磷酸反应，分解产生二氧化碳，被高纯氮气吹出进入检测器，即可测定水样中的 IC 浓度。后向消解（反应）器中加入过硫酸钠氧化剂，与水样中的各类有机物在一定温度下迅速反应，分解产生的二氧化碳进入非分散红外二氧化碳检测器，测得 TOC 的含量。

2）非分散红外二氧化碳检测器

非分散红外二氧化碳检测器由光源、气室和检测器三部分组成，具有稳定性好、测量范围宽、精度高、灵敏度高、检出限低等特点，是理想的二氧化碳检测器，也是目前应用最成熟、最方便的检测器。

（3）维护及注意事项

仪器摆放现场应避免潮湿、腐蚀性气体、强震动及强电磁环境，保证室内电源及信号可靠接地，防止雷击、火灾及电压过高等因素的影响。

定期更换高纯气体、干燥剂和脱氧剂，及时补充蒸馏水，检查各部件转运状况。严格按照操作手册对仪器进行定期测试及维护。每次对仪器进行日常操作和维护后，应及时记录仪器状况。

为了减小负压，应确保与废液排放口相连的外部排水管不要接触废液缸内液体的液面。外部管道的高度一定要低于排水口的高度。负压过大将阻碍排水管排水，仪器内部还会发生废液溢出的情况。

5.4.3 流动分析技术

流动分析技术是 20 世纪 50 年代开发的一种湿化学（即液态化学）分析技术。该技术自动化程度高，极大地降低了劳动强度，且具有检出限低、重现性好、分析速度快等特点，已被广泛应用于环境、水质、质检及医学检验等行业。目前，主流的流动分析技术可分为流动注射分析法和连续流动分析法。

（1）基本原理

1）连续流动分析

连续流动分析（Continuous Flow Analysis，CFA，又称为间隔流动分析 SFA）。1955 年美国 TECHNICON 公司首先生产出第一台连续流动分析仪。流动分析技术最初用于生化分析方面，可显著降低劳动强度，提高检测效率。整个检测过程由仪器自动完成，精密度比手工检测更高。

连续流动分析仪通过蠕动泵提供动力，用蠕动泵代替手工添加试剂，压缩不同内径的弹性泵管以实现不同试剂的加液量；用空气或氮气将液体流分隔为许多小的反应单元，减小样品间扩散。液体流经过流通池比色，产生相应的吸收信号，用峰高进行定量。

2）流动注射分析

流动注射分析（Flow Injection Analysis，FIA）是基于连续流动分析技术建立的一项新技术，由20世纪70年代丹麦科学家提出，在物理不平衡和化学不平衡时进行动态测定的一门微量湿化学分析技术。该技术具有自动化程度高、分析速度快、精度高和试剂消耗低等特点。

流动注射分析仪是将样品注入一个连续的、无气泡间隔的载液中，按顺序加入试剂；样品与试剂在化学反应模块中按特定的顺序和比例混合反应，在非完全反应的条件下，进入流通池进行比色，用峰高或峰面积进行定量。

（2）仪器基本结构

1）连续流动分析仪

连续流动分析仪主要由自动进样器、化学反应单元（包括蠕动泵、化学反应模块）、检测系统（检测器和数据处理系统）组成。仪器结构及图例如图5-32所示。

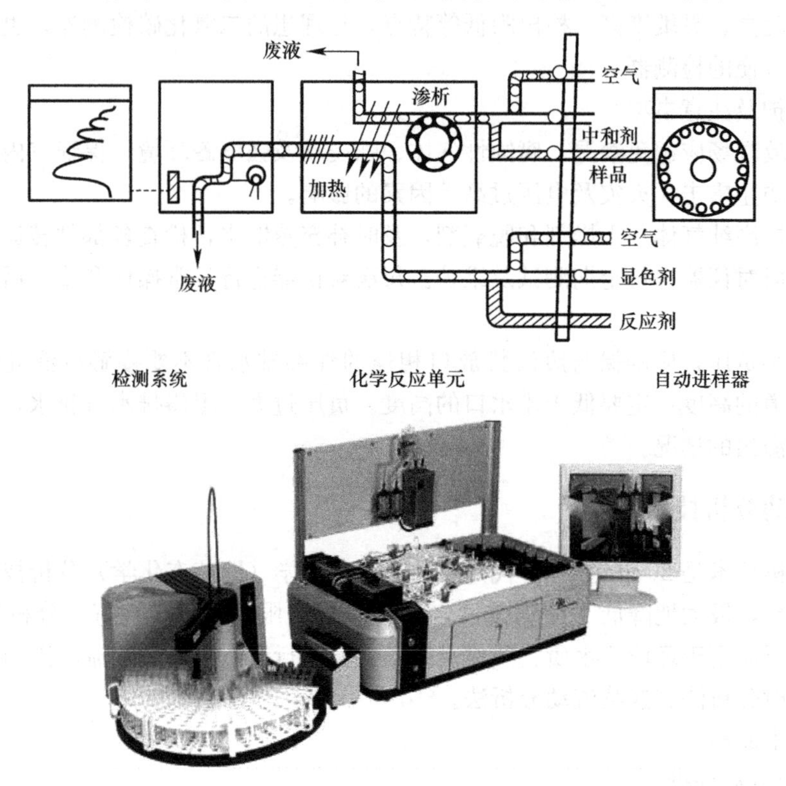

图5-32 连续流动分析仪（CFA）

① 自动进样器

自动进样器可自行完成进样针清洗、润冲、取样、进样、换样的过程。可配备多通道进样针，同时进行多个不同样品的取样。

② 化学反应单元

化学反应单元主要包括蠕动泵和化学反应模块。蠕动泵的工作原理是滚筒在电机驱动下，以一定速度移动并挤压放置于压板与滚轴间的泵管，滚轴移动和滚动所产生的一松一压动作，使泵管因负压而将试样、空气、试剂吸至管道中。泵管为弹性塑料管，管径不同，但壁厚相同。泵管的吸液量与内径成一定的比例关系。通过压缩不同内径的泵管便可将试剂和试样按不同比例吸入管路系统中。

化学反应模块由各化学反应模板构成，每个化学反应模块通常可容纳多个化学反应模板。模板由混合圈、吸管、透析膜、反应器、玻璃接头、传输管及套夹等组成。一个化学反应模板对应一个检测项目，可根据项目要求完成稀释、加样、混合、加热、透析、相分、蒸馏、消化、水解和离子交换等操作。根据不同检测项目的要求选择配置相应的化学反应模板。

③ 检测系统

检测系统是由检测器和数据处理系统组成。其作用是将已反应完全的产物根据其自身特性通过相应的检测器转换为可测的电信号，并由数据处理系统记录、处理。检测器类型包括可见光光度计、紫外光度计、红外光度计、火焰光度计、原子吸收光度计、荧光计、安倍计等。针对不同的检测项目配置相应的检测器模块。可根据需要和配置对不同样品和不同检测项目同时进行检测分析。

2）流动注射分析仪

流动注射分析仪主要由载流驱动系统、进样系统、混合反应系统、检测系统四个部分组成。仪器结构及图例如图 5-33 所示。

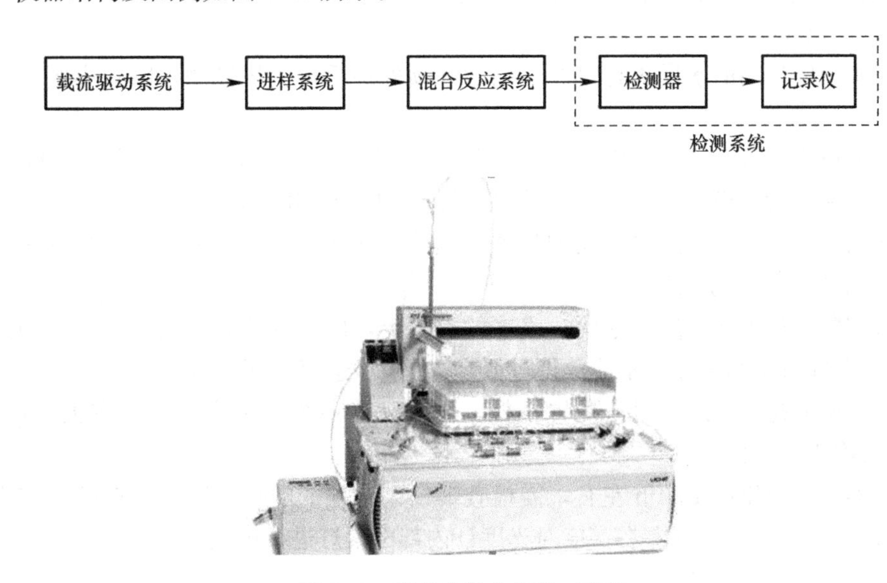

图 5-33 流动注射分析仪（FIA）

① 载流驱动系统

载流驱动系统是流动注射分析仪的心脏，其功能是将试剂、样品等溶液输送到分析系统中。液体传输装置主要有蠕动泵和柱塞泵。蠕动泵是目前最常用和最合适的流体传输设备，其功能是通过挤压弹性良好的泵管，将试剂、试样等溶液输送到分析体系中去。

② 进样系统

注入阀也称注样阀、采样阀，其功能是采集一定体积的试样（或试剂）溶液，并以高度重现的方式将其注入连续流动的载流中。目前较为通用的是十六孔八通道多功能旋转阀。进样方式一般可分为定容进样、定时进样或者两种方式相结合，也可分为正相进样、反相进样两种方式。

a. 正相进样：即用一定体积的试样以完整的“试样塞”形式注入管道内含试剂的载流中，这种进样方式称为正相FIA，也是常用的流动注射分析法。

b. 反相进样：此法是将试剂与试样颠倒注入，即将少量的试剂注入管道内含试样的载流中。反相进样法适用于水样量充足又得节省试剂的情况。

③ 混合反应系统

混合反应系统主要是由反应盘管和多功能连接件组成。注入的“试样塞”在反应盘管中被分散成试样带，并与载流中的试剂发生化学反应生成可检测的物质。

④ 检测系统

检测系统主要由FIA的检测器组成，其作用是将试样和试剂反应产物的特性或试样本身的特性转换为可测的电信号，由显示装置显示出来。常用的与FIA联用的定量检测法有分光光度法、原子光谱法、电化学法、荧光法和化学发光法等。

由于FIA是流通式分析，因此一些方法如光度法、电化学法和荧光法等作为检测器时，需要配备特制流通池。在光学检测法中，应用最多、最常用的是紫外-可见分光光度法，以流通式比色池（流通池）代替传统比色池配合检测器检测。

(3) 维护及注意事项

1) 应对浊度较高的水样进行过滤、抽滤等预处理后再上机检测，以减小阀被堵塞的概率。

2) 定期更换泵管。蠕动泵不工作时，应将泵管松开并卸下，减少对泵管弹性的伤害。

3) 始终保持所有模块的清洁和干燥。定期清理反应模块的接口。

4) 样品分析结束后一定要关闭加热器，用纯水冲洗半小时以上。每周按方法要求清洗模板，最后用纯水冲洗45min。

5) 试剂瓶应放置在与反应池同一水平的桌面上，以减少泵管负压。进样管和试剂管要尽量短。若配置了水浴槽，不能放得过低，以免热交换管内的水流空。

6) 检测硝酸盐氮、总氮时需配置镉柱。做样完毕系统用纯水冲洗时应关闭镉柱阀，注意防止气泡进入镉柱。

7) 仪器运行半年或1000h左右，需检查蠕动泵泵盖的磨损情况，如有磨损应更换泵盖。仪器运行一年或3500h左右，应对光度计内部卤素灯进行更换。

5.5 水质在线监测系统

水质在线监测系统具有监测自动化、监测数据实时传送等特点，可尽早发现水质的异常变化，对水污染进行预警预报，近年来已得到大规模应用，为管理者快速决策提供了一定的依据。

《城镇供水水质在线监测技术标准》CJJ/T 271—2017中提出，水质在线监测系统是指通过分流或原位的在线监测方式，实时或连续地对水质指标进行测定的系统。水质在线监测系统主要由检测单元和数据处理与传输单元组成，其基本组成包括采水单元、配水单元、分析单元、控制单元、子站站房及配套设施，如图5-34所示。

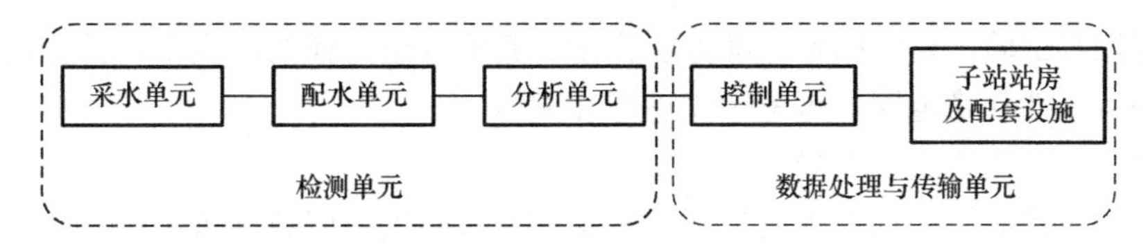

图 5-34 水质在线监测系统

城镇供水水质在线监测系统可采用原位监测和分流监测两种方式。原位监测是指水样不经输送直接在线监测的方式。分流监测是指水样经管道输送一定距离至在线监测仪进行监测的方式。分流监测系统根据需要可增加自动采样单元。

城镇供水水质在线监测系统的规划设计、安装验收、运行维护等应遵循技术先进、经济合理和安全可靠的原则，且应覆盖对供水水质安全有影响的各个关键环节，如取水口水源水、进厂原水、水厂各净化工序出水、出厂水及管网水等，并应全面真实地反映供水水质。

(1) 水质在线监测的指标选择

水质在线监测的指标选择应与水源类型、水源水质特征、处理工艺和应急处置要求等相适应，并考虑经济发展水平。所选择的监测指标应尽可能全面地反映本地水质特征，应包括本地区重点关注的或能够反映主要净水工序运行状态的敏感指标，能对可能发生的水质污染、工艺运行故障等导致的水质异常给出直接或非直接的警示信号。

河流型水源除应监测 pH、浑浊度、水温、电导率等必检指标外，当水源易受到沿线污染以及汛期洪水影响时，应增加氨氮、耗氧量、紫外（UV）吸收、溶解氧或其他特征指标，以对水质异常情况进行预警。

湖库型水源普遍存在富营养化的问题，除应监测 pH、浑浊度、水温、电导率等指标外，应增加叶绿素 a、溶解氧指标以及时反映藻类的影响，当湖库汇水区域或入库河流可能引入上游污染时，应增加氨氮、耗氧量、紫外（UV）吸收或其他特征污染物指标，以对水质异常情况进行预警。

地下水水源水质相对稳定，pH、浑浊度、电导率等为必检指标。当环境本底或地质条件可能产生影响时，应增加监测铁、锰、砷、氟化物、硝酸盐或其他污染物指标，以对水质异常情况进行预警。

沿海地区的地表水水源易受到咸潮影响时，应增加氯化物指标；一些地区水源可能受到工业废水、矿山废水等污染，导致水源中重金属指标超标，应增加重金属指标监测。必要时，增加生物综合毒性指标对水源污染风险进行预警。

进厂原水水质在线监测应选取对水厂后续生产可能产生影响的指标。

出厂水应监测浑浊度、pH 和消毒剂余量等指标，根据工艺运行管理需要可增加耗氧量、紫外（UV）吸收、颗粒数量及其他指标。臭氧活性炭及膜处理工艺出水宜增加颗粒数量指标，砂滤后可增加颗粒数量指标。

管网水应监测浑浊度和消毒剂余量，可增加 pH、电导率、水温、色度及其他指标。

(2) 水质在线监测仪的方法选择

由于不同方法之间存在较大差异，仪表选择的方法不同对检测结果影响很大。为了便于对比，水质在线监测仪宜选择与现行国家标准检验方法原理一致的方法，且应定期与标准方法进行比对试验。在以国家标准方法为主、其他方法为辅的前提下，选择时还应优先考虑方法的可靠性和稳定性，再考虑先进性和成本。

(3) 水质在线监测点的布局

监测点的设置应保证发现水质异常后有足够的时间进行应急处置。监测点设置的深度应与取水口的深度接近。

河流型水源地设置水质在线监测点时应充分考虑河流不同断面的水文及水质情况，特别是流态有较大变化的河流或潮汐河流等，应在取水口上游及周边影响取水口水质的断面增设在线监测点。

湖库型水源地设置在线监测点时应考虑到湖库形状、流场等的影响，可在不同的区域，如湖库中央、湖库周边等设置在线监测点。

地下水水源应在汇水区域或井群中选择全部或有代表性的水源井、补压井设置在线监测点。

(4) 水质在线监测仪的技术要求

水质在线监测仪应具备下列基本功能：中文操作界面，数据显示、存储和输出，零点、量程校正，时间设定、校对、参数显示，故障自诊断及报警，周期设定和启动等功能的反控，断电保护和来电自动恢复。

现分别对应用比较广泛的水温、pH、溶解氧、电导率、浑浊度、余氯、氨氮、高锰酸盐指数、紫外UV吸收和化学需氧量（COD）在线监测仪进行介绍。

1) 水温在线监测仪

水温测定为温度传感器法，即通过检测热敏电阻的电阻值来测量水温。应采用检定合格或校准合格的水银温度计和校验后的在线监测仪进行比对试验。比对试验时，在线仪表4次测量的平均值与现行《数字微波通信系统进网技术要求》GB/T 13195—2008方法测量值比对，调节在线监测仪直至示值与标准示值之差在±0.1℃以内。

2) pH在线监测仪

pH测定为玻璃或锑电极法，即通过检测水中氢离子的浓度所产生的电极电位测定pH值。应采用检定合格或校准合格的pH精密酸度计和校验后的在线监测仪进行比对试验。比对试验时，在线仪表4次测量的平均值与现行《水质 pH值的测定玻璃电极法》GB/T 6920—1986方法的测量值比对，试验误差应在±0.1以内。

3) 溶解氧在线监测仪

溶解氧测定为膜电极法或荧光法。膜电极法是利用分子氧透过薄膜的扩散速率与电极上发生还原反应产生的电流成正比的原理测定溶解氧浓度。荧光法是利用蓝光照射到荧光物质激发其产生红光的时间和强度与氧分子的浓度成反比的原理测定溶解氧浓度。比对试验时，在线仪表4次测量的平均值与现行《水质 溶解氧的测定 碘量法》GB/T 7489—1987方法（碘量法）的测量值比对，试验误差应在±0.3mg/L以内。

4) 电导率在线监测仪

电导率测定为电极法。根据欧姆定律，通过测定一定电压下水中的两个电极之间的电流值测定电导率。应采用检定合格或校准合格的电导仪和校验后的在线监测仪进行比对试验。比对试验时，在线仪表4次测量的平均值与现行《生活饮用水标准检验方法 感官性状和物理指标》GB/T 5750.4—2006方法的测量值比对，试验误差应在±1%以内。

5）浑浊度在线监测仪

浑浊度测定为光学法。采用90°散射光原理，通过观测由悬浮物质产生的散射光的强度来测定浑浊度。应采用检定合格或校准合格的台式浊度仪和校验后的在线监测仪进行比对试验。比对试验时，在线仪表4次测量的平均值与现行《生活饮用水标准检验方法　感官性状和物理指标》GB/T 5750.4—2006方法的测量值比对，当检测值≤1NTU时，试验误差应在±0.1NTU以内，当检测值>1NTU时，试验误差应在10%以内。

6）余氯在线监测仪

余氯测定为比色法或电极法。比色法是利用指示剂和水样反应，产物的显色强度与余氯成正比的原理测定余氯浓度。电极法则是利用电极产生的电流强度与余氯浓度成正比的原理测定余氯浓度。比对试验时，在线仪表4次测量的平均值与现行《生活饮用水标准检验法　消毒剂指标》GB/T 5750.11—2006方法的测量值比对，当检测值≤0.1mg/L时，试验误差应在±0.01mg/L以内，当检测值>0.1mg/L时，试验误差应在10%以内。

7）氨氮在线监测仪

氨氮测定主要有水杨酸盐分光光度法、氨气敏电极法和铵离子选择电极法三种。分光光度法是水样中的氨氮与次氯酸盐、水杨酸盐反应生成稳定的蓝色化合物，通过检测水样于697nm波长的吸光度测定氨氮浓度。氨气敏电极法是水样中游离态氨或铵离子在强碱性条件下转换成氨气（$NH_4^+ + OH^- \rightleftharpoons NH_3\uparrow + H_2O$），氨气透过半透膜进入氨气敏电极，使得电极内部［$H^+$］变化，由pH玻璃内电极测得pH变化，并产生与样品中铵离子浓度有关的输出电压，得到相应的氨氮浓度。氨气敏电极法准确度较高，抗干扰能力强，但由于使用了气体半透膜，易导致气孔堵塞，且氨气敏电极价格较贵。铵离子选择电极法是水中游离态的氨在酸性条件下转化为铵离子，铵离子透过电极表面的选择性透过膜产生电位差，通过检测电位差测定氨氮浓度。比对试验时，在线仪表4次测量的平均值与现行《生活饮用水标准检验方法　无机非金属指标》GB/T 5750.5—2006方法的测量值比对，当检测值≤0.5mg/L时，试验误差应在±0.05mg/L以内，当检测值>0.5mg/L时，试验误差应在10%以内。

8）高锰酸盐指数在线监测仪

高锰酸盐指数测定是采用过量的高锰酸钾将水样中的还原性物质氧化，反应后加入过量的草酸钠还原剩余的高锰酸钾，再用高锰酸钾标准溶液回滴过量的草酸钠，最后计算得出高锰酸盐指数。比对试验时，在线仪表4次测量的平均值与现行《生活饮用水标准检验方法　有机物综合指标》GB/T 5750.7—2006方法的测量值比对，当检测值≤4mg/L时，试验误差应在±0.4mg/L以内，当检测值>4mg/L时，试验误差应在10%以内。

9）紫外（UV）吸收在线监测仪

紫外吸收的测定是以低压汞灯作为紫外光源发出紫外光，通过测量254nm或多个波长下水样的紫外吸光度，测定水中有机物的浓度。比对试验时，在线仪表4次测量的平均值与检定合格的分光光度计在254nm波长下的吸光度比对，试验误差应在±0.2以内。

10）叶绿素a在线监测仪

叶绿素a测定是采用荧光分光光度法测定叶绿素a。比对试验时，在线仪表4次测量的平均值与现行《水质　叶绿素a的测定　分光光度法》HJ 897—2017方法（分光光度法）的测量值比对，当检测值≤10μg/L时，试验误差应在40%以内，当10μg/L<检测值<50μg/L

时，试验误差应在30%以内，当检测值>50μg/L时，试验误差应在20%以内。

（5）水质在线监测仪的验收

水质在线监测仪及配套设施的验收应符合现行国家标准《自动化仪表工程施工及质量验收规范》GB 50093—2013的有关规定。验收时应确认系统稳定运行3个月的完整记录，按其技术要求规定完成的在线监测仪性能试验报告以及在线监测仪及配套设施的设计、施工、安装调试等相关技术资料。

水质在线监测仪及配套设施应进行现场验收，应按其技术要求的规定采用不同浓度水平的水样进行性能试验、标准样品比对试验和实际水样比对试验，测定结果应符合其技术要求的规定。应根据实际需要进行数据通信测试，并应提交测试报告。及时编写验收报告，有特殊规定的指标，验收报告可按其技术要求编写。

（6）水质在线监测仪的运行维护与管理

应根据水质在线监测仪的要求定期核查，核查内容应包括数据检查和现场巡查。数据检查频率不宜小于每天1次，水厂内净水工序各单元的现场巡查频率不应小于每天1次，水厂外站点的现场巡查频率不宜小于每两周1次。现场巡查应做好记录，发现故障应及时报告。

数据检查时应对水质在线监测数据进行有效性审核。水质在线监测仪在故障状态下、校准和维护期间监测的数据及超量程的数据应视为无效数据，应对该时段的数据做标记，作为仪器检查和校准的依据予以保留。水质在线监测数据短时间内急剧上升或下降时，应及时查明原因，判断数据的有效性。当水质在线监测数据长时间保持不变时，应通过现场核查、质量控制等手段进行校核。超出水质在线监测仪校准周期的数据应评估其数据有效性。当零点漂移或量程漂移超出规定范围时，应对上次校验合格到本次校验不合格期间的监测数据进行确认，并剔除无效数据。发现水质在线监测数据异常时，应确认数据异常的原因并采取处置措施，必要时可提高人工检测频率。

在按照不同水质在线监测仪的规定做好维护的同时，更应做好预防性维护。应保持在线监测仪清洁、稳固，环境温湿度符合要求；仪器管路畅通，进出水流量正常，无漏液；监测站房内清洁，并保证辅助设备正常运行；应按水质在线监测仪说明书要求进行维护、更换易耗品和试剂；废弃物收集处置应符合相关规定和要求。

水质在线监测仪应定期校验，校验周期可按其技术要求的规定执行，对影响检测结果的部件进行故障维修或更换后，应重新进行校验。可采用有证标准物质或自行配制的标准样品进行校验；实际水样比对试验按标准方法进行检测时，应采用经检定合格或校准后的设备。当校验结果超出限值时，应分析原因，并对上次校验合格到本次校验不合格期间的数据进行确认。校验完成后应填写校验记录。

对水质在线监测仪进行巡查、校验和维护时，应进行记录。应根据实际情况建立水质在线监测仪的运行、维护、校验、维修等过程的记录档案。

第 6 章　微生物检验

生活饮用水水质与人们的日常生活和健康密切相关，微生物指标是反映水质优劣的一类重要指标。水质微生物检验对保证饮水安全、食品安全、传染病控制等具有十分重要的意义。

微生物检验的要求不同于化学检验的一般要求，从采样、环境、设备、方法等多方面有其特殊规定。本章将从以上诸方面对微生物分析方法相关知识进行详细介绍，为供水化验员开展微生物检验打下基础，掌握必要的分析操作技能。

6.1　采样

样品的正确采集和保存是微生物检验的关键，其对后续检测结果的有效性有着重要影响。

（1）采样容器

采样容器的选取原则应遵循容器无菌、不含抑菌成分。材质可选择硼硅酸盐玻璃瓶、一次性塑料瓶或灭菌采样袋等，如图 6-1 所示。新购置的容器可能存在生产中带入的化学物质，因此，在使用前需按（《生活饮用水标准检验方法　水样的采集和保存》GB/T 5750.2—2006）处理。

若采集含有余氯的水样时，需先加入硫代硫酸钠以中和余氯，避免余氯抑制微生物生长。通常在采样前按每 500mL 水样添加 0.03g 硫代硫酸钠或 1.5%硫代硫酸钠溶液 2mL。若采集重金属含量较高的水样时，需在样品瓶添加 EDTA 螯合剂（详见《水质采样　样品的保存和管理技术规定》HJ 493—2009）以减少金属毒性。

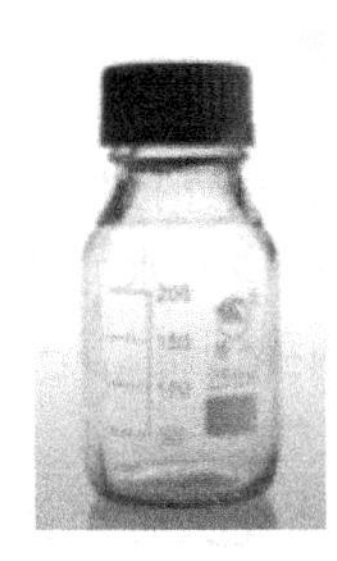

图 6-1　无菌采样袋、采样塑料瓶、硼硅酸盐玻璃瓶示例

（2）清洗与灭菌

1）硼硅酸盐玻璃瓶用洗涤剂和自来水洗涤，并用自来水彻底冲洗后用 10%盐酸溶液

浸泡过夜，最后再用自来水和蒸馏水洗净。

2）将清洗好的玻璃瓶进行干热灭菌（160℃下维持2h）或湿热灭菌（121℃下维持15min后，转入60℃烘箱内将瓶内冷凝水烘干），灭菌后应立即放入消毒柜（两周内使用完，否则应重新灭菌）。

（3）采样体积

采样时在容器内要留有足够的空间，一般采样量为采样容器容积的80%左右，以方便检测前将样品混匀。通常微生物采集水样的体积不少于500mL。

（4）采样原则和程序

同一水源、同一时间采集多类指标（如微生物指标、理化指标等）的水样时，应优先采集微生物样品。样品的采集应具有代表性。采集样品前保持采样瓶盖紧、密封，采样前不需要润洗；打开塞子或盖子时，不要污染瓶子的内表面、瓶盖和颈部；采集完毕后，立即塞好塞子或盖好瓶盖。瓶塞（盖）的外层可使用灭菌牛皮纸包裹。

管网末梢水的常规采集流程，如图6-2所示。

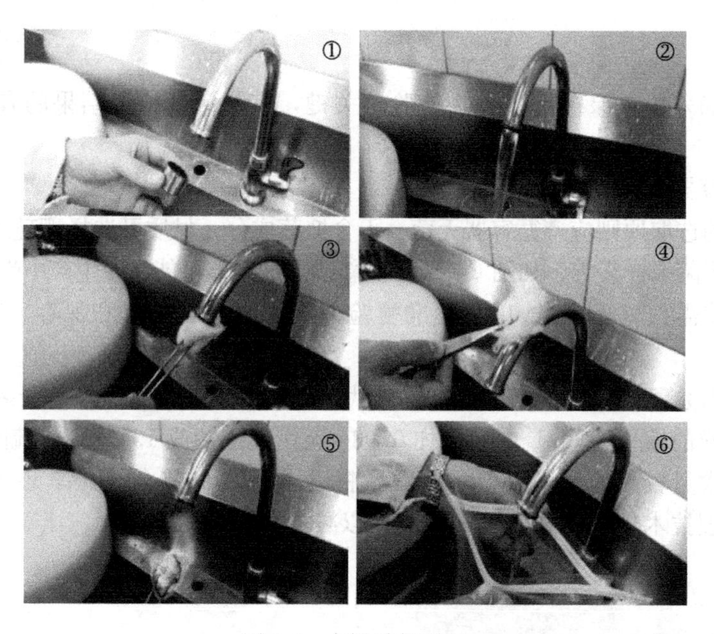

图6-2 水样采集流程

1）选择直接连接供水管网的水龙头（拆除附件，例如过滤网等）。

2）采样前应对水龙头进行消毒：塑料水龙头采用含氯消毒剂（如100mg/L次氯酸钠溶液）对其内外消毒；金属水龙头建议用酒精棉擦拭水龙头内外壁，然后点燃酒精棉灼烧水龙头1min左右。

3）打开水龙头开至最大，自然流淌2～3min。

4）将水龙头开至不会飞溅的状态，迅速打开样品瓶进行采样。

【注意事项】 因含氯消毒剂与酒精灭菌原理不同，含氯消毒剂灭菌效果要优于酒精（含氯消毒剂属高效灭菌剂，可杀灭一切细菌繁殖体、芽孢、真菌及其孢子、病毒；酒精属中效消毒剂，仅可杀灭细菌繁殖体、真菌、病毒），对塑料水龙头的消毒应优先使用含氯消毒剂。

（5）样品标识

应及时对采集的水样做唯一性标识。

（6）保存运输

检测微生物指标的水样一般在低温冷藏（2～8℃）环境中运输，水样采集后应尽快送回实验室，尽量在4～8h内完成检测。为防止样品在运输途中因震动、碰撞、倒置等造成污染，一般将样品瓶装箱运输，并配上泡沫塑料隔板等防护减震材料。

（7）质量控制

1）样品信息

对采集的样品要进行完整和准确的描述（包括采样日期、采样人、样品类别、采样地点、采样量、采样依据和气象特征等）。

2）现场空白

在采样现场以灭菌纯水做空白对照样，按照微生物项目采样程序要求，与样品相同条件下装瓶、保存、运输，直至送交实验室分析。通过比对现场空白与实验室内空白的测定结果，掌握采样过程中操作步骤和环境条件对样品质量的影响。

3）运输空白

以瓶装灭菌纯水作为运输品，从实验室到采样现场再返回实验室。用来监控样品运输、现场处理和储存期间可能由容器带来的污染。

6.2 微生物检验环境要求

水质微生物检测应在无菌环境中进行，实验的检测环境应满足相应的生物安全防护要求。实验室应合理布局，洁净区面积应满足每人2～4m^2，设置清洁区（对环境中微生物、尘粒进行控制的区域）、半污染区（有可能被微生物污染的区域）和污染区（被微生物污染的区域）；人流与物流分别设置专用通道，人员和物料分别进入洁净区域，人流路线应避免往复交叉，物流路线应防止物料在传递过程中被污染。此外，还需加强对无菌环境消毒效果的监控，确保实验时环境条件满足检测工作需要。相关规定可参照《洁净厂房设计规范》GB 50073—2013。

6.3 微生物检验常用设备

6.3.1 光学显微镜

（1）功能和结构

水质微生物检验对藻类和细菌学项目的计数及鉴定，通常使用普通光学显微镜就能满足，而对原虫类（贾第鞭毛虫和隐孢子虫）的检测，因检测方法涉及荧光抗体染色，普通光学显微镜无法满足要求，则需使用荧光显微镜（在普通光学显微镜基础上加荧光装置）进行检测。荧光显微镜的工作原理是通过汞灯激发强紫外线光源，照射被荧光抗体染料染色后的物体，使之发出荧光以便于观察。其结构如图6-3所示。可分为机械装置（镜座和镜臂、镜筒、转换器、载物台、调焦装置）、光学系统、荧光系统。下面着重介绍光学系

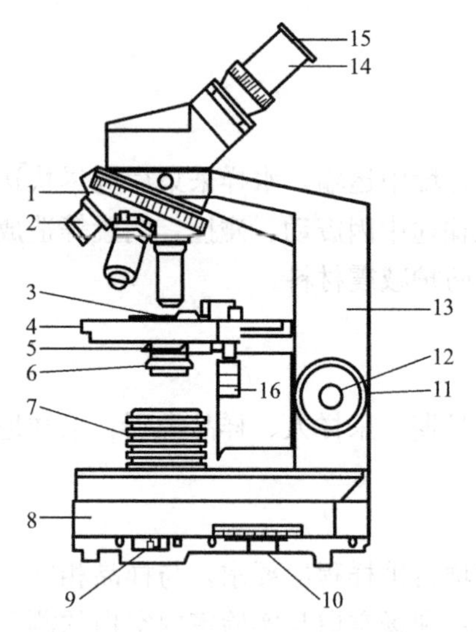

图 6-3 光学显微镜的结构

1—物镜转换器；2—接物镜；3—游标卡尺；4—载物台；5—聚光器；6—虹彩光圈；7—光源；8—镜座；9—电源开关；10—光源滑动变阻器；11—粗调螺旋；12—微调螺旋；13—镜臂；14—镜筒；15—目镜；16—标本移动螺旋

统和荧光系统。

1）光学系统

① 物镜 因接近被观察的物体，故又称接物镜。通常有低倍镜、中倍镜、高倍镜（油镜）三种。其作用是将物体做第一次放大，是决定成像质量和分辨能力的重要部件。物镜上通常标有数值孔径、放大倍数、镜筒长度、焦距等主要参数。

② 油镜 物镜的一种，通常标有黑圈或红圈，也有的以“OI”（OiL Immersion）字样表示，它是三种镜中放大倍数最大的。油镜的焦距和工作距离（标本在焦点上看得最清晰时，物镜与样品之间的距离）最短，光圈则开得最大，因此，在使用油镜观察时，镜头离标本较近，需特别小心。

③ 目镜 装于镜筒上端，由两块透镜组成。它把物镜造成的像再次放大，不增加分辨力。

④ 聚光器 光源射出的光线通过聚光器汇聚成光锥照射标本，增强照明度和造成适宜的光锥角度，提高物镜的分辨力。

⑤ 虹彩光圈 由薄金属片组成，中心形成圆孔，推动把手可随意调整透进光的强弱。调节聚光镜的高度和虹彩光圈的大小，可得到适当的光照和清晰的图像。

⑥ 滤光片 当只需要某一波长的光线时，用滤光片以提高分辨力，增加影像的反差和清晰度。

2）荧光系统

① 超高压汞灯 其发光原理是电极间放电使水银分子不断解离和还原过程中发射光量子的结果。它发射很强的紫外和蓝紫光，足以激发各类荧光物质

② 滤色系统 作为荧光显微镜的重要部位，由激发滤板和压制滤板组成。激发滤板的作用是根据光源和荧光色素的特点，可分为紫外光激发滤板、紫外蓝光激发滤板和紫蓝光激发滤板，各提供一定波长范围的激发光。压制滤板的作用是完全阻挡激发光通过，提供相应波长范围的荧光，与激发滤板相对应。

（2）使用、维护及注意事项

1）将显微镜放在自己身体的左前方，离桌子边缘 10cm 左右，右侧可放记录本或绘图纸。

2）调节光照。不带光源的显微镜可利用灯光或自然光通过反光镜来调节光照。自带光源的显微镜可通过电流旋钮来调节光照强弱。此外，尚可通过扩大或缩小光圈、升降聚光器、旋转反光镜等来调节光线的强弱。凡检查染色标本时，光线应强；检查未染色标本时，光线不宜太强。

3）镜检任何标本都要先用低倍镜观察。因为低倍镜视野较大，易于发现目标和确定检查的位置。将标本片放置在载物台上，用标本夹固定，移动推动器，使被观察的标本处

在物镜正下方，转动粗调节旋钮，使物镜调至接近标本处，用目镜观察并同时用粗调节旋钮慢慢下降载物台，直至物像出现，再用细调节旋钮使物像清晰为止。用推动器移动标本片，找到合适的目标像并将它移到视野中央进行观察。

4）高倍镜观察。在低倍物镜观察的基础上转换高倍物镜。低倍、高倍镜头是同焦的，在转换物镜时要从侧面观察，避免镜头与玻片相撞。然后从目镜观察，调节光照，使亮度适中，缓慢调节粗调节旋钮，慢慢下降载物台直至物像出现，再用细调节旋钮调至物像清晰为止，找到需观察的部位，移至视野中央，并备用油镜观察。

5）油镜观察。用粗调节器将镜筒提起约 2cm，将油镜转至正下方。在玻片标本的镜检部位滴上一滴香柏油。从侧面注视，用粗调节器将镜筒小心地降下，使油镜浸在香柏油中，其镜头几乎与标本相接，特别注意不能压在标本上。

从目镜内观察，进一步调节光线，使光线明亮，再用粗调节器将镜筒徐徐上升，直至视野出现物像为止，然后用细调节器校正焦距。如油镜已离开油面而仍未见物像，必须再从侧面观察，将油镜降下，重复操作至物像清晰为止。

6）观察完后复原。下降载物台，将油镜头转出，先用擦镜纸擦去镜头上的油，再用擦镜纸蘸少许乙醚乙醇混合液擦去镜头上残留油迹，最后用擦镜纸擦拭即可，注意向一个方向擦。

7）汞灯维护。超高压汞灯散发大量热能，工作环境温度不宜太高；且不宜频繁开关汞灯，否则会影响汞灯寿命（每次使用 2h 的情况下寿命约为 200h）。每次开启汞灯后使用时间越短，对其损伤越大，即开启后工作时间愈短，则寿命愈短。灯熄灭后要等待冷却 15min 才能重新启动。

6.3.2 高压蒸汽灭菌器

（1）功能和结构

高压蒸汽灭菌器是以比常压更高的压强，把水的沸点升至 100℃以上的高温，而进行灭菌的一种高压容器。

其结构通常是一个双层的金属圆筒，两层之间盛水，外层坚固厚实，其上方有金属厚盖，盖旁附有螺旋，借以紧闭盖门，使蒸汽不能外溢，因而蒸汽压力升高，随着其温度亦相应地增高；外部装有排气阀门、安全活塞，以调节蒸汽压力。有温度计及压力表，以表示内部的温度和压力；内部装有带孔的金属搁板，用以放置备用的灭菌物体。

（2）使用、维护及注意事项

高压蒸汽灭菌具有灭菌速度快、效果可靠、温度高、穿透力强等优点，但使用不当，可导致灭菌的失败。在灭菌中应注意以下几点。

1）灭菌物品的初步处理。凡接触过微生物的器械均应先用消毒剂消毒，然后清洗。

2）灭菌物品的包装和容器要合适。物品包装用线绳捆扎，以不松动、不散开为宜，不宜过紧。使用容器盛装时，应选择蒸汽穿透性较好的容器。

3）灭菌物品装放应合理。灭菌物品过多或放置不当都可能影响灭菌效果。灭菌锅内物品不能过挤，不能超过锅内容量。尽量将同类物品一起灭菌，若有不同类物品装放一起，应保证能达到灭菌物品所需的温度和时间。物品装放时，上下左右均应交叉错开，留出缝隙，使蒸汽容易穿透。

4）排尽空气。灭菌时，应尽量将灭菌锅内空气排尽。如灭菌锅内残留空气，则气压针所指的压强不是饱和蒸汽产生的压强。相同的压强，混有空气的蒸汽其温度低于饱和蒸汽所产生的温度。

5）合理计算灭菌时间。灭菌时间包括三个概念："穿透时间"，即从锅内达到灭菌温度开始计算时间，到锅内最难达到的部位也达到此温度的时间；"维持时间"，即杀灭微生物所需时间，一般以杀灭嗜热脂肪杆菌芽孢所需时间来表示；"安全时间"，即为使灭菌得到确切保证所需增加的时间。安全时间一般为热死亡时间的一半，其长短视灭菌物品而定。对易导热的金属器材的灭菌，不需要安全时间。在灭菌时间内，要注意观察压力表，以保持灭菌所需的压力，维持到灭菌时间为止。

6）防止超热蒸汽。由于气源的影响或在高压蒸汽灭菌过程中操作不当，均可导致柜室蒸汽超热。当蒸汽温度较相同压力下的理论值高2℃或2℃以上时（当压力在103.46kPa时，温度为123℃或123℃以上），即可认为呈超热状态。超热蒸汽温度虽高，但遇到灭菌物品时不能凝成水，不能释放潜热，所以对灭菌不利。当发现超热蒸汽情况，应关闭进气阀，打开排气阀排出蒸汽。待柜室温度下降到与压力相符（或有较多冷凝水排出）时，再打开进气阀，升压增温。

7）注意操作安全。每次灭菌前应检查灭菌器是否处于良好的工作状态，尤其是安全阀是否完好。灭菌后减压不可过猛过快，应等压力表归回"0"位时，才可打开灭菌器的门（盖）。

8）灭菌结束取无菌物品时，要严格无菌操作。开盖物品先将盖盖好，贮槽关闭好通气孔。同时应分类放置，顺序发放取用。

9）湿热灭菌物品有效期在炎热潮湿季节一般不超过7d。超过有效期，则禁止使用。

10）切记不能使用高压蒸汽灭菌器处理任何有腐蚀性和含碱金属成分的物质。这些物质可能会导致爆炸或腐蚀内胆和内部管道，以及破坏密封圈。

11）注意用电安全。应在供电线路中安装专用空气开关，并将外壳接地。使用前要考虑用电负荷，以免功率过大，造成用电安全隐患。通电前请检查本箱的电器性能，并应注意是否有断路或漏电现象。

（3）灭菌效果监控

压力蒸汽灭菌器的灭菌效果对微生物的检测结果影响重大，实验室有必要对其进行监控，常用方法有化学指示剂法和生物指示剂法。

1）化学指示剂法

可采用化学指示胶带、指示卡等，通过观察其灭菌后的颜色变化，来判断灭菌温度或效果。

2）生物指示剂法

利用内含嗜热脂肪芽孢杆菌芽孢的增菌液作为指示剂，通过将已灭菌的指示剂和未灭菌的指示剂同条件培养，对比结果来判断灭菌效果。

无论是化学指示剂法，还是生物指示剂法，都能够有效地对灭菌效果进行评价，一般实验室对此两种方法兼用。其中化学指示剂法通常在每次灭菌过程中使用，即将胶带或指示卡连同待灭菌物品一齐放入灭菌设备；生物指示剂法通常定期采用，或在发现化学指示剂法监测结果出现问题，怀疑灭菌效果不佳时，进一步验证使用（生物指示剂法更能直接反映温度、压力对生物活性的影响)。

6.3.3 干热灭菌箱(柜)

(1) 功能和结构

干热灭菌箱(柜)可分为远红外干燥箱和鼓风干燥箱。远红外干燥箱采用远红外加热技术,使远红外元件被加热后辐射远红外线,当它被物体吸收时可直接转变为热能。鼓风干燥箱采用不锈钢高温电加热器通过风循环快速加热箱体。

(2) 使用、维护及注意事项

1) 干热灭菌箱为非防爆干燥箱,故带有易燃易挥发物品,切勿放入干燥箱内,以免发生安全事故。

2) 刚清洗后的玻璃容器应避免放置在加热侧,以防温度骤变玻璃破损。

3) 注意安全用电[同 6.3.2 节(2)]。

6.3.4 紫外辐射照度计

(1) 功能和结构

紫外辐射照度计主要用于测定无菌区域中紫外灯的紫外强度,通过测定结果判断紫外灯强度是否满足灭菌区域要求。

(2) 使用、维护及注意事项

1) 根据需要选择测量范围。测量前首先应清洁紫外灯管表面,然后开紫外灯 5min,稳定后再测。测量距离应控制在 100cm 左右(即接受器与紫外灯管的距离)。

2) 使用紫外线检测设备时,应防止紫外线对眼睛、面部暴露皮肤的辐射损伤,尽量远离紫外灯或佩戴护目镜。

3) 要定期对其进行检定校准。

4) 对紫外灯紫外强度的测定,除使用紫外辐射照度计外,还可以使用紫外强度指示卡(根据照射后指示卡颜色和标准卡进行对比,判定紫外辐射强度是否达标)。两种方法操作起来均较简便,但紫外辐射照度计在安全性和准确性上要远优于紫外强度指示卡,因为其可远离紫外辐射测定现场操作,且测定精度较高,避免不同人识别紫外强度比色卡之间的误差。

6.3.5 生物安全柜和超净工作台

(1) 生物安全柜

1) 功能和结构

生物安全柜是保护操作者和环境免于暴露于实验过程产生的生物气溶胶的一种负压过滤的排风柜,是防止实验室受到感染的主要设备。基本结构包括排风过滤器、供风过滤器、正(负)压力排风系统、传递窗、风机等。

2) 使用、维护及注意事项

① 操作前应将本次操作所需的全部物品移入安全柜,避免双臂频繁穿过气幕破坏气流;并且在移入前用 70%酒精擦拭,进行表面消毒,以去除污染。

② 柜内物品摆放应做到清洁区、半污染区与污染区基本分开,操作过程中物品取用

方便，且三区之间无交叉。

③ 打开风机5～10min，待柜内空气净化且气流稳定后再进行实验操作。将双臂缓缓伸入安全柜内，至少静止1min，使柜内气流稳定后再进行操作。

④ 工作时尽量减少背后人员走动以及快速开关房门，在柜内操作时动作应轻柔、舒缓，以防止安全柜内气流不稳定。

⑤ 柜内操作期间，严禁使用酒精灯等明火，一方面避免产生的热量干扰柜内气流稳定；另一方面避免明火使用过程中产生的颗粒杂质损坏过滤装置。

⑥ 工作结束后，柜内使用的物品应在消毒后再取出，以防止将病原微生物带出而污染环境。关闭玻璃窗，保持风机继续运转10～15min，同时打开紫外灯，照射30min以上。

⑦ 安全柜应定期进行清洁消毒，柜内台面污染物在工作完成且紫外灯消毒后用2%的84消毒液擦拭。柜体外表面则应每周用1%（也可2%）的84消毒液擦拭。

（2）超净工作台

1）功能和结构

超净工作台是一种提供局部无尘无菌工作环境的单向流型空气净化设备，适用于医药卫生实验、无菌微生物检验等需要局部洁净无菌工作环境的科研和生产部门。其工作原理是在特定的空间内，室内空气经初效过滤器初滤，由小型离心风机压入静压箱，再经空气高效过滤器二级过滤，从空气高效过滤器出风面吹出断面风速均匀的洁净气流，以排除工作区原来的空气，将尘埃颗粒和生物颗粒带走，形成无菌且高洁净的工作环境。

超净工作台根据风向分为水平式和垂直式，由电机作鼓风动力，将空气通过由微孔泡沫塑料片层叠合的“超级滤清器”后吹送出来，形成连续不断的无尘无菌的超净空气层流，即所谓“有效的特殊空气”，它除去了大于0.3μm的尘埃、真菌和细菌孢子等。超净空气的流速为24～30m/min，已足够防止附近空气可能袭扰而引起的污染，同时也不会妨碍采用酒精灯对器械等的灼烧灭菌。

2）使用、维护及注意事项

超净工作台的预备时间短，开机10min以上即可操作，基本上可随时使用。实验人员在无菌条件下操作，保持无菌材料在转移接种过程中不受污染。

根据实际使用情况，定期将初效过滤器拆下清洗，清洗周期一般为3～6个月（若长期不洗，积尘将导致进风量不足而降低洁净效果）；当正常调换或清洗初效空气过滤器后，仍不能达到理想的截面风速时，则应调节风机的工作电压，从而达到理想的均匀风速；一般在使用18个月后当风机工作电压调整至最高点仍不能达到理想风速时，则说明高效空气过滤器积尘过多（滤料上滤孔已基本被堵，要及时更新），一般高效空气过滤器的使用期限为18个月。

6.3.6 培养箱

水质微生物检测常用的培养箱包括电热式和隔水式培养箱、生化培养箱。

（1）功能和结构

电热式和隔水式培养箱的外壳通常用石棉板或铁皮喷漆制成；隔水式培养箱为紫铜皮制的贮水夹层，电热式培养箱是用石棉或玻璃棉等绝热材料制成的夹层；培养箱顶部设有温度计，用温度控制器自动控制，使箱内温度恒定；隔水式培养箱采用电热管加热水的方式加温，电热式培养箱采用电热丝直接加热，利用空气对流，使箱内温度均匀。

生化培养箱是同时装有电热丝加热和压缩机制冷的培养箱，可适用范围很大，一年四季均可保持在恒定温度，被广泛应用于细菌、微生物培养、保存以及水质分析测试。

（2）使用、维护及注意事项

打开电源开关，控制器 PV 屏显示工作室内测量温度，SV 屏显示要使用的设定温度。按试验需要设定好温度。

放置物品，把需要培养的物品放入培养箱工作室内，上、下四周应留存一定空间保持工作室内气流畅通，关好门。

第一次开机，或使用一段时间后，当环境温度发生变化时，必须复核工作室内测量温度和实际温度误差。

每次使用完毕，请务必擦干工作室内水分，并关闭总电源，注意安全用电。

6.3.7 冷藏设备

冷藏设备分为普通冷藏保存柜和低温冷藏保存柜。

（1）功能和结构

普通冷藏保存柜，一般温度在 2～8℃，多用于配置好的培养基、传代菌株、生化试剂的保存。低温冷藏保存柜，一般温度在 －40～－80℃，多用于标准菌株、储备菌株的保存。

（2）使用、维护及注意事项

1）清洗冷凝器过滤网。每 3 个月使用水和温和的清洁剂清理过滤网。防止滤网堵塞，缩短压缩机寿命，影响降温。

2）内壁除霜。移除保存箱内所有物品，关闭保存箱，待除霜结束，插上电源，打开电源开关，将电池电源开关调为待机模式，使空的保存箱工作 12h 后，再将物品放进保存箱。

3）电池维护（仅针对超低温冷藏保存柜）。将电池电源开关调整到关闭状态，断开电池连接件的连接，取出旧电池，安装新电池，重新连接好电池（红色为正，黑色为负），将电池电源开关调整为待机状态，关闭面板侧门。为保证电池的稳定性和可靠性，定期更换电池。

6.3.8 菌落自动计数器

（1）功能和结构

传统的人工肉眼菌落计数方法费时费力且误差较大，而菌落自动计数器带有放大功能，能自动计数，提高计数准确度和工作效率，因此，使用越来越广泛。

（2）使用、维护及注意事项

使用时，将计数笔连接到主机上，打开电源开关，将培养皿放在白光板上，打开白光灯，用计数笔触动计数，LED 显示屏显示所计数量。计数完成后暂记总数，将 LED 显示屏归零，进行二次计数，两次计数结果一致，则报出结果；不一致则需要再次计数。

6.4 微生物检验方法

6.4.1 菌落总数

(1) 平皿计数法

1) 营养琼脂培养基制法

商品化培养基，按试剂使用说明书配制备用；自制培养基，参照《生活饮用水标准检验方法 微生物指标》GB/T 5750.12—2006（1.1.3）配制。

2) 分析步骤

① 生活饮用水

以无菌操作方法用灭菌吸管（或移液器）吸取1mL充分混匀的水样，注入灭菌平皿中；倾注约15mL已融化并冷却到45℃左右的营养琼脂培养基，立即旋摇平皿，使水样与培养基充分混匀。每批次实验同时做平行样与空白对照。

待冷却凝固后，翻转平皿，使底面向上，置于36±1℃培养箱内培养48h，进行菌落计数，计算1mL水样中的菌落总数。

② 水源水

以无菌操作方法用灭菌吸管（或移液器）吸取1mL充分混匀的水样，注入盛有9mL灭菌生理盐水的试管中，混匀成1∶10稀释液。

吸取1∶10的稀释液1mL注入盛有9mL灭菌生理盐水的试管中，充分混匀成1∶100稀释液。按同法依次稀释成1∶1000、1∶10000等稀释度的稀释液备用。每次递增稀释一次，必须更换一支1mL灭菌吸管。

用灭菌吸管取未稀释的水样和2～3个适宜稀释度的水样1mL（预先充分混匀），分别注入灭菌平皿内（此步起同①生活饮用水的分析步骤）。

3) 菌落计数

平皿菌落计数时，可用肉眼直接观察，必要时用菌落自动计数器（见6.3.8节）计数。

在记下各平皿的菌落数后，应求出同稀释度的平均菌落数，供下一步计算时用。在求同稀释度的平均数时，若其中一个平皿有较大片状菌落生长时，则不宜采用，而应以无片状菌落生长的平皿作为该稀释度的平均菌落数；若片状菌落不到平皿的一半，而其余一半中菌落数分布又很均匀时，则可将此半皿计数后乘2以代表全皿菌落数。然后再求该稀释度的平均菌落数。

4) 不同稀释度的选择及报告方式

① 选择方法

首先，选择平均菌落数在30～300之间者进行计算，若只有一个稀释度的平均菌落数符合此范围，则将该菌落数乘以稀释倍数报告之，见表6-1。

若有两个稀释度，其生长的菌落数均在30～300之间，则视二者之比值来决定。若其比值小于2则报告两者的平均数，若大于等于2则报告其中稀释度较小的菌落总数。

若所有稀释度的平均菌落数均>300，则应按稀释度最高的平均菌落数乘以稀释倍数报告之。

若所有稀释度的平均菌落数均<30，则应按稀释度最低的平均菌落数乘以稀释倍数报告之。

若所有稀释度的平均菌落数均不在30～300之间，则应以最接近30或300的平均菌落数乘以稀释倍数报告之。

若所有稀释度的平板上均无菌落生长，则以未检出报告之。

如果所有平板上都菌落密布，不要用“多不可计”报告，而应在稀释度最大的平板上，任意数其中两个平板1cm^{2}中的菌落数，除2求出每平方米内平均菌落数，乘以皿底面积63.6cm^2，再乘其稀释倍数做报告。

② 报告方式

菌落数在100以内时按实有数报告；>100时，采用两位有效数字，在两位有效数字后面的数值，以四舍五入法计算，为了缩短数字后面的零数也可用10的指数来表示，见表6-1。

稀释度选择及菌落总数报告方式 **表6-1**

实例	不同稀释度的平均菌落数			两个稀释度菌落数之比	菌落总数(CFU/mL)	报告方式(CFU/mL)
	10^{-1}	10^{-2}	10^{-3}			
1	1365	164	20	—	16400	16000或1.6×10^4
2	2760	295	46	1.6	37750	38000或3.8×10^4
3	2890	271	60	2.2	27100	27000或2.7×10^4
4	150	30	8	2	1500	1500或1.5×10^3
5	多不可计	1650	513		513000	510000或5.1×10^5
6	27	11	5		270	270或2.7×10^2
7	多不可计	305	12		30500	31000或3.1×10^4
8	0	0	0		$<1\times10$	$<1\times10$

【注意事项】 每批次检验时用同一批灭菌的平皿只倾注营养琼脂培养基作为空白对照。若细菌检出，应查明原因后，重新采样分析。当进行水源水检测时，同样要将灭菌生理盐水加入平皿并倾注营养琼脂，验证生理盐水是否有污染。营养琼脂倾倒前，应将温度严格控制在45℃左右，如温度过高可造成水样中细菌被灭活，导致最终检测结果值偏低。

（2）滤膜法（目前为参考方法）

通常经消毒剂处理后的生活饮用水，其细菌含量较低，因此，进行菌落总数检测时，除平皿计数法外，滤膜法同样可作为一种有效方法。相比平皿计数法，滤膜法的优点有：可避免营养琼脂温度过高造成水样中细菌生长受到影响；可过滤大体积水样（50mL），避免因细菌在水体中分布不均匀，检测前混匀不充分，造成1mL水样中的细菌数量无法真实反映水质情况。

1）营养琼脂培养基制法

营养琼脂按要求配制，灭菌，冷至50～55℃，倾注平皿，4℃冷藏备用。

2）分析步骤

① 滤膜灭菌：将滤膜放入烧杯中，加入蒸馏水，置于沸水浴中煮沸灭菌3次，每次15min。前两次煮沸后需更换水洗涤2～3次，以除去残留溶剂。

使用无菌商品化滤膜，可不必再进行灭菌操作。

② 滤器灭菌：用点燃的酒精棉球灼烧滤器灭菌。也可将滤器拆卸后放入高压蒸汽灭菌器灭菌，121℃高压灭菌20min。

③ 过滤水样：用无菌镊子夹取灭菌滤膜边缘部分，将粗糙面向上，贴放在已灭菌的滤床上，固定好滤器，将50mL水样（如水样含菌数较多，可减少过滤水样量，或将水样稀释）注入滤器中，打开滤器阀门，在-0.57×10^4Pa（负0.5大气压）下抽滤，当全部水样抽滤结束，加10～15mL的无菌生理盐水，重复抽滤步骤。

④ 培养：水样滤完后，再抽气约5s，关上滤器阀门，取下滤器，用灭菌镊子夹取滤膜边缘部分，移放在营养琼脂培养基上，滤膜截留细菌面向上，滤膜应与培养基完全贴紧，两者间不得留有气泡，然后将平皿倒置，放入36±1℃恒温箱内培养48h。

3）结果计算与报告

统计滤膜上菌落总数，以每1mL水样中的菌落总数（CFU/mL）报告之。如无菌落生长时，可报告未检出。

【注意事项】 检测过程中应使用无齿无菌镊子，避免锯齿破坏滤膜表面孔径，造成漏滤；当抽滤不同梯度稀释后的水样时，应分别用不同滤器进行过滤，避免高低浓度水样间的污染。尽管对于菌落总数的滤膜法来说拥有众多优点，但因其不在《生活饮用水标准检验方法 微生物指标》GB/T 5750.12—2006中，所以暂不能作为日常分析的检测依据，但可用于验证平皿计数法的结果。该方法（参见《出口饮料中菌落总数、大肠菌群、粪大肠菌群、大肠杆菌计数方法 疏水栅格滤膜法》SN/T 1607—2017）目前主要应用于食品检测，检测对象主要包括饮用天然矿泉水、瓶（桶）装饮用纯净水、茶饮料和碳酸饮料。

6.4.2 总大肠菌群

（1）多管发酵法

总大肠菌群指一群在37℃培养24h能发酵乳糖、产酸产气、需氧和兼性厌氧的革兰氏阴性无芽孢杆菌。

1）乳糖蛋白胨培养液与伊红美蓝琼脂培养皿

商品化培养基按试剂使用说明书配制备用；自制培养基参照《生活饮用水标准检验方法 微生物指标》GB/T 5750.12—2006（2.1.3）配制。

乳糖蛋白胨培养液制法：按上述方法配制，随后分置于装有倒管的试管中，排气后于115℃高压灭菌20min，冰箱内4℃保存。有效期2周。

伊红美蓝琼脂培养皿制法：按上述方法配制，分装于玻璃容器中，于115℃高压灭菌20min，冷至50～55℃，混匀，倾注平皿。冰箱内4℃保存。有效期2周。

2）分析步骤（乳糖发酵试验）

① 取10mL水样接种到10mL双倍乳糖蛋白胨培养液中，取1mL水样接种到10mL单料乳糖蛋白胨培养液中；另取1mL水样注入9mL灭菌生理盐水中，混匀后吸取1mL（即0.1mL水样）注入10mL单料乳糖蛋白胨培养液中，每一稀释度共接种5管。

对经常检验或每天检验一次的自来水，可直接接种5份双料培养基，每份接种10mL水样。

② 检验水源水时，如污染较严重，应加大稀释度，可接种1、0.1、0.01mL，甚至

0.1、0.01、0.001mL。每个稀释度接种5管，每个水样共接种15管。接种1mL以下水样时，必须作10倍递增稀释后，取1mL接种。每递增稀释一次，换用1支1mL灭菌刻度吸管。

③ 将接种管置于36±1℃培养箱内，培养24±2h，如所有乳糖蛋白胨培养管都不产气产酸，则可报告为总大肠菌群阴性，如有产酸产气者（变黄有气泡），样品按下列步骤进行。乳糖蛋白胨培养管阴性与阳性对照如图6-4所示。

④ 分离培养，将产酸产气的发酵管分别转种在伊红美蓝琼脂平板上，于36±1℃培养箱内培养18～24h，观察菌落形态，挑取符合下列特征的菌落作为革兰氏染色、镜检和证实试验，如图6-5所示。

特征菌落的特点：

a. 深紫黑色，具有金属光泽的菌落；

b. 紫黑色，不带或略带金属光泽的菌落；

c. 淡紫红色，中心较深的菌落。

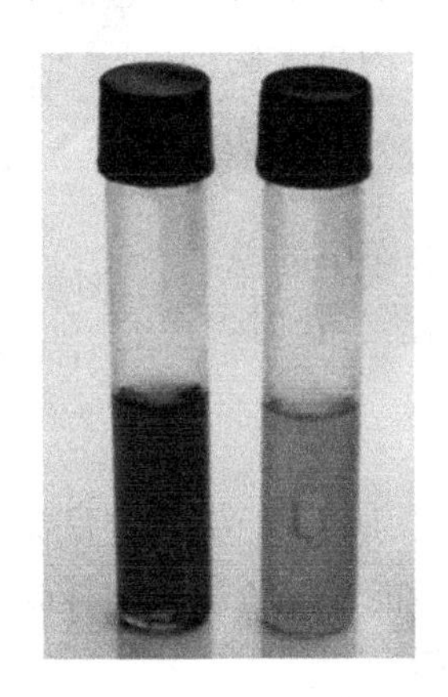

图6-4 乳糖蛋白胨培养管阴性与阳性对照
左：紫色为阴性 右：黄色为阳性

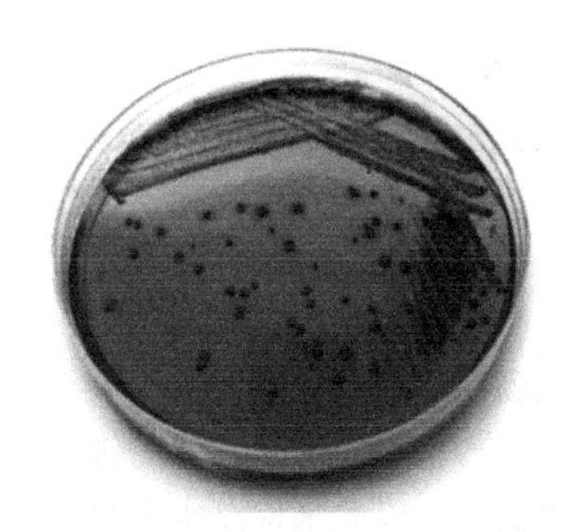

图6-5 总大肠菌群特征
（伊红美蓝琼脂平板）

3）证实试验

经上述染色镜检为革兰氏阴性无芽孢杆菌，同时接种乳糖蛋白胨培养液，置于36±1℃培养箱中培养24±2h，有产酸产气者，即证实有总大肠菌群存在。

4）结果与报告

根据证实为总大肠菌群阳性的管数，查MPN（Most Probable Number，最可能数）检索表，报告每100mL水样中的总大肠菌群MPN值。5管结果见附表4，15管结果见附表5。稀释样品查表后所得结果应乘稀释倍数。如所有乳糖发酵管均为阴性时，可报告总大肠菌群未检出。

（2）滤膜法

总大肠菌群滤膜法是指用孔径为0.45μm的微孔滤膜过滤水样，将滤膜贴在添加乳糖的选择性培养基上，37℃下培养24±2h，能形成特征性菌落的需氧和兼性厌氧的革兰氏阴性无芽孢杆菌以检测水中总大肠菌群的方法。

1）培养基与试剂

品红亚硫酸钠培养基制法：临用时，按说明书所述方法配制，调节pH为7.2～7.4，

115℃高压灭菌20min，冷至50～55℃，倾注平皿，冰箱内4℃保存。有效期2周。如培养基已由淡粉色变成深红色，则不能再用。

乳糖蛋白胨培养液装入带有倒管的试管中，于115℃高压灭菌20min，贮存于冷暗处备用。有效期2周。

2）分析步骤

基本操作可参考“6.4.1节（2）滤膜法的分析步骤”。

3）结果观察与报告

挑出符合下列特征的菌落进行革兰氏染色、镜检，如图6-6所示：

① 紫红色，具有金属光泽的菌落；

② 深红色，不带或略带金属光泽的菌落；

③ 淡红色，中心色较深的菌落。

4）证实试验

凡革兰氏染色为阴性的无芽孢杆菌，再接种乳糖蛋白胨培养液，于37℃培养24h，有产酸产气者，则判定为总大肠菌群阳性。

5）计算

滤膜上生长的总大肠菌群数，以每100mL水样中的总大肠菌群数（CFU/100mL）报告之。如无特征菌落生长时，可报告未检出。

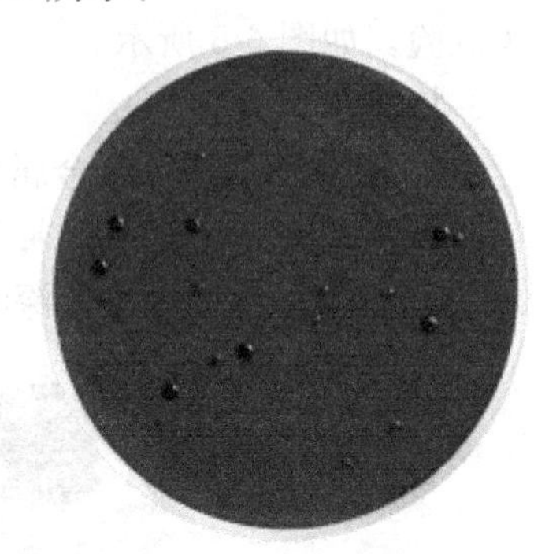

图6-6　总大肠菌群特征（品红亚硫酸钠培养基）

（3）酶底物法

总大肠菌群酶底物法（饮用水51孔定量盘法、地表水97孔定量盘法）是指在选择性培养基上能产生β-半乳糖苷酶的细菌群组，进一步能分解色原底物释放出色原体使培养基呈现颜色变化，以此来检测水中总大肠菌群的方法。

1）培养基与试剂

MMO-MUG培养基粉末，8.5g/L的生理盐水或缓冲液，用于稀释样品。

2）分析步骤

取10mL水样加入到90mL灭菌生理盐水中，必要时可加大稀释度。用100mL的无菌稀释瓶量取100mL水样，加入2.7±0.5g的MMO-MUG培养基粉末，混摇均匀使之完全溶解。将前述100mL水样全部倒入51（97）孔无菌定量盘内，用手抚平定量盘背面以赶除孔穴内气泡，再用程控定量封口机封口，放入36±1℃培养箱中培养24h，如图6-7所示。

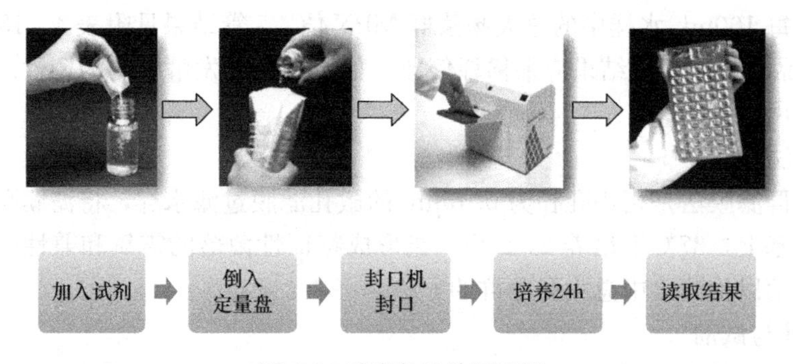

图6-7　酶底物法检测流程

3）结果判读

将培养24h之后的定量盘取出观察，如果孔穴内的水样变成黄色，则表示该孔穴中含有总大肠菌群，如图6-8所示。饮用水51孔定量盘结果判读参照附表6，地表水97孔定量盘结果判读参照附表7。将水样培养24h后进行结果判读，参照阳性比色盘，如果结果为可疑阳性，可延长培养时间到28h进行结果判读，超过28h之后出现的颜色反应不作为阳性结果。

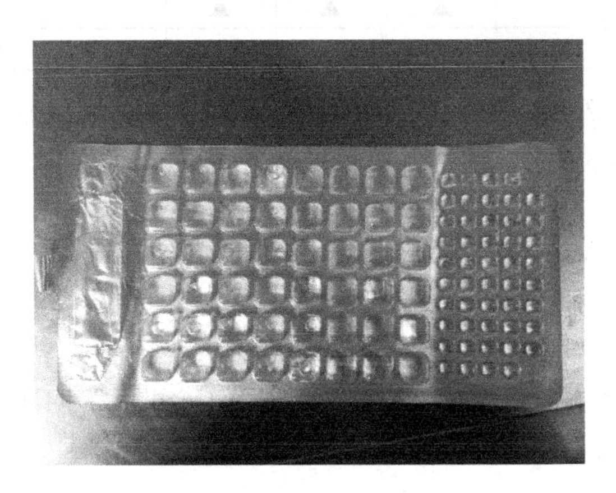

图6-8 总大肠菌群定量盘检测结果（培养24h）

（4）纸片法（参考方法）

除《生活饮用水标准检验方法 微生物指标》GB/T 5750.12—2006标准中总大肠菌群的三种检测方法外，在《水质 总大肠菌群和粪大肠菌群的测定 纸片快速法》HJ 755—2015标准中还介绍了纸片快速法。纸片法适用于地表水、废水中总大肠菌群和粪大肠菌群的快速测定，方法检出限为20MPN/L。

1）原理

将一定量的水样以无菌操作的方式接种到吸附有适量指示剂（溴甲酚紫和2，3，5-氯化三苯基四氮唑，即TTC）以及乳糖等营养成分的无菌滤纸上，在规定温度（37℃）下培养24h，当细菌繁殖时，产酸使pH降低，溴甲酚紫指示剂由紫变黄，同时，产气过程中相应的脱氢酶在合适的pH范围内，催化底物脱氢还原TTC形成红色的不溶性三苯甲臜（TTF），即可在产酸后的黄色背景下显示出红色斑点（或红晕）。通过上述指示剂的颜色变化就可对是否产酸产气作出判断，从而确定是否有总大肠菌群或粪大肠菌群存在，再通过查MPN表就可得出相应总大肠菌群或粪大肠菌群的数值。

2）培养基与试剂

可以采购商品化10mL和1mL规格水样量纸片，并对培养基纸片外包装情况、纸片完好情况、加入无菌水后经37±1℃培养24h后有无微生物生长等情况进行验收。

3）分析步骤

接种方式类似于多管发酵法，对于清洁水样接种量分别为10、1、0.1mL，每个接种量接种5张，共15张纸片。受污染的水样则可以为1、0.1、0.01mL或0.1、0.01、0.001mL，见表6-2。原则上尽量使大接种量的纸片呈阳性，小接种量的纸片呈阴性，避免全部阴性或阳性。

水样接种量参考表　　表 6-2

水样类型	接种量/mL							
	10	1	0.1	10^{-2}	10^{-3}	10^{-4}	10^{-5}	10^{-6}
湖水、水源水	▲	▲	▲					
河水			▲	▲	▲			
生活污水					▲	▲	▲	
医疗机构排放污水（处理后）		▲	▲	▲				
禽畜养殖业等排放污水						▲	▲	▲

检测总大肠菌群，在 37±1℃的条件下培养 18～24h 后观察结果，检测粪大肠菌群，在 44.5±0.5℃的条件下培养 18～24h 后观察结果。

4）结果判读

① 纸片上出现红斑或红晕，且周围变黄，为阳性；

② 纸片全部变黄，无红斑红晕，为阳性；

③ 纸片部分变黄，无红斑红晕，为阴性；

④ 纸片的紫色背景上出现红斑或红晕，而周围不变黄，为阴性；

⑤ 纸片无变化，为阴性。

5）结果计算

根据不同接种量的阳性纸片数，结果判读参照附表 8。并报告水样中总大肠菌群（耐热大肠菌群）数。

【注意事项】 检测耐热大肠菌群时，纸片接种水样后，应立即放入 44.5±0.5℃培养箱内进行培养，常温下放置过久会影响检测结果的准确性。水样接种至纸片，纸片短时间内变黄或褪色，表明水样存在酸性物质或氧化剂干扰，应对水样脱氯或除去重金属离子。

6.4.3 耐热大肠菌群（粪大肠菌群）

（1）多管发酵法

用提高培养温度的方法将自然环境中的大肠菌群与粪便中的大肠菌群区分开，在 44.5℃仍能生长的大肠菌群，称为耐热大肠菌群。

1）EC 培养基

EC 培养基制法：按商品培养基说明书所述方法配制，自制培养基参照《生活饮用水标准检验方法　微生物指标》GB/T 5750.12—2006（3.1.3）配制。

随后分装到带有倒管的试管中，于 115℃高压灭菌 20min，最终 pH 为 6.9±0.2，有效期 2 周。

伊红美蓝琼脂按要求配制后，于 115℃高压灭菌 20min，冷至 50～55℃，倾注平皿。冰箱内 4℃保存，有效期 2 周。

2）分析步骤

自总大肠菌乳糖发酵试验中的阳性管（产酸产气）中取 1 滴转种于 EC 培养基中，置 44.5℃水浴箱或隔水式恒温培养箱内（水浴箱的水面应高于试管中培养基液面），培养 24±2h，如所有管均不产气，则可报告为阴性，如有产气者，则转种于伊红美蓝琼脂平板上，置 44.5℃培养 18～24h。凡平板上有典型菌落者，则证实为耐热大肠菌群阳性。

【注意事项】 如检测未经氯化消毒的水，且只需检测耐热大肠菌群时，或调查水源水的粪大肠菌群污染时，可用直接多管法，即在第一步乳糖发酵实验时按总大肠菌群接种乳糖蛋白胨培养液在44.5±0.5℃水浴中培养。

3）结果报告

根据证实为耐热大肠菌群的阳性管数，查MPN检索表，10管法结果判读参照附表4，15管法结果判读参照附表5，报告每100mL水样中耐热大肠菌群的MPN值。

（2）滤膜法

耐热大肠菌群滤膜法是指用孔径0.45μm的滤膜过滤水样，细菌被阻留在膜上，将滤膜贴在添加乳糖的选择性培养基上，经过44.5培养24h后，能形成特征性菌落的检测方法。

1）培养基与试剂

MFC培养基制法：按照说明书要求配制后，冷却至60℃，制成平板，不可高压灭菌。制好的培养基应存放于2～10℃，不超过96h。

2）分析步骤

基本操作可参考“6.4.1节（2）滤膜法的分析步骤”。

3）结果与报告

耐热大肠菌群在培养基上菌落为蓝色，非耐热大肠菌群菌落为灰色至奶油色，如图6-9所示。

计数被证实的耐热大肠菌落数和水中耐热大肠菌群数是以100mL水样中耐热大肠菌群菌落形成单位（CFU）表示。

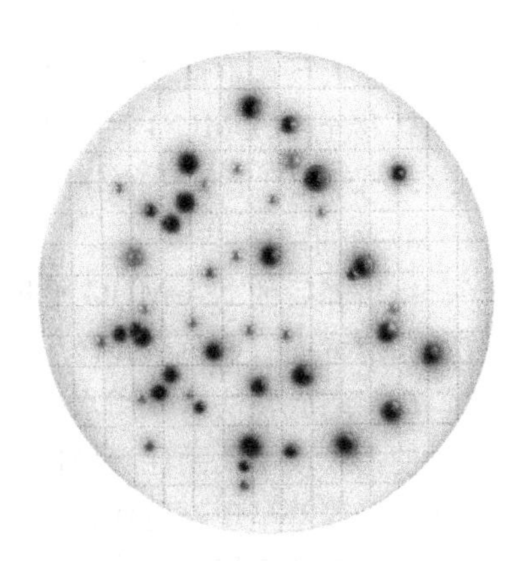

图6-9 耐热大肠菌群特征（MFC培养基）

6.4.4 大肠埃希氏菌

（1）多管发酵法

大肠埃希氏菌是耐热大肠菌群中主要的一种，在选择性培养基上能产生β-半乳糖苷酶分解色原底物释放出色原体使培养基呈现颜色变化，并能产生β-葡萄糖醛酸酶分解荧光底物释放出荧光产物，使菌落能够在紫外光下产生特征性荧光。

1）EC-MUG培养基

制法：选购商业成品培养基，商品化按试剂使用说明书配制备用，自制培养基参照《生活饮用水标准检验方法 微生物指标》GB/T 5750.12—2006（4.1.3）配制，并在366nm紫外光下检查无自发荧光后分装入试管中，115℃高压灭菌20min，pH为6.9±0.2。

2）分析步骤

将总大肠菌群多管发酵法初发酵产酸或产气的管中的液体，用烧灼灭菌的金属接种环或无菌棉签接种至EC-MUG管中，并将接种后的EC-MUG管在44.5±0.5℃培养24±2h。

3）结果与报告

将培养后的EC-MUG管在暗处用波长366nm、功率6W的紫外光灯照射，如果有蓝色荧光产生则表示水样中含有大肠埃希氏菌。计算阳性管数，10管法结果判读参照附表7，15管法结果判读参照附表8，查对应的MPN表得出大肠埃希氏菌的最可能数，结果用MPN/100mL报告。

（2）滤膜法

用滤膜法检测水样后，将总大肠菌群阳性的滤膜在含有荧光底物的培养基上培养，能够产生β-葡萄糖醛酸酶分解荧光底物释放出荧光产物，使菌落能够在紫外光下产生特征性荧光，确定为大肠埃希氏菌。

1）培养基与试剂

MUG营养琼脂培养基制法：按照说明书加热溶解培养基，在121℃高压下灭菌15min，pH在6.8±0.2。在无菌操作条件下倾倒直径50mm平板备用。倾倒好的平板可以在4℃保存2周，如培养基无琼脂成分，制成液体培养基后，加2～3mL于灭菌吸收垫上，再将滤膜置于表面培养。

2）分析步骤

将总大肠菌群滤膜法有典型菌落生长的滤膜进行大肠埃希氏菌检测。在无菌条件下将滤膜转移至NA-MUG平板上，细菌截留面向上，在36±1℃培养4h。基本操作可参考“6.4.1节（2）滤膜法的分析步骤”。

3）结果与报告

将培养后的NA-MUG平板在暗处用波长366nm、功率6W的紫外灯照射，如果菌边缘或菌落背面有蓝色荧光产生，则表示水样含有大肠埃希氏菌。

（3）酶底物法（饮用水-51孔定量盘法、地表水-97孔定量盘法）

使大肠埃希氏菌在选择性培养基上能产生β-半乳糖苷酶，进而分解色原底物释放出色原体使培养基呈现颜色变化，并能产生β-葡萄糖醛酸酶分解荧光底物释放出荧光产物，并在紫外光下产生特征性荧光，这样的检测方法被称为大肠埃希氏菌酶底物法。

1）培养基与试剂

按《生活饮用水标准检验方法　微生物指标》GB/T 5750.12—2006（2.3.1）中培养基的主要成分配置MMO-MUG培养基或直接选用商品化制品。

2）分析步骤

取100mL水样，若污染严重，可对其进行稀释。用100mL的无菌稀释瓶量取100mL水样，加入2.7±0.5g的MMO-MUG培养基粉末，混摇均匀使之完全溶解。将前述100mL水样全部倒入51（97）孔无菌定量盘内，以手抚平定量盘背面以赶除孔穴内气泡，然后用程控定量封口机封口，放入36±1℃的培养箱中培养24h。

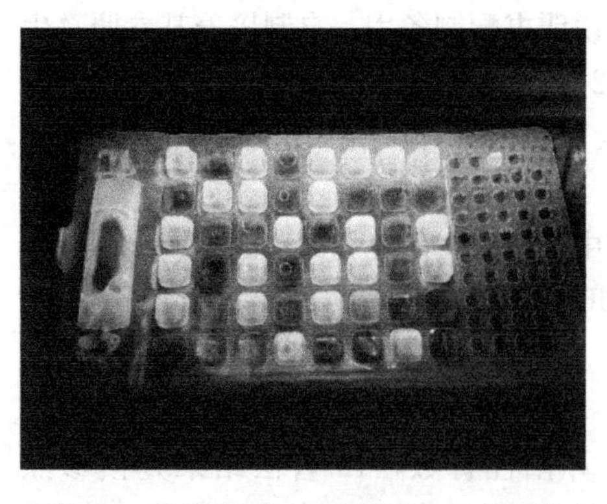

图6-10　大肠埃希氏菌定量盘24h培养结果

3）结果与报告

结果判读同总大肠菌群酶底物法，对照表同附表6与附表7。水样变黄色的同时有蓝色荧光判断为大肠埃希氏菌阳性，如图6-10所示，水样未变黄色而有荧光产生不判定为大肠埃希氏菌阳性。

6.4.5 粪性链球菌

（1）发酵法

粪性链球菌可在含叠氮化钠的葡萄糖液态培

养基中生长，并可在 Pfrizer 培养基上生成棕色晕轮的棕黑色菌落。

1）培养基

制法：选购商业成品培养基（叠氮化物葡萄糖液态培养基、Pfrizer 选择性肠球菌琼脂培养基），商品化按试剂使用说明书配制备用，自制培养基参照《城镇供水水质标准检验方法》CJ/T 141—2018（10.3.1.3）配制，并分装入试管中，121℃高压灭菌 15min，调整 pH 使其灭菌后为 7.2±0.1。

2）分析步骤

① 推测试验

接种不同量的被检水样于叠氮化物葡萄糖液态培养基中；接种 1mL 或更少量于单倍强度液态培养基 10mL 中，接种 10mL 水样于双倍浓度液态培养基 10mL 中，接种量的多少与数目应依水样的特性而有所改变，接种量宜为 1mL 的十进倍数。

接种的试管应在 35±0.5℃的恒温培养箱内培养 24±2h 后检查试管是否浑浊，如果浑浊不明显，应继续培养到 48±3h 后进行检查。

② 确信试验

经过 24h 或 48h 培养而显示浑浊的所有叠氮化物葡萄糖液态培养基试管应进一步做确信试验。

从推测试验为阳性的试管内取出一些培养液，划线转移到培养皿中，其内盛有 pfrizer 选择性肠球菌琼脂培养基，培养基在 35±0.5℃倒置培养 24±2h，具有棕色晕轮的棕黑色菌落生成则显示粪性链球菌存在。

3）结果与报告

根据确信试验阳性管数查 MPN 表，见附表 9，即可得 100mL 水样中粪链球菌的最可能数。

（2）滤膜法

将水样用孔径小于 0.45μm 的滤膜过滤，并将滤膜移至 KF 链球菌琼脂培养基上，于 35±5℃恒温培养箱培养 48h。如果有红色或粉红色菌落生长，应将菌落接种于脑-心浸萃琼脂培养基上做进一步的确信试验，如过氧化氢酶反应为阴性并能在 45℃脑-心浸萃琼脂培养基上生成菌落，则证实粪性链球菌存在，其检测结果为阳性。如过氧化氢酶反应为阳性，则证实粪链球菌为阴性，即无粪链球菌存在。

1）培养基

制法：选购商业成品培养基（KF 链球菌琼脂培养基、脑-心浸萃液态培养基、脑-心浸萃琼脂培养基），商品化按试剂使用说明书配制备用，自制培养基参照《城镇供水水质标准检验方法》CJ/T 141—2018（10.3.2.3）配制，并分装入试管或平皿中，121℃高压灭菌 15min，调整 pH 使其灭菌后为 7.4。

2）分析步骤

① 推测试验

水样过滤：根据水质情况决定过滤水样量，水样量以滤过一张无菌滤膜后能产生 20～100 个菌落为宜。滤膜经过滤后应直接转移至培养基上，滤膜和培养基之间不应夹留空气泡；将培养基倒置，在 35±0.5℃培养 48h；粪性链球菌在滤膜上呈大小不等的红色或粉红色菌落，可用低倍光学器械或菌落计数器，计数每 100mL 水样中粪性链球菌落数。

② 确信试验

从滤膜上挑取典型菌落，接种到脑-心浸萃琼脂培养基斜面上，在35±0.5℃培养24～48h。如果菌落生长，则挑选一个典型菌落到一片清洁的载玻片上，加几滴新鲜的3%过氧化氢到载玻片的涂抹菌液上，如果有气泡发生，则过氧化氢酶反应为阳性，此菌落不属于粪性链球菌，确信试验到此为止；如果没有气泡发生，就显示过氧化氢酶反应为阴性，则菌落可视为粪性链球菌，以接种环从脑-心浸萃琼脂培养基斜面上转移一典型菌落到脑-心浸萃液态培养基内，在45℃培养48h，此外，同时转移一典型菌落培养到胆汁液态培养基（由40mL无菌的10%牛胆液和60mL无菌的脑-心浸萃液态培养基配制）中，于35℃培养3d。如果培养基变浑浊，则表明菌落能得到繁殖，结果为阳性，即有粪性链球菌检出。

3）结果与报告

使用菌落计数器统计典型菌落数，并按稀释倍数进行计算。

6.4.6　亚硫酸盐还原厌氧菌（梭状芽孢杆菌）孢子

（1）液体培养基增菌法

取一定体积水样，首先用加热法选择水样中孢子，加热时间应足够杀死营养型细菌。将水样接种于培养液中，然后于37±1℃厌氧培养44±4h。由于亚硫酸盐还原厌氧菌能把培养液中的亚硫酸盐还原为硫化铁（Ⅱ）即黑色沉淀，则培养液变黑为阳性。

1）培养基及试剂

制法：自制试剂（亚硫酸钠溶液和柠檬酸铁溶液）和单（双）强度培养基（基本培养基、完全培养基）参照《城市供水水质标准检验方法》CJ/T 141—2018（10.4.1.3）配制，并分装入试管和螺口玻璃瓶中，121℃高压灭菌15min，调整pH使其灭菌后为7.2±0.1。

2）分析步骤

① 孢子的选择

水样放置于75±5℃水浴锅中，加热15min，用同样带盖螺口空瓶做空白，检查加热温度。

② 接种培养

将50mL水样置于50mL双强度完全培养基的100mL螺口瓶中；向5个含有10mL双强度完全培养基的25mL螺口瓶中，加入10mL水样；向5个含有10mL单强度完全培养基的25mL螺口瓶中，加入1mL水样；如果需要，可以向5个含有10mL双强度完全培养基的25mL螺口瓶中，加入1mL稀释浓度为1～10倍的水样稀释液；如果仅定性检验100mL水样，无须进行最可能数计算，可向含有100mL双强度完全培养基的200mL螺口瓶中加入100mL水样；单强度完全培养基尽量加至瓶颈处，以保证瓶中残留极少量的空气；上述螺口瓶均拧紧密封于无氧条件下，37±1℃培养44±4h。

由于培养过程会产生气体，故应选用较坚固的玻璃容器培养，接种前为提供更好的无氧环境，可将烧红的铁丝置于培养基中密封。

③ 观察结果

瓶子内部变黑则表明亚硫酸盐还原厌氧孢子为阳性。

3）结果与报告

根据试验阳性瓶数查 MPN 表，见附表 10 和附表 11，即可得 100mL 水样中亚硫酸盐还原厌氧菌孢子数，乘 10，即 1000mL 水样中亚硫酸盐还原厌氧菌孢子数。

（2）滤膜法

取一定体积的水样。首先用加热法选择水样中的孢子，加热时间应足以杀死营养型细菌。把水样通过滤膜过滤，使细菌孢子截留在滤膜上。将滤膜置于专用的选择性培养基（亚硫酸盐-铁-琼脂）上，于 37±1℃厌氧培养 20±4h 及 44±4h，计数黑色菌落。

1）培养基及试剂

制法：自制试剂（亚硫酸钠溶液和硫酸亚铁溶液）、单（双）强度培养基（基本培养基、完全培养基）、替代培养基（胰蛋白胨-亚硫酸盐-琼脂培养基）参照《城市供水水质标准检验方法》CJ/T 141—2018（10.4.1.3）配制，并分装入试管和平皿中，121℃高压灭菌 15min，调整 pH 使其灭菌后为 7.2±0.1。

2）分析步骤

① 灭菌

对滤膜（孔径 0.2μm）用蒸馏水反复煮沸灭菌 3 次，每次 15min。前两次煮沸后应更换水洗涤 2～3 次，去除残留溶剂；对滤器灭菌，根据其材料使用干热（酒精棉球火焰）或湿热灭菌。

② 孢子选择

水样放置于 75±5℃水浴锅中，加热 15min，用同样带盖螺口空瓶做空白，检查加热温度。

③ 接种培养

水样的过滤量根据水样污染程度来选择，较清洁（梭状芽孢杆菌轻微污染）的水体取 100mL 直接过滤，污染严重要用无菌水稀释后，方能检测；调配合适的稀释度，保证黑色菌落在滤膜上分离生长，便于计数；水样过滤后，用无菌无齿镊子将滤膜过滤面朝下，置于培养基中，同时使滤膜下无气泡。小心将 18mL 约 50℃的完全培养基或替代培养基倾注于培养基中膜上。形成培养基层后，于 37±1℃厌氧培养 20±4h 和 44±4h。如果使用厌氧瓶或厌氧培养箱，滤膜可放置在琼脂面上，且滤膜面向上。

④ 观察结果

培养 20±4h 和 44±4h 后，计数所有黑色菌落。

3）结果与报告

试验报告应说明所使用的方法，单位体积水样中亚硫酸盐还原厌氧菌培养 44±4h 的孢子数；孢子数太多，黑色菌落连在一起难以计数，可采用 20±4h 培养时间的孢子大约数目。结果以 CFU/100mL 计。

6.4.7 贾第鞭毛虫和隐孢子虫（简称“两虫”）

（1）主要器材与试剂

1）Filta Max Xpress 快速淘洗设备；

2）免疫磁分离试剂盒和荧光染色试剂盒；

3）500mL 离心机；

4）DynaL Mix 混合器；

5）DynaL Mpc 磁极；

6）恒温培养箱；

7）磷酸盐缓冲液（PBS）试剂包；

8）吐温 20（Tween-20）溶液。

（2）分析步骤

“两虫”检验步骤相对烦琐，大体分为样品前处理、免疫磁分离、染色镜检三个部分，如图 6-11 所示，其中样品前处理中有 Envirochek、Filta Max Xpress 快速法（Filta Max Xpress 和 Filta Max Xpress 快速法基本一致）、滤膜浓缩法、滤囊浓缩法四种方法可供选择，目前应用较多的是 Filta Max Xpress 快速法。

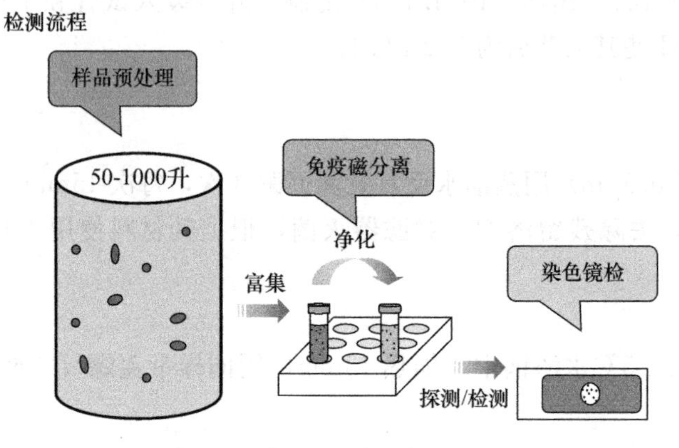

图 6-11 “两虫”检测主要流程

1）采样/淘洗/浓缩（Filta Max Xpress 快速法）

因水样中的卵囊数量很少，因此，需要浓缩较大体积的水样。采样的体积取决于水样的类型，标准要求原水为 20L，出厂水（处理后清洁水）为 100L。采样系统由滤芯、滤器、流量计、软管等组成。

① 采样：将滤芯安装至滤器内部，固定好后，在滤器一端接上软管、流量计，再连接到水龙头（或采样泵），启动采样泵，将流量控制在 4L/min，另一端滤后水直接排出。

② 淘洗：将安装有滤芯的滤器带回实验室，打开滤器，将滤芯取出，安装至快速淘洗装置中，启动自动淘洗设备，经过高压气水混冲程序后，将“两虫”全部收集至 500mL 离心管内。

③ 浓缩：淘洗结束后，平衡离心管，避免离心过程中震动，将离心机设 2000g，离心 15min，无刹车。离心结束后吸取离心管的上清液，最终留取 7～8mL，将其在涡旋混合器上混合 20s，再将所有液体转移至 L 型试管，如图 6-12 所示，使用纯水清洗离心管两次（每次约 1mL），并将清洗液移入同一个 L 型试管（提高回收率）。

2）IMS 分离

向 L 型试管内加入 1mL 的 10X SLTM-Buffer A 和 1mL 的 10X SLTM-Buffer B。Buffer A 在 0～4℃储存时可能会有结晶析出，使用前将其放置在室温下充分溶解。

分别将两虫的磁珠用涡旋振荡混合器混匀后，各量取 100uL 加入到 L 型试管内。盖上 L 型试管盖，将其放置在 DYNAL/IDEXX MX1 混合器上，室温下混匀孵育 1～1.5h（这期间主要是磁珠对虫卵进行捕获），如图 6-13 所示。

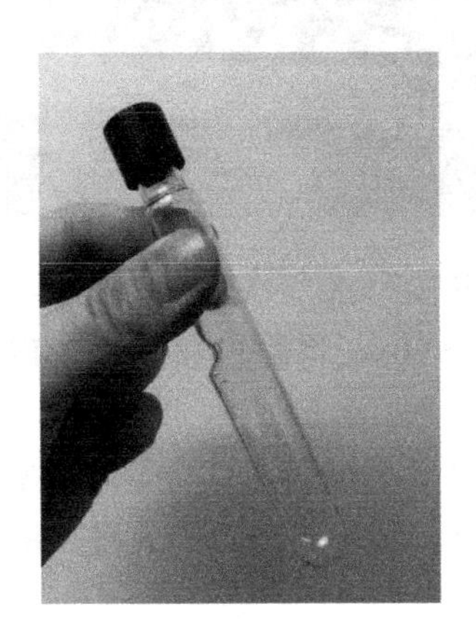

图 6-12 DynaL/IDEXX—L 型平面试管　　图 6-13 DYNAL/IDEXX MX1 混合器

孵育结束后，将 L 型试管移至 DYNAL/IDEXX MPC-1 磁极上，试管的平坦面朝向磁极，如图 6-14 所示。

磁极持续呈 90°角转动 2min，如图 6-15 所示，然后打开试管盖将上清液缓慢倾倒出去，此时磁极和 L 型试管不可分离。

图 6-14 DYNAL/IDEXX MPC-1 磁极

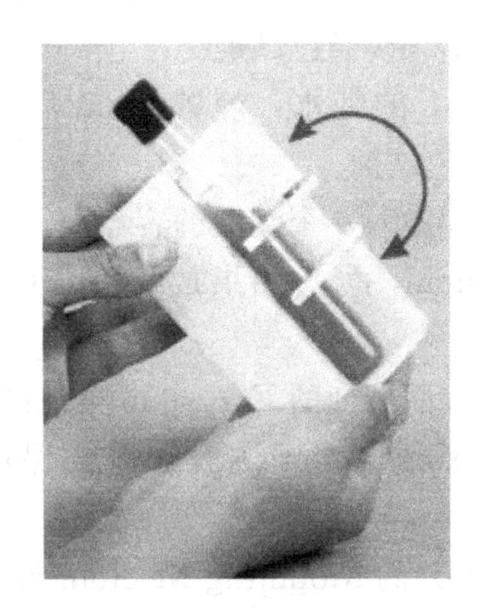

图 6-15 将 MPC-1 磁极持续呈 90°角转动

将 L 型试管从磁极上取下，加入 1.2mL 的 1X SLTM-Buffer A 与试管内磁珠混匀，为了进行充分的清洗，可以将这 1.2mL 试剂分成 3 次加入。

将所有的液体和磁珠转移至 1.5mL 微型离心管内后，将微型离心管放置在 DYNAL/IDEXX MPC-S 磁极上，如图 6-16 所示。

将磁极持续呈 180°角转动 1min，然后打开盖子，将上清液缓慢吸出，包括盖子上的液体也一并吸出，此时磁板和磁极不可分离。

将磁板从 DYNAL/IDEXX MPC-S 磁极上取下，并向微型离心管内添加 50μL 的 0.1mol/L 的 HCl 溶液，使用涡旋混合器混匀 10s，如图 6-17 所示。

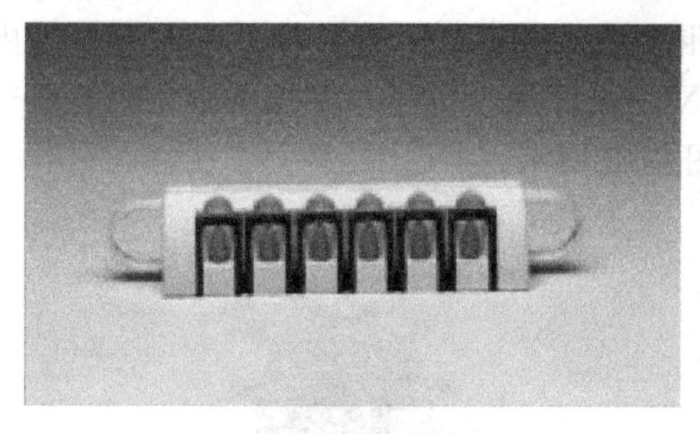

图 6-16 DYNAL/IDEXX MPC-S 磁极

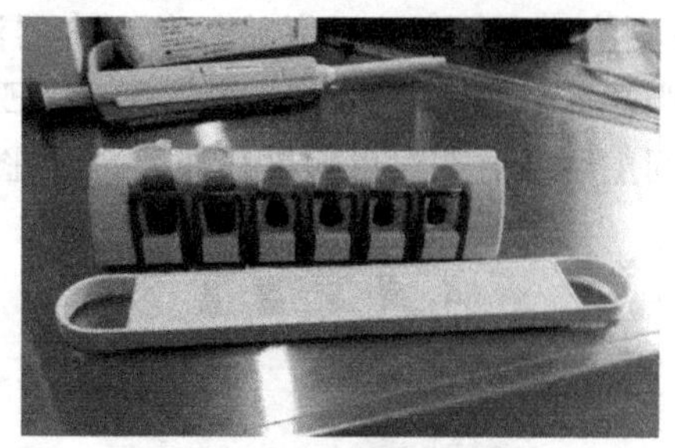

图 6-17 磁板从 MPC-S 磁极上取下

将微型离心管在室温下放置 15min，再涡旋混合 10s，将磁板插回到 MPC-S 磁极上，静置 10s，不能超过 2min。

准备一个载玻片，向槽内添加 5μL 的 1mol/L 的 NaOH 溶液，将上述微型离心管内的溶液全部转移至凹槽内，此时磁板不要从磁极上取下，转移过程中不要碰贴壁的磁珠，可以在室内自然干燥，准备进行染色。

3）染色

将样品转移到载玻片上进行干燥。使用培养箱（温度≤37℃），放入培养箱时间不超过 1h；如不需要立即染色，可以放入 4℃冰箱中过夜干燥。

当样品已经干燥完毕，下一步加入 50μL 的甲醇（分析纯即可）进行固定，可增强 DAPI 的染色效果，静置 15min 左右至完全干燥。

向载玻片上加 1 滴（约 50μL）DAPI 染色试剂，静置 2min。使用滤纸在边缘吸掉载玻片表面的 DAPI 染色试剂。

加入 50μL 的纯水，静置 1min 后用滤纸吸掉表面的纯水。然后加入 1 滴（50μL）Easystain 染色试剂。

把载玻片放入一个潮湿的容器内，在室温下至少放置 30min，如果放入 37℃培养箱则需要放置 15min，当然如果放置更长时间也是允许的，但潮湿容器应放入培养箱预热 15min。

吸掉其表面多余的 Easystain 染色试剂。缓慢加入 100μL 的 Fixing Buffer 洗脱液，静置 2min。Fixing Buffer 洗脱液需要保持冰冷，拿出冰箱后 2min 之内使用，每次即用即取。

加入 10μL 的 Mounting Medium 封固剂，充满整个孔，然后加上盖玻片，并用绵纸吸掉多余的液体。在盖玻片周围涂上透明的指甲油。

记录时间和日期。如果不立即对涂片进行镜检，则将其放置于 0～8℃的潮湿黑暗环境中保存。每次做样品染色时，同时进行一次阳性参照物染色（直接吸取 10～15μL 阳性参照物滴加至载玻片，干燥后，染色步骤同上）。

4）镜检

打开显微镜和汞灯，在 200 倍的荧光显微镜下检查，在 400 倍的荧光显微镜下进一步证实。并将全井进行计数。

贾第鞭毛虫的孢囊是椭圆形的，它们的长度为 8～14μm，宽度为 7～10μm。孢囊壁会发出苹果绿的荧光。在紫外光下，DAPI 染色的阳性孢囊会出现 4 个亮蓝色的核。

隐孢子虫的卵囊为略微椭圆的圆形，它们的直径为 2～6μm。卵囊壁会发出苹果绿的荧光。在紫外光下，DAPI染色的阳性卵囊会出现4个亮蓝色的核。计数整个井面，呈现表6-3中特征的就是孢（卵）囊，显微镜图片如图6-18所示。

贾第鞭毛虫孢囊与隐孢子虫卵囊的特征 **表6-3**

标准	重要性	备注
染了绿色的膜	+++	染色的强度是容易变的
大小	+++	
膜与细胞质的对照	++	膜的荧光强些
形状	++	贾第鞭毛虫：卵圆形，隐孢子虫：球形
孢囊壁的完整性	+	孢囊壁会失去形状

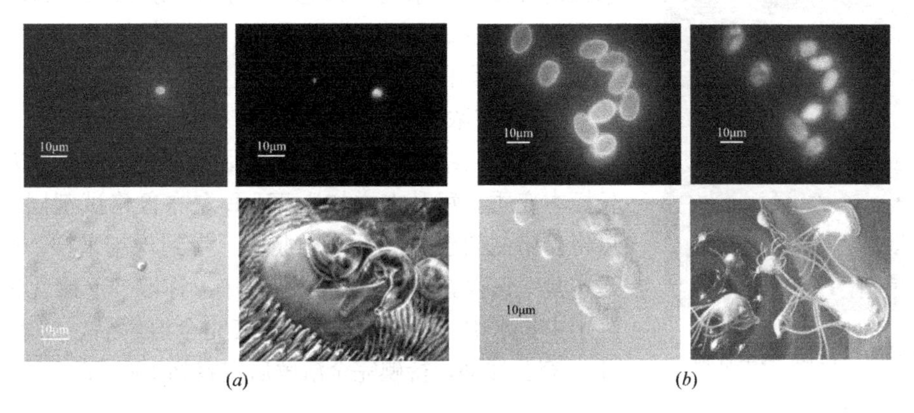

图6-18 免疫磁分离荧光抗体法检测流程

(a) 隐孢子虫荧光显微镜图片；(b) 贾第鞭毛虫荧光显微镜图片

需注意的是，DAPI染色是为了帮助计数，出现4个亮蓝色核和亮蓝色胞浆为DAPI阳性，为真孢囊。而假的孢囊（亮苹果绿物体）呈DAPI阴性（无4个亮蓝色核，只有亮蓝色胞浆）。

DIC装置用于了解孢囊的内在结构，当荧光和DAPI染色都明显的时候可以使用DIC装置。如结构清楚，有助于真孢囊计数，如结构不清楚且只有苹果绿色荧光时，可能是空的孢囊，或带有无定形结构的孢囊，亦可能是有内部结构的孢囊。

6.4.8 藻类

(1) 样品采集

1) 藻类采样点设置

采样点的选择应具有代表性，采集的样品应能真正代表一个水体或一个水体不同区域的实际情况。若水体为较为宽阔的河流，采样点应设置在近岸左右两侧；若水体为湖泊，采样点则应设置在此岸到彼岸之间的两个相互垂直的断面；若水体为较为狭窄的河流，采样点的设置应在三个互相平行、间断均匀的断面。此外，采样点的设置要尽量和水质理化数据监测点相一致，以便所得结果相互比较。

2) 采样深度

根据不同水体的具体情况采取不同的取样层次。如在湖泊和水库中，水深在5m以内，采样点可在水下若干个水层采样，混合均匀，从其中采集定量水样；水深2m以内的，仅在0.5m深度左右采集即可。如果在江河中，由于水不断流动，采样0.5m左右深度水体即可。

3）采样量

采样量往往要根据该区域藻类的密度来决定。一般原则是：藻类密度高，采样量可少；密度低，采样量则多。通常情况对藻类的采样量以1L为宜。

4）采样工具

可使用有机玻璃采样器采样，一般为圆柱体，上下底均有活门，如图6-19所示。采样时，通过观察和量取桶上绳索的长度来掌握采水器浸入水面的深度，采水器沉入水后活门自动开启，自动采集相应深度的水样。

图6-19 有机玻璃采样器

（2）藻类样品检测

1）固定浓缩

水样采集结束后，应立即加固定液进行固定，以免时间长标本变质。每升水样加入15mL左右鲁格试剂固定保存。可将鲁格试剂事先加入采样瓶中，带到现场采样。固定后，送实验室保存。鲁格试剂配制方法：称取60g碘化钾（KI）溶于少量水中（约200mL），待其完全溶解后，加入40g碘（I_2）充分摇动，待碘完全溶解后定容到1000mL。

2）镜检

将目（测微）尺放入10倍目镜内，应使刻度清晰成像。将台尺当作显微玻片标本，用20倍物镜进行观察，台尺的刻度代表标本上的实际长度，一般每小格0.01mm。转动目镜并移动载物台，使目尺与台尺平行，并且目尺的边沿刻度与台尺的0刻度重合，然后数出目尺10格相当于台尺多少格，用这个格数去乘以0.01mm，其积表示目尺10格代表标本上的长度（毫米数），做好记录，即某台显微镜20倍物镜配10倍目镜，某目尺10格代表标本上的长度是多少。用台尺测出视野的直径，按πr^2计算视野面积。

3）计数

藻类计数：吸取0.1mL样品注入0.1mL计数框，在10×40倍或者8×40倍显微镜下计数，藻类计数100个视野，计数两片取平均值。藻类计数还可以使用长条计数法，选取相邻刻度从计数框左边一直计数到右边称为一个长条。与下沿相交的个体，应计数在内，与上沿刻度相交的，不计数在内，与上下沿均相交的个体，以藻类中心位置进行判断。一般计数3条，即第2、5、8条，若密度较低，则全片计数。

4）计算

把计数所得结果按照以下公式换算成每升水中浮游植物的数量：

$$N = A/AC \times VW/V \times n \tag{6-1}$$

式中 N——每升水中浮游植物的数量，个/L；

A——计数框面积，mm^2；

AC——计数面积，即视野面积×视野数或长条计数时长条长度×参与计数的长条宽度×镜检的长条数量，mm^2；

VW——1L 水样经沉淀浓缩后的样品体积，mL；

V——计数框体积，mL；

n——计数所得的浮游植物的个体数或者细胞数。

（3）藻类基础分类

浮游藻类大多数是单细胞种类，在生理上类同于植物细胞，只是细胞较小，仅悬浮于液体介质中。藻类细胞和植物细胞在结构上是相似的，有活性的细胞质膜，有一系列高度分化的细胞器和内含物，包括细胞壁、核、色素和色素体、储藏物质、鞭毛。其中蓝藻细胞为原核细胞，其余所有藻类都属真核细胞。

藻类可划分为蓝藻门、硅藻门、绿藻门、甲藻门、裸藻门等，在不同的水体类型和营养条件下会出现不同的优势藻属。以长江中下游为例，藻类优势种属见表 6-4，显微镜下观察形态，如图 6-20 所示。

长江中下游藻类优势种属分布 **表 6-4**

区域	优势藻种	区域	优势藻种
武汉段	栅藻、丝藻	南京段	直链藻
九江段	栅藻	镇江段	直链藻
安庆段	直链藻	南通段	直链藻
芜湖段	直链藻	上海段	直链藻、丝藻、平裂藻、十字藻

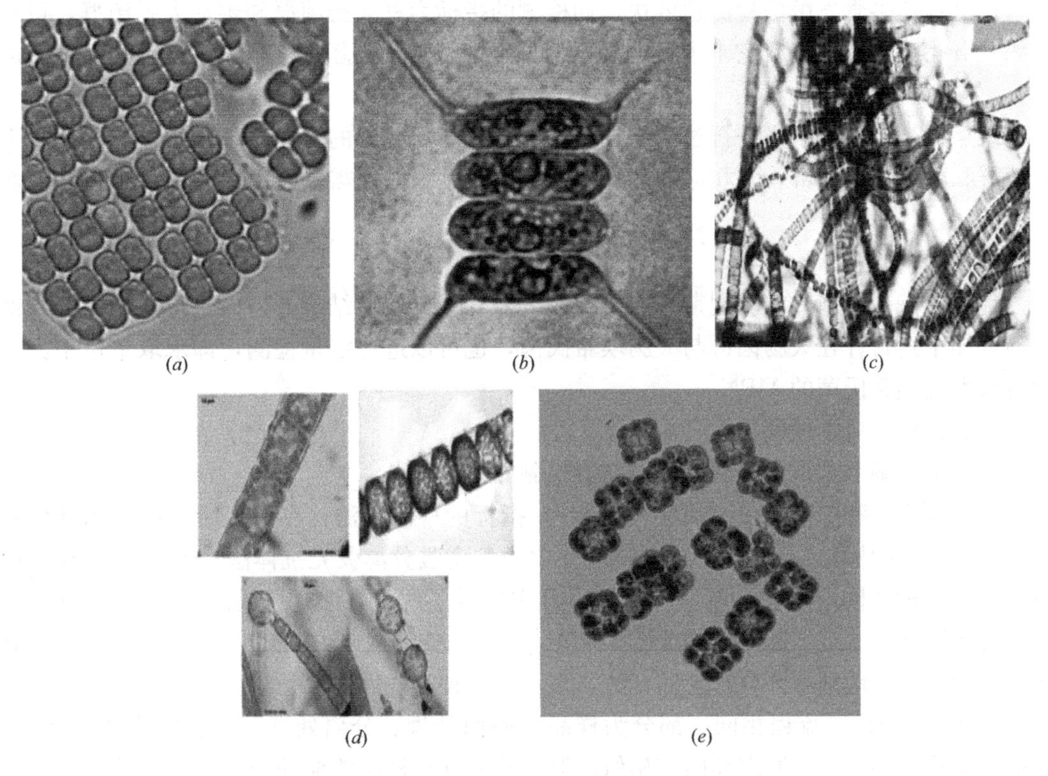

图 6-20 长江中下游藻类优势种属

(*a*) 平裂藻；(*b*) 栅藻；(*c*) 丝藻；(*d*) 直链藻；(*e*) 十字藻

6.5 微生物检验方法比较

对供水行业水质分析工作而言，微生物检测所涉及的指标数量、方法种类总体较少，而针对《生活饮用水卫生标准》GB 5749—2006所涵盖的6项微生物指标，又可以分为细菌和原虫两大类。其中菌落总数、总大肠菌群、耐热大肠菌群（粪大肠菌群）、大肠埃希氏菌可以归为细菌类指标；隐孢子虫、贾第鞭毛虫可归为原虫类指标。为了便于大家进一步掌握检测方法之间的差异，现分别对这两类指标的方法做对比介绍。

（1）细菌学指标各检测方法比较

本章6.4节分别对菌落总数、总大肠菌群、耐热大肠菌群（粪大肠菌群）、大肠埃希氏菌等指标的检测方法做了介绍，这些方法都是提供给分析人员，以便根据实验条件等选择合适的方法。但不同方法之间各有优劣，下面分别讨论。

1）多管发酵法

优点：对设备要求较低，基本所有实验室都可以满足条件。

缺点：涉及多种培养基，操作较烦琐，实验周期长，需要两步接种。需要对产酸产气的发酵管进行分离培养、观察菌落、革兰氏染色镜检和证实试验等。它求取的是单位体积中的MPN，比求取单位体积中的CFU的定量效果差。

2）滤膜法

优点：比多管发酵法检测速度快，如检测的指标为总大肠菌群和耐热大肠菌群，可提前约24h得出实验结果。它求取的是单位体积中的CFU，能更准确地反映水样中细菌的数量。

缺点：需要有对水样进行过滤的抽滤设备，设备与滤膜的灭菌处理较烦琐。检测总大肠菌群和耐热大肠菌群，当相应的培养皿上有细菌生长时，需进行革兰氏染色镜检和证实试验等。

3）酶底物法

优点：操作简单，实验周期短，可在24h左右得到实验结果，可以进行定性检测，即判断水样中是否存在大肠菌群与大肠埃希氏菌，也可以进行定量检测，即求取单位中大肠菌群与大肠埃希氏菌的MPN。

缺点：检测成本较高。

（2）贾第鞭毛虫孢囊和隐孢子虫卵囊检测方法比较

贾第鞭毛虫和隐孢子虫（简称“两虫”）指标的检测方法，在《生活饮用水标准检验方法　微生物指标》GB/T 5750.12—2006中为免疫磁分离荧光抗体法（方法1）；在《城镇供水水质标准检验方法》CJ/T 141—2018中提供了两个方法：滤膜浓缩/密度梯度分离荧光抗体法（方法2）、滤囊浓缩/密度梯度分离荧光抗体法（方法3）。为了让供水行业分析人员能更直观地理解并合理选择方法，现对此3种方法做对比介绍。

3种方法的检测流程相同，都分为样品浓缩前处理、分离处理、染色镜检3个环节，且染色镜检（环节三）原理和内容相似；但不同之处在样品浓缩前处理、分离处理（环节一、二）。再对比可知，环节一可分为4种方法：Envirochek、Filta Max Xpress快速法（Filta Max Xpress和Filta Max Xpress快速法基本一致）、滤膜浓缩法、滤囊浓缩法。环节二分为免疫磁分离和密度梯度分离2种方法。总之，3种检测方法，共有4种样品浓缩前处理，2种分离处理，1种染色处理。具体方法比较，见表6-5。

“两虫”检测的方法比较 **表6-5**

<table>
<tr><th colspan="2">方法
检测流程</th><th colspan="2">免疫磁分离荧光抗体法（方法1）</th><th>滤膜浓缩/密度梯度分离荧光抗体法（方法2）</th><th>滤囊浓缩/密度梯度分离荧光抗体法（方法3）</th></tr>
<tr><td rowspan="6">浓缩前处理</td><td>前处理名称</td><td>Envirochek</td><td>Filta Max Xpress快速法</td><td>滤膜浓缩法</td><td>滤囊浓缩法</td></tr>
<tr><td>总回收率</td><td>10%～30%</td><td>20%～40%</td><td>21%～37%</td><td>19%～30%</td></tr>
<tr><td rowspan="2">过滤体积及时间</td><td>100L出厂水，过滤速度1～2L/min</td><td>100L出厂水，过滤速度4L/min</td><td>50L出厂水（滤膜过滤法，滤速不宜过大）</td><td>100L出厂水，过滤速度2L/min</td></tr>
<tr><td>20L原水，过滤速度1～2L/min</td><td>20L原水，过滤速度4L/min</td><td>10L原水（碳酸钙沉淀法）</td><td>20L原水，过滤速度2L/min</td></tr>
<tr><td>处理时间</td><td>>15min</td><td>2min</td><td>滤膜过滤法≥20min；碳酸钙沉淀法≥12h</td><td>2min</td></tr>
<tr><td>独特性</td><td>不能处理高浊度水</td><td>适合高浊度水源水</td><td>浊度<20NTU，微孔滤膜过滤法；
浊度≥20NTU，碳酸钙沉淀法</td><td>适合高浊度水源水</td></tr>
<tr><td>分离处理</td><td rowspan="2">原理及操作</td><td colspan="2">免疫磁分离</td><td colspan="2">密度梯度分离</td></tr>
<tr><td>染色</td><td colspan="4">荧光抗体染色</td></tr>
<tr><td colspan="2">耗材成本</td><td>较高</td><td>较高</td><td>较低</td><td>较高</td></tr>
</table>

第7章 水处理剂及涉水产品分析试验

本章主要介绍净水工艺中用于混凝、助凝、消毒、氧化、调节pH、灭藻、除色度、除臭味等用途的水处理剂及涉水产品的质量标准，这些标准中的指标，有的是评价产品质量优劣的，有的是控制其中杂质含量和成分的（主要是毒理指标）。且这些标准中通常包含了各指标的检测方法，是供水化验员开展相关产品检测的依据。

7.1 抽样技术

水处理剂的检测首先涉及抽样问题。被检样品是否具有代表性，是否通过合理的抽取方式获得，将直接影响被检样品结果的可信度。

（1）抽样方法

抽取样品时，不得从破损或泄露的包装中采集，抽样时需遵循以下原则。

1）样品总数小于或等于3时，每份都抽样；样品总数大于3时，按取样量随机取样。

2）同一天内交货，且生产日期、批号相同的产品为一批次，随机抽取样品。

3）液体样品的抽样方法

应将能够混匀的样品进行充分混合后抽样，适用于聚合氯化铝、聚合硫酸铁、硫酸铝、次氯酸钠等液体样品的抽样，并且还应考虑以下几点。

① 在运货的车（或船）落货入池时抽样，于输送货物的管道出口每间隔一段时间（开始、中间、结束）抽取等量的样品，充分混合，装入两个干燥、洁净的样品瓶中密封，一份供检测用，另一份封存、备检。

② 在中转池或贮存罐中抽样时，应用专用采样器从深度不同的上、中、下部位采取等量的样品，充分混合，装入两个干燥、洁净的样品瓶中密封，一份供检测用，另一份封存、备检。

例如，次氯酸钠的标准中还要求采样时，用采样器从深度不同的上、中、下部位（上部离液面1/10液层，下部离液体底部1/10液层）采取等量的样品，样品量不得少于200mL。

③ 在桶装容器中抽样时，应将专用采样器深入桶内2/3处采样，或分别从上、中、下部位等量采样，充分混合，装入两个干燥、洁净的样品瓶中密封，一份供检测用，另一份封存、备检。

例如，聚合氯化铝的标准还要求采样时，用专用采样器深入桶内，从上、中、下部位分别采取不少于100mL的样品，然后混匀，从中取出约800mL。

4）固体样品的抽样方法

应将样品混合均匀后采用四分法进行抽样，适用于活性炭、高锰酸钾、滤料等固体样品的抽样，并且还应考虑以下几点。

① 批量样品的采集：在批量样品的储存器中（如车、船、仓库），于不同深度、不同部分，分别采取等量样品，并将其混合成混合样品。

例如，在滤料堆上采样时，将滤料堆表面划成若干面积相同的方形块，于每一方块的中心点用采样器或铁铲伸入滤料表面150mm以下采样，然后将取出的等量样品置于洁净、光滑的塑料布上充分混匀，摊平成正方形或圆锥台形，用十字形架分成四等份，取相对的两份混合、再平分，直至达到所需的量（即四分法取样），最后装入两个干燥、洁净的样品瓶中密封，一份供检测用，另一份封存、备检。

② 包装样品的采集：可从一批包装中取得一个混合样品，采集的数量为该包装中的5%，最少为5个，最多为15个。如果包装少于5个，则采样方法与批量样品的采集方法相同。

如抽取袋装滤料样品时，从每批样品总袋数的5%中取样，用取样器从袋口中心垂直插入1/2深度处采样，然后将从每袋中取出的样品合并混匀，用四分法缩减至所需的量，最后装入两个干燥、洁净的样品瓶中密封，一份供检测用，另一份封存、备检。砾石承托料的取样量可根据测定项目计算。

5）石灰样品的抽样方法

① 堆场、仓库、车（船）取样时，用普通尖头钢锹在每批量石灰的不同部位随机选取12个取样点，取样点应均匀或循环分布在堆场、仓库、车（船）的对角线或四分线上，并应在表层100mm下或底层100mm上取样。每个点的取样量不少于2000g，取样点内如有尺寸大于150mm的大块，应将其砸碎，取能代表大块质量的部分碎块。取得的样品经破碎，并通过20mm的圆孔筛后，立即装入干燥、密闭、防潮的容器中。

② 袋装石灰取样时，从每批袋装的石灰粉中随机抽取10袋（包装袋应完好无损），将采样管（针）从袋口斜插到适当深度，取出一管芯石灰，每袋取样量不少于500g。取得的样品应立即装入干燥、密闭、防潮的容器中。

③ 散装车取样时，在整批散装石灰的不同部位随机取10个取样点，将采样管（针）插入石灰适当深度，取出一管芯石灰，每份样品不少于500g。取得的样品应立即装入干燥、密闭、防潮的容器中。

（2）抽样工具

采样器械应使用不得与样品发生化学反应的材料制成，便于使用和清洗。

1）液体样品抽样工具

① 采样勺

由不与被抽取样品发生化学反应的金属或塑料制成。

② 液体样品采样管（针）

由玻璃、金属或塑料制成，管子规格60mm×1200mm或60mm×1000mm为宜。使用时将采样管插到存放样品的桶、槽车中所需的位置液面上进行取样，如图7-1所示。

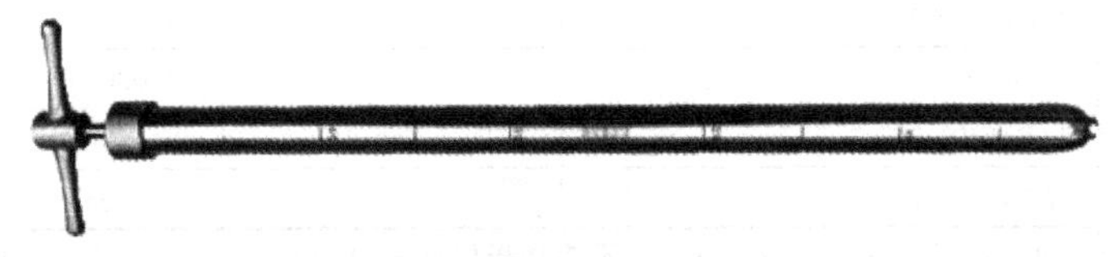

图7-1 液体样品采样管（针）

2）固体样品抽样工具

固体样品采样管（针）：由一根金属管构成，材质要求不生锈，并不与被采取物料发生化学反应。将金属管的一端切成尖形。使用时将采样针插到存放物品的适当位置进行取样，如图7-2所示。

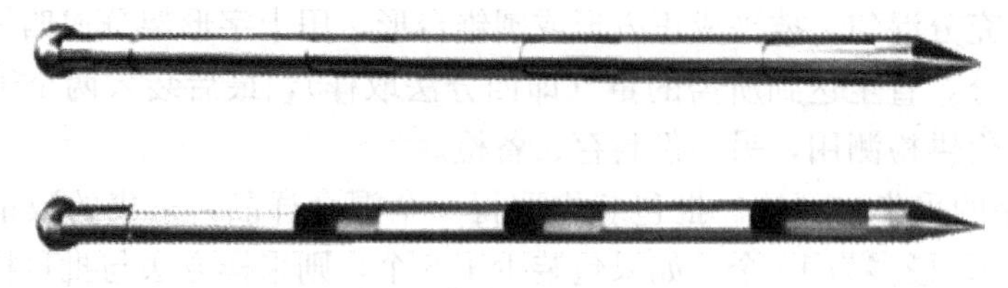

图7-2　固体样品采样管（针）

7.2　水处理剂检验及加矾量试验

7.2.1　聚氯化铝

（1）概述

聚氯化铝是一种阳离子型无机高分子絮凝剂，易溶于水，有较强的架桥吸附性，在水解过程中伴随电化学、凝聚、吸附和沉淀等物理化学变化，从而达到净水的目的。聚氯化铝按形态分为液体和固体两类。液体产品为无色至黄褐色液体，固体产品为白色至黄褐色颗粒或粉末，如图7-3所示。

图7-3　固体和液体聚氯化铝

《生活饮用水用聚氯化铝》GB 15892—2009是对聚氯化铝产品进行检测和验收的依据，其检验项目及指标限值见表7-1。

《生活饮用水用聚氯化铝》GB 15892—2009指标限值　　表7-1

指标名称		指标	
		液体	固体
氧化铝（Al_2O_3）的质量分数（%）	≥	10.0	29.0
盐基度（%）		40.0～90.0	
密度（20℃）(g/cm^3)	≥	1.12	—
不溶物的质量分数	≤	0.2	0.6
pH值（10g/L水溶液）		3.5～5.0	
砷（As）的质量分数（%）	≤	0.0002	
铅（Pb）的质量分数（%）	≤	0.001	
镉（Cd）的质量分数（%）	≤	0.0002	
汞（Hg）的质量分数（%）	≤	0.00001	
六价铬（Cr^{+6}）的质量分数（%）	≤	0.0005	

注：表中液体产品所列As、Pb、Cd、Hg、Cr^{+6}、不溶物指标均按Al_2O_3 10%计算，Al_2O_3含量≥10%时，应按实际含量折算成Al_2O_3 10%产品比例计算各项杂质指标。

(2) 主要检测指标

本章节介绍聚氯化铝中氧化铝含量、盐基度、密度、不溶物等指标的检测方法。

1) 氧化铝含量(氯化锌标准溶液滴定法)

① 原理

用硝酸将试样解聚,在 pH=3 时,加过量的乙二胺四乙酸二钠溶液,使其与铝离子络合。用氯化锌标准溶液回滴过量的乙二胺四乙酸二钠溶液。

② 试剂

乙二胺四乙酸二钠溶液(EDTA):约 0.05mol/L。

乙酸-乙酸钠缓冲溶液(pH=5.5):称取 272g 乙酸钠溶于水,加冰乙酸 19mL,稀释至 1000mL。

氯化锌标准滴定溶液 [$c(ZnCl_2)$=约 0.025mol/L]:称取 3.5g 高纯氯化锌($ZnCl_2$),溶于盐酸溶液 [(0.05%(体积分数)] 中,稀释至 1L,摇匀。再用氧化铝标准溶液标定。

氧化铝标准溶液:1mL 含 0.001gAl_2O_3。称取 0.5293g 高纯铝(≥99.99%),精确至 0.2mg,置于 200mL 聚乙烯杯中,加水 20mL,加氢氧化钠约 3g,使其全部溶解透明(必要时在水浴上加热),用盐酸溶液(1+1)调节至酸性后再加 10mL,使其透明,冷却,移入 1000mL 容量瓶,稀释至刻度,摇匀。

③ 分析步骤

称取约 8g 液体试样或 2.5g 固体试样,精确至 0.2mg,用不含二氧化碳的水溶解,全部移入 250mL 容量瓶中,稀释至刻度,摇匀。若稀释液浑浊,用中速滤纸干过滤,此为试液 A。

用移液管移取 10mL 试液 A,置于 250mL 锥形瓶中,加 10mL 硝酸溶液(1+12),煮沸 1min。冷却至室温后加入 20.00mLEDTA 溶液,加百里酚蓝溶液 3~4 滴,用氨水溶液(1+1)中和至试液从红色到黄色,煮沸 2min。

冷却后加入 10mL 乙酸-乙酸钠缓冲溶液和两滴二甲酚橙指示剂,加水 50mL,用氯化锌标准溶液滴定至溶液由淡黄色变为微红色即为终点。同时做空白试验。

④ 结果计算

氧化铝(Al_2O_3)含量以质量分数 ω_1 计,数值以%表示,按下式计算:

$$\omega_1=\frac{(V_0/1000-V/1000)\times cM/2}{m\times 10/250}\times 100\% \tag{7-1}$$

式中 V_0——空白消耗的氯化锌标准溶液的体积,mL;

V——滴定消耗的氯化锌标准溶液的体积,mL;

c——氯化锌标准滴定溶液的实际浓度,mol/L;

m——试料的质量,g。

M——氧化铝的摩尔质量的数值,g/mol(M=101.96)。

2) 盐基度

① 原理

在试样中加入定量盐酸溶液,以氟化钾掩蔽铝离子,以氢氧化钠标准溶液滴定。

② 试剂

盐酸标准溶液:$c(HCl)$=约 0.5mol/L。

氢氧化钠标准滴定溶液:$c(NaOH)$=约 0.5mol/L。

酚酞指示剂：10g/L 乙醇溶液。

氟化钾溶液（500g/L）：称取500g氟化钾，以200mL不含二氧化碳的蒸馏水溶解后，稀释至1000mL。加入两滴酚酞指示剂，并用氢氧化钠溶液或盐酸溶液调节溶液呈微红色，滤去不溶物后贮于塑料瓶中。

③ 分析步骤

移取25.00mL试液A[氧化铝（Al_2O_3）含量测定中的试液A]于250mL磨口瓶中，再加入20.00mL盐酸标准溶液，接上磨口玻璃冷凝管，煮沸回流2min，冷却至室温。转移至聚乙烯杯中，加入20mL氟化钾溶液，摇匀。加入5滴酚酞指示剂，立即用氢氧化钠标准滴定溶液滴定至溶液呈现微红色即为终点。同时用不含二氧化碳的蒸馏水做空白试验。

④ 结果计算

盐基度以质量分数 ω_2 计，数值以%表示，按下式计算：

$$\omega_2=\frac{\dfrac{(V_0/1000-V/1000)\times cM}{M}}{\dfrac{m\omega_1}{100}\times\dfrac{25}{250}\times\dfrac{0.5293}{8.994}}\times 100\% \tag{7-2}$$

式中　V_0——空白试验消耗氢氧化钠标准滴定溶液的体积，mL；

V——测定试样消耗氢氧化钠标准滴定溶液的体积，mL；

c——氢氧化钠标准滴定溶液的实际浓度，mol/L；

m——试料的质量，g；

ω_1——测得的氧化铝含量，%；

M——OH^- 的摩尔质量，g/mol(M=16.99)；

0.5293——Al_2O_3 折算成Al的系数；

8.994——$\left[\frac{1}{3}Al\right]$的摩尔质量，g/mol。

⑤ 允许差

以平行测定结果的算术平均值作为测定结果，平行测定结果的绝对差值不大于2.0%。

3）密度（20℃）

① 原理

由密度计在被测液体中达到平衡状态时所浸没的深度。

② 仪器

密度计：分度值为0.001。

恒温水浴：可控温度20±1℃。

③ 分析步骤

将液体聚氯化铝试样注入清洁、干燥的量筒内，不得有气泡。将量筒置于20±1℃的恒温水浴中。待温度恒定后，将密度计缓缓地放入试样中。待密度计在试样中稳定后，读出密度计弯月面下缘的刻度（标有读弯月面上缘刻度的密度计除外），即为20℃时试样的密度。

4）不溶物含量

① 原理

试样用pH=2～3的水溶解后，经过滤、洗涤、烘干至恒重，求出不溶物含量。

② 仪器

电热恒温干燥箱：10～200℃。

布氏漏斗：d=100mm。

③ 分析步骤

称取约10g液体试样或约3g固体试样（精确至0.001g），置于250mL烧杯中，加入约150mL稀释用水，充分搅拌，使试样最大限度溶解。然后，在布氏漏斗中用恒量的中速定量滤纸（先将滤纸于100～105℃干燥至恒重）抽滤。用水洗至无Cl^-（用硝酸银溶液检验），将滤纸连同滤渣于100～105℃干燥至恒重。

④ 结果计算

不溶物含量以质量分数ω_3计，数值以%表示，按下式计算：

$$\omega_3 = \frac{(m_1 - m_2)}{m} \times 100\% \tag{7-3}$$

式中 m_1——滤纸和滤渣的质量，g；

m_2——滤纸的质量，g；

m——试样的质量，g。

⑤ 允许差

以平行测定结果的算术平均值作为测定结果，平行测定结果的绝对差值：液体试样不大于0.03%，固体试样不大于0.1%。

7.2.2 聚合硫酸铁

（1）概述

聚合硫酸铁是一种性能优越的无机高分子混凝剂，分为固体和液体两种。外观上，液体为红褐色液体，固体为淡黄色至黄褐色无定型固体，固体产品极易溶于水，如图7-4所示。

图7-4 固体和液体聚合硫酸铁

《水处理剂 聚合硫酸铁》GB/T 14591—2016是对聚合硫酸铁产品进行检测和质量验收的依据。聚合硫酸铁按用途分为Ⅰ类、Ⅱ类两类，其中Ⅰ类为饮用水用，Ⅱ类为工业用水、污水和废水用。《水处理剂 聚合硫酸铁》GB/T 14591—2016中的检验项目及指标限值见表7-2。

《水处理剂 聚合硫酸铁》GB/T 14591—2016指标限值 **表7-2**

指标名称		指标			
		一等品		合格品	
		液体	固体	液体	固体
全铁的质量分数（%）	≥	11.0	19.5	11.0	19.5
还原性物质（以Fe^{2+}计）的质量分数（%）	≤	0.10	0.15	0.10	0.15
盐基度（%）		8.0～16.0		5.0～20.0	

续表

指标名称		指标			
		一等品		合格品	
		液体	固体	液体	固体
pH值（10g/L水溶液）		1.5～3.0			
密度（20℃）(g/cm³)	≥	1.45	—	1.45	—
不溶物的质量分数（%）	≤	0.2	0.4	0.3	0.6
砷（As）的质量分数（%）	≤	0.0001	0.0002	0.0005	0.001
铅（Pb）的质量分数（%）	≤	0.0002	0.0004	0.001	0.002
镉（Cd）的质量分数（%）	≤	0.00005	0.0001	0.00025	0.0005
汞（Hg）的质量分数（%）	≤	0.00001	0.00002	0.00005	0.0001
铬（Cr）的质量分数（%）	≤	0.0005	0.001	0.0025	0.005
锌（Zn）的质量分数（%）	≤	—		0.005	0.01

（2）主要检测指标

本章节介绍聚合硫酸铁中全铁含量、还原性物质含量、盐基度等指标的检测方法。

1）全铁含量（重铬酸钾法）

① 原理

在酸性溶液中，用氯化亚锡将三价铁还原为二价铁，过量的氯化亚锡用氯化汞予以除去，然后用重铬酸钾标准溶液滴定。反应方程式为：

$$2Fe^{3+}+Sn^{2+}=2Fe^{2+}+Sn^{4+}$$

$$SnCl_2+2HgCl_2=SnCl_4+Hg_2Cl_2$$

$$6Fe^{2+}+Cr_2O_7^{2-}+14H^+=Fe^{3+}+2Cr^{3+}+7H_2O$$

② 试剂

氯化亚锡溶液（250g/L）：称取25.0g氯化亚锡置于干燥的烧杯中，溶于20mL盐酸，冷却后稀释到100mL，保存于棕色滴瓶中，加入高纯锡粒数颗。

硫-磷混酸：将150mL硫酸，注入50mL水中，再加150mL磷酸，然后稀释到1000mL。

重铬酸钾标准溶：$c(1/6K_2Cr_2O_7)=0.1mol/L$。

二苯胺磺酸钠指示剂：5g/L。

③ 分析步骤

称取液体试样约1.0g或固体试样约0.5g，精确至0.2mg，置于250mL锥形瓶中。加水20mL，加盐酸（1+1）溶液10mL，加热至沸，趁热滴加氯化亚锡溶液至溶液黄色消失，再过量1滴，快速冷却。加氯化汞饱和溶液5mL，摇匀后静置lmin，然后加水50mL，再加入硫-磷混酸10mL、二苯胺磺酸钠指示剂4～5滴，立即用重铬酸钾标准滴定溶液滴定至紫色（30s不褪色）即为终点。

④ 结果计算

以质量百分数表示的全铁含量（X_1）按下式计算：

$$X_1=\frac{V\times c\times 0.05585}{m}\times 100\% \quad (7\text{-}4)$$

式中　V——化学计量点时样品所消耗的重铬酸钾标准溶液的体积，mL；

c——重铬酸钾标准溶液的浓度，mol/L；

m——试料的质量，g；

M——铁的摩尔质量的数值，g/mol(M=55.85)。

⑤ 允许差

取平行测定结果的算术平均值作为测定结果。两次平行测定结果的绝对差值不大于0.1%。

2）还原性物质含量（以 Fe^{2+} 计）

① 原理

在酸性溶液中用高锰酸钾标准溶液滴定。反应方程式为：

$$MnO_4^- + 5Fe^{2+} + 8H^+ = Mn^{2+} + 5Fe^{3+} + 4H_2O$$

② 试剂

高锰酸钾标准溶液：$c(1/5KmnO_4)$ 约 0.1mol/L。

高锰酸钾标准使用溶液：$c(1/5KmnO_4)$ = 约 0.01mol/L，将高锰酸钾标准溶液稀释10倍，随用随配，当天使用。

③ 分析步骤

称取液体试样约 5g 或固体试样约 3g，精确至 0.2mg，置于 250mL 锥形瓶中。加水150mL，加入硫酸 4mL、磷酸 4mL，摇匀。用高锰酸钾标准使用溶液滴定至微红色（30s不褪色）即为终点，同时做空白试验。

④ 结果计算

还原性物质含量（以 Fe^{2+} 计）质量分数 ω_2，数值以%表示，按下式计算：

$$\omega_2 = \frac{(V - V_0) \times c \times M \times 10^{-3}}{m} \times 100\% \tag{7-5}$$

式中 V——化学计量点时样品所消耗的高锰酸钾标准使用溶液的体积，mL；

V_0——化学计量点时空白所消耗的高锰酸钾标准使用溶液的体积，mL；

c——高锰酸钾标准使用溶液的浓度，mol/L；

m——试料的质量，g；

M——铁的摩尔质量的数值，g/mol(M=55.85)。

⑤ 允许差

取平行测定结果的算术平均值作为测定结果。两次平行测定结果的绝对差值不大于0.01%。

3）盐基度

① 原理

在试样中加入定量盐酸溶液，再加氟化钾掩蔽铁，以酚酞为指示剂或以 pH 计指示终点，用氢氧化钠标准溶液滴定，至溶液变为淡红色或 pH 为 8.3 即为终点。

② 试剂

氟化钾溶液（500g/L）：称取 500g 氟化钾，以 200mL 不含二氧化碳的蒸馏水溶解后，稀释至 1000mL，加入 2mL 酚酞指示剂，并用氢氧化钠溶液或盐酸溶液调节溶液至微红色，滤去不溶物后贮存于塑料瓶中。

盐酸标准溶液：$c(HCl)$ 约 0.1mol/L。

氢氧化钠标准滴定溶液：$c(NaOH)$ 约 0.1mol/L。

③ 分析步骤

称取液体试样约 1.2g 或固体试样 0.8g，精确至 0.2mg，置于 250mL 锥形瓶中，加入 20mL 水和 25.00mL 盐酸标准溶液，盖上表面皿，加热至沸腾后立即取下。冷却至室温后，全部转移到 400mL 聚乙烯烧杯中，再加入氟化钾溶液 10mL，摇匀，加 5 滴酚酞指示剂，立即用氢氧化钠标准滴定溶液滴定至淡红色（30s 不褪色）为终点，或用 pH 计检测到 pH 为 8.3 即为终点。同时做空白试验。

④ 结果计算

盐基度的质量分数 ω_3，数值以%表示，按下式计算：

$$\omega_3 = \frac{\dfrac{(V-V_0)\times c\times M_1}{M_1}\times 10^{-3}}{\dfrac{m\times(\omega_1-\omega_2)}{\dfrac{M_2}{3}}}\times 100\% \tag{7-6}$$

式中　V_0——滴定空白时消耗的氢氧化钠标准溶液的体积，mL；

V——滴定试样时消耗的氢氧化钠标准溶液的体积，mL；

c——氢氧化钠标准滴定溶液的浓度，mol/L；

ω_1——试样中全铁的质量分数，%；

ω_2——试样中还原性物质（以 Fe^{2+} 计）的质量分数，%；

M_1——氢氧根的摩尔质量的数值，g/mol(M=17.00)；

M_2——铁的摩尔质量的数值，g/mol(M=55.85)；

m——试样的质量，g。

⑤ 允许差

取平行测定结果的算术平均值作为测定结果，平行测定结果的绝对差值应不大于 0.5%。

7.2.3　硫酸铝

（1）概述

硫酸铝极易溶于水，水处理中用作絮凝剂。分为固体和液体两种，如图 7-5 所示。

图 7-5　硫酸铝

《水处理剂　硫酸铝》GB 31060—2014 是对硫酸铝产品进行检测和质量验收的依据。其按用途可分为Ⅰ类、Ⅱ类两类，其中Ⅰ类为饮用水用，Ⅱ类为工业用水、废水和污水用。Ⅰ类产品的液体为无色至淡黄色透明液体，固体为无色至淡黄色片状、块状和粉末状固体。Ⅱ类产品的液体为淡绿色或淡黄色液体，固体为淡绿色或淡黄色片状、块状和粉末状固体。Ⅰ类产品的原料，硫酸应采用工业硫酸，含铝原料应采用工业氢氧化铝。《水处理剂　硫酸铝》GB 31060—2014 中的检验项目及指标限值见表 7-3。

《水处理剂 硫酸铝》GB 31060—2014 指标限值 表 7-3

指标项目		指标			
		Ⅰ类		Ⅱ类	
		液体	固体	液体	固体
氧化铝（Al_2O_3）的质量分数（%）	≥	15.60	7.80	15.60	6.50
铁（Fe）的质量分数（%）	≤	0.20	0.05	1.00	0.50
水不溶物的质量分数（%）	≤	0.10	0.05	0.20	0.10
pH 值（1%水溶液）	≥	3.0	3.0	3.0	3.0
砷（As）的质量分数（%）	≤	0.0002	0.0001	0.001	0.0005
铅（Pb）的质量分数（%）	≤	0.0006	0.0003	0.005	0.002
镉（Cd）的质量分数（%）	≤	0.0002	0.0001	0.003	0.001
汞（Hg）的质量分数（%）	≤	0.00002	0.00001	0.0001	0.00005
铬（Cr）的质量分数（%）	≤	0.0005	0.0003	0.005	0.002

（2）主要检测指标

本章节介绍硫酸铝中氧化铝含量、pH 值、水不溶物含量等指标的检测方法。

1）氧化铝（Al_2O_3）含量

① 原理

试样中的铝与已知乙二胺四乙酸二钠溶液反应，生成络合物，在 pH 值约为 6 时，用二甲酚橙为指示剂，以氯化锌标准滴定过量的乙二胺四乙酸二钠溶液。

② 试剂

乙酸钠溶液：272g/L。

氯化锌标准贮备溶液：$c(ZnCl_2)=0.1$mol/L。

氯化锌标准滴定溶液：$c(ZnCl_2)=0.025$mol/L。

乙二胺四乙酸二钠（EDTA）标准溶液：$c(EDTA)=0.05$mol/L。

二甲酚橙指示剂：2g/L。

③ 分析步骤

称取约 10g 液体试样或 5g 固体试样，精确至 0.2mg，置于 250mL 烧杯中。加 100mL 水和 2mL 盐酸（1＋1）溶液加热溶解并煮沸 5min（必要时过滤），冷却后全部转移到 500mL 容量瓶中，用水稀释至刻度，摇匀。此溶液为试液 A，供氧化铝和全铁含量的测定。

移取 20mL 试液 A，置于 250mL 锥形瓶中，加入 20.00mL EDTA 溶液，煮沸 1min。冷却后加入 5mL 乙酸钠溶液和两滴二甲酚橙指示剂，用氯化锌标准滴定溶液滴定至浅粉红色。同时做空白试验。

④ 结果计算

氧化铝（Al_2O_3）含量的质量分数 ω_1，数值以%表示，按下式计算：

$$\omega_1=\frac{(V_0-V)cM\times10^{-3}}{mV_1/V_A}\times100\%-0.9128\omega_2 \tag{7-7}$$

式中 V_0——滴定空白时消耗的氯化锌标准滴定溶液的体积，mL；

V——滴定试样时消耗的氯化锌标准滴定溶液的体积，mL；

c——氯化锌标准溶液的实际浓度，mol/L；

M——氧化铝的摩尔质量的数值，g/mol（M=101.86）；

m——试样的质量，g；

V_1——移取试液A的体积，mL（V_1=20mL）；

V_A——试液A的总体积，mL（V_A=500mL）；

0.9128——铁（Fe）换算成氧化铝（AL_2O_3）的系数；

ω_2——测得铁（Fe）的质量分数。

⑤ 允许差

取平行测定结果的算术平均值作为测定结果，平行测定结果的绝对差值不大于0.02%。

2）pH值

① 原理

试样溶于水，用酸度计测量试样溶液的pH值。

② 仪器

酸度计：分度值0.01pH单位。

③ 分析步骤

称取1.00±0.01g试样，置于100mL烧杯中，加入约50mL不含二氧化碳的水溶解，全部转移到100mL容量瓶中，用不含二氧化碳的水稀释至刻度，摇匀。将试样溶液倒入烧杯中，在已定位的酸度计上测其pH值。

3）水不溶物含量

① 原理

用水溶解试样，用坩埚式过滤器过滤，残渣干燥后称量。

② 仪器

坩埚式过滤器：滤板孔径为5～15μm。

电热恒温干燥箱：温度能控制在105～110℃。

③ 分析步骤

称取约20g试样，精确至0.01g，置于250mL烧杯中，加入100mL水，加热溶解。趁热用已于105～110℃干燥至恒重的坩埚式过滤器过滤，用热水洗涤至无硫酸根离子为止（用氯化钡溶液检验），于105～110℃下干燥至恒重。

④ 结果计算

不溶物含量的质量分数ω_3，数值以%表示，按下式计算：

$$\omega_3=\frac{(m_1-m_2)}{m}\times100\% \tag{7-8}$$

式中　m_1——坩埚式过滤器连同水不溶物的质量，g；

m_2——坩埚式过滤器的质量，g；

m——试样的质量，g。

⑤ 允许差

取平行测定结果的算术平均值作为测定结果，平行测定结果的绝对差值不大于0.005%。

7.2.4 石灰

(1) 概述

石灰有生石灰（即氧化钙 CaO）和消石灰［氢氧化钙 $Ca(OH)_2$］之分。生石灰为白色粉末，不纯者为灰白色；由碳酸钙（$CaCO_3$）煅烧制得；有吸水性，可用作干燥剂。生石灰与水反应生成氢氧化钙的过程，称为石灰的熟化或消化。消石灰又称“熟石灰”。石灰，如图 7-6 所示，既是建筑材料，还用于水处理。水处理工艺就是利用 $Ca(OH)_2$ 的碱性来调节水的 pH，利用其在水中带电荷，发挥一定的聚凝作用，以去除浑浊度。

图 7-6 石灰

目前供水处理用的石灰产品可参照《建筑石灰试验方法 第 2 部分：化学分析方法》JC/T 478.2—2013 开展检测。

(2) 主要检测指标

本章节介绍石灰中有效氧化钙含量的检测方法。

1) 原理

试样用水消解及分散，加糖形成蔗糖二酸钙以增溶石灰，再用酚酞作指示剂，通过标准酸滴定，测定有效氧化钙。

2) 试剂

酚酞指示剂（40g/L）：称取 4g 酚酞溶于 100mL95%乙醇中。

盐酸标准溶液［$c(HCl)=1.000mol/L$］：将 83mL 浓盐酸稀释至 1000mL 无二氧化碳的水中，每月应用碳酸钠标定一次。

标定：称取 20g（精确至 0.0002g）基准物质无水碳酸钠（Na_2CO_3）到坩埚中，在 250℃下烘干 4h，在干燥器中冷却。称量 4.4g（精确到 0.1mg）干燥过的碳酸钠到 500mL 锥形瓶中，加 50mL 无二氧化碳的水，摇动锥形瓶使碳酸钠溶解，加两滴 1mg/L 的甲基红乙醇溶液。用待标定的盐酸标准溶液滴定至第一次出现红色，仔细煮沸溶液直到颜色消失。冷却到室温，继续滴定，交替地滴加待标定的盐酸溶液、煮沸和冷却，直到第一次浅红色出现，进一步加热，颜色不褪为止。

盐酸标准溶液的浓度，按公式（7-9）计算：

$$c_{HCL}=\frac{m\times 0.01887}{V/1000}=\frac{m\times 18.87}{V} \tag{7-9}$$

式中 m——所用无水碳酸钠的质量，g；

V——消耗的盐酸标准溶液的体积，mL；

0.01887——$(1/2)Na_2CO_3$ 的摩尔质量的倒数，mol/g。

3) 生石灰有效氧化钙分析步骤

采样后，经充分混合，取 100g 有代表性的样品，磨细并通过 300μm 筛。快速称取 2.804g 生石灰样品 m，仔细倒入盛有约 40mL 无二氧化碳蒸馏水的 500mL 锥形瓶中（不要将水加入生石灰中，因易结块，难以完全溶于蔗糖溶液中，而应将生石灰加入水中），立即盖上瓶塞。

待剧烈反应结束后，拿掉瓶塞，把锥形瓶放在电热板上，立即把50mL无二氧化碳的沸水加到锥形瓶中，为完全消化生石灰，摇动锥形瓶，快速煮沸1min。从电热板上取下，松松地塞入瓶塞，并放在冷水浴中，冷却到室温。

加40g纯蔗糖，塞紧瓶塞，摇动，再静置15min，让其反应10～15min。在反应期间，每隔5min摇动一次，取下瓶塞，加4～5滴酚酞指示剂溶液，用不含二氧化碳的蒸馏水向下冲洗瓶塞和瓶的内侧壁。

滴定时，用100mL滴定管先加所需的约90%标准盐酸溶液，然后以约1滴/s的速度仔细滴定，至粉红色第一次消失，保持3s之后不管是否返红，结束滴定。

4）消石灰有效氧化钙分析步骤

测定消石灰的步骤，除用无二氧化碳的水以外，与生石灰相同，且煮沸和冷却步骤可以省去。

5）结果计算

生石灰的有效氧化钙含量，按公式（7-10）计算：

$$(CaO)(\%) = \frac{c_{HCL} \times (V/1000) \times 28.04}{m} \times 100\% = \frac{c_{HCL} \times V \times 2.804}{m} \tag{7-10}$$

式中　m——称取试样的质量，g；

V——所用盐酸标准溶液的体积，mL；

c——经标定的盐酸标准溶液浓度，mol/L；

28.04——1/2CaO的摩尔质量，g/mol。

消石灰的有效氧化钙含量，按公式（7-11）计算：

$$[Ca(OH)_2](\%) = \frac{c_{HCL} \times (V/1000) \times 37.04}{m} \times 100\% = \frac{c_{HCL} \times V \times 3.704}{m} \tag{7-11}$$

式中　m——称取试样的质量，g；

V——所用盐酸标准溶液的体积，mL；

C——经标定的盐酸标准溶液浓度，mol/L；

37.04——$1/2Ca(OH)_2$的摩尔质量，g/mol。

7.2.5　氢氧化钠

（1）概述

氢氧化钠（NaOH）俗称烧碱、火碱、苛性钠，为一种具有强腐蚀性的强碱，为片状或颗粒形态，如图7-7所示，易溶于水并形成碱性溶液，另有潮解性，易吸取空气中的水蒸气（潮解）和二氧化碳（变质）。固体氢氧化钠溶解时会放热，要防止溶液或粉尘溅到皮肤上。使用时，操作人员必须穿戴工作服、口罩、防护眼镜、橡皮手套、胶靴等劳保用品。氢氧化钠在水处理方面可用于消除水的硬度，调节水的pH值，通过沉淀消除水中重金属离子。

目前供水处理用的氢氧化钠产品可参照《食品安全国家标准　食品添加剂　氢氧化钠》GB 1886.20—2016开展检测。

(2) 主要检测指标

本章节介绍氢氧化钠中总碱量和碳酸钠的检测方法。

1) 原理

总碱量：试样溶液以溴甲酚绿-甲基红为指示剂，用盐酸标准滴定溶液滴定至终点，根据盐酸标准滴定溶液的消耗量确定总碱量。

图 7-7 氢氧化钠

碳酸钠含量：于试样溶液中加入氯化钡，则碳酸钠转化为碳酸钡沉淀；溶液中的氢氧化钠以酚酞为指示剂，用盐酸标准滴定溶液滴定至终点，测得氢氧化钠的含量。用总碱量减去氢氧化钠含量，则可得碳酸钠的含量。

2) 试剂

氯化钡溶液：100g/L。使用前以酚酞为指示剂，用氢氧化钠溶液调至粉红色。

盐酸标准滴定溶液：$c(HCl)=1mol/L$。

酚酞指示剂：10g/L。

3) 分析步骤

试验溶液的制备：用已知质量的称量瓶，迅速称取固体氢氧化钠 38±1g 或液体氢氧化钠 50±1g，精确至 0.01g，放入 400mL 聚乙烯烧杯中，用水溶解。冷却到室温后，移入 1000mL 具塑料塞的容量瓶中，加水稀释至刻度，摇匀，将溶液置于清洁干燥的聚乙烯塑料瓶中。此为实验溶液 A。

测定：用移液管移取 50mL 试验溶液 A，注入 250mL 锥形瓶中，注入 2～3 滴溴甲酚绿-甲基红指示剂，在磁力搅拌器搅拌下，用盐酸标准滴定溶液密闭滴定至溶液由绿色变为暗红色，煮沸 2min，冷却后继续滴定至溶液再呈暗红色。

用移液管另移取 50mL 试验溶液 A，注入 250mL 锥形瓶中，注入 20mL 氯化钡溶液，再加入 2～3 滴酚酞指示剂，在磁力搅拌器搅拌下，用盐酸标准滴定溶液密闭滴定至溶液呈粉红色为终点。

4) 结果计算

总碱量（以 NaOH 计）的质量分数 w_1，数值以%表示，按公式（7-12）计算：

$$w_1=\frac{V_1cM_1/1000}{m\times\frac{50}{1000}}\times100=\frac{2V_1cM_1}{m} \tag{7-12}$$

碳酸钠（Na_2CO_3）的质量分数 w_2，数值以%表示，按下式计算：

$$w_2=\frac{(V_1-V_2)cM_2/1000}{m\times\frac{50}{1000}}\times100=\frac{2(V_1-V_2)cM_2}{m} \tag{7-13}$$

式中 V_1——以溴甲酚绿-甲基红为指示剂，滴定所消耗的盐酸标准溶液的体积，mL；

V_2——以酚酞为指示剂，滴定所消耗的盐酸标准溶液的体积，mL；

c——盐酸标准溶液的准确浓度，mol/L；

m——试料质量，g；

M_1——NaOH 的摩尔质量，g/mol(M=40.00)；

M_2——Na_2CO_3 的摩尔质量，g/mol(M=52.99)。

以相对于标示值的质量分数表示的氢氧化钠总碱量（以 NaOH 计）的质量分数 w_3，数值以%表示，按下式计算：

$$w_3 = \frac{w_1}{b} \times 100 \tag{7-14}$$

以相对于标示值的质量分数表示的氢氧化钠的碳酸钠（Na_2CO_3）的质量分数 w_4，数值以%表示，按下式计算：

$$w_4 = \frac{w_2}{b} \times 100 \tag{7-15}$$

式中 b——氢氧化钠的标示值（氢氧化钠的质量分数）。

5）允许差

以平行测定结果的算术平均值为测定结果，氢氧化钠质量分数的两次独立测定结果的绝对差值不大于0.2%；碳酸钠质量分数的两次独立测定结果的绝对差值不大于0.1%。

7.2.6 加矾量试验

（1）概述

加矾量试验，又称搅拌试验，是在一定的原水水质、水处理工艺条件下，以沉淀后的浑浊度为主要目标，确定某一混凝剂合理投加量的试验。在净水处理过程中，投加混凝剂是不可缺少的工艺环节，为了获得合理的投加量，须对原水进行加矾量试验，以判断混凝工艺所处的工作状态，从而为水厂生产服务，指导经济、合理地投加混凝剂。

加矾量试验的另一作用是可以通过试验结果来判断和评估混凝剂本身的产品性能。如《水的混凝、沉淀试杯试验方法》GB 16881—2008，该标准适用于确定水的混凝、沉淀过程的工艺参数，包括混凝剂、絮凝剂的种类、用量，水的 pH、温度，以及各种药剂的投加顺序等。

（2）试验原理

原水中的悬浊颗粒，由于投加于水中混凝剂的作用而脱稳，发生凝聚，凝聚的颗粒在一定的水力条件搅动下，形成矾花，这一过程叫絮凝。絮凝所需的外力可以是机械的，也可以是水力的。絮凝还要有足够的时间，以保证絮粒长大。

烧杯搅拌试验就是模拟絮凝的过程，包括快速搅拌、慢速搅拌和静止沉降等三个步骤。投加的混凝剂、絮凝剂经快速搅拌而迅速分散，并与水样中的胶粒接触，胶粒开始凝聚产生微聚体。通过慢速搅拌，微絮体进一步相互接触长成较大的颗粒。停止搅拌后，形成的胶粒聚集体依靠重力自然沉降至容器底部。

由于搅拌机桨板宽、烧杯内径、杯内水深度等都是常数，速度梯度 G 只与搅拌机转速 n 及水的黏度有关，当水温一定时，水的黏度也是常数，则 G 只与 n 有关，随着 n 的增加而增加（见本书第2章2.2.2节）。

（3）仪器、试剂

1）六联搅拌机，配有6只尺寸和外形相同的2000mL烧杯。

2）浊度仪。

3）计时器。

4）药剂：新鲜配制的混凝剂、絮凝剂（1%浓度或参照实际生产情况而定）。

（4）分析步骤

1）各量取1000mL水样装入所配烧杯中，并将烧杯定位。然后把搅拌桨片放入水中。测量并记录试验开始时的水温。

2）将不同计量的混凝剂、絮凝剂装入试剂架试管中。投药前，用纯水将各试剂中的药剂稀释至10mL。若某一试管的投加量大于10mL，其他试管也应补水，直至体积与用量最大的药剂体积相等。

3）设定搅拌机参数（此步骤关键）。按生产实况确定搅拌机工作条件，模拟生产。即按混凝剂混合方式（如静态混合器混合）、沉淀池（或澄清池）的反应速度梯度 G、絮凝反应时间 T 等，分段设定不同的转速 n、搅拌时间 T。

【注意事项】 由于混合是快速剧烈的，通常在10～30s即告完成，一般 G 在700～1000s^{-1}。在絮凝阶段，水流速度逐渐减小，G 值应渐次减小，平均 G 值在20～70s^{-1}范围内，平均 GT 值在 1×10^4～1×10^5 范围内。搅拌机转速和时间的设定应根据当时实际生产工况做相应调整，不可照搬其他工艺参数或长期固定不变，否则会导致试验结果与生产实际相差很大。

4）开动搅拌器，同时向各个烧杯中投加药剂，搅拌开始（可通过控制器控制搅拌板的工作条件，速度由快到慢）。观察和记录烧杯中矾花生成情况。

5）完成搅拌后，根据生产实况确定适当的沉淀时间。

6）在液面下5cm处虹吸取样或在放水孔取样200mL。按《生活饮用水标准检验方法》GB/T 5750的方法，依次测定各水样的浑浊度。

（5）结果报告

根据试验后测得的浊度以及混凝剂投加量，报告试验结果。可采用以浑浊度为纵坐标、对应的加矾量为横坐标的方法，绘制曲线图，如图7-8所示。根据沉淀池出水浊度指标的要求，在图上可查得对应的加矾量。

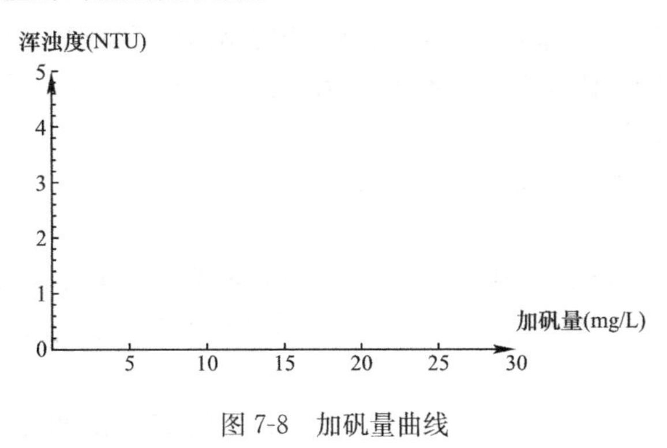

图7-8 加矾量曲线

7.3 消毒剂检验及需氯量试验

消毒是水处理工艺的重要组成部分。原水经过混凝、沉淀和过滤以后，去除了水中的悬浮物质和胶体杂质，使水变清，同时黏附在杂质颗粒上的细菌、大肠菌群和其他微生物也被去除，但水中仍有一定数量的微生物，包括对人体有害的致病菌，为了保障人体的健康，生活饮用水必须进行消毒处理后，方可向用户提供。供水处理用的消毒剂除液氯、二氧化氯、臭氧外，还有次氯酸钠、漂白粉（主要成分是次氯酸钙）等。漂白粉的产品标准见《漂白粉》HG/T 2496—2006，其主要指标是有效氯含量，检测原理和方法同次氯酸钠的有效氯。本章节主要介绍次氯酸钠消毒剂

7.3.1 次氯酸钠

（1）概述

次氯酸钠（NaOCl）俗称漂白水，外观为浅黄色液体，有似氯气的气味。NaOCl是一种强氧化剂，能杀灭水里的病菌，常用来杀菌消毒；能使染料和有机色质褪色，可用作漂白剂，如图7-9所示。

图7-9 次氯酸钠

目前供水处理用的次氯酸钠产品技术要求和检测方法可参照《次氯酸钠》GB 19106—2013。次氯酸钠分为A型和B型。A型适用于消毒、杀菌及水处理等。

（2）主要检测指标

本章节介绍次氯酸钠中有效氯含量、游离碱（以NaOH计）等指标的检测方法。

1）有效氯含量

① 原理

在酸性介质中，次氯酸根与碘化钾反应，析出碘，以淀粉为指示剂，用硫代硫酸钠标准溶液滴定，至蓝色消失为终点。反应方程式如下：

$$2H^+ + ClO^- + 2I^- = I_2 + Cl^- + H_2O$$

$$I_2 + 2S_2O_3^{2-} = S_4O_6^{2-} + 2I^-$$

② 试剂

碘化钾溶液：100g/L。称取100g碘化钾，溶于水中，稀释至1000mL，摇匀。

硫酸溶液：3+100。移取15mL硫酸，缓缓注入500mL水中，冷却，摇匀。

淀粉指示剂：10g/L。

硫代硫酸钠标准溶液：$c(Na_2S_2O_3)=0.1mol/L$。

③ 分析步骤

试样溶液制备：移取约20mL样品，置于内装约20mL水并已称量（精确至0.01g）的100mL烧杯中，称量（精确至0.01g），然后全部移入500mL容量瓶中，用水稀释至刻度，摇匀。此溶液为试样A。

测定：取上述样品10.00mL，置于内装50mL水的250mL碘量瓶中，加入10mL碘化钾溶液和10mL硫酸溶液，迅速盖紧瓶塞后水封，于暗处静置5min，用硫代硫酸钠标准溶液滴定至浅黄色，加2mL淀粉指示剂，继续滴定至蓝色消失为终点。

④ 结果计算

有效氯（以Cl计）的质量分数w_1，数值以（%）表示，按下式计算：

$$w_1=\frac{(V/1000)cM}{m_1\times(10/500)}\times100=\frac{5VcM}{m_1} \quad (7\text{-}16)$$

式中 V——硫代硫酸钠标准溶液的体积，mL；

c——硫代硫酸钠标准溶液的准确浓度，mol/L；

m——试料的质量，g；

M——氯的摩尔质量，g/mol(M=35.453)。

⑤ 允许差

取平行测定结果的算术平均值为测定结果。平行测定结果之差的绝对值不超过0.2%。

2）游离碱（以 NaOH 计）

① 原理

用过氧化氢分解次氯酸根，以酚酞为指示剂，用盐酸标准溶液滴定至微红色为终点。反应式为：

$$ClO^-+H_2O=\!=\!=Cl^-+O_2+H_2O$$

$$OH^-+H^+=\!=\!=H_2O$$

② 试剂、仪器

过氧化氢溶液：1+5。

酚酞指示剂：10g/L。

淀粉-碘化钾试纸。

盐酸标准溶液：c(HCl)=0.1mol/L。

酸式滴定管：25mL。

③ 分析步骤

移取50.00mL样品（次氯酸钠有效氯测定的分析步骤中试样 A），置于250mL锥形瓶中，滴加过氧化氢溶液至不含次氯酸根为止（不使淀粉-碘化钾试纸变蓝），加2～3滴酚酞指示剂，用盐酸标准溶液滴定至微红色为终点。

④ 结果计算

游离碱以氢氧化钠（NaOH）计的质量分数 w_2，数值以（%）表示，按下式计算：

$$w_2=\frac{(V/1000)cM}{m\times(50/500)}\times100=\frac{VcM}{m} \quad (7\text{-}17)$$

式中 V——盐酸标准溶液的体积，mL；

c——盐酸标准溶液的准确浓度，mol/L；

m——试料的质量，g；

M——氢氧化钠的摩尔质量，g/mol（M=40.00）。

⑤ 允许差

取平行测定结果的算术平均值为测定结果。平行测定结果之差的绝对值不超过0.04%。

7.3.2 需氯量试验

（1）概述

需氯量试验，也称耗氯试验，是指水在加氯消毒处理时，用于消灭细菌和氧化所有能与氯起反应的物质所需的氯量。等于投加的氯量和接触期结束时剩余游离氯数量的差。

水中能消耗氯的物质有很多，如无机还原物中的亚铁、亚锰、亚硝酸盐、硫化物和亚硫酸盐，氨和氰化物亦消耗一定量的氯，氯与酚类化合形成氯的衍生物，大量的氯可氧化有机芳香族化合物等，氯与氨或某些氮化合物则形成氯胺，而破坏氯胺需加大剂量的氯，因此，氯和耗氯物质的作用很复杂。

需氯量随加氯量、接触时间、pH和温度的不同而不同。实验室测定水的当日当时需氯量，对指导净水消毒工作有一定的参考价值，并可作为评价水质好坏的指标之一，可配合生物指标的检验结果，来研究改进消毒效果。

（2）试验方法

1）试剂

碘化钾溶液：100g/L。

硫酸溶液：1+9。

淀粉：5g/L，临用现配。

零耗氯蒸馏水：在无氨蒸馏水中加入少量漂粉液或氯水，使水中约含0.5mg/L余氯，加热煮沸去除氯气，冷后使用。

硫代硫酸钠标准溶液：$c(Na_2S_2O_3 \cdot 5H_2O)=0.1000mol/L$。

氯水标准：漂粉液或氯水配制（1.0mL=0.10mg有效氯）。

制备方法：将1g漂白粉溶于500mL蒸馏水中，待沉淀静置后，吸取澄清液50mL置于250mL三角烧瓶中，加入10mL碘化钾溶液和10mL硫酸溶液，在暗处放5min，用0.0500mol/L硫代硫酸钠标准溶液滴定，加淀粉指示剂，滴定至终点，计算出氯水（c'）的浓度。

$$c'=\frac{V\times c\times 35.46}{50} \tag{7-18}$$

式中　c'——氯水的浓度，mg/mL；

$c(Na_2S_2O_3)$——硫代硫酸钠标准溶液的浓度，mol/L；

V——硫代硫酸钠标准溶液的用量，mL。

调整浓度：再用零耗氯蒸馏水将以上漂粉液稀释至1.0mL=0.10mg有效氯。稀释量为100mL。

【注意事项】 氯水的标准浓度会逐渐降低，应在每次做需氯量试验时重新标定后再行稀释。

2）试验步骤

① 玻璃器皿的准备：测量所需玻璃器皿应在至少10mg/L余氯的水中浸泡3h，在使用前用无须氯量的水冲洗。

② 取水样

取250mL碘量瓶（棕色为好）至少10只，每瓶中加入200mL水样。

③ 加入氯水并测定需氯量

向所有碘量瓶中，每瓶依次加入1.00mL=0.10mg的氯水标准0.50、0.60、0.70、0.80、0.90、1.00、1.10，1.20、1.30、1.40mL，摇匀，放置30min或其他适当的时间后，依次测定余氯。

需氯量测定方法一：接触时间终止时，以《生活饮用水标准检验方法》GB/T 5750—2006方法测定游离性余氯和化合性余氯，并记录。尽量保持接触温度一致。绘出余氯-投氯量的曲线。一般以横坐标为投氯量，纵坐标为余氯，并记录测试的温度、接触时间。

需氯量测定方法二：每瓶中分别加入碘化钾固体几粒和1mL淀粉溶液，摇匀。水样中如有余氯则显蓝色，以首先出现蓝色水样作为水样的需氯量。需氯量以ρ表示，按下式计算：

$$\rho=\frac{V_1\times0.10\times1000}{V} \tag{7-19}$$

式中 ρ——水中耗氯量的质量浓度，mg/L；

V_1——加入有效氯的漂粉液体积，mL；

V——水样体积，mL。

【注意事项】 需氯量试验的测定对象是未加氯的水样。在第1份水样中加入的氯量以在接触时间终止时，水样中不留余氯为准。经其他各份水样加入的氯量，要依次递增。测定低需氯量时，各份之间递增的投氯量为0.1mg/L。测定高需氯量时，递增量可达1.0mg/L，加氯时要混匀。加氯时间要错开，以便能在预定的接触时间测定余氯。试验要在理想的接触时间内进行，必要时可做若干不同接触时间，如15、30、60min等的需氯量。通过投氯（最少1mg/L有效氯），使余留量等于投氯量的一半，就能概算最后的需氯量。

7.4 氧化剂高锰酸钾检验

（1）概述

高锰酸钾为深紫色或古铜色结晶体，也叫PP粉。高锰酸钾是一种常见的强氧化剂，在空气中稳定，遇乙醇及其他有机溶剂分解，与有机物混合能引起燃烧或爆炸，如图7-10所示。

目前供水处理用的高锰酸钾产品技术要求和检测方法可参照《工业高锰酸钾》GB/T 1608—2017。工业高锰酸钾分两个类型，其中Ⅱ型产品为深紫色，具有金属光泽并带少许白色细颗粒的流沙状结晶，适用于生活饮用水处理。

图7-10 高锰酸钾

（2）主要检测指标

本章节介绍高锰酸钾中高锰酸钾含量、水不溶物的检测方法。

1）高锰酸钾含量

① 原理

在酸性介质中，高锰酸钾与草酸钠发生氧化-还原反应，终点后微过量的高锰酸钾使溶液呈粉红色，从而确定高锰酸钾的含量。

② 试剂

草酸钠：基准物质。

硫酸溶液：1+1。

③ 分析步骤

试样制备：称取约1.65g样品，精确至0.0002g，置于500mL烧杯中，加300mL水，使试样完全溶解。将溶液转移至500mL容量瓶中，用水稀释至刻度，摇匀。于暗处放置1h后，取上层清液置于滴定管中。

测定：称取预先在105～110℃下干燥至质量恒定的草酸钠约0.3g，精确至0.0002g。置于250mL锥形瓶中，加100mL水，使其完全溶解，加6mL硫酸溶液。滴加试验溶液，近终点时加热至70～75℃，继续滴定至溶液呈粉红色并保持30s不褪色即为终点。同时做空白试验。

④ 结果计算

高锰酸钾含量（以（$KMnO_4$）计）的质量分数w_1，数值以（%）表示，按下式计算：

$$w_1 = \frac{m_1}{m(V-V_0)/500} \times \frac{M_1}{M_2} \times 100 \tag{7-20}$$

式中　V——滴定草酸钠所消耗试验溶液的体积，mL；

V_0——空白试验所消耗试验溶液的体积，mL；

m_1——草酸钠的质量，g；

m——试料的质量，g；

M_1——高锰酸钾（$1/5KMnO_4$）摩尔质量，g/mol(M=31.60)；

M_2——草酸钠（$1/2Na_2C_2O_3$）摩尔质量，g/mol(M=67.00)。

⑤ 允许差

取平行测定结果的算术平均值为测定结果。两次平行测定结果的绝对差值不大于0.2%。

2）水不溶物

① 原理

称取一定量的试样溶于水，过滤后，残渣在一定温度条件下干燥至质量恒定，称量后，确定水不溶物的含量。

② 仪器

电热恒温干燥箱：温度能控制在105～110℃。

③ 分析步骤

称取约5g试样，精确至0.0002g，置于250mL烧杯中，加150mL水温热溶解。用已预先在105～110℃条件下干燥至质量恒定的玻璃砂坩埚过滤，用水洗涤至滤液无色，将玻璃砂坩埚置于电热恒温干燥箱中，在105～110℃条件下干燥至质量恒定。

④ 结果计算

水不溶物含量以质量分数w计，按式（7-21）计算：

$$w = \frac{m_1}{m} \times 100\% \tag{7-21}$$

式中　m_1——水不溶物质量的数值，g；

m——试料质量的数值，g。

⑤ 允许差

取平行测定结果的算数平均值为测定结果。两次平行测定结果的绝对差值不大于0.02%。

7.5　石英砂滤料检验

（1）概述

石英砂（或以含硅物质为主的天然砂）外观呈多棱形、球状，如图7-11所示，具有机械强度高、截污能力强、耐酸性能好、滤后水的浊度低、反冲洗容易下沉等特点。石英砂滤料为坚硬、耐用、密实的颗粒，是目前使用最为广泛的滤料，起到过滤作用，主要针对水中细微的悬浮物进行阻拦。

图7-11　石英砂

《水处理用滤料》CJ/T 43—2005是对石英砂产品进行检测和验收的依据。其检验项目及项目限值见表7-4。

《水处理用滤料》CJ/T 43—2005指标要求　　表7-4

项目	石英砂滤料
密度（g/cm^3）	2.5～2.7
含泥量（%）	<1
盐酸可溶率（%）	<3.5
破碎率和磨损率（%）	<2
含硅物质（%）	$\geqslant 85$
灼烧减量（%）	$\leqslant 0.7$

（2）主要检测指标

本章节介绍石英砂中破碎率和磨损率、含泥量、筛分的检测方法。

1）破碎率和磨损率

① 操作步骤

称取经洗净干燥并截留于筛孔径0.5mm筛上的样品50g，置于内径50mm、高150mm的金属圆筒内。加入6颗直径8mm的轴承钢珠，盖紧筒盖，在行程为140mm、频率为150次/min的振荡机上振荡15min。取出样品，分别称量通过筛孔径0.5mm而截留于筛孔径0.25mm筛上的样品质量，以及通过筛孔径0.25mm的样品质量。

② 结果计算

破碎率和磨损率分别按公式（7-22）和公式（7-23）计算：

$$破损率(\%)=\frac{G_1}{G}\times 100\% \tag{7-22}$$

$$磨损率(\%)=\frac{G_2}{G}\times 100\% \tag{7-23}$$

式中　G_1——通过筛孔径0.5mm而截留于筛孔径0.25mm筛上的样品质量，g；

G_2——通过筛孔径0.25mm的样品质量，g；

G——样品的质量，g。

2）含泥量

① 操作步骤

称取干燥滤料样品500g，置于1000mL洗砂筒中，加入水，充分搅拌5min，浸泡2h，然后在水中搅拌淘洗样品，约1min后，把浑水慢慢倒入孔径为0.08mm的筛中。测定前，筛的两面先用水湿润。在整个操作过程中，应避免砂粒损失。再向筒中加入水，重复上述操作，直至筒中的水清澈为止。用水冲洗截留在筛上的颗粒，并将筛放在水中来回摇动，以充分洗除小于0.08mm的颗粒。然后将筛上截留的颗粒和筒中洗净的样品一并倒入已恒量的搪瓷盘中，置于105～110℃的干燥箱中干燥至恒量。

② 结果计算

含泥量按下式计算：

$$含泥量(\%)=\frac{G-G_1}{G}\times 100\% \tag{7-24}$$

式中　G——淘洗前样品的质量，g；

G_1——淘洗后样品的质量，g。

3）筛分

① 操作步骤

称取干燥的滤料样品100g，置于一组试验筛（按筛孔由大至小的顺序从上到下套在一起）的最上一只筛上，底盘放在最下部。然后盖上顶盖，在行程140mm、频率150次/min的振荡机上振荡20min，以每分钟内通过筛的样品质量小于样品的总质量的0.1%作为筛分终点。然后称出每只筛上截留的滤料质量，按表7-5填写和计算所得结果，并以表7-5中筛的孔径为横坐标、以通过该筛孔样品的百分数为纵坐标绘制筛分曲线。根据筛分曲线确定石英砂滤料的有效粒径（d_{10}）、均匀系数（K_{60}）和不均匀系数（K_{80}）。

筛分记录表　　表7-5

筛孔径（mm）	截留在筛上的样品质量（g）	通过筛的样品	
		质量（g）	百分数（%）
d_1	g_1	g_7	$g_7\times100/G$
d_2	g_2	g_8	$g_8\times100/G$
d_3	g_3	g_9	$g_9\times100/G$
d_4	g_4	g_{10}	$g_{10}\times100/G$
d_5	g_5	g_{11}	$g_{11}\times100/G$
d_6	g_6	g_{12}	$g_{12}\times100/G$

注：G——滤料样品总质量，g。

② 计算

A. 有效粒径d_{10}

查筛分曲线表，找出通过滤料重量10%的筛孔孔径。

B. 均匀系数K_{60}和不均匀系数K_{80}

$$K_{60}=\frac{d_{60}}{d_{10}} \tag{7-25}$$

$$K_{80}=\frac{d_{80}}{d_{10}} \tag{7-26}$$

式中 d_{10}——有效粒径；

d_{60}——通过滤料重量60%的筛孔孔径；

d_{80}——通过滤料重量80%的筛孔孔径。

【注意事项】 滤料的粒径范围、d_{10}、K_{60}和K_{80}由用户确定。

7.6 活性炭及吸附性能检验

（1）概述

活性炭为暗黑色无定形粒状物或细微粉末，如图7-12所示，不溶于任何溶剂。活性炭含有大量微孔，具有巨大的比表面积，总比表面积可达100～1000m²/g，对有机色素和含氮物质有高容量吸附能力，能有效去除色度、臭和味，以及有机物、杀虫剂、除草剂、酚等多种污染物，是最为有效的净水剂。

图7-12 活性炭

活性炭的选型对水处理效果非常重要，其物理性质及化学性质决定了吸附效果，主要有比表面积、碘吸附值、亚甲蓝吸附值、苯酚吸附值、强度、pH值等性能指标。

1）比表面积是反映活性炭吸附容量的重要指标。比表面积大，说明细孔数量多，可吸附在细孔壁上的吸附质就多。

2）碘吸附值与活性炭对小分子物质的吸附能力密切相关，可以表征活性炭对分子量250左右、非极性和分子对称的物质的吸附能力。

3）亚甲蓝吸附值主要反映活性炭的脱色能力，一般数值越高，吸附性能越好。亚甲蓝吸附值可以表征活性炭对以亚甲蓝分子（分子量为374）为代表的分子量370左右、极性和线性结构的显色物质的吸附能力。亚甲蓝值与碘值相类似，也反映了活性炭的孔隙结构，特别是微孔的数量。

4）苯酚吸附值可表征活性炭表面化学性质，代表活性炭对小分子芳环类和极性有机物的吸附能力。

5）活性炭强度在生活饮用水深度处理中，是作为选择活性炭的首要控制指标，要尽量选取高强度的活性炭，否则会影响出水浊度。

6）pH值是活性炭表面化学性质的重要表征。一般来说，较高的pH值有利于活性炭对有机物的吸附。

《煤质颗粒活性炭 净化水用煤质颗粒活性炭》GB/T 7701.2—2008是对净化水用煤质活性炭产品进行检测和验收的依据，其检验项目及指标限值见表7-6。

《净化水用煤质颗粒活性炭》GB/T 7701.2—2008技术指标　　表7-6

序号	项目			指标	
1	漂浮率（%）			柱状煤质颗粒活性炭	≤2
				不规则状煤质颗粒活性炭	≤10
2	水分（%）			≤5.0	
3	强度（%）			≥85	
4	装填密度（g/L）			≥380	
5	pH值			6～10	
6	碘吸附值（mg/g）			≥800	
7	亚甲蓝吸附值（mg/g）			≥120	
8	苯酚吸附值（mg/g）			≥140	
9	水溶物（%）			≤0.4	
10	粒度（%）	Φ1.5mm	＞2.50mm	≤2	
			1.25～2.50mm	≥83	
			1.00～1.25mm	≤14	
			＜1.00mm	≤1	
		8×30	＞2.50mm	≤5	
			0.60～2.50mm	≥90	
			＜0.60mm	≤5	
		12×40	＞1.60mm	≤5	
			0.45～1.60mm	≥90	
			＜0.45mm	≤5	

（2）主要检测指标

本章节介绍活性炭中碘吸附值、亚甲蓝吸附值、水分等指标的检测方法。

1）碘吸附值

① 依据

《煤质颗粒活性炭试验方法　碘吸附值的测定》GB/T 7702.7—2008。

② 原理

在规定条件下，定量的试样与碘标准溶液充分振荡吸附后，用滴定法测定溶液剩余碘量，求出每个试样吸附碘的毫克数，绘制吸附等温线。用剩余碘浓度为0.02mol/L时每克试样吸附的碘量表示活性炭对碘的吸附值。

③ 仪器、试剂

分析天平：感量0.0001g。

电热恒温干燥箱：0～300℃。

试验筛：ϕ200×50—0.075/0.050方孔。

滴定管：50mL。

硫代硫酸钠标准滴定溶液：$c(NaS_2O_3)=0.1000mol/L$。

碘标准滴定溶液：$c(1/2I_2)=0.1mol/L$。

盐酸溶液：质量分数为5%。

④ 试样的制备

对所送样品用四分法取出约10g试样，磨细到90%以上能通过0.075mm的试验筛，筛余试样与其混匀，然后在150±5℃下烘干2h，置于干燥器内冷却，备用。

⑤分析步骤

a. 估算试料使用质量，按下式计算：

$$m=\frac{[c_1V_1-c(V_1+V_2)]M}{E_0} \tag{7-27}$$

式中 c_1——碘标准溶液浓度，mol/L；

V_1——加入碘标准溶液的体积，mL；

c——滤液的浓度，mol/L；

V_2——加入盐酸溶液的体积，mL；

M——碘的摩尔质量，g/mol[$M(1/2I_2)=126.9$]；

E_0——估计试料碘吸附值的数值，mg/g；

【注意事项】 通常三份试料的质量浓度用0.01、0.02和0.03mol/L。

b. 按三个c值计算结果，称取三份不同质量的制备好的试样，精确至0.0001g。

c. 将试样分别放入容量为250mL干燥的具塞磨口锥形瓶中，用移液管取10mL盐酸溶液，加入每个锥形瓶中，塞好玻璃塞，摇动使活性炭浸润。拔去塞子，加热微沸30±2s（除去干扰的硫），冷却至室温。

d. 用移液管吸取100mL的碘标准溶液，错开时间依次加入上述各锥形瓶中（以避免延迟处理时间，碘标准溶液使用前标定），立即塞好玻璃塞，置于振荡器上剧烈振荡30±1s，迅速用滤纸分别过滤到干燥的具塞磨口锥形瓶中。用初滤液20～30mL漂洗移液管。

量取每份混匀滤液50.00mL，置于250mL锥形瓶中，用硫代硫酸钠标准溶液进行滴定。当溶液呈淡黄色时，加入2mL淀粉指示剂，滴定至蓝色消失为止。

⑥ 结果计算

a. 滤液浓度

试样浓度c，按下式计算：

$$c=\frac{c_2\times V_3}{V} \tag{7-28}$$

式中 c_2——硫代硫酸钠标准溶液浓度，mol/L；

V_3——消耗硫代硫酸钠标准溶液体积，mL；

V——滤液体积，mL。

【注意事项】 活性炭对任何吸附质的吸附能力与吸附质在溶液中的浓度有关，为了获得剩余碘浓度0.02mol/L时的碘吸附值，滤液浓度应在0.008～0.040mol/L范围内，否则，应调整试样质量。

b. 吸附碘量

吸附碘量以X计，按下式计算：

$$X=\left[V_1\times c_1-\frac{(V_1+V_2)}{V}\times V_3\times c_2\right]\times 126.90 \tag{7-29}$$

式中 c_1——碘标准溶液的浓度，mol/L；

V_1——加入碘标准溶液的体积，mL；

V_2——加入盐酸溶液的体积，mL；

V_3——消耗硫代硫酸钠标准溶液体积，mL；

V——滤液体积，mL；

c_2——硫代硫酸钠标准溶液浓度，mol/L。

126.09——碘的摩尔质量。

c. E值

E值，以mg/g表示，按下式计算：

$$E=\frac{X}{m} \tag{7-30}$$

式中　X——吸附碘量，mg；

m——试样质量，g。

d. 绘制吸附等温线

按三份试样的结果在对数坐标上绘出E（纵坐标）对c（横坐标）的直线。用最小二乘法计算三点与直线的拟合值。

$$\log E=a\log c+b \tag{7-31}$$

式中　E——碘吸附值，mg/g；

a——拟合直线斜率；

b——拟合直线截距；

c——滤液浓度，mol/L。

⑦ 精密度

根据吸附等温线，取剩余碘浓度$c=0.02$mol/L时的E值为碘吸附值。相关系数不小于0.995时，实验结果有效。

每个样品做两份试料的平行测定，结果以算术平均值表示，精确至整数位。

同实验室内碘吸附值在600～1450mg/g时，两个测定结果的差值应不大于2%。

两个实验室间碘吸附值在600～1450mg/g时，两个测定结果的差值应不大于5%。

2）亚甲基蓝吸附值

① 依据

《煤质颗粒活性炭试验方法　亚甲蓝吸附值的测定》GB/T 7702.6—2008。

② 原理

试样与亚甲基蓝溶液混合，充分吸附后，测定其溶液的剩余浓度，计算亚甲基蓝吸附值。

③ 仪器、试剂

振荡器：频率（240±20）次/min，振幅（36±6）mm。

电热恒温干燥箱：0～300℃。

分光光度计。

试验筛：ϕ200×50—0.045/0.0.32方孔。

天平：感量0.0001g。

具塞磨口锥形瓶：100mL、300mL。

碘化钾溶液：质量分数10%。

硫酸铜标准色溶液：用五水合硫酸铜（分析纯），配制质量分数为0.4%的硫酸铜标准色溶液。

缓冲溶液：将以下 A 液和 B 液以 1+1 的体积比均匀混合，得到 pH 值≈7 的缓冲溶液。

A 液：称取 9.08g 磷酸二氢钾（分析纯），溶于 1L 水中，混匀；

B 液：称取 23.9g 十二水合磷酸氢二钠（分析纯），溶于 1L 水中，混匀。

重铬酸钾标准溶液：$c(1/6k_2C_{r2}O_7)=0.1mol/L$。

硫代硫酸钠标准溶液：$c(Na_2S_2O_3 \cdot 5H_2O)=0.1mol/L$。

淀粉指示液：质量分数为 0.5%。

亚甲基蓝溶液：1.5g/L，按下列方法配制：

由于亚甲基蓝在干燥过程中性质发生变化，应在未干燥情况下使用，因此先测定其水分（称取约 1g 亚甲基蓝，精确至 0.0001g，置于 105±0.5℃的电热恒温干燥箱中干燥 4h）。

称取与 1.5g 干燥的亚甲基蓝相当的未干燥的亚甲基蓝，精确至 0.0001g（亚甲基蓝未干燥品的取用量按下式计算），将亚甲基蓝溶于温度为 60±10℃的缓冲溶液中，待全部溶解后，冷却到室温，过滤于 1000mL 容量瓶内，用缓冲溶液洗涤滤渣，再用缓冲溶液稀释至刻度，静置一天后标定。标定结果应在 1.5000±0.0150g/L 范围内，否则应调至规定范围。

亚甲基蓝未干燥品的取用量以 m_1 计，以 g 表示，按下式计算：

$$m_1=\frac{m}{A(100-\omega)} \tag{7-32}$$

式中 ω——亚甲基蓝水分的质量分数，%；

m——需要干燥亚甲基蓝的质量，g；

A——亚基基蓝的纯度，%。

标定：用移液管准确吸取亚甲基蓝溶液 50mL 于 200mL 烧杯中，加入重铬酸钾标准溶液 25.00mL，放水浴中加热至 75±2℃，搅拌均匀并在 75±2℃下保持 20min 后冷却，经滤纸过滤并用水洗涤，将滤液收集在 300mL 的锥形瓶中，加硫酸（1+5）溶液 25mL 和碘化钾溶液 10mL，盖上瓶塞，摇匀，在暗处放置 5min 后用硫代硫酸钠标准溶液进行滴定，至溶液呈淡黄色时，加入淀粉指示剂 2mL，滴定至蓝色消失。同时做空白试验。

亚甲基蓝溶液的浓度 c，以 mg/mL 表示，按下式计算：

$$c=\frac{(V_2-V_1)\times c_0\times M}{50} \tag{7-33}$$

式中 c_0——硫代硫酸钠标准溶液浓度，mol/L；

V_2——空白试验所消耗硫代硫酸钠标准溶液的体积，mL；

V_1——试验消耗硫代硫酸钠标准溶液的体积，mL；

M——亚甲基蓝的摩尔质量，g/mol（M=106.6）。

【注意事项】 平行样测定结果的相对偏差应不大于 1%。

④ 试样的制备

对所送样品用四分法取出约 10g 试样，磨细到 90%以上能通过 0.045mm 试验筛，筛余试样与其混匀，在 150±5℃电热恒温干燥箱内烘干 2h，置于干燥器中冷却，备用。

⑤ 分析步骤

称取 0.1±0.0004g 试样，精确至 0.001g，置于 100mL 磨口锥形瓶中，用滴定管加入适量的亚甲基蓝溶液 5～15mL（依被测试样而定），盖紧瓶塞，放在振荡器上振荡 30min。

将上述试样吸附过的亚甲基蓝溶液过滤至比色管中，混匀。用 10mm 比色皿在 665nm 波长处，以水为参比液，测定滤液的吸光值。该滤液的吸光值应与硫酸铜标准溶液的吸光值读数差值在±0.020 范围内。如超出上述范围应调整加入亚甲基蓝溶液的毫升数，重复上述测定，直到符合要求。

⑥ 结果计算

亚甲基蓝吸附值以 E 计，用 mg/g 表示，按下式计算：

$$E = \frac{c \times V}{m} \tag{7-34}$$

式中　c——亚甲基蓝溶液的浓度，mg/mL；

V——测定试样所耗用亚甲基蓝溶液的体积，mL；

m——试样的质量，g。

每个样品做两份试料的平行测定，其差值应不大于 8mg/g，结果以算术平均值表示，精确至整数位。

3）水分

① 依据

《煤质颗粒活性炭试验方法　水分的测定》GB/T 7702.1—1997。

② 原理

一定质量的试样经烘干，所含水分挥发，以失去水分的质量占原试样质量的百分数表示水分的质量分数。

③ 仪器、试剂

天平：感量 0.0001g。

电热恒温干燥箱：0～300℃。

干燥器：内装无水氯化钙或变色硅胶。

带盖称量瓶：磨口矮形。

④ 分析步骤

根据粒度大小，用预先烘干并恒重的带盖称量瓶，称取试样 1～5g（精确至 0.0002g），并使试样厚度均匀。

将装有试样的称量瓶打开盖子，置于温度调至 150±5℃的电热恒温干燥箱内，干燥 2h。取出称量瓶，盖上盖子，放入干燥器内，冷却至室温后称量（精确至 0.0002g）。以后每干燥 30min，再称一次，直至质量变化不大于 0.0010g 为止，视为干燥质量。如果质量增加，应取增量前一次的质量为准。

按相同步骤再做一份平行样。

⑤ 结果计算

水分的质量分数 w，数值以%表示，按下式计算：

$$w(\%) = \frac{m_1 - m_2}{m_1 - m} \times 100 \tag{7-35}$$

式中 m_1——原试样加称量瓶的质量，g；

m_2——干燥试样加称量瓶的质量，g；

m——称量瓶的质量，g。

⑥ 允许差

两份试样各测定一次，允许差如下：当水分质量分数不大于5.0%时，允许差为0.2%；当水分质量分数大于5.0%时，允许差为0.3%。结果以算术平均值表示，精确至千分位。

第三篇　安全生产知识

第8章　安全生产知识及职业健康

实验室是进行检验检测的场所，部分实验设备和化学试剂具有易燃、易爆、毒性、腐蚀性和放射性的特点，存在安全隐患，不仅会给单位、国家带来财产损失，也会造成实验人员人身健康伤害。因此，树立安全意识、熟悉安全知识、掌握安全技能是实验人员必备的职业素养，实验室应通过内部制度约束、人员培训和硬件更新等途径，不断提高安全管理水平，坚持“以人为本”的指导思想，做好职业健康安全管理工作，防患于未然。

8.1　安全生产法律法规和国家相关标准

为了保障国家和人民的人身财产安全，国家相关部门制定了各类法律法规和相应标准，为实验室落实安全管理工作提供制度保障。现行有关实验室安全的国家法律法规和相应标准主要有：

《中华人民共和国安全生产法》

《中华人民共和国消防法》

《中华人民共和国特种设备安全法》

《中华人民共和国职业病防治法》

《危险化学品安全管理条例》

《易制毒化学品管理条例》

《危险化学品登记管理办法》

《危险废物贮存污染控制标准》GB 18597—2001

《固定式压力容器安全技术监察规程》

以上法律法规和国家标准都是实验室安全建设和日常管理的依据。实验室安全管理中除了要遵循相关法规和标准外，还要根据实验室自身的特殊性制定具有可操作性的内部规章制度（如作业指导书、安全应急预案等），真正做到实验室安全管理有法可依、有章可循。

8.2　实验室安全管理知识

实验室应设立负责日常安全工作的安全负责人和安全管理员，制定详细具体的实验室安全管理制度、安全应急预案、操作规程和作业指导书，明确工作职责，根据“谁使用、谁负责，谁主管、谁负责”的原则，逐级分层落实安全责任制，并定期组织开展内部安全检查。以下介绍实验室安全管理知识内容。

8.2.1　工作环境

实验室一般分为检测区域和办公区域，为确保检验检测工作的有效开展，须保证检测区域的环境整洁、安静、光线适度、通风良好，布局和配套设施科学合理。实验室在工作环境方面应遵循以下安全管理要求。

1）检测区域应结构布局合理，对有危险或相互有影响的区域进行有效的隔离，防止相互影响。

2）对人员进入和设备使用加以控制，确保良好的实验室环境。

3）检测区域内部的楼梯间和走廊严禁存放物品，应保持通道畅通，可方便取得安全应急设备或紧急逃生。

4）检测区域严禁会客、喧哗，严禁私配和外借实验室钥匙或门禁卡。

5）地面应长期保持干爽，及时清洗洒出的化学药品。如有药品泄露或水溅湿地面，应立即处理并提醒现场其他实验人员。

6）日光能直接照射进入的房间须备有窗帘，且日光直射区域内不宜放置烧瓶或受热时易燃、易挥发的物质。

7）实验结束后，应及时整理台面，打扫地面，所有药品试剂归位。

8）最后离开检测区域的工作人员，应检查水阀、电源开关和气瓶阀门等，关闭门、窗、水、电、气后方能离开实验室。

8.2.2　人员操作

实验室人员不熟悉操作规程和安全管理制度，或对所进行的操作和所处的环境存在安全隐患认识不足，常常会引发安全隐患。实验室在人员操作方面应遵循以下安全管理要求。

1）进入检测区域的人员须穿工作服，不得穿凉鞋、高跟鞋或拖鞋，留长发者应束扎头发；严禁在实验时内吸烟或饮食、饮水。

2）实验人员必须熟悉实验室内部环境，如电气开关、灭火器和应急喷淋装置等设施位置；并能够熟练使用灭火器。

3）实验人员应严格遵守仪器设备操作规程，使用前仔细检查仪器设备状态是否良好。

4）实验人员开始实验操作前，需了解实验所涉及的物理、化学、生物等方面的潜在危险及相应的安全措施。如用试管加热液体时，不要把试管口朝向自己或临近的工作人员；回流冷凝器的上端或蒸馏器的接收器开口必须与空气相连，避免容器内部压力过大而破裂。

5）实验进行过程中，应密切注意实验的进展情况，并根据实验情况采取必要的安全措施，如佩戴防护眼镜、口罩或橡胶手套等。

6）使用化学药品前应先了解常用化学品危险等级、危险性质及出现事故时的应急处理预案。

8.2.3　化学试剂

实验人员应严格按照操作规程和作业指导书要求使用化学试剂。实验室在化学试剂方面应遵循以下安全管理要求。

1）应设立专门的试剂仓库，用于集中存储化学试剂；仓库内保持一定的温湿度，避免强光照射，并配备良好的通风系统，由专人负责保管，定期检查试剂存储和领用情况。

2）检测区域存放的化学试剂应放置在防尘、防污染的专用试剂柜内，既可防止试剂挥发对实验室环境的污染，也可避免实验操作过程中产生的物质对化学试剂的影响。

3）化学试剂应分类存放，强酸与强碱、氧化剂与还原剂、液体与固体等分开存放，不得存在叠放现象。

4）使用化学试剂时要注意保护瓶身标签，避免试剂洒落在标签上，无标签或标签字迹不清、超过使用期限的化学试剂不得使用。

5）使用固体化学试剂时应用清洁的药匙从试剂瓶中取出试剂，不可用手直接抓取；液体化学试剂可用干净的量筒倒取，取用时遵循用多少取多少的原则。没有用完的剩余试剂不得倒回原瓶中，防止污染试剂，甚至引发意外事故。

6）使用挥发性化学药品或有机溶剂时必须在通风橱内操作。

7）实验所产生的化学废液应分类收集存放，严禁直接倒入下水道。充分利用化学废液的化学特性，以废治废，减少废物排放，如含银废液回收利用、废酸废碱中和处理等。

8.2.4 危险化学品

在实验室常用的众多化学药品中，还会涉及使用危险化学品，即具有毒害、腐蚀、爆炸、燃烧、助燃等性质，对人体、设施、环境具有危害的剧毒化学品和其他化学品，危险化学品由于其物理危险、健康危害和环境危害的特性对实验人员和周边环境易造成安全隐患，因此实验室对危险化学品的安全管理显得尤为重要，应遵循以下安全管理要求：

（1）登记备案

登记备案是危险化学品安全管理的重要环节，实验室在购买、存储、使用和处置危险化学品的各流程中，均应按照上级公安和环保部门要求进行登记备案。

（2）安全教育

安全教育同样也是危险化学品安全管理的一个重要组成部分。其目的是通过培训使实验室人员能够了解所使用的化学品的危害性；掌握必要的应急处理方法和自救、互救措施；掌握个体防护用品的选择、使用、维护和保养。使危险化学品的管理人员和接触危险化学品的实验人员能正确认识其危害，自觉遵守规章制度和操作规程，从主观上预防和控制危险化学品危害。

（3）存放和使用

根据危险化学品的易燃、易挥发、腐蚀性、氧化性等物理化学特性，在存储时应做到分类存放；凡能互相起化学作用的药品都要隔离，尤其要特别注意那些会发生反应产生危险物、有害气体、火焰或爆炸的危险药品。对危险化学品的存放和使用须遵循以下原则。

1）氧化剂、还原剂及有机物等不能混放。

2）强酸（尤其是硫酸）不能与强氧化剂的盐类（如高锰酸钾、氯酸钾等）混放；与酸类反应发生有害气体的盐类（如氰化钾、硫化钠、氯化钠、亚硫酸钠等），不能与酸混放。

3）易水解的药品（如醋酸酐、乙酰氯、二氯亚砜等）忌水、酸及碱。

4）易发生反应的易燃易爆品［见本书 8.3.2 节（1）］、氧化剂宜于 20℃以下隔离存放，最好保存在防爆试剂柜、防爆冰箱或经过防爆改造的冰箱内。

5）危险化学品在运输、存储和使用中，如出现渗漏、破损和丢失，应立即报告实验室安全管理员和负责人，并组织相关人员进行现场处理，难以处理的上报环保、公安部门处理。

部分危险化学品的存放和使用要求见表8-1。

危险化学品的存放和使用要求　　表8-1

种类	名称	存放注意事项	使用注意事项
易燃固体试剂	白磷	棕色广口瓶，水封	镊子夹取，燃点低
	红磷	棕色广口瓶，保持干燥	药匙取用，远离火源、热源
	钠、钾	广口瓶，无水煤油密封	避免与水或溶液接触
易燃液体试剂	石油醚、二硫化碳、乙酸乙酯、乙醚、丙酮等	玻璃瓶密封，阴凉通风处存放	取用时远离火源、热源
易挥发腐蚀气体试剂	液溴	棕色磨口细口瓶，水封	吸管或滴管吸取
	浓盐酸	细口瓶密封，阴凉处存放	佩戴口罩、手套
易升华试剂	碘、萘、蒽、苯甲酸等	棕色广口瓶密封，阴凉处存放	佩戴口罩、手套
易变质试剂	氢氧化钠、氢氧化钾	广口塑料瓶密封	减少与空气的接触
	过氧化钠、碳化钙、五氧化二磷等	密封，阴凉干燥处存放	减少与空气的接触
	硫酸亚铁、亚硫酸钠、亚硝酸钠等	密封保存	减少与空气的接触
易分解试剂	硝酸银、过氧化氢、碘化钾、溴水、三氯甲烷、苯酚等	棕色或黑色有色玻璃瓶盛装，阴凉处存放	见光或受热易分解
强氧化剂	硝酸钾、硝酸钠、高氯酸、重铬酸钾及其他铬酸盐、高锰酸钾及其他高锰酸盐等	阴凉通风处存放	避免与酸类、硫化物等易燃物或易氧化物接触，注意散热
强腐蚀性试剂	浓盐酸、浓硝酸、浓硫酸、氢氟酸等	阴凉通风处存放，与其他试剂隔离放置，不宜放在高架上	

8.2.5　剧毒、易制爆化学品和易制毒化学品

剧毒化学品，是指具有剧烈急性毒性危害的化学品，包括人工合成的化学品及其混合物和天然毒素，还包括具有急性毒素易造成公共安全危害的化学品。

易制爆危险化学品，是指其本身不属于爆炸品，但是可以用于制造爆炸品的原料或辅料的危险化学品。

易制毒化学品，是指国家规定管制的可用于制造毒品的前体、原料和化学助剂等物质。主要分为三类，其中第一类是可以用于制毒的主要原料，第二类、第三类是可以用于制毒的化学配剂。

剧毒、易制爆化学品因其易燃、易爆、有毒的特性，属于危险化学品中的一类，易制毒化学品由于可被用于制造毒品，且其中部分化学品亦属于易制爆化学品（如：高锰酸钾）。因此，国家对剧毒、易制爆化学品和易制毒化学品实行重点管控，实验室在其购买、储存和使用流程中应遵循以下安全管理要求：

（1）实验室安全负责人（一般为实验室负责人）是实验室剧毒、易制爆化学品和易制毒化学品安全责任管理第一责任人。安全管理员和仓库管理员负责剧毒、易制爆化学品和易制毒化学品的日常安全管理工作。上述三个岗位人员均必须接受相应的安全管理和专业

技术培训，并经考试合格后，持证上岗。在剧毒、易致爆化学品管理中，实验室还应当将其储存数量、储存地点、使用和管理人员信息，报所在地安监管理部门和公安机关备案。

(2) 采购易制毒化学品时，应向具备相应经营许可证资质的单位购买。在购买前将所需购买的品种、数量，向所在地的县级人民政府公安机关备案。

(3) 采购剧毒、易制爆化学品时，应向具备相应经营许可证资质的单位购买。在购买后5日内，将所购买的剧毒、易制爆化学品的品种、数量以及流向信息报所在地县级人民政府公安机关备案，并输入计算机系统。

(4) 使用剧毒、易制爆化学品的单位不得出借、转让其购买的剧毒、易制爆化学品。因转产、停产、搬迁、关闭等确需转让的，应当向具有相关许可证件或者证明文件的单位转让，并在转让后将有关情况及时向所在地县级人民政府公安机关报告。

(5) 剧毒、易制爆化学品和易制毒化学品必须储存在配备防盗报警装置的专用药品仓库内，并设置安全警示标志，根据其化学性质分类存放。严格实行双人收发、双人保管制度。

(6) 实验室应对剧毒、易制爆化学品和易制毒化学品建立专门账册，制定出入库核查和登记制度，定期对仓库进行安全检查。

(7) 使用部门应按需合理领用剧毒、易制爆化学品和易制毒化学品，遵循“谁使用谁领用”的原则。领用时仓库管理员现场认真核对品名、数量，及时填写领用记录，并核销账册，对确保账卡物相符。

(8) 剧毒、易制爆化学品和易制毒化学品的使用场所必须配备足够的、适用不同灭火要求的消防设施。使用时须两人在场，必要时穿戴好个人防护装备，落实有效的控制措施，确保剧毒、易制爆化学品和易制毒化学品无异常流失。

实验室常用易制毒、易制爆化学品见表8-2。

实验室常用易制毒、易制爆化学品 **表8-2**

种类	名称	实验室内一般用途
易制毒化学品	盐酸	调节水样pH
	硫酸	耗氧量、BOD_5等项目检测
	高锰酸钾	耗氧量项目检测
	三氯甲烷	挥发酚、阴离子合成洗涤剂等项目检测
	丙酮	六价铬、硝基苯等项目检测
易制爆化学品	硝酸	配酸缸、金属项目前处理
	高锰酸钾	耗氧量项目检测
	硼氢化钾	砷、硒、汞等项目检测
	乙二胺	铝项目检测
	高氯酸	硒项目检测
	过氧化氢	净水剂项目检测
	硝酸银	净水剂项目检测

8.2.6 生物安全

实验室生物安全是指在从事病原微生物实验活动的实验室中，避免病原微生物对实验人员造成直接伤害或潜在危害。其重要性已深受各级管理部门的高度关注，相关的行业标准和管理制度也日益完善和成熟。因此，做好实验室生物安全管理工作，是实验室日常安全管理的重要环节之一。实验室在生物安全方面应遵循以下安全管理要求。

1）开展生物检测的场所应有明显的生物安全标志［见本书8.3.6节（1）］、充足的操作空间，并划分无菌区域和有菌区域。

2）洁净室操作台面材料应耐酸碱，易清洁消毒，不渗漏液体；室内配备紫外线灯用于空气消毒；实验人员应对洁净室环境进行监控和记录，并对消毒效果进行评价。

3）进入洁净室操作的实验人员，应更换生物防尘服和防滑工作鞋，穿戴安全防护装备（如口罩、手套、护目镜等）。

4）实验结束后，要对操作台面用0.1%苯扎溴铵消毒液（又名新洁尔灭）进行消毒；如操作时有试剂溶液外溅，也应及时用消毒液进行清理；还应定期对恒温培养箱用消毒液进行清理。保持洁净室环境的卫生洁净。

5）生物检测产生的废弃物应与生活垃圾分开放置，废弃或过期的阳性培养基和菌种应高压灭菌后丢弃；两虫阳性滤囊用热肥皂水或6%次氯酸钠溶液灭活后丢弃，阳性玻片用紫外灯或100℃高温灭活后丢弃，并及时填写处置记录。

8.2.7　电气设备

实验室电气设备和设施在日常使用过程中也存在着潜在危险，实验室应加强电气安全管理工作，防止触电、火灾事故发生，确保人员、财产安全。实验室在电气设备方面应遵循以下安全管理要求。

1）固定电源插座不得随意拆装、改线；不得乱接、乱拉电线；仪器设备应配备相应足够的电功率开关、插座和负载电线；不得超负荷用电。

2）电器设备应绝缘良好，妥善接地；配备空气开关和漏电保护器；线路接头和插座要定期检查，如发现有被氧化或烧焦的痕迹时，应及时更换。

3）使用仪器设备前，应先了解其性能，检查电源开关、电线和设备各部分是否良好，若仪器设备使用中发生过热现象或有糊焦味时，应立即切断电源。

4）使用电器设备时谨防触电，不允许在通电时用湿手接触电器或电源插座；擦拭电气设备前应确认电源已全部切断。

5）要警惕实验室内发生电火花或静电，不应有裸露的电线头，尤其在使用可燃性气体时更需注意；电源开关箱附近严禁堆放杂物，以免触电或引发火灾。

6）尽量避免使用明火电炉，确因工作需要无法用其他加热设备替代时，应在做好安全防范措施的前提下，方可使用。

7）没有掌握电器设备安全操作的人员不得擅自更动电器设施，或随意拆修电器设备。

8）有人触电时，应立即切断电源，或用绝缘物体将电线与人体分离后，再实施抢救。

8.2.8　消防

实验室消防安全管理以防为主，杜绝火灾隐患；实验人员应掌握各类有关易燃易爆物品知识及消防知识，了解各种防火、灭火规则。实验室在消防方面应遵循以下安全管理要求。

1）在实验室房间内、走廊过道等处，须配备有适宜的灭火材料，如消防沙、灭火毯及各类灭火器等。

2）人员衣服着火时，立即用灭火毯等物品蒙盖在着火者身上灭火，必要时也可用水扑灭。但不宜慌张跑动，避免气流流向燃烧的衣服，使火焰增大。

3）电线及电器设备起火时，必须先切断总电源开关，再用干粉或二氧化碳灭火器扑灭，不允许用水或泡沫灭火器来扑灭燃烧的电线电器。

4）加热实验过程中小范围起火时，应立即用湿抹布扑灭明火，并拔去电源插头，关闭总电闸；范围较大的火情，应立即用消防沙、干粉或二氧化碳灭火器来扑灭。

5）应经常检查可燃气体钢瓶压力表、接头及管路是否有泄漏，最好设置自动检测和报警装置，乙炔钢瓶必须安装“回火防止器”。若乙炔等可燃气体燃烧时，应立即关闭气路阀门。

6）针对起火情况，选用适当的灭火器材［见本书 8.3.5 节（2）］灭火。如火情现场无法控制，应立即拨打火警 119 请求救援。

8.2.9 职业健康

职业健康安全是指影响或可能影响工作场所内人员健康安全的条件和因素，通过识别、评价、预测和检测不良职业环境中有害因素对职业人群健康的影响，创造安全、卫生和高效的工作环境，从而保护职业人群的健康。对于实验室来说，就是要坚持“预防为主、防治结合”的方针，从改善工作条件、预防工伤事故和职业病危害等方面入手，保护实验人员的安全和健康。实验室在职业健康方面应遵循以下安全管理要求。

1）应对可能存在的职业健康安全危险源和风险进行辨识和评估，根据危险的种类、性质和环境条件等，对实验人员做出安全防护要求。例如，按规定使用个人防护装备、熟练使用消防和应急喷淋设施等。

2）定期开展内部安全检查和员工体检，发现安全隐患及时采取整改措施。例如，发现有不适宜某种有害作业的人员（女职工怀孕、职业病等），应及时调换工作岗位，确保人身健康安全。

3）实验室还应结合员工培训，开展相关职业健康安全培训，进一步提高员工职业健康安全意识和安全防护技能。

8.3 实验室安全防护知识

实验室安全的首要任务是预防事故发生。实验人员经常与毒性、腐蚀性、易燃烧和具有爆炸性的化学药品直接接触，常常使用易碎的玻璃和瓷质器皿以及在高压气体、水、电等高温电热设备的环境下进行工作，因此，提高人员安全防护意识，加强人员对安全防护设施、设备的操作熟练度，对确保实验室的正常运转，保障人员人身安全十分重要。

8.3.1 人身安全防护

个体防护装备是实验人员为防御物理、化学、生物等外界因素伤害所穿戴、配备和使用的各种安全防护用品的总称，也称为个人防护用品或劳动防护用品。为实验人员配备个体防护装备，以保护实验人员的人身安全。实验室常用的个体防护装备主要有工作服、口罩、护目镜、手套等。此外，实验室还需配备急救药箱防护用品。

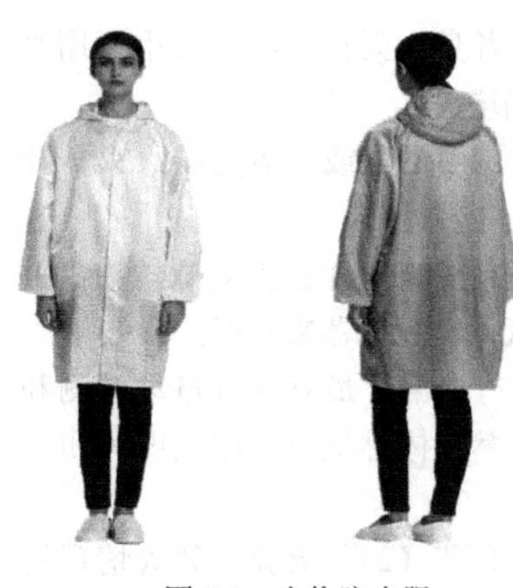

图 8-1 生物防尘服

（1）工作服和各类功能的防护服

用来保护实验人员身体免受物理、化学和生物等有害因素伤害的防护装备。进入检测区域的人员应更换工作服或防护服，并每隔一定时间更换或清洗，以确保清洁。防护服最好能完全扣住，清洗和消毒必须和其他衣物分开，避免其他衣物受到污染（图 8-1）。

（2）口罩

实验室常见的呼吸防护装备，用来防御空气缺氧或污染物进入人体呼吸道，从而保护呼吸系统免受伤害的防护装备。按照其工作原理可分为过滤式和隔离式两大类。过滤式呼吸装备，是根据过滤吸收的原理，利用过滤材料滤除空气中的有毒、有害物质，将受污染的空气转变成清洁空气供使用人员呼吸的防护装备，如防尘口罩、防毒口罩等。隔离式呼吸防护装备，是根据隔绝的原理，使人员呼吸器官、眼睛和面部与外界受污染空气隔绝，依靠自身携带的气源或导气管引入洁净空气供气，保证人员正常呼吸的安全防护装备，如隔绝式防毒面具等（图 8-2）。

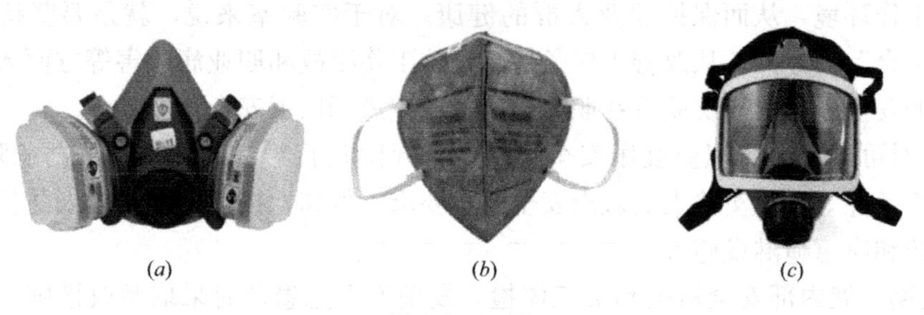

(*a*) (*b*) (*c*)

图 8-2 口罩

（*a*）防尘口罩；（*b*）防毒口罩；（*c*）隔绝式防毒面具

（3）护目镜和各类手套

保护实验人员免受伤害的常用眼部和手部防护装备。在易发生潜在眼睛损伤（如紫外线、化学溶液或生物污染物溅射等）和面部损伤的实验室工作时，必须佩戴眼面部防护装备。实验操作过程接触有毒有害物质、化学试剂、高温和低温设备时，也必须佩戴各类防护手套（图 8-3）。

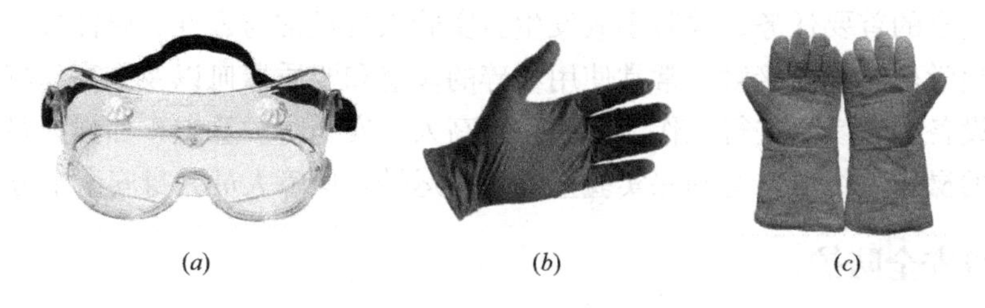

(*a*) (*b*) (*c*)

图 8-3 护目镜和各类手套

（*a*）护目镜；（*b*）橡胶手套；（*c*）耐高温手套

（4）应急冲淋装置

实验室必备的安全防护装备。根据其安装的位置分类，主要有复合式紧急洗眼器、立式洗眼器、台式洗眼器等（图 8-4）。当实验人员眼睛或者身体接触有毒有害以及腐蚀性化学物质的时候，使用这些设备进行紧急冲洗或者冲淋，避免化学物质对人体造成进一步伤害。但是这些设备只是对眼睛和身体进行初步的处理，不能代替医学治疗，情况严重的，必须及时就医。

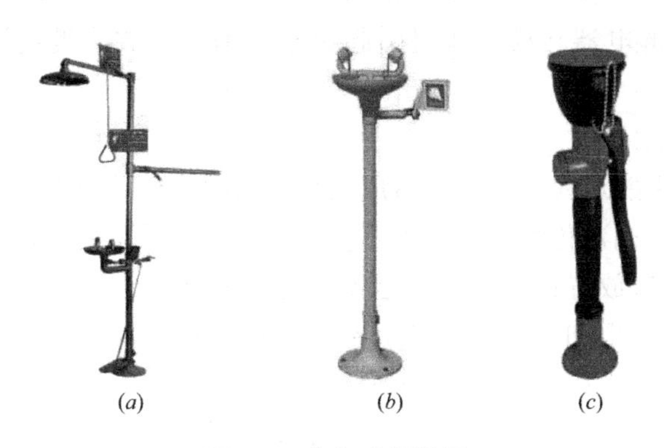

(*a*)　(*b*)　(*c*)

图 8-4　应急冲淋装置

（*a*）复合紧急洗眼器；（*b*）立式洗眼器；（*c*）台式洗眼器

（5）急救药箱

用来确保应急安全，在烧伤、烫伤、割伤事故发生后进行紧急现场处理，减少对实验人员的伤害。药箱内一般配备体温计、镊子、剪刀、别针、棉签、棉球、纱布、酒精棉片、创可贴、止血带、碘伏、烫伤药等医用急救物资(图 8-5)。

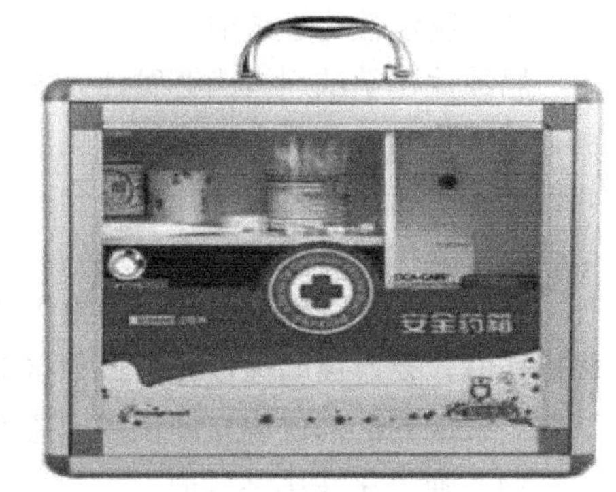

图 8-5　急救药箱

8.3.2　化学试剂安全防护

在进行化学实验时，会用到各种化学试剂，其中有不少是危险化学品，因此实验人员在使用化学试剂前，首先应认真阅读化学试剂的标签说明，必须对其化学性质有一个全面的了解，才能在使用时有针对性地采取一些安全防范措施，以避免由于操作不当造成的事故伤害。

（1）易燃易爆化学试剂

所谓易燃易爆化学物品，系指国家标准《危险货物品名表》GB 12268—2012 中以燃烧、爆炸为主要特性的压缩气体、液化气体、易燃液体、易燃固体、自燃物品和遇湿易燃物品、氧化剂和有机过氧化物以及毒害品、腐蚀品中部分易燃易爆化学物品。由于这类化学试剂的化学和物理特性，在遇热或明火时易发生燃烧，甚至是爆炸，因此，使用过程中一定要注意环境温度不能过高，要保证实验室的通风良好，周围不得有明火。在储存时也应存放在阴凉通风处，最好保存在防爆试剂柜或防爆冰箱内。

金属钾、钠等此类固体化学试剂，遇水即可发生激烈反应，并释放大量热，也可能产生爆炸。在使用这类化学试剂时，一定要避免它们与水直接接触。黄磷、锌粉、铝粉等与氧化剂接触或在空气中受热、受冲击、摩擦能引起急剧燃烧，甚至爆炸。在使用这类化学试剂时，一定要注意周围环境温度不能过高，不能让它们和强氧化剂接触。

【案例】 2009 年 12 月，某大学化学实验室内存放乙醚和丙酮试剂的冰箱发生爆炸并引起着火，幸好扑救及时，未造成大的人员和财产损失。

事故分析：该款冰箱不是防爆冰箱，且使用年限较久，存放在冰箱内的乙醚和丙酮等易燃易挥发试剂从瓶中泄漏，导致冰箱内空气中含有较高浓度的乙醚和丙酮气体，并达到爆炸极限，冰箱继电器转换工作时引起爆燃。因此存放该类化学品时必须使用防爆冰箱。

（2）有毒化学试剂

有毒化学试剂是指能对人类或动物造成死亡、暂时失能或永久伤害的任何化学品。一般分为毒害化学试剂和剧毒化学试剂两类。使用有毒化学试剂时应注意如下事项。

1）有毒化学试剂应放置在通风处，远离明火、热源。

2）有毒化学试剂不得和其他种类的物品（包括非危险品）共同放置，特别是与酸类及氧化剂共放。

3）实验中使用有毒化学试剂时，应轻拿轻放，严禁碰撞、翻滚，以免摔破容器引发事故。实验人员应穿戴个体防护装备，皮肤有伤口时，禁止操作这类物质。

4）实验操作后应及时清洗和更换衣物。

5）对一些常用的剧毒化学试剂一定要了解这些化学试剂中毒时的急救处理方法，剧毒化学试剂一定要有专人保管，严格控制使用量。

（3）腐蚀性化学试剂

腐蚀性化学试剂指能够腐蚀人体、金属和其他物质的化学试剂，一般分为酸性化学试剂、碱性化学试剂两类。腐蚀性化学试剂的品种比较复杂，应根据其不同性质分别存放，如低温下易结冰的冰醋酸和易聚合变质的甲醛应严格控制环境温度；遇水易分解的五氧化二磷、三氯化铝等应存放在干燥处。

在使用这类试剂前，一定要事先阅读安全使用说明书，了解相应的急救处理方法。实验操作时，要避免腐蚀性化学试剂接触到皮肤、眼、口、呼吸器官，一旦误触腐蚀性化学试剂，接触到的部位应立即使用应急冲淋装置冲洗，而后视情况决定是否就医。

（4）强氧化性化学试剂

强氧化性化学试剂是指对其他物质能起氧化作用而自身被还原的化学物质，大多是过氧化物或含氧酸及其盐，如过氧化酸、重铬酸盐类、高锰酸盐类等。强氧化性化学试剂在适当条件下可放出氧发生爆炸，且与镁、锌粉、硫等易燃物会形成爆炸性混合物。这类化学品应存放在阴凉、通风、干燥处，须与酸类、易燃物、还原剂等隔离存放，使用时保持通风良好，且一般不与有机物或还原性物质共同使用。此外，应避免皮肤等器官与它们直接接触，应穿戴个体防护装备在通风橱中进行实验操作。如有不慎误触，应立即使用应急冲淋装置冲洗接触部位。

【案例】 2016 年 9 月，上海某大学某实验室，三名研究生在未配备个人安全防护装备的情况下进行实验操作，在混合浓硫酸、石墨烯和高锰酸钾的过程中发生爆炸，造成三人不同程度受伤。

事故分析：当事人不能充分了解实验原理，明确实验风险，现场也没有采取相应的安全防护措施，从而造成该起实验室安全事故的发生。因此，在使用化学试剂操作中，实验人员必须了解实验原理和化学试剂性质，并采取相应的安全防护措施。

8.3.3 电气安全防护

实验室的电气系统通常泛指电力线路和电力设备，因为任何实验室都离不开照明电和动力电，都要使用各种电子电气设备，诸如气相色谱仪、原子荧光仪、办公电脑等。如果用电负荷过大、设备操作不正确，都可能引发电气安全事故，造成人员和财产的重大损失。实验室内电气系统使用中引发的安全事故主要有电击和电气灾害两大类。

电击，即通常所说的触电，是指人体因接触带电部位而受到生理伤害的事件，这是最直接的电气事故，也常常是致命的。预防电击事故应注意：电气设备要全部安装地线，对电压高、电流大的设备，要使其接地电阻在几欧姆以下；实验人员在直接接触带电或通电部位时，要穿上绝缘胶靴和橡胶手套等防护用具，通常除非妨碍操作，否则要先切断电源，用验电工具检查设备，确认不带电后，再进行作业；对高电压、大电流的实验，不要由一个人单独进行；对电容之类的装置，虽然切断了电源，有时还会存留静电荷，因而要加以注意。

电气灾害，即由电所引起的灾害，包括火灾和爆炸。电气灾害的火源主要有两种形式，一种是电火花与电弧，另一种是电气设备或线路上产生的高温。因此，合理选用电气设备、确认实验室用电负荷、定期检查设备的绝缘情况，都是将电气灾害扼杀在萌芽中的有效手段。

【案例】 2004 年 8 月，广州某大学北化学楼内因实验人员电气设备误操作，造成火灾事故。

事故分析：当事人将拟报废的烘箱错接电源，烘箱温度失控，高温引发周围物品燃烧，从而造成火灾事故。

8.3.4 特种设备安全防护

根据《中华人民共和国特种设备安全法》，特种设备是指对人身和财产安全有较大危险性的锅炉、压力容器（含气瓶）、压力管道、电梯等，以及法律法规规定的其他特种设备。压力容器一般是指盛装气体或者液体，承载一定压力的密闭设备。压力容器一旦发生安全事故，其爆炸性将成为导火索，会引发恶性的连锁反应式灾难。实验室常用设备中涉及特种设备的主要是高压灭菌器和各类气体钢瓶。

（1）高压灭菌器

高压灭菌器是实验室常用的压力容器，一般分为手提式、卧式和立式，是固定式压力容器的一种（图 8-6）。它是利用电热丝加热水产生蒸汽，并能维持一定压力的装置，多用于生物检测中消毒灭菌以及部分检测项目的前处理。

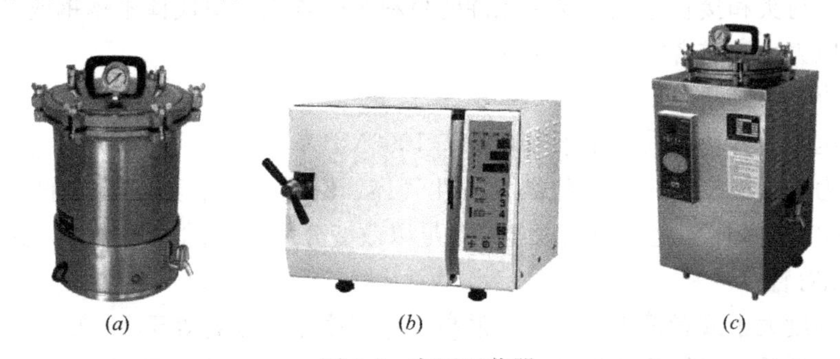

(*a*)　(*b*)　(*c*)

图 8-6　高压灭菌器

(*a*) 手提式灭菌器；(*b*) 卧式灭菌器；(*c*) 立式灭菌器

1）安全操作要点

高压灭菌器因为其高温、高压的物理特性，存在因操作不当或硬件故障引发安全事故的隐患，因此，实验人员应注意以下事项。

① 应了解压力容器的最高工作压力、最高或最低工作温度、压力及温度波动幅度的控制值等。

② 应了解实验方法所需的工作压力、温度等参数要求。

③ 应了解压力容器的安全操作规程，掌握开机、停机以及日常维护的操作程序和注意事项。

④ 操作过程中，加热或冷却都应缓慢进行，尽量避免操作中压力的频繁和大幅度波动，避免运行中容器温度的突然变化。

⑤ 运行期间，实验人员应定期巡查，及时发现操作中或设备上出现的不正常状态，并采取相应的措施进行调整。

【案例】 2017年3月，上海某大学大三学生在操作反应釜过程中，反应釜发生爆炸，现场一名学生手部严重受伤。

事故分析：反应釜为高温高压设备，该实验室人员在操作过程中因操作不当，引发爆炸事故。因此该压力容器操作过程中，实验人员应严格遵守操作规范，避免事故发生。

2）操作人员持证的规定

高压灭菌器一旦操作不当，极易发生危险；而供水行业的实验室，不论是基层化验室，还是检测中心，通常都需配备高压灭菌器，型号和功能不尽相同的高压灭菌器其危险性又有所不同，因此，实验室人员需要掌握国家有关高压灭菌器的安全管理规定，从而对其科学管理、安全使用。

根据《固定式压力容器安全技术监察规程》TSG 21—2016的规定，按照危险程度可将压力容器划分为Ⅰ、Ⅱ、Ⅲ类，实验室常用高压灭菌器为Ⅰ类，除简单压力容器外都要求操作人员持有由质量技术监督部门颁发的“特种设备作业人员证”（考核内容是R1固定式压力容器操作）。实验室使用的快开门式高压灭菌器不属于简单压力容器，应由专人操作，并持有上述证书。以下介绍如何判定配备的压力容器是否属于简单压力容器。

同时满足以下条件的压力容器称为简单压力容器。

① 压力容器由筒体和平盖、凸形封头（不包括球冠形封头），或者由两个凸形封头组成。

② 筒体、封头和接管等主要受压元件的材料为碳素钢、奥氏体不锈钢或者Q345R。

③ 设计压力小于或者等于1.6MPa。

④ 容积小于或等于1000L。

⑤ 工作压力与容积的乘积小于或者等于1000MPa·L。

⑥ 介质为空气、氮气、二氧化碳、惰性气体、医用蒸馏水蒸发而成的蒸汽或者上述气（汽）体的混合气体。允许介质中含有不足以改变介质性质的油等成分，并且不影响介质与材料的相容性。

⑦ 设计温度大于或者等于−20℃，最高工作温度小于或者等于150℃。

⑧ 非直接接受火焰加热的焊接压力容器（当内直径小于或者等于550mm时）允许采用平盖螺栓连接。

此外，简单压力容器的产品质量证明书应有“简单压力容器”字样，铭牌上的产品名称后应有带括号的“简”字，如空气储罐（简），铭牌应打上监检钢印，如图 8-7 所示。

图 8-7　简单压力容器铭牌

（2）气体钢瓶

气体钢瓶也是实验室经常使用的一类高压容器，属于移动式的可重复充装的压力容器。主要附件为瓶帽、瓶阀、安全装置和防震圈，主要技术参数是公称工作压力和公称容积。气体钢瓶按盛装介质的物理状态分为以下三类。

1）永久性气体气瓶

临界温度低于－10℃的气体称为永久性气体，盛装永久性气体的气瓶称为永久性气体气瓶，如盛装氧气、氮气、空气、一氧化碳及惰性气体等的气瓶均属此类，其公称工作压力一般不小于 15MPa。实验室常见的多为底部凹形的钢制无缝气瓶。

2）液化气体气瓶

临界温度等于或高于－10℃的各种气体，它们在常温、常压下呈气态，而经加压和降温后变为液体，储存这些气体的气瓶为液化气体气瓶。在环境温度下，液化气体始终处于气液两相共存状态，其气相的压力是相应温度下该气体的饱和蒸气压，其公称工作压力不得小于 8MPa。实验室常见的多为杜瓦瓶（液氮罐、液氩罐）。

3）溶解气体气瓶

这种气瓶是专门用于盛装乙炔的气瓶（图 8-8），由于乙炔气体极不稳定，特别是在高压下，很容易聚合或分解，液化后的乙炔稍有震动即会引起爆炸，所以不能以压缩气体状态充装，必须把乙炔溶解在溶剂（常用丙酮）中，并在内部充满多孔物质（如硅酸钙多孔物质等）作为吸收剂。溶解气体气瓶的最高工作压力一般不超过 3MPa。

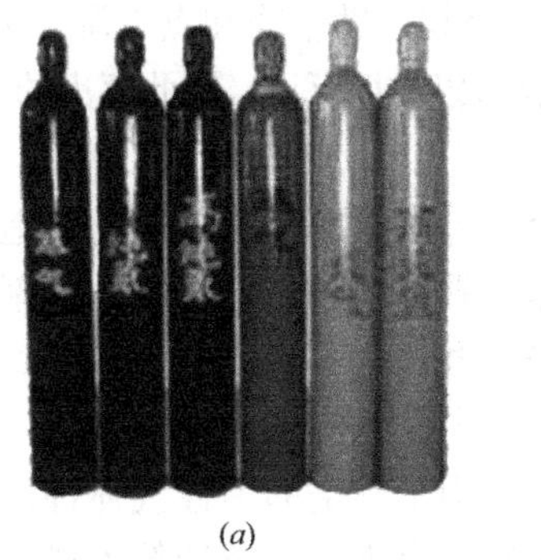

(*a*)

(*b*)

图 8-8　气瓶

(*a*) 钢制无缝气瓶；(*b*) 杜瓦瓶

瓶内气体的种类，可通过观察气体钢瓶瓶身标识以及颜色来识别。实验室常用的气瓶钢瓶颜色及标识见表 8-3。

常用气体钢瓶颜色及标识一览表　　**表 8-3**

气体种类	气瓶颜色	气瓶字样	气瓶字色
氧气	淡蓝	氧	黑
氢气	淡绿	氢	大红
氮气	黑	氮	淡黄
氩气	浅灰	氩	绿
乙炔	白	乙炔不可近火	大红

实验室气体钢瓶在搬运、充装及存放时应注意以下事项：

① 采购和使用有制造许可证的企业的合格产品，不得使用超期未检的气瓶。

② 在搬动气体钢瓶时，应装上防震圈，旋紧安全帽，以保护开关阀，防止其意外转动和减少碰撞；最好使用特制的小推车，也可用手平抬或垂直转动，但绝不允许用手执开关阀移动气瓶。

③ 气体钢瓶在使用前，应进行安全状况检查，重点确认瓶体是否完好，减压器、压力表、防回火装置、管路是否有泄漏、磨损及接头松动等现象。

④ 气体钢瓶使用后，应按规定留 0.05MPa 以上的残余压力，可燃性气体应剩余 0.2～0.3MPa（氢气应保留 2MPa），以防止重新充气时发生危险。

【案例】 2015 年 4 月，徐州某大学南湖校区化工学院实验室发生爆燃事故，造成 5 人受伤，其中 1 人经抢救无效死亡。

事故分析：该实验室人员在实验过程中因操作不当，引发储气钢瓶爆燃。因此在压力容器（特别是易燃易爆气体钢瓶）操作过程中，实验人员应严格遵守操作规范，避免事故发生。

8.3.5　消防安全防护

实验室消防安全防护是防患于未然的重要保障，各类消防器材的正确和熟练使用，对保护人员人身和财产安全至关重要，一旦发生火灾事故，要在保证人身安全的前提下，尽一切可能将灾害控制在一定的范围之内，并及时采取扑救措施，防止火灾的蔓延。以下介绍一些消防安全防护基本知识。

（1）灭火基本方法

物质的燃烧必须同时具备三个要素：可燃物、助燃物和点火源。灭火就是要反其道而行之，即设法消除这三个要素中的一个，火就可以被熄灭了，因此灭火的基本方法有以下几种。

1）隔离法

将正在燃烧的可燃物与其他可燃物分开，中断可燃物的供给，造成缺少可燃物而停止燃烧。例如，关闭实验室可燃气体或液体的阀门、迅速转移燃烧物附近的有机溶剂、拆除与燃烧物毗连的可燃物等，都是很好的隔离办法。

2）窒息法

减少助燃物，阻止空气流入燃烧区域或用不燃烧的惰性气体冲淡空气，使燃烧物得不到足够的氧气而自动熄灭。一般使用石棉毯、灭火毯、黄沙等不燃烧或难燃烧的物质覆盖在着火物体上。需注意的是，黄沙不可用来扑灭爆炸或易爆物发生的火灾，以防止沙子因爆炸迸射出来，而造成人员伤害。

3）冷却法

将冷却灭火剂直接喷射到燃烧物表面，以降低燃烧物的温度，使温度降低到该物质的燃点以下，燃烧亦可停止。或将灭火剂喷洒到火源附近的可燃物上，防止因辐射热影响而起火。例如，用水或干冰等灭火剂喷到燃烧的物质上可以起到冷却作用，但实验室灭火要注意燃烧的物质或附近不能有和水（用水灭火）或二氧化碳（用干冰灭火）起反应的物质。

4）化学抑制灭火法

将化学灭火剂喷至燃烧物表面或喷入燃烧区域，使燃烧过程中的游离基（自由基）消失，抑制或终止使燃烧得以继续的链式反应，从而使燃烧停止。

（2）灭火器的选择

火灾发生初期火势较小，如能正确选择合适的灭火器材，就能将火灾消灭在初起阶段，从而避免重大损失。通常用于扑灭初起火灾的灭火器类型较多，使用时必须针对火灾燃烧物质的性质，否则会适得其反，所以需熟练掌握灭火器的类型和使用范围。

灭火器选择原则为：

1）木材、布料、纸张、橡胶及塑料等固体可燃材料的火灾，可采用水冷却法；

2）档案资料的火灾应使用二氧化碳、干粉灭火剂灭火；

3）易燃液体、易燃气体和油脂类等化学药品火灾，使用大剂量泡沫灭火剂、干粉灭火剂将液体火灾扑灭；

4）带电电气设备火灾，应切断电源后再灭火，因现场情况及其他原因不能断电，需要带电灭火时，应使用沙子或干粉灭火器，不能使用泡沫灭火器或水；

5）可燃金属，如镁、钠、钾及其合金等火灾，应用特殊的灭火剂，如干砂或干粉灭火器等来灭火。

常用灭火器的种类及用途介绍见表 8-4。

灭火器的种类及用途 **表 8-4**

类型	成分	适用范围
泡沫灭火器	$Al_2(SO_4)_3$ 和 $NaHCO_3$	用于一般失火及油类着火。因泡沫能导电，所以不能用于扑灭电气设备着火
干粉灭火器	Na_2CO_3、$NaHCO_3$ 等盐类物质，加入适量润滑剂、防潮剂	用于油类、可燃气体、电气设备及遇水燃烧等物品的初起火灾
四氯化碳灭火器	液态 CCl_4	用于电气设备及汽油、丙酮等火灾。因四氯化碳在高温下能生成剧毒的光气，所以不能在狭小和通风不良的场所使用
二氧化碳灭火器	液态 CO_2	用于电气设备失火、忌水物质及有机物着火

【案例】 2017 年 3 月，山西太原某大学一实验室发生火灾，校方及时采取断电措施，组织现场人员撤离，并第一时间通知消防部门。此次火灾过火面积约 270m^2，导致 200 万元的财产损失，因正值周末，未造成人员伤亡。

事故分析：实验人员应熟悉掌握各类火情的扑救方式。发生火灾时，在保证自身安全的前提下，及时采取扑救措施，防止火灾蔓延，并第一时间拨打“119”通知消防部门。

（3）实验室常见的消防设施

实验室内部设置的消防设施（消防设备和消防器材）主要有以下几种。

1）防火报警设备

用于监测火灾，一般安装在人员集中场所和重点位置，一旦出现火情，它将发出火灾报警信号，如防火报警手动按钮、烟感探测器等（图 8-9）。

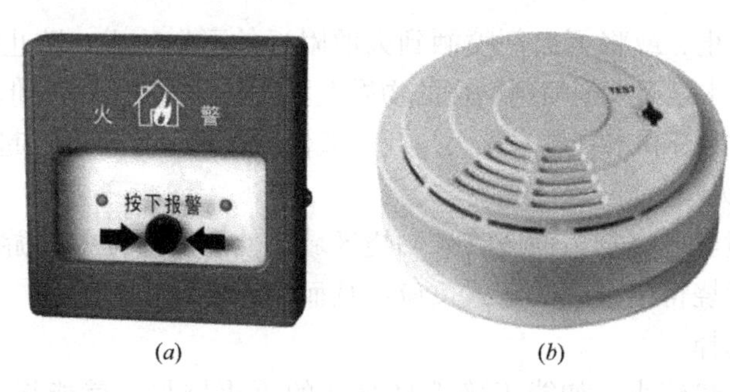

(*a*)　　　　　　　　(*b*)

图 8-9　防火报警设备

(*a*) 防火报警手动按钮；(*b*) 烟感探测器

2) 应急照明灯和疏散指示标志

用于火灾发生时引导人们疏散逃离现场。一般安装在疏散通道内或安全出口处。一旦发生火灾，供电中断时，人们可以利用应急照明灯提供的照明，按照疏散指示标志指示的方向，疏散到安全地点（图 8-10）。

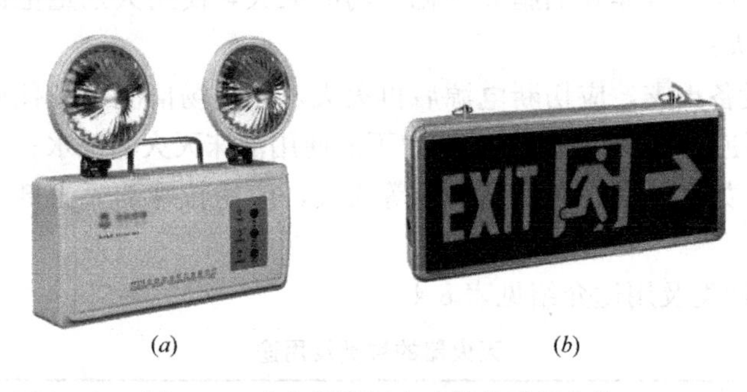

(*a*)　　　　　　　　(*b*)

图 8-10　应急照明灯和疏散指示标志牌

(*a*) 消防应急照明灯；(*b*) 疏散指示标志牌

3) 消防栓、灭火器和消防喷淋系统

一旦发生火灾，用消防栓、灭火器和消防喷淋系统来扑救火灾，确保火情得以及时控制。该类消防设施必须日常完好齐备，才能保证出现火情后能有效扑灭火灾，将人员伤亡和财产损失降到最低程度。有条件的实验室还应配备消防喷淋系统，它是一种安全可靠、灭火效率高的固定消防设施，分为人工控制和自动控制两种形式，可与火灾报警器、烟感探测器等其他消防设施联动工作，能够有效控制和扑灭初起火灾（图 8-11）。

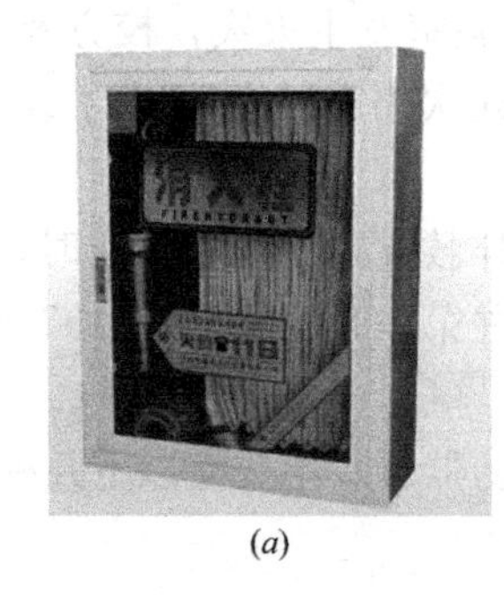

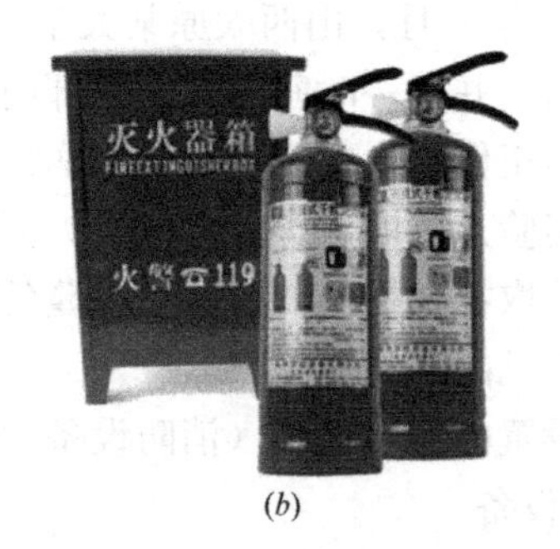

(*a*)　　　　　　　　(*b*)

图 8-11　消防设施

(*a*) 消防栓；(*b*) 灭火器

8.3.6 安全警示标识

实验室常用的安全警示标识主要分为四类：警告标识、禁止标识、指令标识和提示标识。

(1) 警告标识

实验室常用的警告标识见表 8-5。

、

实验室常用的警告标识一览表 **表 8-5**

图示	意义	建议场所
	生物危害，当心感染	门、离心机、安全柜等
	当心毒物	试剂柜、有毒物品操作处
	当心气瓶	气瓶放置处
	当心腐蚀、化学灼伤	存放和使用具有腐蚀性化学物质处
	当心玻璃危险	存放和使用玻璃器皿处
	当心锐器	存放和使用锐器处
	当心高温	热源处
	当心冻伤	液氮、液氩、超低温冰箱

续表

图示	意义	建议场所
	当心电离辐射	辐射源、放射源处

（2）禁止标识

禁止标识是禁止不安全行为的图形标志，实验室常用的禁止标识有禁止吸烟、禁止明火、禁止饮用等，见表8-6。

实验室常用的禁止标识一览表　　表8-6

图示	意义	建议场所
	禁止入内	可引起职业病危害的作业场所入口处
	禁止吸烟	实验室区域
	禁止明火	易燃易爆物品存放处
	禁止用嘴吸液	实验室操作区
	禁止饮食	实验室区域
	禁止饮用	不可饮用的水源或水龙头处
	非工作人员禁止入内	实验室区域

（3）指令标识

指令标识是强制人们必须做出某种动作或采用防范措施的图形标志，基本形式是圆形边框。实验室常用的指令标识有必须穿防护服、必须戴防护手套等，见表 8-7。

实验室常用的指令标识一览表 **表 8-7**

图示	意义	建议场所
	必须穿工作服	实验室区域
	必须戴防护手套	易对手部造成伤害或感染的作业场所
	必须戴护目镜	有液体喷溅的场所
	必须戴防毒面具	具有对人体有毒有害的气体、气溶胶等作业场所
	必须穿防护服	生物安全实验室核心区入口处

（4）提示标识

提示标识是向人们提供某种信息的图形标志，基本形式是正方形边框。实验室常用的提示标识有紧急出口、疏散通道方向、灭火器、火警电话等，见表 8-8。

实验室常用的提示标识一览表 **表 8-8**

图示	意义	建议场所
	紧急洗眼	洗眼器旁
	紧急出口	紧急出口处

续表

图示	意义	建议场所
	左行	通道墙壁
	右行	通道墙壁
	直行	通道墙壁
	通道方向	通道墙壁
	灭火器	消防器材存放处
	火警电话	实验室入口

8.4 实验室废弃物的处置

实验室废弃物是日常实验操作过程中产生的，已失去使用价值的液态、固态、气态物质，其产生的量相对于工矿企业等排污大户，虽然相对较少，但种类繁多、形态复杂，甚至包含具有腐蚀性、毒性、易燃性、反应性或感染性等危险特性的危险废物。

2016年8月1日，环境保护部联合国家发展和改革委员会、公安部颁布施行了《国家危险废物名录》(2016版)，对危险废物进行了明确的定义和分类。危险废物是指列入国家危险废物名录或者根据危险废物鉴别标准和技术规范认定的，具有腐蚀性、毒性、易燃性、反应性或者感染性等一种或者几种危险特性的废弃物。

此外，列入国家危险废物名录或根据国家规定的危险废物鉴别标准和鉴别方法认定的具有危险特性的废物，又称有害废物（见《移动实验室有害废物管理规范》GB/T 29478—2012)。

实验室废弃物如果不经处理或处理不善，将对实验人员的生命健康和环境安全造成严重危害。因此，如何有效控制实验室废弃物的产生，尤其是加强对其中危险废物的管理和无害化处置，是实验室日常安全管理中不可忽视的重要环节。

8.4.1 实验室废弃物处理原则

在实验操作中应尽量排除或减少废弃物的产生，选择低毒、污染小且易处理的实验方法，对不得已必须排放的废弃物应根据其特点，做到分类收集、安全存放、详细记录、集中处理。具体处理原则如下：

（1）实验室要严格遵守国家环境保护工作的有关规定，不随意排放废气、废液、废固，不得污染环境。

（2）实验室废弃物处理时，要根据废弃物的物性、组成、浓度、有害性、易燃易爆性等进行不同的处理，处理过程中尽量不产生新的废弃物。对不具备处理条件的废弃物（如有机试剂废液），应经当地环保部门审核通过后，委托有资质的废弃物处理公司进行处置，并做好处置记录。

（3）对于量少或浓度不大的废弃物，可以在经过无害化的处理以后排入下水道或倒入专门的废液缸中统一处置。

（4）对特殊的废弃物则要进行单独的收集，例如，贵重金属废液或废渣，单独收集可以便于对其进行回收处理。

（5）不能混合的废弃物或是混合后会不利于处理的废弃物，要分类且及时地采取处理措施，同时做好实验室内部相关的废弃物存储、移交、处置记录。

（6）对实验操作过程中产生的固体废弃物，如破损的玻璃器皿、一次性手套以及空试剂瓶等，不得随意丢弃，应分类收集妥善处理。

（7）对实验使用后的培养基、标本和菌种保存液、一次性的医疗用品及一次性的器械，应经灭菌、灭活处理后丢弃。

（8）对会产生或挥发有毒、有害气体的实验，应要求在通风橱内进行操作，以确保检测室内部空气质量，保障实验人员人身安全。

8.4.2 危险废物的收集和贮存

实验室应建造专用的危险废物贮存设施，也可利用原有构筑物改建。危险废物产生后应依不同性质进行分类收集、贮存，并定期进行处置。危险废物种类标识见表 8-9。在收集和贮存时应达到以下要求。

1）收集实验室危险废物的容器应存放在符合安全和环保要求的房间或室内特定区域，要通风良好、避免高温、远离火源，禁止存放除危险废物及应急工具以外的其他物品。

2）实验室应建立废物收集、贮存台账，如实记录危险废物的贮存情况，并制定危险废物事故防范措施和应急预案，确保在发生危险废物流失、泄漏、扩散等意外事故时能够及时、迅速、有序地处理由此造成的环境污染及人员伤害，保障实验室人员和环境安全。

3）每个贮存废物的容器上必须贴上标签，标明危险废物的名称，贮存位置必须张贴危险废物警示标识，如图 8-12 所示。

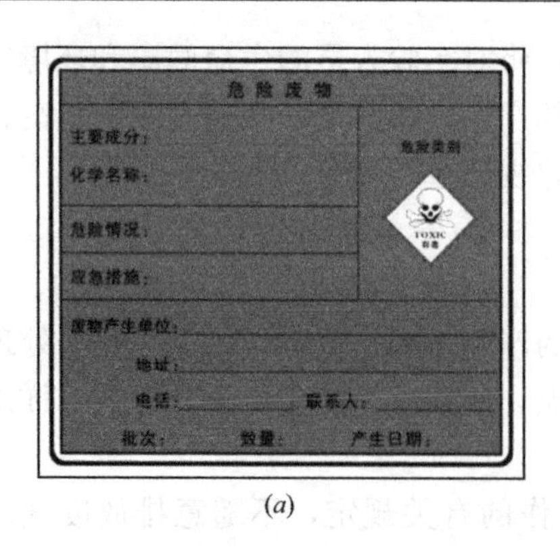

(a)

(b)

图 8-12　危险废物标签和标识

(a) 危险废物标签；(b) 警告标识

4）实验室废物应用密闭式容器收集贮存，必须和容器是不会发生化学反应的。液体废物必须盛装在拧紧盖子的容器中，即使容器侧翻也不会漏出来，并摆放在托盘上以防止液体废物渗漏。贮存容器应保持良好状况，如有严重生锈、损坏或泄露，应立即更换。

5）不相容的危险废物必须分开存放，禁止在同一容器内混装。如过氧化物与有机物，氰化物、硫化物、次氯酸盐与酸，铵盐、挥发性胺与碱。

6）装载液体、半固体危险废物的容器内必须留足空间，防止膨胀，确保容器内的液体废物在正常的处理、存放及运输时，不因温度或其他物理状况改变而膨胀，造成容器变形或泄漏。

危险废物种类标识一览表　　　　**表 8-9**

危险分类	符号	危险分类	符号
Explopsive 爆炸性	EXPLOSIVE 爆炸性	Toxic 有毒	TOXIC 有毒
Flammable 易燃		Harmful 有害	HARMFUL 有害
Oxidizing 助燃	OXLDIZING 助燃	Corrosive 腐蚀性	CORROSIVE
Irritant 刺激性	IRRIANT 刺激性	Asbestos 石棉	ASBESTOS 石棉 Do not Inhale Dust

8.5 实验室意外事故应急处理

（1）火灾应急处理

实验室人员发现火情，应立即采取灭火措施处理，防止火势蔓延并迅速报告。首先，采取灭火措施前应先确定火灾发生的位置，判断出火灾发生的原因，如压缩气体、液化气体、易燃液体、易燃物品、自燃物品等；其次，明确火灾周围环境，判断出是否有重大危险源分布及是否会带来次生灾难发生；然后，采用适当的消防器材进行扑救，且依据可能发生的危险化学品事故类别、危害程度，划定危险区，对事故现场周边区域进行隔离和疏导；视火情拨打“119”报警求救，并到明显位置引导消防车。

（2）爆炸应急处理

实验室爆炸发生时，实验室安全负责人或安全员在其认为安全的情况下必须及时切断电源和管道阀门。所有人员应听从临时召集人的安排，有组织地通过安全出口或用其他方法迅速撤离爆炸现场。及时拨打 110、119 报警求救，并做好现场受伤人员安置工作。

（3）中毒应急处理

实验人员在检测过程中若感觉咽喉灼痛、嘴唇脱色或发绀、胃部痉挛或恶心呕吐等症状时，则可能是中毒所致。视中毒原因施以下述急救后，立即送医院治疗，不得延误。

1）首先将中毒者转移到安全地带，解开领扣，使其呼吸通畅，让中毒者呼吸到新鲜空气；

2）误服毒物中毒者，须立即引吐、洗胃及导泻，患者清醒而又合作，宜饮大量清水引吐，亦可用药物引吐。对引吐效果不好或昏迷者，应立即送医院用胃管洗胃，孕妇应慎用催吐救援；

3）吸入刺激性气体中毒者，应立即将患者转移离开中毒现场，现场救助人员佩戴过滤式防毒面罩等个人防护装备。

（4）触电应急处理

触电急救的原则是在现场采取积极措施保护伤员生命。首先，要使触电者迅速脱离电源，越快越好，触电者未脱离电源前，救护人员不准用手直接触及伤员；若电源开关较远，可用干燥的木橇、竹竿等挑开触电者身上的电线或带电设备，也可用几层干燥的衣服将手包住，或者站在干燥的木板上，拉触电者的衣服，使其脱离电源。

其次，触电伤员脱离电源后，应观察其神志是否清醒，神志清醒者，应使其就地躺平，严密观察，暂时不要站立或走动；如神志不清，应就地仰面躺平，且确保气道通畅，并于 5s 时间间隔呼叫伤员或轻拍其肩膀，以判定伤员是否意识丧失，禁止摇动伤员头部呼叫伤员。并就地用人工肺复苏法正确抢救，同时设法联系医院接替救治。

（5）化学灼伤应急处理

强酸、强碱及其他一些化学物质，具有强烈的刺激性和腐蚀作用，发生这些化学灼伤时，应用大量流动清水冲洗，再分别用低浓度（2％～5％）的弱碱、弱酸进行中和。处理后，再依情况而定，做下一步处理。

化学试剂溅入眼内时，在现场立即使用洗眼器用大量清水冲洗或生理盐水冲洗。冲洗时，眼睛置于洗眼器水龙头上方，水向上冲洗眼睛，时间应不少于 15min，切不可因疼痛而紧闭眼睛。处理后，再送眼科医院治疗。

（6）创伤应急处理

实验过程中如发生烫伤，应及时使用急救药箱中的烫伤药涂抹伤口。如发生割伤，应用医用酒精棉片或棉球洗擦伤口，若为玻璃割伤，应注意清除玻璃碴。伤口不大、出血不多的可使用创可贴，如伤情严重则及时送医院救治。

此外，实验室还应建立安全应急预案，并定期组织开展安全应急演练，加强安全生产宣传教育，进一步增强实验人员的安全意识、应急处理能力和自救技能。

附　　表

附表 1　单侧 Dixon 检验的临界值表

n	统计量	0.95	0.99
3	$r_{10}=\frac{X_n-X_{n-1}}{X_n-X_1}$ 或 $r'_{10}=\frac{X_2-X_1}{X_n-X_1}$	0.941	0.988
4		0.765	0.889
5		0.642	0.782
6		0.562	0.698
7		0.507	0.637
8	$r_{11}=\frac{X_n-X_{n-1}}{X_n-X_2}$ 或 $r'_{11}=\frac{X_2-X_1}{X_{n-1}-X_1}$	0.554	0.681
9		0.512	0.635
10		0.477	0.597
11	$r_{21}=\frac{X_n-X_{n-2}}{X_n-X_2}$ 或 $r'_{21}=\frac{X_3-X_1}{X_{n-1}-X_1}$	0.575	0.674
12		0.546	0.642
13		0.521	0.617
14	$r_{22}=\frac{X_n-X_{n-2}}{X_n-X_3}$ 或 $r'_{22}=\frac{X_3-X_1}{X_{n-2}-X_1}$	0.546	0.640
15		0.524	0.618
16		0.505	0.597
17		0.489	0.580
18		0.475	0.564
19		0.462	0.550
20		0.450	0.538
21		0.440	0.526
22		0.431	0.516
23		0.422	0.507
24		0.413	0.497
25		0.406	0.489
26		0.399	0.482
27		0.393	0.474
28		0.387	0.468
29	$r_{22}=\frac{X_n-X_{n-2}}{X_n-X_3}$ 或 $r'_{22}=\frac{X_3-X_1}{X_{n-2}X_1}$	0.381	0.462
30		0.376	0.456

附表 2　双侧 Dixon 检验的临界值表

n	统计量	0.95	0.99	n	统计量	0.95	0.99
3	r_{10}和r'_{10}中较大者	0.970	0.994	17	r_{22}和r'_{22}中较大者	0.527	0.614
4		0.829	0.926	18		0.513	0.602
5		0.710	0.821	19		0.500	0.582
6		0.628	0.740	20		0.488	0.570
7		0.569	0.680	21		0.479	0.560
8	r_{11}和r'_{11}中较大者	0.608	0.717	22		0.469	0.548
9		0.564	0.672	23		0.460	0.537
10		0.530	0.635	24		0.449	0.522
11	r_{21}和r'_{21}中较大者	0.619	0.709	25		0.441	0.518
12		0.583	0.660	26		0.436	0.509
13		0.557	0.638	27		0.427	0.504
14	r_{22}和r'_{22}中较大者	0.587	0.669	28		0.420	0.497
15		0.565	0.646	29		0.415	0.489
16		0.547	0.629	30		0.409	0.480

附表 3　Grubbs 检验的临界值表

n	0.95	0.975	0.99	0.995	n	0.95	0.975	0.99	0.995
3	1.153	1.155	1.155	1.155	17	2.475	2.620	2.785	2.894
4	1.463	1.481	1.492	1.496	18	2.504	2.651	2.821	2.932
5	1.672	1.715	1.749	1.764	19	2.532	2.681	2.854	2.958
6	1.822	1.887	1.944	1.973	20	2.557	2.709	2.884	3.001
7	1.938	2.020	2.097	2.139	21	2.580	2.733	2.912	3.031
8	2.032	2.126	2.221	2.274	22	2.603	2.758	2.939	3.060
9	2.110	2.215	2.323	2.387	23	2.624	2.781	2.963	3.087
10	2.176	2.290	2.410	2.482	24	2.644	2.802	2.987	3.112
11	2.234	2.355	2.485	2.564	25	2.663	2.822	3.009	3.135
12	2.285	2.412	2.550	2.636	26	2.681	2.841	3.029	3.157
13	2.331	2.462	2.607	2.699	27	2.698	2.859	3.049	3.178
14	2.371	2.507	2.659	2.755	28	2.714	2.876	3.068	3.199
15	2.409	2.549	2.705	2.806	29	2.730	2.893	3.085	3.218
16	2.443	2.585	2.747	2.852	30	2.745	2.908	3.103	3.236

附表 4　用 5 份 10mL 水样中各种阳性和阴性结果组合时的最可能数（MPN）表

5 个 10mL 管中阳性管数	最可能数（MPN）
0	<2.2
1	2.2
2	5.1
3	9.2
4	16.0
5	>16

附表 5　总大肠菌群 MPN 检索表

（总接种量 55.5mL，其中 5 份 10mL 水样、5 份 1mL 水样、5 份 0.1mL 水样）

接种量/mL			总大肠菌群 MNP/100mL	接种量/mL			总大肠菌群 MNP/100mL
10	1	0.1		10	1	0.1	
0	0	0	<2	1	0	0	2
0	0	1	2	1	0	1	4
0	0	2	4	1	0	2	6
0	0	3	5	1	0	3	8
0	0	4	7	1	0	4	10
0	0	5	9	1	0	5	12
0	1	0	2	1	1	0	4
0	1	1	4	1	1	1	6
0	1	2	6	1	1	2	8
0	1	3	7	1	1	3	10
0	1	4	9	1	1	4	12
0	1	5	11	1	1	5	14
0	2	0	4	1	2	0	6
0	2	1	6	1	2	1	8
0	2	2	7	1	2	2	10
0	2	3	9	1	2	3	12
0	2	4	11	1	2	4	15
0	2	5	13	1	2	5	17
0	3	0	6	1	3	0	8
0	3	1	7	1	3	1	10
0	3	2	9	1	3	2	12
0	3	3	11	1	3	3	15
0	3	4	13	1	3	4	17
0	3	5	15	1	3	5	19
0	4	0	8	1	4	0	11
0	4	1	9	1	4	1	13
0	4	2	11	1	4	2	15
0	4	3	13	1	4	3	17
0	4	4	15	1	4	4	19
0	4	5	17	1	4	5	22
0	5	0	9	1	5	0	13
0	5	1	11	1	5	1	15
0	5	2	13	1	5	2	17
0	5	3	15	1	5	3	19
0	5	4	17	1	5	4	22
0	5	5	19	1	5	5	24

续表

接种量/mL			总大肠菌群 MNP/100mL	接种量/mL			总大肠菌群 MNP/100mL
10	1	0.1		10	1	0.1	
2	0	0	5	3	0	0	8
2	0	1	7	3	0	1	11
2	0	2	9	3	0	2	13
2	0	3	12	3	0	3	16
2	0	4	14	3	0	4	20
2	0	5	16	3	0	5	23
2	1	0	7	3	1	0	11
2	1	1	9	3	1	1	14
2	1	2	12	3	1	2	17
2	1	3	14	3	1	3	20
2	1	4	17	3	1	4	23
2	1	5	19	3	1	5	27
2	2	0	9	3	2	0	14
2	2	1	12	3	2	1	17
2	2	2	14	3	2	2	20
2	2	3	17	3	2	3	24
2	2	4	19	3	2	4	27
2	2	5	22	3	2	5	31
2	3	0	12	3	3	0	17
2	3	1	14	3	3	1	21
2	3	2	17	3	3	2	24
2	3	3	20	3	3	3	28
2	3	4	22	3	3	4	32
2	3	5	25	3	3	5	36
2	4	0	15	3	4	0	21
2	4	1	17	3	4	1	24
2	4	2	20	3	4	2	28
2	4	3	23	3	4	3	32
2	4	4	25	3	4	4	36
2	4	5	28	3	4	5	40
2	5	0	17	3	5	0	25
2	5	1	20	3	5	1	29
2	5	2	23	3	5	2	32
2	5	3	26	3	5	3	37
2	5	4	29	3	5	4	41
2	5	5	32	3	5	5	45

续表

接种量/mL			总大肠菌群 MNP/100mL	接种量/mL			总大肠菌群 MNP/100mL
10	1	0.1		10	1	0.1	
4	0	0	13	5	0	0	23
4	0	1	17	5	0	1	31
4	0	2	21	5	0	2	43
4	0	3	25	5	0	3	58
4	0	4	30	5	0	4	76
4	0	5	36	5	0	5	95
4	1	0	17	5	1	0	33
4	1	1	21	5	1	1	46
4	1	2	26	5	1	2	63
4	1	3	31	5	1	3	84
4	1	4	36	5	1	4	110
4	1	5	42	5	1	5	130
4	2	0	22	5	2	0	49
4	2	1	26	5	2	1	70
4	2	2	32	5	2	2	94
4	2	3	38	5	2	3	120
4	2	4	44	5	2	4	150
4	2	5	50	5	2	5	180
4	3	0	27	5	3	0	79
4	3	1	33	5	3	1	110
4	3	2	39	5	3	2	140
4	3	3	45	5	3	3	180
4	3	4	52	5	3	4	210
4	3	5	59	5	3	5	250
4	4	0	34	5	4	0	130
4	4	1	40	5	4	1	170
4	4	2	47	5	4	2	220
4	4	3	54	5	4	3	280
4	4	4	62	5	4	4	350
4	4	5	69	5	4	5	430
4	5	0	41	5	5	0	240
4	5	1	48	5	5	1	350
4	5	2	56	5	5	2	540
4	5	3	64	5	5	3	920
4	5	4	72	5	5	4	1600
4	5	5	81	5	5	5	>1600

附表 6 51 孔定量盘法不同阳性结果的最大可能数（MPN）及 95%可信范围

阳性数	最大可能数（MPN/100mL）	95%可信范围	
		下限	上限
0	<1	0.0	3.7
1	1.0	0.3	5.6
2	2.0	0.6	7.3
3	3.1	1.1	9.0
4	4.2	1.7	10.7
5	5.3	2.3	12.3
6	6.4	3.0	13.9
7	7.5	3.7	15.5
8	8.7	4.5	17.1
9	9.9	5.3	18.8
10	11.1	6.1	20.5
11	12.4	7.0	22.1
12	13.7	7.9	23.9
13	15.0	8.8	25.7
14	16.4	9.8	27.5
15	17.8	10.8	29.4
16	19.2	11.9	31.3
17	20.7	13.0	33.3
18	22.2	14.1	35.2
19	23.8	15.3	37.3
20	25.4	16.5	39.4
21	27.1	17.7	41.6
22	28.8	19.0	43.9
23	30.6	20.4	46.3
24	32.4	21.8	48.7
25	34.4	23.3	51.2
26	36.4	24.7	53.9
27	38.4	26.4	56.6
28	40.6	28.0	59.5
29	42.9	29.7	62.5
30	45.3	31.5	65.6
31	47.8	33.4	69.0
32	50.4	35.4	72.5
33	53.1	37.5	76.2
34	56.0	39.7	80.1
35	59.1	42.0	84.4
36	62.4	44.6	88.8
37	65.9	47.2	93.7
38	69.7	50.0	99.0
39	73.8	53.1	104.8
40	78.2	56.4	111.2

续表

阳性数	最大可能数（MPN/100mL）	95%可信范围	
		下限	上限
41	83.1	59.9	118.3
42	88.5	63.9	126.2
43	94.5	68.2	135.4
44	101.3	73.1	146.0
45	109.1	78.6	158.7
46	118.4	85.0	174.5
47	129.8	92.7	195.0
48	144.5	102.3	224.1
49	165.2	115.2	272.2
50	200.5	135.8	387.6
51	>200.5	146.1	—

附表7　97孔定量盘法不同阳性结果的最可能数（MPN）

大孔阳性数	小孔阳性数												
	0	1	2	3	4	5	6	7	8	9	10	11	12
0	<1	1.0	2.0	3.0	4.0	5.0	6.0	7.0	8.0	9.0	10.0	11.0	12.0
1	1.0	2.0	3.0	4.0	5.0	6.0	7.1	8.1	9.1	10.1	11.1	12.1	13.2
2	2.0	3.0	4.1	5.1	6.1	7.1	8.1	9.2	10.2	11.2	12.2	13.3	14.3
3	3.1	4.1	5.1	6.1	7.2	8.2	9.2	10.3	11.3	12.4	13.4	14.5	15.5
4	4.1	5.2	6.2	7.2	8.3	9.3	10.4	11.4	12.5	13.5	14.6	15.6	16.7
5	5.2	6.3	7.3	8.4	9.4	10.5	11.5	12.6	13.7	14.7	15.8	16.9	17.9
6	6.3	7.4	8.4	9.5	10.6	11.6	12.7	13.8	14.9	16.0	17.0	18.1	19.2
7	7.5	8.5	9.6	10.7	11.8	12.8	13.9	15.0	16.1	17.2	18.3	19.4	20.5
8	8.6	9.7	10.8	11.9	13.0	14.1	15.2	16.3	17.4	18.5	19.6	20.7	21.8
9	9.8	10.9	12.0	13.1	14.2	15.3	16.4	17.6	18.7	19.8	20.9	22.0	23.2
10	11.0	12.1	13.2	14.4	15.5	16.6	17.7	18.9	20.0	21.1	22.3	23.4	24.6
11	12.2	13.4	14.5	15.6	16.8	17.9	19.1	20.2	21.4	22.5	23.7	24.8	26.0
12	13.5	14.6	15.8	16.9	18.1	19.3	20.4	21.6	22.8	23.9	25.1	26.3	27.5
13	14.8	16.0	17.1	18.3	19.5	20.6	21.8	23.0	24.2	25.4	26.6	27.8	29.0
14	16.1	17.3	18.5	19.7	20.9	22.1	23.3	24.5	25.7	26.9	28.1	29.3	30.5
15	17.5	18.7	19.9	21.1	22.3	23.5	24.7	25.9	27.2	28.4	29.6	30.9	32.1
16	18.9	20.1	21.3	22.6	23.8	25.0	26.2	27.5	28.7	30.3	31.2	32.5	33.7
17	20.3	21.6	22.8	24.1	25.3	26.6	27.8	29.1	30.3	31.6	32.9	34.1	35.4
18	21.8	23.1	24.3	25.6	26.9	28.1	29.4	30.7	32.0	33.3	34.6	35.9	37.2
19	23.3	24.6	25.9	27.2	28.5	29.8	31.3	32.4	33.7	35.0	36.3	34.6	39.0
20	24.9	26.2	27.5	28.8	30.1	31.5	32.8	34.1	35.4	36.8	38.1	39.5	40.8
21	26.5	27.9	29.2	30.5	31.8	33.2	34.5	35.9	37.3	38.6	40.4	41.4	42.8
22	28.2	29.5	30.9	32.3	33.6	35.0	36.4	37.7	39.1	40.5	41.9	43.3	44.8
23	29.9	31.3	32.7	34.1	35.5	36.8	38.3	39.7	41.1	42.5	43.9	45.4	46.8
24	31.7	33.1	34.5	35.9	37.3	38.8	40.2	41.7	43.1	44.6	46.0	47.5	49.0
25	33.6	35.0	36.4	37.9	39.3	40.8	42.2	43.7	45.2	46.7	48.2	49.7	51.2

续表

大孔阳性数	小孔阳性数												
	0	1	2	3	4	5	6	7	8	9	10	11	12
26	35.5	36.9	38.4	39.9	41.4	42.8	44.3	45.9	47.4	48.9	50.4	52.0	53.5
27	37.4	38.9	40.4	42.0	43.5	45.0	46.5	48.1	49.6	51.2	52.8	54.4	56.0
28	39.5	41.0	42.6	44.1	45.7	47.3	48.8	50.4	52.0	53.6	55.2	56.9	58.5
29	41.7	43.2	44.8	46.4	48.0	49.6	51.2	52.8	54.5	56.1	57.8	59.5	61.2
30	43.9	45.5	47.1	48.7	50.4	52.0	53.7	55.4	57.1	58.8	60.5	62.2	64.0
31	46.2	47.9	49.5	51.2	52.9	54.6	56.3	58.1	59.8	61.6	63.3	65.1	66.9
32	48.7	50.4	52.1	53.8	55.6	57.3	59.1	60.9	62.7	64.5	66.3	68.2	70.0
33	51.2	53.0	54.8	56.5	58.3	60.2	62.0	63.8	65.7	67.6	69.5	71.4	73.3
34	53.9	55.7	57.6	59.4	61.3	63.1	65.0	67.0	68.9	70.8	72.8	74.8	76.8
35	56.8	58.6	60.5	62.4	64.4	66.3	68.3	70.3	72.3	74.3	76.3	78.4	80.5
36	59.8	61.7	63.7	65.7	67.7	69.7	71.7	73.8	75.9	78.0	80.1	82.3	84.5
37	62.9	65.0	67.0	69.1	71.2	73.3	75.4	77.6	79.8	82.0	84.2	85.5	88.8
38	66.3	68.4	70.6	72.7	74.9	77.1	79.4	81.6	83.9	86.2	88.2	91.0	93.4

大孔阳性数	小孔阳性数												
	0	1	2	3	4	5	6	7	8	9	10	11	12
39	70.0	72.2	74.4	76.7	78.9	81.3	83.6	86.0	88.4	90.9	93.4	95.9	98.4
40	73.8	76.2	78.5	80.9	83.3	85.7	88.2	90.8	93.3	95.9	98.5	101.2	103.9
41	78.0	80.5	83.0	85.5	88.0	90.6	93.3	95.9	98.7	101.4	104.3	107.1	110.0
42	82.6	85.2	87.8	90.5	93.2	96.0	98.8	101.7	104.6	107.6	110.6	113.7	116.9
43	87.6	90.4	93.2	96.0	99.0	101.9	105.0	108.1	111.2	114.5	117.8	121.1	124.6
44	93.1	96.1	99.1	102.2	105.4	108.6	111.9	115.3	118.7	122.3	125.9	129.6	133.4
45	99.3	102.5	105.8	109.2	112.6	116.2	119.8	123.6	127.4	131.4	135.4	139.8	143.9
46	106.3	109.8	113.4	117.2	121.0	125.0	129.1	133.3	137.6	142.1	146.7	151.5	156.5
47	114.3	118.3	122.4	126.6	130.9	135.4	140.1	145.0	150.0	155.3	160.7	166.4	172.3
48	123.9	128.4	133.1	137.9	143.0	148.3	153.9	159.7	165.8	172.2	178.9	186.0	193.5
49	135.5	140.8	146.4	152.3	158.5	165.0	172.0	179.3	187.2	195.6	204.6	214.3	224.7

大孔阳性数	小孔阳性数												
	13	14	15	16	17	18	19	20	21	22	23	24	25
0	13.0	14.1	15.1	16.1	17.1	18.1	19.1	20.2	21.2	22.2	23.3	24.3	25.3
1	14.2	15.2	16.2	17.3	18.3	19.3	20.4	21.4	22.4	23.5	24.5	25.6	26.6
2	15.4	16.4	17.4	18.5	19.5	20.6	21.6	22.7	23.7	24.8	25.8	26.9	27.9
3	16.5	17.6	18.6	19.7	20.8	21.8	22.9	23.9	25.0	26.1	27.1	28.2	29.3
4	17.8	18.8	19.9	21.0	22.0	23.1	24.2	25.3	26.3	27.4	28.5	29.6	30.7
5	19.0	20.1	21.2	22.2	23.3	24.4	25.5	26.6	27.7	28.8	29.9	31.0	32.1
6	20.3	21.4	22.5	23.6	24.7	25.8	26.9	28.0	29.1	30.2	31.3	32.4	33.5
7	21.6	22.7	23.8	24.9	26.0	27.1	28.3	29.4	30.5	31.6	32.8	33.9	35.0
8	22.9	24.1	25.2	26.3	27.4	28.6	29.7	30.8	32.0	33.1	34.3	35.4	36.6
9	24.3	25.4	26.6	27.7	28.9	30.0	31.2	32.3	33.5	34.8	35.8	37.0	38.1
10	25.7	26.9	28.0	29.2	30.3	31.5	32.7	33.8	35.0	36.2	37.4	38.6	39.7
11	27.2	28.3	29.5	30.7	31.9	33.0	34.2	35.4	36.6	37.8	39.0	40.2	41.1
12	28.6	29.8	31.0	32.2	33.4	34.6	35.8	37.0	38.2	39.5	40.7	41.9	43.1

续表

大孔阳性数	小孔阳性数												
	13	14	15	16	17	18	19	20	21	22	23	24	25
13	30.2	31.4	32.6	33.8	35.0	36.2	37.5	38.7	39.9	41.2	42.4	43.6	44.9
14	31.7	33.0	34.2	35.4	36.7	37.9	39.1	40.4	41.6	42.9	44.2	45.4	46.7
15	33.3	34.6	35.8	37.1	38.4	39.6	40.9	42.2	43.4	44.7	46.0	47.3	48.6
16	35.0	36.3	37.5	38.8	40.1	41.4	42.7	44.0	45.3	46.6	47.9	48.2	50.5
17	36.7	38.0	39.3	40.6	41.9	43.2	44.5	45.9	47.2	48.5	49.8	51.2	52.5
18	38.5	39.8	41.4	42.4	43.8	45.1	46.5	47.8	49.2	50.5	51.9	53.2	54.6
19	40.3	41.6	43.0	44.3	45.7	47.1	48.4	49.8	51.2	52.6	54.0	55.4	56.8
20	42.4	43.6	44.9	46.3	47.7	49.1	50.5	51.9	53.3	54.7	56.1	57.6	59.0
21	44.1	45.5	46.9	48.4	49.8	51.2	52.6	54.1	55.5	56.9	58.4	59.9	61.3
22	46.2	47.6	49.0	50.5	51.9	53.4	54.8	56.3	57.8	59.3	60.8	62.3	63.8
23	48.3	49.7	51.2	52.7	54.2	55.6	57.1	58.6	60.2	61.7	63.2	64.7	66.3
24	50.5	52.0	53.5	55.0	56.5	58.0	59.5	61.1	62.6	64.2	65.8	67.3	68.9
25	52.7	54.3	55.8	57.3	58.9	60.5	62.0	63.6	65.2	66.8	68.4	70.0	71.7
大孔阳性数	小孔阳性数												
	13	14	15	16	17	18	19	20	21	22	23	24	25
26	55.1	56.7	58.2	59.8	61.4	63.0	64.7	66.3	67.9	69.6	71.2	72.9	74.6
27	57.6	59.2	60.8	62.7	64.1	66.7	67.4	69.1	70.8	72.5	74.2	75.9	77.0
28	60.2	61.8	63.5	65.2	66.9	68.6	70.3	72.0	73.7	75.5	77.3	79.0	80.8
29	62.9	64.6	66.3	68.0	69.8	71.5	73.3	75.1	76.9	78.7	80.5	82.4	84.2
30	65.7	67.5	69.3	71.0	72.9	74.7	76.5	78.3	80.2	82.1	84.0	85.9	87.8
31	68.7	70.5	72.4	74.2	76.1	78.0	79.9	81.8	83.7	85.7	87.6	89.6	91.6
32	71.9	73.8	75.7	77.5	19.5	81.5	83.5	85.4	87.5	89.5	91.5	93.6	95.7
33	75.2	77.2	79.2	81.2	83.2	85.2	87.3	89.3	91.4	93.6	95.7	97.8	100.0
34	78.8	80.8	82.9	85.0	87.1	89.2	91.4	93.5	95.7	97.9	100.2	102.4	104.7
35	82.6	84.7	86.9	89.1	91.3	93.5	95.7	98.0	100.3	102.6	105.0	107.3	109.7
36	86.7	88.9	91.2	93.5	95.8	98.1	100.5	102.9	105.3	107.7	110.2	112.7	115.2
37	91.1	93.4	95.8	98.2	100.6	103.1	105.6	108.1	110.7	113.3	115.9	118.6	121.3
38	95.8	98.3	100.8	103.4	105.9	108.6	111.2	113.9	116.6	119.4	122.2	125.0	127.9
39	101.0	103.6	106.3	109.0	111.8	114.6	117.4	120.3	123.2	126.1	129.2	132.2	135.3
40	106.7	109.5	112.4	115.3	118.2	121.2	124.3	127.4	130.5	133.7	137.0	140.3	143.7
41	113.0	116.0	119.1	122.2	125.4	128.7	132.0	135.4	138.8	142.3	145.9	149.5	153.2
42	120.1	123.4	126.7	130.1	133.6	137.2	140.8	144.5	148.3	152.2	156.1	160.2	164.3
43	128.1	131.7	135.4	139.1	143.0	147.0	151.0	155.2	159.4	163.8	168.2	172.8	177.5
44	137.4	141.4	145.5	149.7	154.1	158.5	163.1	167.9	172.7	177.7	182.9	188.2	193.6
45	148.3	152.9	157.6	162.4	167.4	172.6	178.0	183.5	169.2	195.1	201.2	207.5	214.1
46	161.6	167.0	172.5	178.2	184.2	190.4	196.8	203.5	210.5	217.8	225.4	233.3	241.5
47	178.5	185.0	191.8	198.9	206.4	214.2	222.4	231.0	240.0	249.5	259.5	270.0	280.9
48	210.4	209.8	218.7	228.2	238.2	248.9	260.3	272.3	285.1	298.7	313.0	328.2	344.1
49	235.9	248.1	261.3	275.5	290.9	307.6	325.5	344.8	365.4	387.3	410.6	435.2	461.1

续表

大孔阳性数	小孔阳性数												
	26	27	28	29	30	31	32	33	34	35	36	37	38
0	26.4	27.4	28.4	29.5	30.5	31.5	32.6	33.6	34.7	35.7	36.8	37.8	38.9
1	27.7	28.7	29.8	30.8	31.9	32.9	34.0	35.0	36.1	37.2	38.2	39.3	40.4
2	29.0	30.0	31.1	32.2	33.2	34.3	35.4	36.5	37.5	38.6	39.7	40.8	41.9
3	30.4	31.4	32.5	33.6	34.7	35.8	36.8	37.9	39.0	40.1	41.2	42.3	43.4
4	31.8	32.8	33.9	35.0	36.1	37.2	38.3	39.4	40.5	41.6	42.8	43.9	45.0
5	33.2	34.3	35.4	36.5	37.6	38.7	39.9	41.0	42.1	43.2	44.4	45.5	46.6
6	34.7	35.8	36.9	38.0	39.2	40.3	41.4	42.6	43.7	44.8	46.0	47.1	48.3
7	36.2	37.3	38.4	39.8	40.7	41.9	43.0	44.2	45.3	46.5	47.7	48.8	50.0
8	37.7	38.9	40.0	41.2	42.3	43.5	44.7	45.9	47.0	48.2	49.4	50.6	51.8
9	39.3	40.5	41.6	42.8	44.0	45.2	46.4	47.6	48.8	50.0	51.2	52.4	53.6
10	40.9	42.1	43.3	44.5	45.7	46.9	48.1	49.3	50.6	51.8	53.0	54.2	55.5
11	42.6	43.8	45.0	46.3	47.5	48.7	49.9	51.2	52.4	53.7	54.9	56.1	57.4
大孔阳性数	小孔阳性数												
	26	27	28	29	30	31	32	33	34	35	36	37	38
12	44.3	45.6	46.8	48.1	49.3	50.6	51.8	53.1	54.3	55.6	56.8	58.1	59.4
13	46.1	47.4	48.6	49.9	51.2	52.5	53.7	55.0	56.3	57.6	58.9	60.2	61.5
14	48.0	49.3	50.5	51.8	53.1	54.4	55.7	57.0	58.3	59.6	60.9	62.3	63.6
15	49.9	51.2	52.5	53.8	55.1	56.4	57.8	59.1	60.4	61.8	63.1	64.5	65.8
16	51.8	53.2	54.5	55.8	57.2	58.5	59.9	61.2	62.6	64.0	65.3	66.7	68.1
17	53.9	55.2	56.6	58.0	59.3	50.7	62.1	63.5	64.9	66.3	67.7	69.1	70.5
18	56.0	57.4	58.8	60.2	61.6	63.0	64.4	65.8	67.2	68.6	70.1	71.5	73.0
19	58.2	59.6	61.0	62.4	63.9	65.3	66.8	68.2	69.7	71.1	72.6	74.1	75.5
20	60.4	61.9	63.3	64.8	66.3	67.7	69.2	70.7	72.2	73.7	75.2	76.7	78.2
21	62.8	64.3	65.8	67.3	68.8	70.3	71.8	73.3	74.9	76.4	77.9	79.5	81.1
22	65.3	66.8	68.3	69.8	71.4	72.9	74.5	76.1	77.6	79.2	80.8	82.4	84.0
23	67.8	69.4	71.0	72.5	74.1	75.7	77.3	78.9	80.5	82.2	83.8	85.4	87.1
24	70.5	72.1	73.7	75.3	77.0	78.6	80.3	81.9	83.6	85.2	86.9	88.6	90.3
25	73.3	75.0	76.0	78.3	80.0	81.7	83.3	85.1	86.8	88.5	90.2	92.0	93.7
26	76.3	78.0	79.7	81.4	83.1	84.8	86.6	88.4	90.1	91.9	93.7	95.5	97.3
27	79.4	81.1	82.9	84.6	86.4	88.2	90.0	91.9	93.7	95.5	97.4	99.3	101.2
28	82.6	84.4	86.3	88.1	89.9	91.8	93.7	95.6	97.5	99.4	101.3	103.3	105.2
29	86.1	87.9	89.8	91.7	93.7	95.6	97.5	99.5	101.5	103.6	105.5	107.5	109.5
30	89.7	91.7	93.6	95.6	97.6	99.6	101.6	103.7	105.7	107.8	109.9	112.0	114.2
31	93.6	95.6	97.7	99.7	101.8	103.9	106.0	108.2	110.3	112.5	114.7	116.9	119.1
32	97.8	99.9	102.0	104.2	106.3	108.5	110.7	113.0	115.2	117.5	119.8	122.1	124.5
33	102.2	104.4	105.6	108.9	111.2	113.5	115.8	118.2	120.5	122.9	125.4	127.8	130.3
34	107.0	109.3	111.7	114.0	116.4	118.9	121.3	123.8	126.3	128.8	131.4	134.0	136.6
35	112.2	114.6	117.1	119.6	122.2	124.7	127.3	129.9	132.6	135.3	138.0	140.8	143.6
36	117.8	120.4	123.0	125.7	128.4	131.1	133.9	136.7	139.5	142.4	145.3	148.3	151.3
37	120.4	126.8	129.6	132.4	135.3	138.2	141.2	144.2	147.3	150.3	153.5	156.7	159.9
38	130.8	133.8	136.8	139.9	143.0	146.2	149.2	152.6	155.9	159.2	162.6	166.1	169.6

续表

大孔阳性数	小孔阳性数												
	26	27	28	29	30	31	32	33	34	35	36	37	38
39	138.5	141.7	145.0	148.3	151.7	155.1	158.6	162.1	165.7	169.4	173.1	176.9	180.7
40	147.1	150.6	154.2	157.8	161.5	165.3	169.1	173.0	177.0	181.1	185.2	189.4	193.7
41	157.0	160.9	164.8	168.9	173.0	177.2	181.5	185.8	190.3	194.8	199.5	204.2	209.1
42	168.6	172.9	177.3	181.9	186.5	191.3	196.1	201.1	206.2	211.4	216.7	222.2	227.7
43	182.3	187.3	192.4	197.6	202.9	208.4	214.0	219.8	225.9	231.8	238.1	244.5	251.0
44	199.3	205.1	211.0	217.2	223.5	230.0	236.7	243.6	250.8	258.1	265.6	273.3	281.2
45	220.9	227.9	235.2	242.7	250.4	258.4	266.7	275.3	284.1	293.3	302.6	312.3	322.3
46	250.0	258.9	268.2	277.8	287.8	298.1	308.8	319.9	331.4	343.3	355.5	368.1	381.1
47	292.4	304.4	316.9	330.0	343.6	357.8	372.5	387.7	403.4	149.8	436.6	454.1	472.1
48	360.9	378.4	396.8	416.0	436.0	456.9	478.6	501.2	524.7	549.3	574.8	601.5	629.4
49	488.4	517.2	547.5	579.4	613.1	648.8	686.7	727.0	770.1	816.4	866.4	920.8	980.4

大孔阳性数	小孔阳性数									
	39	40	41	42	43	44	45	46	47	48
0	40.0	41.0	42.1	43.1	44.2	45.3	46.3	47.4	48.5	49.5
1	41.4	42.5	43.6	44.7	45.7	46.8	47.9	49.0	50.1	51.2
2	43.0	44.0	45.1	46.2	47.3	48.4	49.5	50.6	51.7	52.8
3	44.5	45.6	46.7	47.8	48.9	50.0	51.2	52.3	53.4	54.5
4	46.1	47.2	48.3	49.5	50.6	51.7	52.9	54.0	55.1	56.3
5	47.7	48.9	50.0	51.2	52.3	53.5	54.6	55.8	56.9	58.1
6	49.4	50.6	51.7	52.9	54.1	55.2	56.4	57.6	58.7	59.9
7	51.2	52.3	53.5	54.7	55.9	57.1	58.3	59.4	60.6	61.8
8	53.0	54.1	55.3	56.5	57.7	59.0	60.2	61.4	62.6	63.8
9	54.8	56.0	57.2	58.4	59.7	60.9	62.1	63.4	64.6	65.8
10	56.7	57.9	59.2	60.4	61.7	62.9	64.2	65.4	66.7	67.9
11	58.6	59.9	61.2	62.4	63.7	65.0	66.3	67.5	68.8	70.1
12	60.7	62.0	63.2	64.5	65.8	67.1	68.4	69.7	71.0	72.4
13	62.8	64.1	65.4	66.7	68.0	69.3	70.7	72.0	73.3	74.7
14	64.9	66.3	67.6	68.9	70.3	71.6	73.0	74.4	75.7	77.1
15	67.2	68.5	69.9	71.3	72.6	74.0	75.4	76.8	78.2	79.6
16	69.5	70.9	72.3	73.7	75.1	76.5	77.9	79.3	80.8	82.2
17	71.9	73.3	74.8	76.2	77.6	79.1	80.5	82.0	83.5	84.9
18	74.7	75.9	77.3	78.8	80.3	81.8	83.3	84.8	86.3	87.8
19	77.0	78.5	80.0	81.5	83.1	84.6	86.1	87.6	89.2	90.7
20	79.8	81.3	82.8	84.4	85.9	87.5	89.1	90.7	92.2	93.8
21	82.6	84.2	85.8	87.4	89.0	90.6	92.2	93.8	95.4	97.1
22	85.6	87.2	88.9	90.5	92.1	93.8	95.5	97.1	98.8	100.5
23	88.7	90.4	92.1	93.8	95.5	97.2	98.9	100.6	102.4	104.1
24	92.0	93.8	95.5	97.2	99.0	100.7	102.5	104.3	106.1	107.9
25	95.5	97.3	99.1	100.9	102.7	104.5	106.3	108.2	110.0	111.9
26	99.2	101.0	102.9	104.7	106.6	108.5	110.4	112.3	114.2	116.2
27	103.1	105.0	106.9	108.8	110.8	112.7	114.7	116.7	118.7	120.7

续表

大孔阳性数	小孔阳性数									
	39	40	41	42	43	44	45	46	47	48
28	107.2	109.2	111.2	113.2	115.2	117.3	119.3	121.4	123.5	125.6
29	111.6	113.7	115.7	117.8	120.0	122.1	124.2	126.4	128.6	130.8
30	116.3	118.5	120.6	122.8	125.1	127.3	129.5	131.8	134.1	136.4
31	121.4	123.6	125.9	128.2	130.5	132.9	135.3	137.7	140.1	142.5
32	126.8	129.2	131.6	134.0	136.5	139.0	141.5	144.0	146.6	149.1
33	132.8	135.3	137.8	140.4	143.0	145.6	148.3	150.9	153.7	156.4
34	139.2	141.9	144.6	147.4	150.1	152.9	155.7	158.6	161.5	164.4
35	146.4	149.2	152.1	155.0	158.0	161.0	164.0	167.1	170.2	173.3
36	154.3	157.3	160.5	163.6	166.8	170.0	173.3	176.6	179.9	183.3
37	163.1	166.5	169.8	173.2	176.7	180.2	183.7	187.3	191.0	194.7
38	173.2	176.8	180.4	183.2	188.0	191.8	195.7	199.7	203.7	207.7
39	184.7	188.7	192.7	196.8	201.0	205.3	209.6	214.0	218.5	223.0
大孔阳性数	小孔阳性数									
	39	40	41	42	43	44	45	46	47	48
40	198.1	202.5	207.1	211.7	216.4	221.1	226.0	231.0	236.0	241.1
41	214.0	219.1	224.2	229.4	234.8	240.2	245.8	251.5	257.2	263.1
42	233.4	239.2	245.2	251.3	257.5	263.8	270.3	276.9	283.6	290.5
43	257.7	264.6	271.7	278.9	286.3	293.8	301.5	309.4	317.4	325.7
44	289.4	297.8	306.3	315.1	324.1	333.3	342.8	352.4	362.3	372.4
45	332.5	343.0	353.8	364.9	376.2	387.9	399.8	412.0	424.5	437.4
46	394.5	408.3	422.5	437.1	452.0	467.4	483.3	499.6	516.3	533.5
47	490.7	509.9	529.8	550.4	571.7	593.8	616.7	640.5	665.3	691.0
48	658.6	689.3	721.5	755.6	791.5	829.7	870.4	913.9	960.6	1011.2
49	1046.2	1119.9	1203.3	1299.7	1413.6	1553.1	1732.9	1986.3	2419.6	>2419.6

附表8 最大可能数（MPN）表

（总接种量55.5mL，其中5份10mL水样、5份1mL水样、5份0.1mL水样）

各接种量阳性份数			MPN/100mL	95%置信限		各接种量阳性份数			MPN/100mL	95%置信限	
10mL	1mL	0.1mL		下限	下限	10mL	1mL	0.1mL		下限	上限
0	0	0	<2			0	2	0	4	<0.5	11
0	0	1	2	<0.5	7	0	2	1	6	<0.5	15
0	0	2	4	<0.5	7	0	2	2	7		
0	0	3	5			0	2	3	9		
0	0	4	7			0	2	4	11		
0	0	5	9			0	2	5	13		
0	1	0	2	<0.5	7	0	3	0	6	<0.5	15
0	1	1	4	<0.5	11	0	3	1	7		
0	1	2	6	<0.5	15	0	3	2	9		
0	1	3	7			0	3	3	11		
0	1	4	9			0	3	4	13		
0	1	5	11			0	3	5	15		

续表

各接种量阳性份数			MPN/100mL	95%置信限		各接种量阳性份数			MPN/100mL	95%置信限	
10mL	1mL	0.1mL		下限	下限	10mL	1mL	0.1mL		下限	上限
0	4	0	8			1	4	5	22		
0	4	1	9			1	5	0	13		
0	4	2	11			1	5	1	15		
0	4	3	13			1	5	2	17		
0	4	4	15			1	5	3	19		
0	4	5	17			1	5	4	22		
0	5	0	9			1	5	5	24		
0	5	1	11			2	0	0	5	<0.5	13
0	5	2	13			2	0	1	7	1	17
0	5	3	15			2	0	2	9	2	21
0	5	4	17			2	0	3	12	3	28
0	5	5	19			2	0	4	14		
1	0	0	2	<0.5	7	2	0	5	16		
1	0	1	4	<0.5	11	2	1	0	7	1	17
1	0	2	6	<0.5	15	2	1	1	9	2	21
1	0	3	8	1	19	2	1	2	12	3	28
1	0	4	10			2	1	3	14		
1	0	5	12			2	1	4	17		
1	1	0	4	<0.5	11	2	1	5	19		
1	1	1	6	<0.5	15	2	2	0	9	2	21
1	1	2	8	1	19	2	2	1	12	3	28
1	1	3	10			2	2	2	14	4	34
1	1	4	12			2	2	3	17		
1	1	5	14			2	2	4	19		
1	2	0	6	<0.5	15	2	2	5	22		
1	2	1	8	1	19	2	3	0	12	3	23
1	2	2	10	2	23	2	3	1	14	4	34
1	2	3	12			2	3	2	17		
1	2	4	15			2	3	3	20		
1	2	5	17			2	3	4	22		
1	3	0	8	1	19	2	3	5	25		
1	3	1	10	2	23	2	4	0	15	4	37
1	3	2	12			2	4	1	17		
1	3	3	15			2	4	2	20		
1	3	4	17			2	4	3	23		
1	3	5	19			2	4	4	25		
1	4	0	11			2	4	5	28		
1	4	1	13			2	5	0	17		
1	4	2	15			2	5	1	20		
1	4	3	17			2	5	2	23		
1	4	4	19			2	5	3	26		

续表

各接种量阳性份数			MPN/100mL	95%置信限		各接种量阳性份数			MPN/100mL	95%置信限	
10mL	1mL	0.1mL		下限	下限	10mL	1mL	0.1mL		下限	上限
2	5	4	29			4	0	3	25	8	75
2	5	5	32			4	0	4	30		
3	0	0	8	1	19	4	0	5	36		
3	0	1	11	2	25	4	1	0	17	5	46
3	0	2	13	3	31	4	1	1	21	7	63
3	0	3	16			4	1	2	26	9	78
3	0	4	20			4	1	3	31		
3	0	5	23			4	1	4	36		
3	1	0	11	2	25	4	1	5	42		
3	1	1	14	4	34	4	2	0	22	7	67
3	1	2	17	5	46	4	2	1	26	9	78
3	1	3	20	6	60	4	2	2	32	11	91
3	1	4	23			4	2	3	38		
3	1	5	27			4	2	4	44		
3	2	0	14	4	34	4	2	5	50		
3	2	1	17	5	46	4	3	0	27	9	80
3	2	2	20	6	60	4	3	1	33	11	93
3	2	3	24			4	3	2	39	13	110
3	2	4	27			4	3	3	45		
3	2	5	31			4	3	4	52		
3	3	0	17	5	46	4	3	5	59		
3	3	1	21	7	63	4	4	0	34	12	93
3	3	2	24			4	4	1	40	14	110
3	3	3	28			4	4	2	47		
3	3	4	32			4	4	3	54		
3	3	5	36			4	4	4	62		
3	4	0	21			4	4	5	69		
3	4	1	24			4	5	0	41	16	120
3	4	2	28			4	5	1	48		
3	4	3	32			4	5	2	56		
3	4	4	36			4	5	3	64		
3	4	5	40			4	5	4	72		
3	5	0	25	8	75	4	5	5	81		
3	5	1	29			5	0	0	23	7	70
3	5	2	32			5	0	1	31	11	89
3	5	3	37			5	0	2	43	15	110
3	5	4	41			5	0	3	58	19	140
3	5	5	45			5	0	4	76	24	180
4	0	0	13	3	31	5	0	5	95		
4	0	1	17	5	46	5	1	0	33	11	93
4	0	2	21	7	63	5	1	1	46	16	120

续表

各接种量阳性份数			MPN/100mL	95%置信限		各接种量阳性份数			MPN/100mL	95%置信限	
10mL	1mL	0.1mL		下限	下限	10mL	1mL	0.1mL		下限	上限
5	1	2	63	21	150	5	3	4	210	53	670
5	1	3	84	26	200	5	3	5	250	77	790
5	1	4	110			5	4	0	130	35	300
5	1	5	130			5	4	1	170	43	490
5	2	0	49	17	130	5	4	2	220	57	700
5	2	1	70	23	170	5	4	3	280	90	850
5	2	2	94	28	220	5	4	4	350	120	1000
5	2	3	120	33	280	5	4	5	430	150	1200
5	2	4	150	38	370	5	5	0	240	68	750
5	2	5	180	44	520	5	5	1	350	120	1000
5	3	0	79	25	190	5	5	2	540	180	1400
5	3	1	110	31	250	5	5	3	920	300	3200
5	3	2	140	37	340	5	5	4	1600	640	5800
5	3	3	180	44	500	5	5	5	≥2400	800	

附表9 粪性链球菌MPN检索表

出现阳性份数接种量/mL			每100mL水样细菌最有可能数	95%可信限值	
10	1	0.1		下限	上限
0	0	0	<2	—	—
0	0	1	2	<0.5	7
0	1	0	2	<0.5	7
0	2	0	4	<0.5	11
1	0	0	2	<0.5	7
1	0	1	4	<0.5	11
1	1	0	4	<0.5	11
1	1	1	6	<0.5	15
1	2	0	6	<0.5	15
2	0	0	5	<0.5	13
2	0	1	7	1	17
2	1	0	7	1	17
2	1	1	9	2	21
2	2	0	9	2	21
2	3	0	12	3	28
3	0	0	8	1	19
3	0	1	11	2	25
3	1	0	11	2	25
3	1	1	14	4	34
3	2	0	14	4	34

续表

出现阳性份数接种量/mL			每100mL水样细菌最有可能数	95%可信限值	
10	1	0.1		下限	上限
3	2	1	17	5	46
3	3	0	17	5	46
4	0	0	13	3	31
4	0	1	17	5	46
4	1	0	17	5	46
4	1	1	21	7	63
4	1	2	26	9	78
4	2	0	22	7	67
4	2	1	26	9	78
4	3	0	27	9	80
4	3	1	33	11	93
4	4	0	34	12	93
5	0	0	23	7	70
5	0	1	34	11	89
5	0	2	43	15	110
5	1	0	33	11	93
5	1	1	46	16	120
5	1	2	63	21	150
5	2	0	49	17	130
5	2	1	70	23	170
5	2	2	94	23	220
5	3	0	79	25	190
5	3	1	110	31	250
5	3	2	140	37	310
5	3	3	180	44	500
5	4	0	130	35	300
5	4	1	170	43	190
5	4	2	220	57	700
5	4	3	280	90	850
5	4	4	350	120	1000
5	5	0	240	68	750
5	5	1	350	120	1000
5	5	2	540	180	1400
5	5	3	920	300	3200
5	5	4	1600	640	5800
5	5	5	≫2400	—	—

注：上表为接种5份10mL水样、5份1mL水样、5份0.1mL水样时，不同阳性及阴性情况下100mL水样中细菌数的最可能数和95%可信限值。

附表 10　亚硫酸盐还原厌氧菌孢子最可能数（MPN）检索表

接种量/mL			MPN/100mL	接种量/mL			MPN/100mL
50	10	1		50	10	1	
0	0	0	<1	1	2	1	7
0	0	1	1	1	2	2	10
0	0	2	2	1	2	3	12
0	1	0	1	1	3	0	8
0	1	1	2	1	3	1	11
0	1	2	3	1	3	2	14
0	2	0	2	1	3	3	18
0	2	1	3	1	3	4	21
0	2	2	4	1	4	0	13
0	3	0	3	1	4	1	17
0	3	1	5	1	4	2	22
0	4	0	5	1	4	3	28
1	0	0	1	1	4	4	35
1	0	1	3	1	4	5	43
1	0	2	4	1	5	0	24
1	0	3	6	1	5	1	35
1	1	0	3	1	5	2	54
1	1	1	5	1	5	3	92
1	1	2	7	1	5	4	161
1	1	3	9	1	5	5	>180
1	2	0	5	～	～	～	～

注：总接种量 105mL，其中 1 份 50mL 水样、5 份 10mL 水样、5 份 1mL 水样。

附表 11　亚硫酸盐还原厌氧菌孢子最可能数（MPN）检索表

接种量/mL			MPN/100mL	接种量/mL			MPN/100mL
10	1	0.1		10	1	0.1	
0	0	0	<2	3	1	0	11
0	1	0	2	3	1	1	14
0	2	0	4	3	2	0	14
1	0	0	2	3	2	1	17
1	0	1	4	3	3	0	17
1	1	0	4	4	0	0	13
1	1	1	6	4	0	1	17
2	0	0	5	4	1	0	17
2	0	1	7	4	1	1	21
2	1	0	7	4	1	2	26
2	1	1	9	4	2	0	22
2	2	0	9	4	2	1	26
2	3	0	12	4	3	0	27
3	0	0	8	4	3	1	33
3	0	1	11	4	4	0	34

续表

接种量/mL			MPN/100mL	接种量/mL			MPN/100mL
10	1	0.1		10	1	0.1	
5	0	0	12	5	3	3	180
5	0	1	31	5	4	0	130
5	0	2	43	5	4	1	170
5	1	0	33	5	4	2	220
5	1	1	46	5	4	3	280
5	1	2	63	5	4	4	350
5	2	0	49	5	5	0	240
5	2	1	70	5	5	1	350
5	2	2	94	5	5	2	540
5	3	0	79	5	5	3	920
5	3	1	110	5	5	4	1600
5	3	2	140	5	5	5	>1800

注：总接种量 55.5mL，其中 5 份 10mL 水样、5 份 1mL 水样、5 份 0.1mL 水样。

参考文献

1. 书籍类

[1] 中国城镇供水协会. 水质检验工 [M]. 北京：中国建筑工业出版社，2005.

[2] 孙文章，郭德铨，等. 净水工 [M]. 北京：中国建筑工业出版社，1996.

[3] 黄玉莲，黄天笑，等. 水质检验 [M]. 广州：华南理工大学出版社，2014.

[4] 张林生. 水的深度处理与回用技术 [M]. 北京：化学工业出版社，2016.

[5] 王占生，刘文君，等. 微污染水源饮用水处理 [M]. 北京：中国建筑工业出版社，2016.

[6] 董大均，等. 误差分析与数据处理 [M]. 北京：清华大学出版社，2013.

[7] 倪育才. 实用测量不确定度评定 [M]. 北京：中国质检出版社，中国标准出版社，2014.

[8] 国家环境保护总局《水和废水监测分析方法》编委会. 水和废水监测分析方法 [M]. 北京：中国环境科学出版社，2002.

[9] 关淑霞，刘继伟，张志秋. 分析化学实验 [M]. 北京：石油工业出版社，2015.

[10] 王桂芝，王淑华. 化学分析检验技术 [M]. 北京：化学工业出版社，2015.

[11] 天津大学物理化学教研室. 物理化学 [M]. 北京：高等教育出版社，2009.

[12] 孙凤霞. 仪器分析 [M]. 北京：化学工业出版社，2004.

[13] 杨春晟，李国华，徐秋心. 原子光谱分析 [M]. 北京：化学工业出版社，2010.

[14] 邓勃. 应用原子吸收与原子荧光光谱分析 [M]. 北京：化学工业出版社，2007.

[15] 邹红海，伊冬梅. 仪器分析 [M]. 银川：宁夏人民出版社，2007.

[16] 齐美玲. 气相色谱分析及应用 [M]. 北京：科学出版社，2012.

[17] 何世伟. 色谱仪器 [M]. 杭州：浙江大学出版社，2012.

[18] 王世平. 现代仪器分析原理与技术 [M]. 北京：科学出版社，2015.

[19] 张寒琦. 仪器分析 [M]. 北京：高等教育出版社，2009.

[20] 张永忠. 仪器分析 [M]. 北京：中国农业出版社，2014.

[21] 李丽华，杨红兵. 仪器分析 [M]. 武汉：华中科技大学出版社，2014.

[22] 李冰，杨红霞. 电感耦合等离子体质谱原理和应用 [M]. 北京：地质出版社，2005.

[23] 游小燕，郑建明，余正东. 电感耦合等离子体质谱原理与应用 [M]. 北京：化学工业出版社，2014.

[24] 魏福祥等. 现代仪器分析技术及应用 [M]. 北京：中国石化出版社，2011.

[25] 唐培家. 放射性测量方法 [M]. 北京：原子能出版社，2012.

[26] 周德庆. 微生物学教程 [M]. 北京：高等教育出版社，2011.

[27] 周德庆，徐德强. 微生物学实验教程 [M]. 北京：高等教育出版社，2013.

[28] 罗建波，陈文胜. 微生物检验实验室质量管理工作指南 [M]. 北京：中国质检出版社，中国标准出版社，2014.

[29] 陈坚，刘和，李秀芬等. 环境微生物实验技术 [M]. 北京：化学工业出版社，2008.

[30] 陈卫华. 实验室安全风险控制与管理 [M]. 北京：化学工业出版社，2017.

[31] 赵华绒，方文军，王国平. 化学实验室安全与环保手册 [M]. 北京：化学工业出版社，2013.

[32] 敖天其，廖林川. 实验室安全与环境保护 [M]. 成都：四川大学出版社，2014.

[33] 王国清，赵翔. 实验室化学安全手册 [M]. 北京：人民卫生出版社，2012.

[34] 黄志斌，唐亚. 高等学校化学化工实验室安全教程 [M]. 南京：南京大学出版社，2015.

[35] 王晓迪. 高校实验室技术安全概述 [M]. 哈尔滨：哈尔滨工程大学出版社，2014.

2. 期刊类

[36] 夏强，李潇潇，程立. 水中溶解氧的测定方法进展 [J]. 化工技术与开发，2012 (7)：47-49.

3. 标准类

[37] 中国国家标准化管理委员会. 数值修约规则与极限数值的表示和判定 GB/T 8170—2008 [S]. 北京：中国标准出版社，2008.

[38] 中国国家标准化管理委员会. 数据的统计处理和解释正态样本离群值的判断和处理 GB/T 4883—2008 [S]. 北京：中国标准出版社，2008.

[39] 国家质量监督检验检疫总局. 测量不确定度评定与表示 JJF 1059.1—2012 [S]. 北京：中国标准出版社，2012.

[40] 环境保护部. 环境监测分析方法标准制修订技术导则 HJ 168—2010 [S]. 北京：中国环境科学出版社，2012.

[41] 中华人民共和国国家质量监督检验检疫总局，中国国家标准化管理委员会. 化学试剂 标准滴定溶液的制备 GB/T 601—2016 [S]. 北京：中国标准出版社，2016.

[42] 中华人民共和国卫生部，中国标准出版社. 生活饮用水卫生标准 GB 5749—2006. [S]. 北京：中国标准出版社，2006.

[43] 中华人民共和国卫生部，中国标准出版社. 生活饮用水卫生标准检验方法 GB/T 5750—2006 [S]. 北京：中国标准出版社，2006.

[44] 中华人民共和国住房和城乡建设部. 城镇供水水质在线监测技术标准 CJJ/T 271—2017 [S]. 北京：中国建筑工业出版社，2017.

[45] 中华人民共和国住房和城乡建设部， 中华人民共和国国家质量监督检验检疫总局. 洁净厂房设计规范 GB 50073—2013 [S]. 北京：中国标准出版社，2013.

[46] 上海市供水调度监测中心，上海交通大学. 世界卫生组织饮用水水质准则（第四版）[S]. 上海：上海交通大学出版社，2015.

[47] 中华人民共和国山西出入境检验检疫局，中国检验检疫科学研究院. 培养基制备指南 第一部分：实验室培养基制备质量保证通则 SN/T 1538.1—2016 [S]. 北京：中国标准出版社，2016.

[48] 中华人民共和国住房和城乡建设部. 城镇供水水质标准检验方法 CJ/T 141—2018 [S]. 北京：中国标准出版社，2018.

[49] 中华人民共和国国家质量监督检验检疫总局. 出口饮料中菌落总数、大肠菌群、粪大肠菌群、大肠杆菌计数方法疏水栅格滤膜法 SN/T 1607—2017. [S]. 北京：中国标准出版社，2018.

[50] 环境保护部. 水质 总大肠菌群和粪大肠菌群的测定 纸片快速法 HJ 755—2015 [S]. 北京：中国环境科学出版社，2015.

[51] 中华人民共和国工业和信息化部. 石灰取样方法 JC/T 620—2009 [S]. 北京：建材工业出版社，2010.

[52] 中华人民共和国卫生部，国家技术监督局. 饮用水化学处理剂卫生安全性评价 GB/T 17218—1998 [S]. 北京：中国标准出版社，1998.

[53] 中华人民共和国国家质量监督检验检疫总局，中国国家标准化管理委员会. 生活饮用水用聚氯化铝 GB 15892—2009 [S]. 北京：中国标准出版社，2009.

[54] 中华人民共和国国家质量监督检验检疫总局，中国国家标准化管理委员会. 水处理剂 聚合硫酸铁 GB 14591—2006 [S]. 北京：中国标准出版社，2006.

[55] 中华人民共和国国家质量监督检验检疫总局，中国国家标准化管理委员会. 水处理剂 硫酸铝 GB 31060—2014 [S]. 北京：中国标准出版社，2014.

[56] 水的混凝、沉淀试杯试验方法 GB/T 16881—2008 [S]. 北京：中国标准出版社，2008.

[57] 中华人民共和国国家质量监督检验检疫总局，中国国家标准化管理委员会. 次氯酸钠溶液 GB 19106—2013 [S]. 北京：中国标准出版社，2004.

[58] 中华人民共和国国家质量监督检验检疫总局，中国国家标准化管理委员会. 工业高锰酸钾 GB/T

1608—2017 [S]. 北京：中国标准出版社，2008.
[59] 中华人民共和国建设部. 水处理用滤料 CJ/T 43—2005 [S]. 北京：中国标准出版社，2005.
[60] 中华人民共和国建设部. 生活饮用水净水厂用煤质活性炭 CJ/T 345—2010 [S]. 北京：中国标准出版社，2010.
[61] 中华人民共和国国家质量监督检验检疫总局，中国国家标准化管理委员会. 煤质颗粒活性炭 净化水用煤质颗粒活性炭 GB/T 7701.2—2008 [S]. 北京：中国标准出版社，2010.
[62] 国家环境保护部. 危险废物收集、贮存、运输技术规范 HJ 2025—2012 [S]. 北京：中国环境科学出版社，2012.
[63] 中华人民共和国国家质量监督检验检疫总局. 固定式压力容器安全技术监察规程 TSG 21—2016 [S]. 北京：新华出版社，2016
[64] 国家环境保护总局，中华人民共和国国家质量监督检验检疫总局. 危险废物贮存污染控制标准 GB 18597—2001 [S]. 北京：中国标准出版社，2001
[65] 中华人民共和国国家质量监督检验检疫总局，中国国家标准化管理委员会. 分析实验室用水规格和试验方法 GB/T 6682—2008 [S]. 北京：中国标准出版社，2008
[66] 中华人民共和国国家质量监督检验检疫总局，中国国家标准化管理委员会. 仪器分析用高纯水规格及试验方法. GB/T 33087—2016 [S]. 北京：中国标准出版社，2016
[67] 中华人民共和国国家质量监督检验检疫总局，中国国家标准化管理委员会. 水处理剂 密度测定方法通则 GB/T 22594—2008 [S]. 北京：中国标准出版社，2008